安徽省『十三五』重点图书出版规划项目

淮河中游

枯水期水资源调度技术与实践

刘 猛 王式成 陈竹青 钱筱暄 著

中国科学技术大学出版社

U0260199

内 容 简 介

淮河流域降水时空分布不均,年内年际变化剧烈,属于严重缺水地区。近年来随着城市化和工业化进程快速推进,供需水矛盾加剧,干旱灾害频次增加、范围扩大、损失加重,给居民生活、工农业生产及生态环境带来严重影响。因此,为了解决淮河干流枯水期日益复杂的水资源利用和供水安全问题,迫切需要开展淮河中游枯水期水资源利用及调度研究。

本书以淮河流域为研究背景,以淮河中游区为重点研究区域和研究对象,开展枯水期水资源演变规律、枯水期来水量预测和枯水期水资源配置及调度技术研究,并提出枯水期应急调度实施方案。研究成果已在流域水资源管理、水资源规划、水量分配与调度等方面得到广泛应用,并取得较好的社会经济效益,为保障流域社会经济、城市供水安全、粮食生产安全等提供了重要技术支撑。

本书主要供淮河流域水资源研究、管理人员阅读,也可供其他相关研究人员借鉴使用。

图书在版编目(CIP)数据

淮河中游枯水期水资源调度技术与实践/刘猛,王式成,陈竹青,钱筱暄著. —合肥:中国科学技术大学出版社,2016.6
ISBN 978-7-312-03892-1

Ⅰ. 淮… Ⅱ. ①刘… ②王… ③陈… ④钱… Ⅲ. 淮河—流域—水资源管理—研究 Ⅳ. TV882.8

中国版本图书馆 CIP 数据核字(2015)第 297587 号

出版 中国科学技术大学出版社
安徽省合肥市金寨路 96 号,230026
http://press.ustc.edu.cn
印刷 安徽联众印刷有限公司
发行 中国科学技术大学出版社
经销 全国新华书店
开本 710 mm×1000 mm 1/16
印张 25
字数 562 千
版次 2016 年 6 月第 1 版
印次 2016 年 6 月第 1 次印刷
定价 68.00 元

前　言

淮河流域面积约 27 万 km², 跨河南、安徽、江苏、山东、湖北五省 45 个地级市, 地处我国东部, 是南北气候、高低纬度和海陆相三种气候过渡带的典型地区, 降水时空分布不均, 年内年际变化剧烈, 水土资源分布不平衡, 人口密度居全国七大流域之首, 流域多年平均水资源总量为 795 亿 m³, 可利用总量 445 亿 m³, 人均水资源占有量不到 500 m³, 约为全国人均水资源占有量的 1/5, 属于严重缺水地区。

近年来, 随着国家实施中部发展战略、流域层面和流域内各省经济社会发展规划的实施, 淮河流域社会经济进入了快速发展期, 也是水资源和水环境新问题和新矛盾更为频发期, 供需水态势发生了深刻的变化, 水资源供需矛盾日益突出, 尤其是遇到干旱年、连续干旱年等特殊枯水期, 淮干上下游、省际间用水矛盾日趋加剧, 城市、工业、航运、农业等用水户争水矛盾以及河道生态环境问题更加突出, 工农业生产及生活用水大量挤占生态用水, 水资源短缺问题已成为制约沿淮城市经济社会可持续发展的"瓶颈"。因此, 为了贯彻落实科学发展观, 推进实施最严格水资源管理制度, 着力解决淮河干流枯水期复杂的水资源利用和供水安全问题, 同时为未来引江济淮通水后淮河干流枯水期水资源利用及水量合理配置与调度提供技术支撑, 作者撰写了本书。

本书由安徽省(水利部淮河水利委员会, 简称淮委)水利科学研究院、淮河水利委员会水文局(信息中心)、天津大学、安徽淮河水资源科技有限公司等单位联合完成。以淮河流域为研究背景, 以淮河干流(简称淮干)中游区(正阳关—洪泽湖)为重点区域开展研究。研究区域内人口密集, 是我国重点粮食主产区, 也是我国重要的火电能源中心和华东地区主要的煤炭供应基地。本书采用淮河流域 152 个水文站(点)1956～2012 年长系列水文水资源资料, 结合区域社会经济资料, 采用野外实验、模型计算和资料分析等综合手段开展研究, 将现场调研和资料分析、模型研制和参数拟合、成果验证和实际应用较好结合起来。成果已在淮河流域有关主管和科研等部门的水资源管理、水资源综合规划、水量分配与调度、城市供水规划等方面得到广泛应用, 为水利科技行业、水资源学科的发展及产学研结合起到积极的推动作用, 为淮河中游重要区域、主要城市供水安全和粮食安全, 经济结构的布局调整, 保障区域社会经济快速发展起到重要的支撑作用, 并产生了显著的社会效益、经济和生态环境效益。

全书共分 11 章, 其中, 第 1 章、第 2 章、第 3 章、第 10 章和第 11 章由刘猛、王式成编写, 第 4 章、第 5 章和第 6 章由陈竹青、王敬磊和曹先树编写, 第 7 章和第 8 章由钱筱暄、许一编写, 第 9 章由王艺晗编写, 合肥市 168 中学的陆研霏同学参与了部分基础资料的整理与分析工作, 最后由刘猛统稿。需要特别说明的是, 本书研究内容和成果主要源于多项科研成果, 这些成果凝聚了王振龙、王发信、章启兵、王辉、陈小凤等同志的辛勤劳动,此外,还有很多参加研究工作的同事未能一一列出。本书得到了淮河水利委员会,安徽省水利厅、河南省水利厅、江苏省水利厅、山东省水利厅、安徽省水文局、河南省水文局、山东省水文局、江苏省水文局、蚌埠市水利局、淮南市水利局等单位的大力支持和帮助,在此,向关心和支持我们的单位、领导以及各位同志表示衷心感谢!

　　由于作者水平有限,书中疏漏不足之处在所难免,敬请广大读者批评指正。

编者

2016 年 1 月

目　　录

1 研究情况概述

1.1 研究背景

淮河流域人均水资源占有量不到 500 m³,约为全国人均水资源占有量的 1/5,属于严重缺水地区。随着国家中部发展战略和流域内各省经济社会发展规划的实施,淮河流域已进入快速发展期,也进入了水资源和水环境新问题和新矛盾的频发期,水资源供需矛盾日益突出。近些年来,随着城市化和工业化进程的快速推进,供需水态势发生了深刻的变化,从淮河干流的取用水总量显著增加,供需水矛盾加剧,尤其是淮河中游,呈现出枯水期发生频次增加,枯水期持续时间延长,枯水期水量交换关系更加复杂多变的现象。因此,开展淮河中游枯水期水资源利用及调度研究十分迫切。这不仅是解决淮河干流枯水期日益复杂水资源利用和供水安全问题的需要,也是事关淮河上下游区域社会经济可持续发展的重点战略问题,同时为未来引江济淮通水后淮河干流枯水期水资源利用及水量合理配置与调度提供重要的技术支撑。

淮河流域干旱灾害频次增加、范围扩大、损失加重,给受旱区城镇居民生活、工农业生产及生态环境带来严重影响。淮河干流是流域内地表水集中开发区,枯水期水资源矛盾突出,曾多次发生断流:1978 年,淮河干流中渡段断流时间长达 247 天,洪泽湖接近干枯;1999 年,蚌埠闸从 8 月 1 日至 28 日持续关闸,蚌埠闸上出现了历史上罕见的低水位,蚌埠闸下吴家渡断面甚至出现断流现象,洪泽湖在死水位以下运行长达 63 天;2001 年淮河流域降水偏少,淮河水位持续下降,蚌埠、淮南等市供水紧张,蚌埠闸自 5 月 23 日至 7 月 31 日连续关闭,闸下河道的生态环境遭到一定程度破坏。干旱缺水对区域经济社会影响越来越显著,研究编制淮河水系枯水期水量调度实施方案,加强枯水期水量调度与管理势在必行。

近年来,淮河干流重要河段——淮南—蚌埠段经济社会进入快速发展时期,对水资源提出了更高的要求,从该河段取水量不断增加,水资源供需矛盾日益突出,尤其是遇到干旱年、连续干旱年等特殊枯水期,淮干上下游、省际用水矛盾日趋加剧,城市、工业、航运、农业等用水户争水矛盾以及河道生态环境问题更加突出,工农业生产及生活用水大量挤占生态用水,水资源短缺问题已成为制约淮干沿淮城市经济社会可持续发展的"瓶颈"。同时,由于缺乏淮河枯水期水量配置与调度方案,淮干水资源得不到合理高效使用,更无法实施科学水量调度,解决淮干水资源分配与调度问题已成当务之急。为使枯水期淮河水资源得到有效利用,解决好上下游、省际的用水矛盾,提高流域机构水资源管理水平,科学合理地配置与调度枯水期淮河干流水资源,开展淮河水系水量分配及调度研究是一项十分必要和迫切的任务。

鉴于研究区域在淮河流域的重要性、典型性以及干旱缺水对区域经济社会影响越来越显著,有必要编制枯水期淮河干流水量调度方案,开发水量调度管理平台,为该河段枯水期的水量调度与管理提供决策依据。通过实施淮河水系枯水期水量调度,充分挖掘供水潜力,并协调好地区间、部门间、用户间的用水关系,保障枯水期沿淮城市生活用水和重要工业用水的安全,最大限度减少干旱缺水对经济、社会发展的影响,保障区域经济安全、淮河干流生态安全,以水资源的可持续利用支持该地区经济社会的可持续发展。

1.2　国内外研究现状

1.2.1　国外研究

1.2.1.1　水循环研究现状与进展

1. 气候变化对水循环影响的研究进展

气候变化已成为当今科学界、各国政府和社会普遍关注的环境问题。气候变化的研究具有很多不确定性,主要由未来温室气体排放量、气候系统的响应和自然界的多开展变性引起(Metoffice,2002)。在 1977 年,美国国家研究协会(USNA)就组织会议讨论了气候、气候变化和供水之间的相互关系和影响,但直到 20 世纪 80 年代中期,关于气候变化对水文水资源的影响的研究才引起国际水文界的高度重视。从 1990 年开始,国际上许多科学机构和科学家参与全球能量和水循环实验计划(GEWEX)。Mohamad I. Hejazi 等应用 HEC-HMS 模型对伊利诺伊州 12 个城市化程度较高的流域的洪水进行模拟,得出城市化较气候变化对洪峰流量的影响多 34%,且环境变化后径流量较之前至少增加了 19% 的结论。但由于概念性模型机理上的局限,在定量研究驱动因子对水资源的影响时略显不足。Tim P. Barnett 等将"指纹算法"结合气象水文模型应用于美国中西部地区的水资源演变归因分析中,得出该地区水资源演变的 60% 为气候变化驱动的结论。上述研究将水文模型机理优势与统计方法的规律优势结合,在水资源演变的归因分析中具有不可替代的作用。

2. 人类活动对水循环影响的研究

土地利用/土地覆盖变化(Land-Use and Land-Cover Change,LUCC)是自然与人文过程交互作用最密切的问题,对它的研究是当前国际上全球变化研究中的核心和焦点。全球变化对水文过程的影响主要表现在对水分循环和水质水量的改变上,LUCC代表了一种人为"系统干扰",直接或间接影响水文过程的主要边界条件。Boulain N.

将耦合生态模型的水文模型应用于小尺度流域,根据 1959 年、1975 年、1992 年的覆被情况分析气候和土地利用变化对水文水资源的影响,发现土地利用变化对水资源的影响比气候变化影响大,水资源对土地利用变化的敏感性大约为对气候变化敏感性的 1.5 倍。上述研究模型因其物理机制与生态模型的耦合可在一定程度上模拟驱动因子对水资源影响的过程,结果可信度较大。Huang Shaochun 应用分布式生态水文动力学 SWIM 模型,模拟大尺度流域水资源对土地利用变化的响应,在对水循环模拟的基础上又模拟了地下水氮负荷和氮浓度,获得了优化的农业土地利用和管理是减少氮负荷和改善流域水质的必要条件的结论。

1.2.1.2 水资源演变规律研究

目前,对水资源演变规律研究包括以下几个方面:

(1) 应用概念性水文模型界定流域水资源对气候和下垫面变化的响应

Mohamad I Hejazi 等应用 HEC-HMS 模型对伊利诺伊州 12 个城市化程度较高的流域洪水进行模拟,得出城市化较气候变化对洪峰流量的影响多 34%,且环境变化后径流量较之前至少增加了 19%。但由于概念性模型机理上的局限,在定量研究驱动因子对水资源的影响时略显不足。

(2) 基于物理机制分布式水文模型耦合生态模型,研究下垫面和气候变化两个驱动因子对流域水资源的影响

Boulain N. 将耦合生态模型的水文模型应用于小尺度流域,根据 1959 年、1975 年、1992 年的覆被情况分析气候和土地利用变化对水文水资源的影响,发现土地利用变化对水资源的影响比气候变化影响大,水资源对土地利用变化的敏感性大约为对气候变化敏感性的 1.5 倍。上述研究模型因其物理机制与生态模型的耦合可在一定程度上模拟驱动因子对水资源影响的过程,结果可信度较大。

(3) 在分布式水文模型耦合其他模型基础上,结合统计方法对流域水资源演变进行归因分析

Tim P. Barnett 等将"指纹算法"结合气象水文模型应用于美国中西部地区的水资源演变归因分析中,得出该地区水资源演变动力的 60% 为气候变化所驱动。上述研究将水文模型机理优势与统计方法的规律优势结合,在水资源演变的归因分析中具有不可替代的作用。

(4) 突破传统水资源演变研究多集中于水量的演变,拓展为水质对驱动因子的响应

Huang Shaochun 应用分布式生态水文动力学 SWIM 模型,模拟大尺度流域水资源对土地利用变化的响应,在对水循环模拟的基础上又模拟了地下水氮负荷和氮浓度,获知优化的农业土地利用和管理是减少氮负荷和改善流域水质的必要条件。

1.2.1.3 水资源配置方面

国外对水资源配置的研究更多是在水资源系统模拟的框架下进行。国外已有一些成功的应用实例和模拟模型,总体上模拟系统的范围在扩大,系统集成性在加强,但

现阶段模型主要以河流为主干,分析水量的流入与流出,对资料条件要求较高,模型输入端为散布的用水点,不支持区域套流域供需平衡分析,与综合规划以行政分区、流域分区或流域套行政区的供用水统计口径不匹配。由于水资源短缺的普遍性,世界银行(1995)在总结各种水资源配置方法不同地区应用的基础上,提出了以经济目标为导向,在深入分析用水户和各方利益相关者的边际成本和效益下配置水资源的机制。相对而言,国外在水资源模拟的软件产品上处于领先优势,开发的模型具有较高的应用价值,充分利用计算机技术完成系统化集成。

(1) Mike Basin 是由丹麦水利与环境研究所(DHI)开发的集成式流域水资源规划管理决策支持软件。其最大特点是基于 GIS 开发和应用,以 Arc View 为平台引导用户自主建立模型,提供不同时空尺度的水资源系统模拟计算以及结果分析展示、数据交互等功能。Mike Basin 以河流水系为主干,工程、用户以及分汇水点等为节点和相应水力连线构建流域系统图,以用户建立的系统和各类对象相应的属性实现动态模拟。模型考虑了地表水和地下水的联合供水,对不同方式下的水库运行以及库群联合调度提供了计算方法,并对系统中的农业灌区水电站及污水处理厂设置了相关计算。通过可修改调整的优先序或规则进行水量分配计算,并配有不同的扩展专业模块供用户选择。

(2) WMS 是美国杨百翰大学与陆军工程兵团共同开发的可用于流域模拟的软件,属于 EMS 软件系统的一个组成部分。该软件重视水文学和水动力学机理,从宏观和微观两个层次同时反映流域水资源运移转换。WMS 以通用的数据接口提供多达十余种的水文模型和水力学模型,并提供多种相关的扩展功能模块供用户选用,并内嵌了完整的 GIS 工具,可以实现流域描绘和各种 GIS 功能分析。该模型提供融汇地表水和地下水转化影响的二维分布式水文模型,也可以进行水质变化和泥沙传输沉积的模拟,并提供随机模拟以及对各类参数的不确定性分析。目前该软件已被引入国内,并在部分研究中得到了应用。

(3) Waterware 是奥地利环境软件与服务公司开发的流域综合管理软件,其功能包括流域的水资源规划管理、水资源配置、污染控制以及水资源开发利用的环境影响评价。软件中集成了 GIS 分析工具模拟模型和专家系统,以面向对象数据库为支持,结合 GIS 直观显示分析结果。Waterware 立足于社会经济、环境和技术三个方面分析流域水资源问题,得出合理的水资源以及污染物排放指标的配置。模型以面向对象技术构建,以流域内的水利工程用水节点、控制站点、河道等基本元素组成的网络为模拟基础,采用水质控制约束下的经济及环境用水配置的效益最大化为目标,实现整个系统的水量计算。

(4) Aquarius 是以美国农业部(USDA)为主开发的流域水资源模拟模型,该模型以概化建立的水资源系统网络为基础,采用各类经济用水边际效益大致均衡为经济准则进行水资源优化配置,并采用非线性规划技术寻求最优解。该模型以面向对象技术构架系统,系统网络图中的各类概化后的元素均以面向对象编程技术中的类表达,并将其设计为符合软件标准的 COM 组件。模型以流域系统内相关的客观实体为建模对象,可对水库水电站灌区市政以及工业用水户、各类分汇水节点以及生态景观及娱乐用水要求进行概化反映,并将其有机耦合在一个整体框架之中。

(5) ICMS(Interactive Component Modeling System)是澳大利亚研制的水资源系统管理模型。ICMS 由一系列功能组件构成,包括模型创建组件(ICMS Builder)、模型库(Model libraries,MDL)、方案生成(Project)、结果显示(ICMS Views)四部分。其主要特点是强大的交互性和方案生成的灵活性,通过组件式的开发实现由用户选择系统模拟方法。其中 ICMS Builder 是系统支撑平台并提供系统网络图创建功能;MDL 是各专业模块的组合,可以由用户自由选择嵌入系统中使用;Project 在已建立的系统图和选定的计算模型方法基础上,自动生成计算方案并进行模拟计算。ICMS Views 以图表形式直观展示计算结果。

1.2.1.4 水量分配与调度方面

近年来,由于全球人口增长造成水资源短缺,全球气候变化造成水资源系统不确定性增加,全球区域经济发展加速跨境水资源的竞争利用以及冷战后国际边境的急剧变化造成国际河流的复杂化的大趋势,使得国际河流水资源公平合理分配和合理利用的严重性和急迫性日益突出,特别是国际河流集中、人口增长过快的非洲和亚洲,情况更为复杂和突出。1948 年以来成立了 23 个国际河流流域组织,到目前已有 15 个组织的沿岸国家就整体水资源规划和开发进行合作。水资源的国际分配有三种模式,即按全流域分配、按建设项目分配和按流域整体规划分配。国际水资源分配必须基于三个法律框架文件:签署分水协议,明确水权和分水原则;负责实施和监督的组织机构;协定分水方案(技术性协定)。为了进行公平分配和合理利用国际河流(湖泊)的水资源,早在 1966 年国际法律协会的《赫尔辛基规则》第 5 条中,就给出了需要考虑的相关因素。国外水资源分配与调度方面较为典型的是美国的科罗拉多河分水、中东地区水资源分配和尼罗河分水等。

1. 美国与墨西哥科罗拉多河分水

1944 年美国和墨西哥之间对科罗拉多河和格兰德河的水分配签署了分水条约,在该条约中双方确定了各自的分水比例。

2. 尼罗河分水

1929 年英国殖民者与埃及签订的《尼罗河条约》规定,尼罗河上游的非洲国家不得采取可能减少尼罗河流量的行动,埃及在受到水源威胁时有权禁止别国使用尼罗河南端的维多利亚湖水。但地处上游的埃塞俄比亚、肯尼亚、坦桑尼亚、乌干达等国家后来对此提出异议,希望修改条约,放开限制,以便它们在尼罗河上建造大型水电工程及利用河水进行农业灌溉。1993 年 2 月,以研究和协调尼罗河水资源开发利用问题为宗旨的尼罗河流域国家组织成立,就如何合理分配和共同开发尼罗河水资源问题进行了讨论。

3. 美国科罗拉多河州间分水

美国科罗拉多河流域的水权分配是一个逐渐细化、日益广泛、不断修正的过程。20 世纪初期,美国西部开发引起了越来越多农业用水冲突。为此,7 个分属上游和下游的州之间通过长期协商,于 1922 年达成《科罗拉多河契约》。此后,在下游诸州内部的州际水权分配又经过了很长时期的协商,最终于 1928 年达成博尔德峡谷项目法案。1935 年成立的科罗拉多河委员会进一步加强了各州在水权分配方面的合作,其职能范围通过签署新的协定而不断扩大。1964 年美国高等法院对亚利桑那和加利福尼亚水权争端的裁定,确立了科罗拉多河水权分配和河流管理的许多重要原则。20 世纪后期,美国国内科罗拉多河的水资源日益紧缺。在用水紧张又很难改变原来的水权分配格局的情况下,通过不断补充签订有关协议,并采取基于利益补偿的水权交易机制,水在各州之间、各部门之间的流转显著增加。

4. 以色列分水

以色列的水资源系统归国家所有,由政府负责管理,水行政长官每年决定水资源的分配,而水价由议会所属专门委员会负责制定。每年可利用水量的计算结果都被作为以色列水利委员会分配分量的依据。在确定可利用水量过程中权力的作用使得这种过程成为一个政策工具和受制于政治谈判的一种形态。1981~1990 年间,每年水量的分配都是基于全部可利用水量,并未顾及实际可供水量较少的事实,结果造成水源的过度抽取和消耗,引发了严重的水质问题,特别是在沿海地区和山区地下水蓄积区。1990~1991 年,水问题成为以色列公众关注的焦点。摆在以色列水利委员会和农业部面前需要决策的关键问题是如何对城市、工业、农业和水库这四个用水部门的水量进行分配。以色列每年都需要按年度做出水量分配方案,由水利委员会在农业年度开始时对外公布。

5. 巴以分水

巴勒斯坦和以色列所在的那个地区严重缺水,而且占有情况极不均衡,巴勒斯坦的人均年占有量是 86 m^3,而以色列的是 447 m^3,这当中就潜伏着危机。所以,奥斯陆协议在巴以之间专门设了一个共同委员会,以处理水这个敏感问题。1995 年 9 月,以巴签订了临时协议,以色列第一次承认巴勒斯坦具有约旦河西岸的地下水所有权,每年可以抽取 $7×10^7$~$8×10^7$ m^3 地下水,虽然这只能解决巴勒斯坦的生活用水,但毕竟也向和平解决水争端迈进了一步。

6. 印度与孟加拉国分水

印度和孟加拉国为解决两国在恒河问题上长期存在的纠纷,于 1996 年签订了一项为期 30 年的条约,印度和尼泊尔也就此签了协定。

7. 湄公河分水

1995 年 4 月 5 日,泰、老、柬、越 4 国代表在泰国清莱签署了持久开发湄公河下游合作协定,同时成立了湄公河委员会。其宗旨是在可持续发展、利用、管理、保护湄公河流域水资源及其他资源方面加强全方位的合作。由国际粮食政策研究学会、国际水资源管理学会和湄公河委员会联合举办的湄公河流域环境和开发问题研讨会于 2002 年 1 月 23 日开幕,会议除了讨论湄公河流域的环境及开发等问题外,还就一些特定的问题展开商讨,其中包括湄公河流域的渔业研究和生产、农业开发、水利灌溉、农林业管理和水资源分配战略等。湄公河委员会认为,应该制定一个长期合作研究计划来帮助管理和开发湄公河流域的重要资源。

1.2.2　国内研究

1.2.2.1　水循环研究现状与进展

1. 气候变化对水循环影响的研究进展

目前,对未来气候变化的预测具有相当的困难和不确定性,只能在一系列连贯的有关主要发展驱动力及其相互关系的假设基础上,形成对未来世界的总体描述,即情景。研究当中,有四类气候情景可供选择:类比情景、惯性情景、增量情景和环流模型(GCMs)情景。分布式水文模型耦合通用环流模型(GCMs)是研究气候变化对水循环各个影响因子的发展方向。

自 20 世纪 70 年代起,我国气候变化研究渐趋活跃,1985 年 Villach 会议后,国际上的动力和要求促使着我国气候变化和影响研究的加速进展。我国开展气候变化对水文水资源影响的专门研究开始于 20 世纪 80 年代。由于西北和华北地区是我国主要的缺水地区,1988 年在中国科学院及中国自然科学基金支持下的"中国气候与海面变化及其趋势和影响研究"重大项目中,首先设立了气候变化对西北华北水资源的影响研究。国家科委、水利部共同组织了国家八五科技攻关项目"气候变化对水文水资源的影响及适应对策研究"。

国内众多学者基于不同的水文模型,研究气候变化条件下的水循环变化特征。蓝永超等根据祁连山区和河西走廊平原区的降水、气温和径流资料,分析了该区域近 50 年径流对气候变化的响应。袁飞等应用大尺度陆面水文模型—可变下渗能力模型VIC 和区域气候变化影响研究模型 PRECIS 耦合,研究气候变化情景下海河流域水资源的变化趋势。

2. 人类活动对水循环影响的研究

目前国内对人类活动对水循环影响的研究主要观点如下:

人类对水资源的开发利用包括两部分,一部分是水利工程建设,严格意义上属于人类对下垫面的改造;另一部分包括"取水—输水—用水—排水—回归"一系列过程,即人工取水过程。下垫面特征对在陆地表面水的再分配起重要作用,而 LUCC 是下垫面变化的主要方面——在产流过程中影响截留、渗透及土壤水的分配过程(Ragab Cooper,1993;Doe Castro,1999),在汇流过程中影响地表的粗糙程度、地表容蓄水量和行洪路径(袁艺等,2003;高俊峰等,1999);还通过改变湖泊、水库的调蓄容量,改变水系微结构等影响流域的蓄泄洪能力。目前关于水资源开发利用对水循环的影响主要指水利工程建设及人工取水过程。姜德娟等应用统计方法研究了洮儿河流域中上游水循环要素变化,获得植被覆盖度的降低可能为该流域天然年径流量增加的主要原因,且定量分析了水资源开发利用对径流的影响。张建兴等应用混沌理论、小波理论、近似熵复杂性理论、生命旋回理论等分析了昕水河流域近 50 年径流量,认为人类因素是影响该流域径流变化的主要因素。但驱动因子分类较简单。王浩等设定黄河流域2000 年现状在下垫面条件下有、无取用水情景,应用基于物理机制的分布式水文模型

(WEP-L)进行水文模拟,基于情境下模拟结果对比,定量评价了取用水与下垫面变化对黄河流域狭义水资源、有效降水利用量、广义水资源总量演变规律的影响。该研究突破了研究对象仅为径流的局限。

1.2.2.2　水资源演变规律研究

前人已经对水资源演变规律进行了以下的研究:
(1)应用统计方法研究水资源演变规律,分别得出气温和下垫面的变化引起的水资源演变。
(2)应用新方法分析流域水资源演变规律。
(3)分布式物理机制水文模型结果结合动态水资源评价。

1.2.2.3　水资源配置方面

目前,国内常用的水资源优化配置模型主要有线性规划模型、非线性规划模型、动态规划模型、模拟模型、多目标优化模型、大系统优化模型等。近年来,运筹学优化理论中的排队论、存贮论和对策论、模糊数学、灰色系统理论、人工神经网络理论、遗传算法等多种理论和方法的引入,也大大丰富了水资源优化配置技术的研究手段和途径。此外,从实际需要,多种优化方法的组合模型也得到了较快发展。如动态规划与模拟技术相结合、图论方法与线性规划方法相结合、动态规划与线性规划相结合、网络方法与线性规划方法相结合等方法。

水资源优化配置是多目标多决策的大系统问题,必须利用大系统理论的思想进行分析研究。传统的水资源配置存在对环境保护重视不够、强调节水而忽视高效、重视缺水地区的水资源优化配置而忽视水资源充足地区的用水效率提高、突出水资源的分配效率而忽视行业内部用水合理性等问题,影响了区域经济的发展和水资源的可持续利用。因此,应加强水资源优化配置研究,特别是新理论和新方法的研究,如水质水量联合优化配置和水资源优化配置效果评价的理论、模型和方法以及3S技术和新优化算法在水资源优化配置中的应用等,协调好资源、社会、经济和生态环境的动态关系,以确保实现社会、经济、环境和资源的可持续发展。

国内学者在20世纪60年代就开始了以水库优化调度为手段的水资源配置研究。自80年代起,由于水资源规划管理的需要,采用系统优化和模拟进行水资源配置的研究逐渐受到重视。南京水文水资源研究所采用系统工程方法对北京地区水资源系统进行了研究,建立了地下水和地表水联合优化调度的系统仿真模型,并在国家"七五"攻关项目中进一步完善并应用。刘健民等(1993)采用大系统递阶分析方法建立了模拟和优化相结合的三层递阶水资源供水模拟模型,并对京津唐地区的供水规划和优化调度进行了应用研究。中国水科院等单位(1997)系统地总结了以往工作经验,将宏观经济系统方法与区域水资源规划实践相结合,提出了基于宏观经济的多层次、多目标、群决策方法的水资源优化配置理论,开发出了华北宏观经济水资源优化配置模型,为大系统水资源配置研究开辟了新道路。黄河水利委员会(1998)进行了"黄河流域水资源合理配置及优化调度研究",综合分析区域经济发展、生态环境保护与水资源条件,是我国第一个对全流域进行的水资源配置研究,对构建模型软件实施大流域水资源配置起到了典范作用。

中国工程院"西北水资源"项目组(2003)经过广泛深入研究,提出了水资源配置必须服务于生态环境建设和可持续发展战略,实现人与自然和谐共存,在水资源可持续利用和保护生态环境的条件下合理地配置水资源。并在对西北干旱半干旱地区水循环转换机理研究的基础上,得出生态环境和社会经济系统的耗水各占50%的基本配置格局。该项研究为面向生态的水资源配置研究奠定了理论基础。

不少学者结合当前发展需求和新技术研究了水资源系统配置的一些理论和方法。甘泓、杨小柳等(2000)给出了水资源配置的目标量度和配置机制,提出了水资源配置动态模拟模型,开发了相应的决策支持系统,研制出可适用于巨型水资源系统的智能型模拟模型。王浩等(2002)提出了水资源配置"三次平衡"和水资源可持续利用的思想,系统阐述了基于流域的水资源系统分析方法,提出了协调国民经济用水和生态用水矛盾下的水资源配置理论。赵建世等(2002)在考虑水资源系统机理复杂性的基础上,应用复杂适应系统理论的基本原理和方法提出了水资源配置理论和模型。冯耀龙等(2003)系统分析了面向可持续发展的区域水资源优化配置的内涵与原则,建立了优化配置模型,给出了其实用可行的求解方法。尹明万等(2004)在探讨水资源系统及水资源配置模型概念的基础上,介绍了全面考虑生活用水、生产用水和生态环境用水要求的,系统反映各种水源及工程供水特点的水资源配置模型的建模思路和技巧,给出了可以应用于大型复杂水资源系统的水资源配置系统模型实例。

总体而言,我国水资源严重短缺、水生态环境问题日益严重,国内学者对水资源配置理论和应用研究以及相应决策分析做了较多工作。但由于研究范围和投入力量的限制,各类研究通常是针对具体的问题,推广应用有难度。对模型以及软件开发尚缺少必要的投入,与国外研究和应用水平尚有一定差距。

1.2.2.4 水量分配与调度方面

(1) 李勤等(2000)在《江苏省淮河流域水资源规划模型的研究》中提出江苏省淮河流域处于整个淮河流域的下游,该地区水系复杂,水资源分布不均。根据该地区的系统特点,在充分利用和优化配置水资源的目标下,建立了江苏省淮河流域水资源规划模型,并用聚合—分解—协调的优化技术,模拟分析了江苏省淮河流域基准年及2000年、2010年等不同水平年的水资源规划。江苏省淮河流域水资源规划模型能提供不同频率下各水资源区域内的余、缺水过程,以便客观地分析系统内各用水区的缺水情况,并提出对策。整个数学模型的建立,采用模块设计技术,将各片本地水资源供需平衡子模块、子区间(各片之间及流域外)水资源调度子模块及输入、输出4个模块有机地组合起来,相互独立又相互联系。其模型的模拟性好、信息量大、运行灵活、操作方便,可进行长系列计算。但整个模型还需进一步细化处理,以进一步提高模型解的精度和灵敏度。

(2) 张楠等(2013)在《基于水资源配置方案的淮河流域水工程系统模拟研究》中提出同时进行"多水源—多用户"的合理性细化考虑。根据系统概化结构及对实际状况模拟的精细程度、系统用户对所需水源的不同要求等需要,一方面明确水源类型及供水先后顺序,另一方面考虑用水单位地理位置关系及水源、水工程分布情况,细化到县级行政区。模型建立时考虑了蓄水工程水位、供水对象、供水对象的供水量分配比例的可调整性:

① 蓄水工程起调水位调整。对多年调节型蓄水工程,初始起调水位的变化对整个调节周期的供水量及运行情况都有较大的影响。

② 供水对象调整。模拟过程中,可能会出现蓄水工程供水后水量严重剩余或严重不足的情况,因此需通过调整供水对象调整模拟方案,以优化模拟结果。

③ 需水重要性系数。由于市区和县城、县城和农村需水单位及 6 类需水部门重要程度不同,其供水的保证程度要求也不同。在进行水工程系统模拟时,首先选用较高的需水重要性系数和水库起调水位,再根据初次模拟结果逐级进行针对性调整,从而达到理想的模拟结果。但通用性、功能性还有待于提高。

1.2.3　淮河流域开展的相关工作

自 20 世纪 80 年代以来,淮河水利委员会组织编制了《淮河流域(含山东沿海诸河)水资源评价》《淮河及山东半岛水资源利用》《淮河上中游水资源规划》《淮河片水中长期供求计划》等,这为本项目做了充分的前期资料收集准备工作。然而,由于缺乏对淮干水量分配、调度等方面的研究,给水资源管理带来了一定的困难。本项目立项之前,淮河水利委员会在淮河流域内进行了一些相关或类似工作,主要有淮河干流水量分配研究、淮沂水系水资源调度、南四湖流域水资源配置方案研究、南水北调东线工程规划等研究,这为开展本项目的研究积累了一定经验。

作为落实最严格水资源管理制度的重要措施,水资源统一调度是实现水资源优化配置的主要手段。多年来淮委高度重视该项工作,淮河流域水量调度工作在基础工作、应急调度、专题研究、监管能力等方面取得了显著成效,流域水量调度能力不断增强,为流域经济社会发展和生态环境保护做出了重要贡献。

1. 水资源调度实例

(1) 南四湖应急补水。2002 年,淮河流域南四湖地区发生百年一遇的特大旱情,部分地区的旱情达到二百年一遇。全湖面临完全干涸的严重局面,工农业生产遭到严重损失,济宁、徐州两地市 1 000 多万亩(1 亩=666.67 m^2)农作物受旱,32 万人饮水困难,130 多千米主航道断航,湖区生态环境面临毁灭性破坏。为有效缓解南四湖旱情,淮委及时成立应急生态补水协调领导小组,并会同苏鲁两省正式实施南四湖应急生态补水。长江水通过京杭大运河经 9 级泵站提水地流向南四湖,整个补水阶段自2002 年 12 月至 2003 年 1 月历时 86 天,共补水 1.1 亿 m^3,补水后湖面增加 150 多平方千米,生态补水效果显著。

(2) 引沂济淮实施北水南调。近年来,淮委先后两次实施引沂济淮,缓解洪泽湖及周边地区用水紧张局面。2001 年 7 月,洪泽湖水环境恶化,航道断航。淮委与江苏省防指会商后实施"引沂济淮",将沂沭泗洪水资源调进洪泽湖 6.30 亿 m^3,洪泽湖水量由调水前的超过 1 亿 m³ 增加到 9.8 亿 m³,湖面面积较调水前增加 742 km²。2005年 6 月,洪泽湖水位快速下降近死水位 11.0 m,湖区航运中断,周边地区用水告急。在淮委统一部署下,沂沭泗水利管理局及时与江苏省防汛抗旱指挥部会商,又一次实施"引沂济淮",骆马湖洪水通过中运河、徐洪河送往洪泽湖及其下游地区,10 天共向洪泽湖送水 1.6 亿 m³,"引沂济淮"的成功实施既有效缓解了洪泽湖周边旱情,改善了生态环境,恢复了通航,也为跨水系水资源优化调度和洪水资源合理利用积累了宝贵经验。

(3) 防污调度有序开展,着力改善淮河水质。多年来,淮委组织河南、安徽、江苏三省有关部门开展淮河水污染联防调度,制定了淮河水污染联防工作方案和水闸防污调度预案,通过科学调度水闸,发挥出水闸等水利工程的调蓄和控制作用,有效改善了枯水期河流水质,最大限度减轻了沙颍河、涡河等主要支流污染水体下泄对淮河水质的影响。在跨省河流重大水污染事件中,淮委充分发挥组织协调作用,通过防污调度等措施,成功处置了多起跨省河流重大水污染事件。以 2009 年大沙河发生重度砷污染事件为例,为防止对下游涡河和淮河干流造成污染,淮委连续 3 次对大寺闸实施间断开启调度,同时对下游涡河闸、蒙城闸也视情况进行相应调度。保证了大沙河安徽境内主要控制断面水质砷浓度尽快达标。

2. 相关专题研究

多年来,淮委开展了多项与水量调度相关的专题研究工作,系统地了解了淮河流域在水量分配、特枯期应急调度、水系水量调度等方面的详细情况,为合理配置和科学调度淮河水资源,加强淮河流域水资源统一管理等提供了有效参考依据。具体包括:

(1) 淮河干流(洪泽湖以上)水资源量分配及调度研究。借助于开发研制的水资源分配及调度情景共享模型,初步提出了不同水平年不同典型年淮河干流(洪泽湖以上)及主要支流水资源分配与调度方案。

(2) 特枯水期淮河蚌埠闸上(淮南、蚌埠段)水资源应急调度方案。充分利用已有的水资源规划成果,通过对现状年、规划水平年特殊枯水期蚌埠闸上不同的蓄水、限制用水、蚌埠闸控制运用条件方案的水量平衡调节分析,研究提出了特枯水期蚌埠闸的控制运行方案和水量调度方案,以多种措施联合运用保证特枯水时期蚌埠闸上淮南市、蚌埠市两城市的供水安全。

(3) 淮沂水系水量调度方案研究。充分利用淮河水系和沂沭泗水系洪水资源量,提高淮河流域水资源承载能力,解决淮河水系、沂沭泗水系水资源分布不均问题,缓解水资源供需矛盾,保障经济社会的水资源的合理需求,其目标是通过科学规划和合理调度,利用现有工程措施,有效利用淮沂洪水资源,建立洪泽湖、骆马湖两湖联合调度模型,提出水资源管理方案,实现两湖洪水水资源的联合调度,在不影响调出水源地区用水需求、生态安全以及受水湖泊防洪排涝压力的前提下,尽可能满足受水地区用水需求。

(4) 淮河流域闸坝运行管理评估及优化调度对策研究。从流域规划的角度,客观评价闸坝总体布局的合理性,按照闸坝现有功能和运行方式,对闸坝与生态环境的关系进行评估;为改善生态环境,提出闸坝功能和运行方式的优化调整对策措施。该研究成果对指导淮河流域河流水资源可持续利用和生态系统可持续发展有重要的意义。

3. 流域重要调度工程规划

跨流域水量调度工程对提高淮河流域水资源调配能力,解决受水区重大水资源问题有重要意义。目前,淮河流域重大跨流域水量调度工程包括南水北调东、中线工程,安徽省引江济淮工程,江苏省引江工程。

(1) 南水北调东线工程。2002 年 12 月南水北调东线一期工程开工建设,一期工程主要向江苏、山东两省供水,规模 500 m³/s。目前,南水北调东线一期与通水直接相关的主体工程已经全线通水。

(2) 南水北调中线工程。南水北调中线工程于 2003 年 12 月 30 日开工,工程实施后,淮河流域内的受水区为河南省,主要为黄河以南平原区,包括平顶山、漯河、周口、许昌和郑州 5 个地市的部分地区,其中郑州受水区与已有的引黄区重合。中线一期工程已于 2014 年实现全线通水。

(3) 淮水北调工程。淮水北调工程是支撑皖东北地区的淮北市、宿州市经济社会可持续发展的大型水资源配置工程,该工程的实施对于缓解两市经济发展特别是煤电、化工工业建设所面临的水资源供需矛盾将起积极作用。该工程从淮河干流蚌埠闸下的五河分洪闸附近建站提水,至岱河上段岱山口闸上为重点,骨干输水线路采用明渠输水方案。截至目前,淮水北调工程的主要管道工程已经全线贯通。

(4) 引江济淮工程。该工程从长江干流取水,主要受水区为安徽省沿淮及淮北地区,并具有向河南省商丘、开封和周口地区供水的能力,涉及安徽省 9 个地市和河南省 3 个地市 2 700 万人、3 200 万亩耕地。工程主要解决淮北供水保证率不高尤其是沿淮及淮北干旱年及干旱期水资源紧缺问题。

随着各环节和各领域工作的不断加强,淮河流域水量调度目标日益多元化,开始由单一水量调度向水量、水质、水生态等多目标调度转变,并取得了显著的社会经济效益和生态效益。水量调度基础工作不断强化,水资源监控体系也在不断完善,调度手段逐渐提升。今后的工作中,淮委将与流域各省积极探索,相互协调,加强水量调度管理,合理配置水资源,成功应对水资源短缺、水污染和生态用水危机,统筹生产、生活和生态用水,为保障经济社会发展做出贡献。

1.3　研究需求与目标

1.3.1　研究需求

20 世纪末,非可持续水资源利用的模式和环境问题导致严重的水资源安全问题,特别是在枯水期,对流域生活、生产和生态环境用水造成了严重的威胁,业已引起国际各国政府的高度重视。变化环境的水资源演变规律是当今国际水科学前沿问题,是人类社会经济发展活动对水资源需求所面临的新的基础科学问题,而水资源供需平衡破坏带来的用水基本需求得不到满足、生态用水被挤占、工农业城市发展缺水的问题,使得水资源安全成为资源与环境科学领域国内外突出的研究领域。流域枯水期水量调度是国际水资源研究的热点问题。这一研究不仅与流域水循环有直接的联系,而且关系到枯水期沿淮城市对水资源的基本需求、城市生活取水需求、城市工业取水需求、农业灌溉取水需求、生态环境需水要求、水的价值以及水资源科学管理问题。淮河流域枯水期水资源演变规律与水量调度以往尚未系统研究过。

1. 落实 2011 年中央一号文件政务目标的需要

2011 年中央 1 号文件对新时期水利的地位与作用有了更高的认识与定位,明确指出"水利是现代农业建设不可或缺的首要条件,是经济社会发展不可替代的基础支撑,是生态环境改善不可分割的保障系统,具有很强的公益性、基础性、战略性。加快水利改革发展,不仅事关农业农村发展,而且事关经济社会发展全局;不仅关系到防洪安全、供水安全、粮食安全,而且关系到经济安全、生态安全、国家安全"。本项目紧扣淮河流域枯水期水量调度方面的研究需求,开展保障淮河干流枯水期水量调度的关键技术研究,保障淮河水系枯水期沿淮城市生活、生产和生态用水安全。

2. 流域跨省区跨区域水资源管理的需要

跨区域的水资源管理是流域机构水资源管理的重要职责之一,本项目研究范围涉及河南、安徽和江苏三省,在淮河水系枯水期,在满足当地水资源用水需求的前提下,需要把水资源从相对丰富的区域调往干旱缺水的地区,属于跨省跨区域水量调度的工作范畴,本项目把淮河水系跨省区跨区域水量调度问题作为重点研究内容之一,为跨区界的水资源管理提供技术支撑。

3. 实行最严格水资源管理制度的需要

水资源管理工作当前最重要的任务是围绕促进水资源的优化配置、高效利用和有效保护,建立水资源控制三条红线。为保障国家水资源可持续利用,在水资源开发利用、用水效率、水功能区限制纳污能力三个方面划定的管理红线,与一定地区的水资源承载能力相适应,体现了该地区一定时期的生产力发展水平、经济社会发展规模、社会管理水平,是水资源管理必须达到的目标。超越红线,就意味着一些地区水资源开发利用要突破水资源承载能力,会引发一系列水资源、水生态或水环境问题,影响到这些地区经济社会的可持续发展。需要深入分析淮河水系水资源的特性,研究淮河流域变化条件下水资源情势,为区域水资源开发利用总量控制管理和实行最严格水资源管理制度提供技术和理论支撑,也为淮河水量分配做好基础工作。

4. 保障流域经济安全的需要

淮河流域的气候特征、流域形状、自然地理特点、社会经济状况、水利工程体系、历史上黄河长期泛滥夺淮造成的水系紊乱,这些特点导致了流域水资源问题的复杂性,研究区域内人口众多,经济社会发展迅速,水资源和水生态环境并不优越,水资源分布与经济社会发展布局不相匹配,部分地区在追求经济增长过程中,对水资源和环境的保护力度不够,加剧了水资源短缺、水环境和水生态恶化。随着经济社会发展和人民生活水平的提高,全社会对水资源的要求越来越高,淮河流域将面临着日益严峻的水资源问题,开展淮河流域水资源演变基础研究,揭示区域变化和演变特征,进行枯水期水量调度关键技术研究,对保障流域用水安全和经济发展安全有重要的现实意义。

5. 区域水资源联合调度的需要

随着19项治淮工程建设的开展,淮河流域工程体系发生了深刻变化,利用已有的工程条件,加强水量配置与统一调度,是提高区域枯水期供水保障程度的有效手段之一,如开展和进一步加强淮河临淮岗枢纽水资源综合利用与调度、临淮岗与蚌埠闸水资源联合调度、蚌埠闸与怀洪新河香涧湖蓄水联合调度、淮河干流与沿淮湖泊洼地蓄水联合调度、淮河干流与沿淮采煤沉陷区蓄水联合调度、蚌埠闸上与洪泽湖蓄水联合调度。开展本项目研究将对淮河干流枯水期水的科学调度提供技术支撑。

1.3.2 研究目标

1.3.2.1 总体目标

本研究围绕提高淮河水系枯水期水资源利用效率这个核心,合理配置枯水期淮河干流水资源,科学调度淮河水量。根据淮河流域枯水期来水情况,应用基于分行业用户满意度水资源配置模型和采用基于延迟的 MOSCEM-UA(Multi-objective Shuffled Complex Evolution Metropolis)优化方法的水资源调度模型,合理分配枯水期有限的水资源。并且根据水量配置、调度结果和方案研究成果,编制淮河干流枯水期水量调度方案,提出淮河干流的水量分配方案和特殊干旱年的水量调度方案,并开发了水量调度管理平台,为水资源管理提供决策依据。本研究以淮河流域中游为研究区域,结合流域长系列水资源演变态势剖析,解析了淮河中游枯水期水资源演变规律,构建了多枯水组合条件下区域水资源配置与调度模型,开发了淮河中游枯水期水资源调度系统,提出了淮河中游枯水期水资源配置与调度方案。旨在为该河段枯水期水量应急调度、水资源管理提供技术支撑。

通过实施水量调度,充分挖掘淮河上游大型水库及沿淮湖泊洼地等水源供水潜力,协调好地区间、部门间、用户间的用水关系,在不影响调出水源地区用水需求、生态安全以及受水湖泊防洪排涝压力的前提下,尽可能满足干旱缺水地区用水需求,保证枯水期淮河干流重要水源地区域内淮南、蚌埠和淮安等重要城市居民生活用水和重点工业用水户的供水安全,兼顾生产和生态用水需求,保证洪泽湖生态安全。该项目的实施可解决淮河干流水资源分布不均问题,解决上中下游、左右岸、省际的用水矛盾,以淮河水资源的可持续利用支持流域经济社会可持续发展,为该河段干旱期水量调度与管理提供决策依据,最大限度减少干旱缺水对经济、社会发展的影响,保障区域经济安全、淮河干流生态安全,维护社会稳定和经济发展。本项目对缓解淮河流域枯水期水资源供需矛盾,维护社会和谐稳定,提高流域机构水资源管理水平有重要意义。

1.3.2.2 具体目标

本项目旨在通过对淮河水系枯水期水量调度方案的研究,促进该区域合理、有序地用水,保证该区域的供水安全,维持河道较好的水环境、生态环境,以水资源的可持续利用保障蚌埠闸上区域经济的可持续发展,具体如下:

1. 淮河中游枯水期水资源系统解析与动态模拟预测

在实测降水、径流资料的基础上,采用时序变化分析法、趋势性和突变分析法以及多尺度周期性检验等多种方法,从时空角度分析流域水资源情势演变规律、水资源演变驱动因素及水资源开发利用变化特征。根据水资源配置长系列调节计算成果,得到正蚌区间和蚌洪区间现状水平年供水量和用水量,进行供需平衡分析。分析正阳关—洪泽湖区间河段上的供水工程、供水量及现状用水量。根据各行业用水定额,进行研究区域的生活、工业、农业和生态环境等不同行业的需水预测,作为水量平衡分析和水量配置的基础。

2. 构建多枯水组合条件下区域水资源配置与调度模型

根据淮河流域枯水期来水情况,应用基于分行业用户满意度水资源配置模型和采用基于延迟的 MOSCEM-UA 优化方法的水资源调度模型,建立淮河干流正阳关—蚌埠闸上河段水量优化配置模型。

3. 开发淮河中游枯水期水资源调度系统

开发淮河干流水资源优化计算程序,建立相应的水量调度管理系统平台,同时将水量优化配置模型程序嵌入水资源调度模型系统可视化展示平台,解决研究区枯水期的水资源配置调度问题,保障枯水期水量调度方案的实施,为水资源管理和枯水时段用水决策提供依据。

4. 提出淮河中游枯水期水资源配置与调度方案

建立淮河干流正阳关—蚌埠闸上河段水量优化配置模型,依据来水条件、正常蓄水位条件和起调水位设定不同区域的水量优化配置方案,为该河段的水资源调度与展示模型系统提供支持。

5. 枯水期水量调度方案研究、编制与实施

根据淮河流域水资源特性及国民经济各部门对水的需求特点,结合淮干水资源调度与展示模型优化计算成果,研究制定特殊干旱年、连续干旱年淮河水量调度原则、调度方案及应急供水对策,提出不同水位级的水量调度措施,确定应急调水路线,为枯水期水资源调度提供依据,缓解淮干水资源供需矛盾,提高水资源利用效率;编制水资源监测方案,为枯水期水量配置模型提供旬流量及水位等基础信息,为该河段枯水期水量应急调度提供决策依据。

1.3.3　待解决的关键技术问题

1. 淮河中游枯水期水资源演变规律

确定淮河水系的枯水期时段;采用时序变化分析法、趋势性和突变分析法以及多尺度周期性检验等多种方法,研究流域水资源情势演变规律、水资源演变驱动因素及水资源开发利用变化特征,作为枯水期水资源开发利用和水资源配置研究的重要基础。

2. 淮河干流枯水期来水量预测

探究流域不同枯水期水资源开发利用、可利用量及需水缺水态势,分析流域水资源开发利用和用水水平的变化特征,为流域的水资源优化配置和调度管理提供技术依据。

3. 枯水期供水安全评价

重点分析蚌埠闸上区段水资源的天然时空分布、用水竞争以及水资源不合理开发利用引起的生态环境问题,从供水条件及潜力、实际供水保障、生态环境保障和抗风险能力等四个准则层面对该地区进行供水安全综合评价,为地区供水安全及水资源的可持续利用提供技术依据。

4. 区域的水资源配置

以 Mike Basin 模型作为平台,研制符合区域实际情况的基于分行业用户满意度的水资源配置模型,探究区域的水量分配方法,提出区域不同情景下的水量配置成果,为区域的水资源优化配置与调度提供技术支撑。

5. 枯水期水资源配置及调度管理系统

针对淮河干流正阳关—洪泽湖段特点,分析区域枯水期水源条件,采用基于延迟的 MOSCEM-UA 优化方法的水资源调度模型结合 GIS 技术,开发研制基于不同时段淮干正阳关—洪泽湖段水资源配置及调度管理系统,为流域水资源管理和枯水时段调水决策提供科学依据。

1.4　研究内容与技术路线

1.4.1　研究范围

由于各地枯水期水资源问题不同,因此将范围分为正阳关—蚌埠闸上、蚌埠闸下—洪泽湖以及洪泽湖周边三个区域进行研究,本项目重点研究正阳关—蚌埠段的水量配置方案。为了便于区域水资源利用现状及供需平衡分析,并与水资源综合规划成果相互协调与引用,分析范围确定为研究河段所在的四个水资源三级区(王蚌区间北岸、王蚌区间南岸、蚌洪区间北岸、蚌洪区间南岸)。研究重点为淮河干流正阳关至蚌埠段的河道,该河段位于淮河干流的中游,河段长约 116 km,确定淮南市和蚌埠市为重点研究城市。

研究区域主要涉及地级市 16 个,其中河南省 4 个:信阳市、周口市、驻马店市和商丘市;安徽省 9 个:阜阳市、亳州市、六安市、滁州市、宿州市、淮北市、合肥市、淮南市和蚌埠市;江苏省 3 个:徐州市、宿迁市和淮安市。涉及 54 个县(市、区),其中河南省 16 个,安徽省 31 个,江苏省 7 个,研究区涉及行政区划统计具体见表 1.4.1。

表 1.4.1 研究区涉及行政区划统计表

省	市	县(县级市、区)
河南	信阳	固始、淮滨、息县、潢川、光山
	驻马店	新蔡
	周口	郸城、鹿邑、太康、项城、沈丘
	商丘	虞城、夏邑、永城、柘城、商丘
安徽	六安	霍邱、六安市、金寨、寿县
	阜阳	临泉、界首、太和、阜阳城区、颍上、阜南
	亳州	利辛、蒙城、亳州谯城区、涡阳
	蚌埠	怀远、固镇、五河、蚌埠四区
	淮南	凤台、淮南市区
	淮北	濉溪、淮北市区
	宿州	萧县、砀山、宿州埇桥区、灵璧、泗县
	滁州	凤阳、明光、定远
	合肥	长丰
江苏	徐州	睢宁、铜山、徐州市区
	宿迁	泗洪、泗阳、宿迁市区
	淮阴	盱眙

1.4.2 研究内容

本研究包括枯水期水资源系统解析与动态模拟、枯水期水资源开发利用及供需态势分析、枯水期水源条件与重点控制断面规划年来水量预测、多枯水组合情境下水资源配置、枯水期水资源调度模型与调度方案编制及实施、枯水期水资源配置及调度管理系统研制多个研究方面,研究涉及范围广、内容多、技术难度高、工作量大。项目选择淮河中游为研究范围,以流域内跨省水资源集中开发区、跨省湖泊、重点城市为重点研究区域。主要内容有:

1. 区域水资源状况评价

根据确定的分析范围,收集淮河流域资料及各省市相关水资源规划资料,查明淮河水系的区域概况,包括自然地理、水文气象、河流水系和社会经济等内容。根据已有淮河流域水资源规划成果,参考省市地方规划及近年出台的文件资料,采用新的降雨、蒸发和径流等水文基础资料,进一步查明淮河干流及主要支流水资源数量、水资源质量现状、时空分布特点以及发展演变趋势,完成淮河水系水资源状况和水环境状况现状分析。

2. 枯水期水资源系统解析与动态模拟

根据鲁台子、蚌埠闸、吴家渡、小柳巷等水文站的实测数据，在已有成果基础上通过对流域代表站、典型区长系列径流资料结合多站观测资料从时空角度分析流域的水资源情势演变特征，掌握研究区域的降水、径流量等水文要素的特征和演变规律，并对水资源演变的驱动因素进行分析，客观识别水循环演变过程和驱动因子，以此作为水资源配置的基础之一，并对流域水资源开发利用及水质变化进行分析，探究流域水资源开发利用和用水水平的变化特征。主要揭示淮河流域不同尺度重点区域水资源演变规律，人类活动与水文循环、水资源演变相互关系，为水资源精细化管理及供水安全提供技术支撑。

3. 水资源开发利用及供需态势分析

根据淮河流域及山东半岛水资源综合规划调查评价成果，参照 2000~2012 年安徽省及淮河片水资源公报，获取研究区域的供水工程、供水量及现状用水量资料。根据各行业用水定额，进行研究区域的生活、工业、农业和生态环境等不同行业的需水预测，进行供需平衡分析，得到现状水平年的水资源供需状况、缺水量及缺水率分析成果，作为水量平衡分析和水量配置的基础。

4. 多枯水组合情境下水资源配置

根据水量合理配置的原则，确定范围与分区、水量配置层次和配置对象，进行水资源合理配置系统分析，根据水资源配置系统建立的思路，开发水资源优化配置模型，采用 Mike Basin 模型模拟不同情景下的水量配置方案，将水资源系统中各类控制要素作为水量调度系统模拟分析的控制边界和条件，建立水资源量和水资源应用的逻辑关系。在此基础上结合蚌埠闸水位控制，研究淮河干流水资源优化调度模型。研究区域水源、工程、用户、调度方式、控制目标等要素关系，并根据区域水资源特点和各用水部门特点，分析干流水资源的分配模式和需求，确定水量配置的优化目标和条件。按照整体模型的建模思路，将模拟和优化在一个整体模型中进行耦合，形成淮河水量配置优化模拟模型，促使流域水量调度逐步趋于科学合理，大力推进淮河水量调度系统的应用步伐，提高水量调度精度，以水资源优化配置为基础。

5. 枯水期水资源调度模型研究

在确定淮河水系枯水期的基础上，依据鲁台子站、蚌埠（吴家渡）、小柳巷、五河等测站实测水位、流量数据，从来水量、可供水量、沿程损失及传播时间等多个角度分析枯水期淮河上游大型水库、沿淮湖泊洼地、蚌埠闸上蓄水、采煤沉陷区蓄水、蚌埠闸—洪泽湖河道蓄水、怀洪新河河道蓄水、长江水源及雨洪资源等枯水期淮干水源利用的可行性；对研究区域的可利用水源进行来水量、用水量及渗漏损失量分析，并确定枯水期主要水源；计算典型枯水年的可供水量，掌握不同水平年各水源在特枯条件下的供水保证程度、可供水量，作为特枯期用水管理和调水的依据；给出不同情况下水资源供需状况，分析研究范围内枯水期的用水量及缺水量；根据需水量和可供水量，给出不同水平年的缺水状况及缺水率，作为水量配置方案拟定的基础；分析枯水期淮河水系水量调度工程条件，调查分析范围内蓄水工程、引水工程和提水工程等的数量和规模，以此作为水量调度的工程基础。在实测径流资料和耗水量分析的基础上,完成淮河干流及主要支流省界控制断面不同水平年不同保证率规划来水量分析计算,分析各控制断面现状水平年和规划水平年的断面来水量,以此作为水量调度的基础。

6. 枯水期水资源调度方案编制及实施

根据淮河流域水资源特性及国民经济各部门对水的需求特点,结合淮干水资源调度与展示模型优化计算成果,研究制定特殊干旱年、连续干旱年淮河水量调度原则、调度方案及应急供水对策,提出不同水位级的水量调度措施,为枯水期水资源调度提供依据,缓解淮干水资源供需矛盾,提高水资源利用效率;依据水量调度方案,提出方案实施的保障措施和罚则。通过实地查勘、资料收集,进行监测站网布设,包括入(出)河湖控制断面、重要取水口、农业取水口、重要入河排污口和可利用水源监测断面这五方面,构建监测数据库,制定监测管理保障措施,编制水资源监测方案,为枯水期水量配置模型提供旬流量及水位等基础信息,为该河段枯水期水量应急调度提供决策依据。

7. 枯水期水资源配置及调度管理系统研制

开发淮河干流水资源优化计算程序,建立相应的水资源调度模型,同时将水量优化配置模型程序嵌入水资源调度模型系统可视化展示平台,解决研究区枯水期的水资源配置调度问题,构建系统整体框架结构图,进行系统功能设计,包括设计原则及数据流程、运行环境、菜单结构和系统界面介绍,根据各用水户用水数据进行调度方案计算与成果展示,保障枯水期水量调度方案的实施,为水资源管理和枯水时段用水决策提供依据。

1.4.3　技术路线

在对研究区社会经济、水资源、水利工程、水资源开发利用现状、水生态环境、水资源管理等进行现状调查、资料整理、分析研究的基础上,通过对研究区域的降水、径流等水文要素的年内分配和年际变化分析,揭示研究河段枯水期水文、水资源特征,分析计算省界断面以上规划来水量,研究计算研究区河道生态用水量,分析不同情景下水资源供需状况,制定淮河干流及其主要支流的水量分配方案。并在上述研究的基础上,研究开发用于水资源分配、调度与管理的可视化系统模型。最后,结合已有河道水资源研究成果和水资源管理需求,编制水量调度方案,给出实施措施,提出保障措施,并拟定枯水期水资源监测方案,开发淮河干流水量调度与管理系统。淮河干流枯水期水量调度方案编制与实施,不但涉及技术问题,还涉及地市间用水的行政协调,在项目实施过程中,要多注重与各省地市及有关专家进行技术和行政方面的研讨、咨询。本项目的总体技术路线见图 1.4.1。

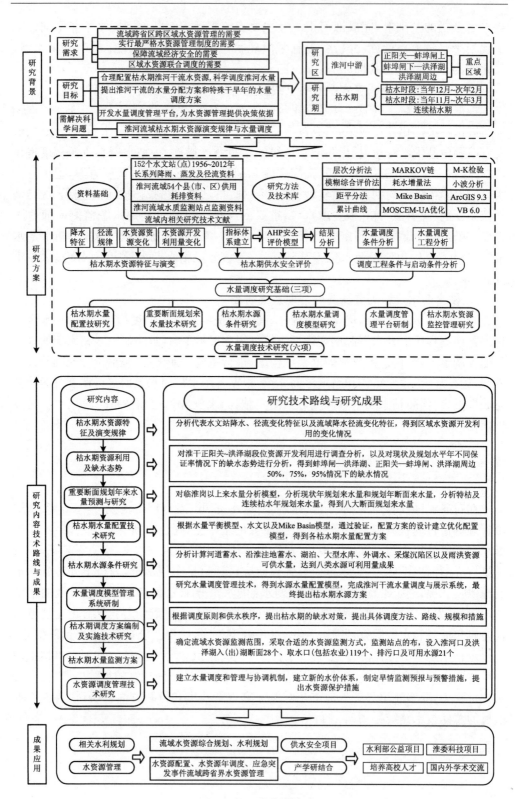

图 1.4.1　技术路线图

2 研究区基本情况

2.1 区域水资源系统

2.1.1 自然地理

项目区域位于淮河中游,除西南部分为山区和丘陵外,大部分为平原区,占区域总面积的 2/3 以上。地形由西北向东南倾斜,总趋势为西高东低,南北高中间低,地面高程一般为 30 m 左右,总的来说研究区域地势低平。地面坡度很小,约为万分之一。项目区域地貌多为冲洪积平原、冲积平原,局部为湖积平原,区域含水层多为富水程度中等到弱的松散类孔隙含水层。淮河干流河道比降平缓,蓄排水条件差。

2.1.2 水文气象

淮河干流正阳关—洪泽湖研究区域为我国南北气候过渡带,属暖温带半湿润季风气候区。淮河以北属暖温带区,气候接近黄河流域;淮河以南属北亚热带区,气候接近长江流域。本区气候特点:夏热多雨,冬寒晴燥,秋旱少雨,冷暖和旱涝转变突出。

区域多年年平均气温为 14~15 ℃,年平均相对湿度 70%~75%,年平均日照时数为 2 200~2 500 h,多年平均降水量为 600~1 400 mm,多年平均径流深为 270~300 mm,多年平均径流系数为 0.2~0.3,多年平均水面蒸发量为 1 000~1 100 mm,干旱指数约为 1.0~1.5。降水年际变化较大,最大降水量为最小降水量的 3~4 倍,径流变化较降水变化更加明显,最大年径流与最小年径流的比值为 5~30。降水量与径流量的年内分配极不均匀,汛期(6~9 月)降水量与径流量均占全年的 50%~80%,其中 7 月降水量约占全年降水量的 24%。区域内往往出现汛期一至两个月的多次强降雨过程而发生严重洪涝,或者在汛期发生空梅少雨天气出现严重干旱,也可能在年内发生先洪涝、后干旱,先干旱、后洪涝,或者旱涝交替,甚至也有连续的洪涝年份或连续的干旱年份。

2.1.3　河流水系

淮河干流发源于河南南部桐柏山,自西向东流经河南、安徽,入江苏境内洪泽湖。在洪泽湖南面经入江水道在三江营入长江,在洪泽湖东面由灌溉总渠、二河及新开辟的入海水道入黄海,干流全长 1 000 km,总落差 200 m。从淮源至豫皖交界的王家坝为上游,长 364 km,落差 178 m,河道平均比降为 0.5‰;从王家坝至洪泽湖三河闸为中游,长 490 km,落差为 16 m,河道平均比降仅为 0.03‰,其中在安徽境内 430 km;洪泽湖以下为下游,长 150 km,落差为 6 m,河道平均比降为 0.04‰。王家坝、中渡以上控制面积分别为 3 万 km² 和 16 万 km²;中渡以下(包括洪泽湖以东里下河地区)面积为 3 万 km²。淮河干流水资源分区分为淮河上游区、中游区和下游区,如图 2.1.1 所示。本次研究的区段主要为:王蚌区间北岸区、王蚌区间南岸区、蚌洪区间北岸区和蚌洪区间北南岸区及洪泽湖周边部分区域。

淮河水系两岸支流众多,呈不对称的扇形分布,淮河北岸的支流主要有洪汝河、颍河、涡河、怀洪新河、西淝河、北淝河、新淝河、浍河、沱河、老濉河、新濉河、徐洪河和新汴河等;淮河南岸较大的天然支流有狮河、潢河、史灌河、淠河、东淝河、窑河、天河和池河。人工河流有茨淮新河、怀洪新河和新汴河,均自西北向东南汇入淮河或洪泽湖。淮河干流及较大支流特征值如表 2.1.1 所示。

表 2.1.1　淮河区主要河流特征值

河流名称	集水面积 (km²)	起　　点	终　点	长　度 (km)	平均坡降
淮河	190 032	河南省桐柏县太白顶	三江营	1 000	0.20‰
洪河	12 380	河南省舞阳龙头山	淮河	325	0.90‰
颍河	36 728	河南省登封少石山	淮河	557	0.13‰
涡河	15 905	河南省开封郭厂	淮河	423	0.10‰
史河	6 889	安徽省金寨县大别山	淮河	220	2.11‰
淠河	6 000	安徽省霍山县天堂寨	淮河	248	1.46‰

淮河区域内地势平坦,湖泊众多,湖面大而水不深,水面面积约 7 000 km²,占流域总面积的 2.6% 左右,总蓄水能力 280 亿 m³,其中兴利蓄水量 60 亿 m³。沿淮主要的湖泊洼地有城东湖、城西湖、邱家湖、姜唐湖、瓦埠湖、寿西湖、董峰湖、汤渔湖、高塘湖、四方湖、香涧湖、欠河洼、荆山湖、天河洼、方邱湖、沱湖、天井湖、女山湖、七里湖、洪泽湖等众多湖,其中洪泽湖是连接淮河中下游调节水量的枢纽,承接上中游15.8 万 km²的来水,蓄水面积约为 2 000 km²,最大蓄水面积约为 3 700 km²,为淮河流域最大的湖泊,也是我国第四大淡水湖,具有拦蓄淮河洪水并兼有供水、航运、水产养殖等多种功能。淮河干流沿淮较大湖泊特征值见表 2.1.2。

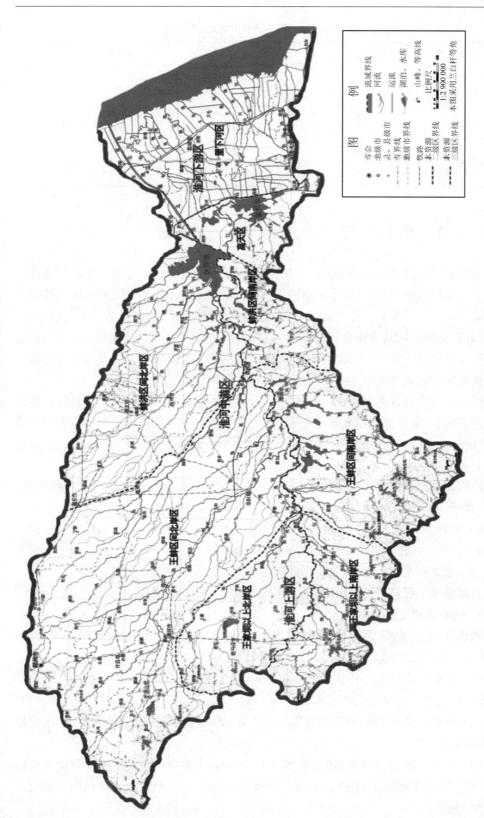

图 2.1.1 淮河水系水资源分区图

表 2.1.2　淮河干流沿淮主要湖泊特征值

湖泊名称	正常蓄水位(m)	相应面积（km²）	相应库容(万 m³)
城西湖	21.00	314	56 000
城东湖	20.00	140	28 000
瓦埠湖	18.00	156	22 000
高塘湖	17.50	49.0	8 400
洪泽湖	13.00	2 069	410 000

2.1.4　水利工程

淮河是新中国成立后最先进行大规模治理的第一条大河,五十多年来淮河流域已修建了大量的水利工程,已初步形成淮水、沂沭泗水、江水、黄水并用的水资源利用工程体系。

目前,淮河流域共修建大、中、小型水库 5 700 多座,总库容近 270 亿 m³,并有水电装机近 3.0×10^5 kW。其中大型水库 36 座,控制流域面积 3.45 万 km²,占全流域山丘区面积的 1/3,总库容 187 亿 m³,其中兴利库容 74 亿 m³。

淮河流域现有各类水闸 5 000 多座,其中大、中型水闸约 600 座。它们的主要作用是拦蓄河水,调节地面径流和补充地下水,发展灌溉、供水和航运事业,汛期泄洪、排涝,有的是分洪、御洪、挡潮。全淮河流域现有大中小型电力抽水站 55 000 多处,总装机 300 多万千瓦,为排涝、灌溉和供水发挥了重要作用。

淮河流域属水资源缺短地区,但它邻长江傍黄河,有着引外水补源的有利条件。自 20 世纪 60 年代以来,河南、山东积极兴办引黄工程,现在豫东、鲁西南每年引黄河水(20~30)亿 m³。江苏自 20 世纪 60 年代起兴建江水北调工程,著名的江都站抽水能力 500 m³/s,一般年抽长江水 50 亿 m³ 左右;泰州引江河可引长江水 300 m³/s。这些工程为南水北调东线工程打下了良好的基础。

流域供水工程包括地表水源、地下水源和其他水源三大类型。

1. 地表水源工程

地表水源工程分为蓄水、引水、提水和调水工程,淮河区现状供水能力为 507 亿 m³,其中淮河流域 457 亿 m³,山东半岛 50 亿 m³。

(1) 蓄水工程包括大中小型水库和塘坝,共 59 万座,总库容 389 亿 m³,兴利库容 193 亿 m³,分别占多年平均年径流量的 58% 和 29%。

(2) 引水工程 950 处,总引水规模为 3.1 万 m³/s,其中淮河流域 390 处,引水规模 3.05 万 m³/s。

(3) 提水工程 18 340 处,提水规模 7 400 m³/s,大型提水工程规模占总提水规模的 17%。其中淮河流域 13 133 处,提水规模 6 800 m³/s,大型提水工程规模占总提水规模的 18%。

（4）跨流域调水工程 43 处，总调水规模 3 000 m³/s，大型调水工程占总提水规模的 93%。

2. 地下水源工程

淮河区现有机电井 177 万眼，配套机电井 150 万眼，供水能力 199 亿 m³，其中淮河流域 149 亿 m³，山东半岛 50 亿 m³。

3. 其他水源工程

包括集雨工程、污水处理回用工程和海水利用工程，共 9.2 万处，供水能力约为 2.4 亿 m³，主要分布在山东半岛。

2.1.5　社会经济

研究区域涉及安徽省、江苏省部分地市，2012 年人口约 552.13 万人，地区生产总值 1814.04 亿元，分产业看，第一产业增加值 263.59 亿元，第二产业增加值 947.78 亿元，第三产业增加值 602.67 亿元。区域内火（核）电装机 408.15 万千瓦。

项目区域气候、土地、水资源条件优越，适宜发展农业生产，是我国重要的粮、棉、油主要产区之一。区域总耕地面积为 607.27 万亩，人均耕地面积 1.099 亩，低于全国人均耕地面积。粮食总产量 574.89 万吨，人均粮食产量 1 041 千克，高于全国人均粮食产量。区域内水域广阔，鱼类资源丰富，有 2 000 多万亩水面，100 多种鱼类，是中国重要的淡水渔区。

研究区域内交通发达，京九、京广、陇海、宁西等铁路贯穿其间，区域内工业以煤炭、电力工业及以农副产品为原料的食品、轻纺工业为主。目前已建成淮南大型煤炭生产基地，淮南矿业集团下属煤矿有望峰岗、潘一、潘二、潘三、潘一东、李嘴孜、顾桥、谢桥、丁集、顾北、新集、新庄孜等矿，淮南矿区是中国黄河以南重要的煤田，也是华东地区重要的能源基地。近十多年来，煤化工、建材、电力、机械制造等轻、重工业也有了较大发展，区域内淮南、蚌埠等一批大中型工业城市已经崛起。

水资源与各产业（农业、工业及服务业）、经济布局、城市发展、人民生活水平及生态环境等方面密切相关，对经济和社会发展至关重要。枯水期项目研究区域资源型缺水问题突出，缺水程度加剧。

2.2　水资源概况

2.2.1　降水量

根据淮河流域及山东半岛水资源综合规划调查评价成果，参照 2001～2012 年淮河片水资源公报，分析范围内多年平均（1956～2012 年）降水量为 994.3 mm，高于淮河流域多年平均降水量 874.7 mm，也高于淮河区多年平均降水量 839 mm，该区域（特别是淮南山丘区)属于淮河流域降水较丰富地区。

1. 正阳关—蚌埠闸区间

降水量在地区分布上不均匀,呈现淮河以南大于淮河以北的规律。淮河以南多年平均降水量 1 114 mm,淮河以北多年平均降水量 862 mm。

蚌埠闸上区域降水量年内分配具有汛期集中,季节分配不均和最大最小月相差悬殊等特点。多年平均以 7 月降水最多,在 140～270 mm 之间,占年降水的 15%～30%。最小月降水多出现在 1 月,一般为 5～40 mm,占年降水的 1%～3%。同站最大月降水是最小月的 5～35 倍,其倍数自南向北递增。

蚌埠闸上区域降水的年际变化剧烈,年降水量变差系数 C_V 值在 0.2～0.25 之间,自南向北增加。分析范围内不同站点实测最大年降水量与最小年降水量的比值一般在 3.18～6.06 之间,20%,50%,75%,97%保证率年份降水量分别为 1 163 mm,966 mm,838 mm,568 mm。

2. 蚌洪区间

据 1956～2012 年面降水量系列统计,洪泽湖以上区域多年平均年降水量为 891 mm,75%,97%和 99%保证率年降水量分别为 762 mm,617 mm 和 527 mm。

降水量空间分布呈南多北少、山区大平原小的特点。南部大别山区的年平均降水量在 1 400～1 500 mm,北边黄河沿岸年平均降水量在 6 00～7 00 mm。

降水时程分布呈年际年内分布不均的特点。6～9 月为淮河水系的汛期,汛期多年平均降水量占全年降水量的 60%以上,其中 7 月多年平均降水量在 140～270 mm 之间,占全年降水量的 15%～30%;1 月多年平均降水量在 5～40 mm 之间,占年降水量的 1%～3%,最大与最小月降水量的比值为 5～35 倍。

区域降水量的年际变化显著,最大与最小年降水量的比值为 2.2。

2.2.2　地表水资源量

根据淮河流域水资源综合规划初步成果,淮河干流中游以上多年平均地表水资源量为 367.1 亿 m³,偏丰年(P=20%)年径流量为 502.0 亿 m³,平水年(P=50%)年径流量为 323.2 亿 m³,偏枯年(P=75%)年径流量为 215.68 亿 m³,枯水年(P=95%)年径流量为 97.1 亿 m³。

从水资源的空间分布来看,淮河以南地区的水资源条件明显优于淮河以北地区的水资源条件。为了说明淮河南北水资源条件的差异,选择具有代表性的三个水文站的年径流量进行比较分析,见表 2.2.1 所示。由表可见,淮河上游淮河以南地区横排头站多年平均径流深为 776.1 mm,即使频率为 95%的年径流深仍达 353.6 mm;淮河上游淮河以北地区沈丘站多年平均径流深仅为 140.3 mm,而频率为 95%的年径流深只有 20.6 mm;支流涡河蒙城站水资源条件更差,多年平均径流深仅为 85.5 mm,而频率为 95%的年径流深只有 21.1 mm。

表 2.2.1 几个典型水文站年径流情况

水文站名称	所在水系	集水面积 (km²)	项目	天然年径流量								
				最大		最小		多年平均径流量	不同频率年径流量(万 m³)			
				径流量	出现年份	径流量	出现年份		20%	50%	75%	95%
横排头	淠河	4 370	径流量(万 m³)	671 669	1991	125 480	1978	339 171	442 612	322 134	243 244	154 539
			径流深(mm)	1 537.0		287.1		776.1	1 012.8	737.1	556.6	353.6
蒙城	涡河	15 475	径流量(万 m³)	613 579	1 963	30 600	1966	132 332	191 276	116 333	73 001	32 607
			径流深(mm)	396.5		19.8		85.5	123.6	75.2	47.2	21.1
沈丘	淮河	3 094	径流量(万 m³)	154 305	1 984	5 320	1 966	43 418	66 337	35 531	19 312	6 380
			径流深(mm)	498.7		17.2		140.3	214.4	114.8	62.4	20.6

1. 区域分布

根据 1956～2012 年鲁台子、蚌埠站天然径流量系列分析,鲁台子至蚌埠闸区间多年平均天然年径流深 220 mm。淮南市当地地表水资源量 4.7 亿 m³(面积 2 121 km²),蚌埠市 0.98 亿 m³(面积 445 km²)。淮南、蚌埠两市 95%保证率天然年径流量分别 0.96 亿 m³ 和 1.23 亿 m³。

根据 1956～2012 年天然径流系列统计,蚌洪区间多年平均天然径流量 67.9 亿 m³(相应径流深 176.4 mm)。其中蚌洪区间南岸平均天然径流量 48.4 亿 m³,蚌洪区间北岸平均天然径流量 19.5 亿 m³,蚌洪区间南、北岸平均天然径流量的比值为 2.5。蚌洪区间年最大天然径流量 181 亿 m³(出现在 1963 年),年最小天然径流量 1.85 亿 m³(出现在 1978 年),年最大与最小天然径流量的比值为 98.9。

洪泽湖主要入湖控制站有小柳巷、明光、峰山、宿县闸、泗洪(潍)、泗洪(老)和金锁镇,根据各控制站实测流量分析,洪泽湖多年平均来水量为 321 亿 m³,最大来水量为 873 亿 m³,出现 2003 年;最小来水量仅为 17.6 亿 m³,出现 1978 年。

2. 年内分配

项目区域内径流量的年内分配较降水更不均匀,年径流量主要集中在汛期 6～9 月,约占全年径流量的 52%～87%。径流汛期集中程度北方高于南方。最大月径流量一般出现在 7 月或 8 月,最大月径流量占年径流量的比例一般为 18%～40%,且自南向北递增;最小月径流量占年径流量的比例一般为 0.6%～3.3%,地区上变化很小,淮河以南一般出现在 12 月,其他地区为 1～3 月。蚌埠闸上径流量在年内分配非常不均,年内径流量主要集中在汛期的 6～9 月,月最大流量与月最小流量相差 10 倍,如图 2.2.1 所示。

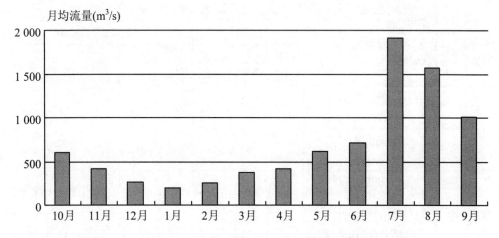

图 2.2.1　蚌埠闸以上区域主要代表站鲁台子实测多年月均流量图

3. 年际变化

研究区域径流量的年际变化比降水更为剧烈,最大年径流量与最小年径流量的比值一般为 5～40,呈现南部小,北部大,平原大于山区的规律。鲁台子站多年平均径流量为 217 亿 m³,最大年均径流量为 522 亿 m³,最小年均径流量为 34.7 亿,相差 15 倍,年际间变化很大。1951～2012 年多年平均汛期径流量占到全年总量的 62.3%,非汛期 8 个月的径流量只占全年的 37.7%;鲁台子历年年径流量、非汛期的径流量过程见图 2.2.2。

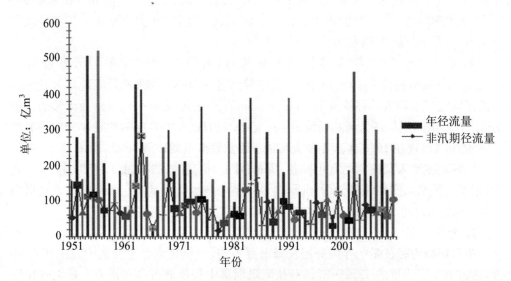

图 2.2.2　蚌埠闸以上区域主要代表站鲁台子历年径流量

从图 2.2.2 中可以看出,年内径流量可以概括为 3 种类型:正常型、均匀型、反常型。

正常型:全年、汛期、非汛期径流量都接近于多年均值,如 2006～2007 灌溉年。

均匀型：汛期、非汛期径流量值接近，如 2005～2006 年灌溉年。

反常型：汛期径流小于非汛期径流量，如 2000～2001 年灌溉年。

从年代来看，除 1991～2000 年间径流量为 169 亿 m³ 偏小之外，其他年代变化不大，具体见表 2.2.2 和图 2.2.3。洪泽湖历年来水过程见图 2.2.4。

表 2.2.2　鲁台子各年代实测径流量统计表　　　　单位：亿 m³

时　段	非汛期径流量	全年径流量	非汛期/全年
1951～1960 年	92.2	267.9	34.4%
1961～1970 年	98.1	219.9	44.6%
1971～1980 年	67.7	183.9	36.8%
1981～1990 年	91.8	233.5	39.3%
1991～2000 年	59.1	169.1	35.0%
2001～2012 年	73.4	244.6	30.0%
1951～1979 年	85.8	222.4	38.6%
1980～2012 年	77.8	212.3	36.7%
1951～2012 年	81.8	217.3	37.6%

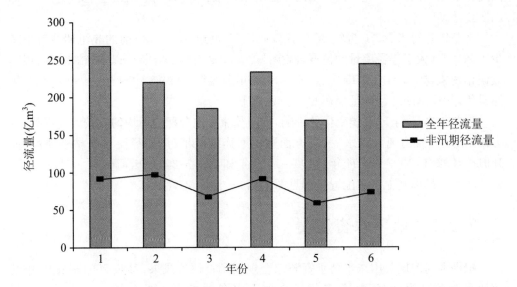

图 2.2.3　鲁台子各年代实测径流量统计图

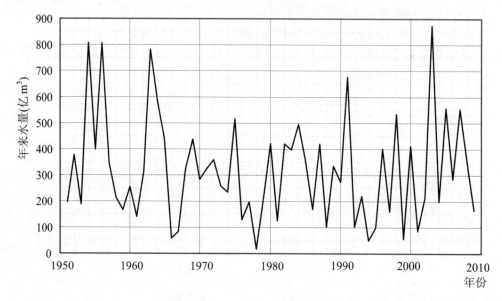

图 2.2.4　洪泽湖历年来水过程

4. 枯季径流特征

蚌埠闸以上地区淮河以南多为山地丘陵区,降水量较为丰沛,径流的调节能力也比较好,非汛期来水量较为丰富。淮河北岸支流由于降水量较小,且上游均有水库和闸门调节控制入淮的水量,进入淮河干流的水量很少,所以,枯季径流主要来自于南部山区。

从整体趋势来看,20 世纪 80 年代以后比 20 世纪 80 年代以前的非汛期径流量减少了 8.3％,大于年径流量的情况(减少 3.2％)。20 世纪 90 年代以来,枯水期出现连续偏枯现象,如 1994～1995 年、1995～1996 年灌溉年,1998～1999 年、1999～2000 年灌溉年,其非汛期的径流量都在 40 亿 m^3 以下。

近些年来,受全球气候变化的影响,淮河径流年内分配的不均匀性较以往更甚,一方面,汛期频繁出现大洪水,另一方面则汛期连续偏枯,汛期径流小于枯季径流,如 1991～1992 年、1993～1994 年、1996～1997 年和 2000～2001 年灌溉年。

典型年蚌埠闸上来水配置过程见图 2.2.5～图 2.2.7。

2.2.3　地下水资源量

根据淮河流域及山东半岛水资源综合规划调查评价成果,参照 2001～2012 年淮河片水资源公报,淮河中游多年平均地下水资源量为 169.8 亿 m^3,平原地区为 132.4 亿 m^3,山丘区为 374.0 亿 m^3。

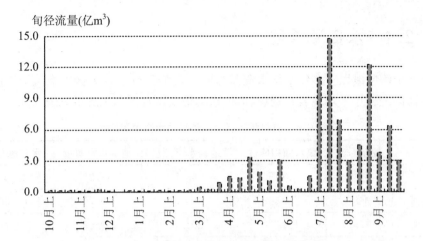

图 2.2.5 1977～1978 年径流量年内分配过程

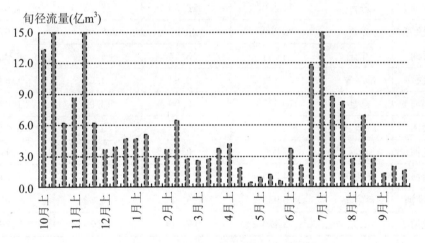

图 2.2.6 1966～1967 年径流量年内分配过程

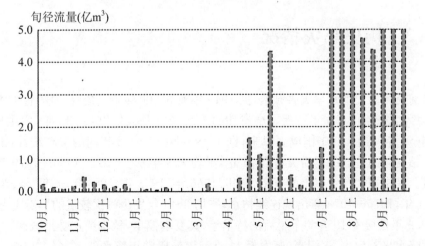

图 2.2.7 1978～1979 年径流量年内分配过程

2.2.4　水资源总量

淮河干流中渡以上多年平均水资源总量498.6亿 m³。研究区内淮河干支流主要控制断面以上多年平均地表水资源、地下水资源及水资源总量成果见表2.2.3。

表 2.2.3　控制断面以上多年平均水资源量成果表　　　　单位:亿 m³

河 流	控制断面	集水面积(km²)	地表水资源量	地下水资源量	水资源总量
淮河	息县	10 190	43.5	11.81	45.07
淮河	淮滨	16 005	60.82	19.76	66.36
淮河	蚌埠	121 330	304.14	159.57	394.17
淮河	中渡	158 000	367.10	210.13	492.35
洪河	班台	11 280	26.38	16.55	37.09
沙颍河	界首	29 290	33.5	38.66	60.07
泉河	沈丘	3 094	3.54	4.08	6.35
黑茨河	邢老家	824	0.94	1.09	1.69
涡河	亳县	10 575	12.09	13.96	21.69
浍河	临涣集	2 560	2.45	3.93	5.91
沱河	永城	2 237	2.14	3.44	5.17
淠河	横排头	4 370	22.37	2.92	22.91
史灌河	蒋家集	5 930	29.86	6.63	30.95
池河	明光	3 470	7.18	0.75	7.26

2.3　历史旱灾情况

淮河流域历史上水旱灾害频繁,据1949年前的500年资料统计,全省性的大灾共51年,发生概率约为10年一遇。全省性的一般旱灾及大旱灾共133年,发生概率3年一遇—4年一遇。新中国成立以来,据1949~2000年52年间的资料统计,淮河流域由丰枯变化而造成的旱涝灾害有41年,平均1.3年发生一次。1966~1979年为偏枯水段。其中属大旱级以上的有1959年、1966年、1978年、1994年、1997年、2000年和2001年,1976~1978年出现连续枯水,平均3~4年发生一次较重的旱涝灾害。

1959年是接着1958年干旱后的特旱年,其夏季偏旱,秋季严重受旱减产。7~10月全省降水显著偏少,气温高,蒸发量大,淮河流域比常年降水少50%,尤以7月降水更为稀少,阜南、临泉、颍上、凤台等地7月降水比常年同期少7~9成。当年汛期淮河干流几乎全部断流,受旱面积3788.7万亩,成灾面积2645万亩。

1966年淮北大部分地区是夏、秋旱连冬旱,5~9月降雨量偏少,淮河流域比常年同期偏少40~60%,尤以8~9月雨水特少,淮北8月只降雨20~30 mm,9月基本无雨,10月只降雨10 mm左右,全年淮北的径流量只占多年平均值的36%,大型水库9月底已基本用空,受旱面积2410.2万亩,成灾面积2001.3万亩。该年蚌埠闸上水位最小值15.32 mm(11月11日),蚌埠闸9~12月闸门全部关闭,吴家渡站流量为零。

1978年淮河两岸降雨量仅为400~450 mm。旱情过程为冬天缺雪、春天少雨、伏天干热、秋似酷暑、岁末又旱。淮河流域地表径流只占多年平均值的33%。淮河干流每年6月至次年4月共有10个月枯水期,蚌埠闸全年下泄水量不到27亿m³,不足多年平均值的1/10。该年鲁台子站最小流量近于零,蚌埠闸上水位最小值为15.00 mm(9月11日),为此曾临时架机由闸下向上游抽水抗旱。吴家渡水文站出现年最小径流27亿m³,4~7月,蚌埠闸连续关闸74天,累积关闸255天,吴家渡站流量为零。淮河流域受灾面积2930.7万亩,成灾面积1799万亩。

1994年主要是夏、秋干旱。6~9月是农作物生长的关键时期,酷热少雨,高温天气达30天左右,是特旱年同期最长的年份之一。淮河干流只有一次小洪水,支流来水量比同期少70%,淮河流域当地地表径流为多年平均值的46.4%。1994年淮河流域受灾面积4099.1万亩,成灾面积2773.8万亩。小柳巷8月24日至8月28日共5天流量小于30 m³/s,旬平均最小实测流量为38.5 m³/s(8月中旬),为1982年以来最小值。

1999年、2000年连续两年淮河流域出现比较严重的旱情。从1999年11月至2000年5月21日长达半年之久,沿淮淮北地区仅降水70~150 mm。2000年1月1日至5月21日,王家坝站过水量仅有3.63亿m³,比1978年同期少5成,比1994年同期少7成。5月15日,流量仅有3.5 m³/s,几乎断流。4、5月淮河干流基本处于断流状态,致使蚌埠闸断航达2个月之久。据安徽省农业部门统计,旱灾直接经济损失达77亿元。其中省辖淮河流域蚌埠、淮南等8个地市粮食减产182万吨,经济作物损失30多亿元。

2001年,淮河流域降水稀少,且持续晴热高温,汛期沿淮以北大部分地区降水量为200~400 mm,比常年偏少5~6成。5月1日王家坝水位19.59 m,比常年同期低2.56 m,正阳关17.51 m,比常年同期偏低0.64 m。7月下旬,受洪河、颍河、涡河降水来水影响,淮河有一次涨水过程,但大部分控制站汛期最高水位为历年汛期最高水位的最低值。汛期王家坝最低水位18.04 m(7月22日),为有资料以来的最低水位。正阳关最低水位15.20 m(7月27日),为1936年以来汛期最低水位,1979年以来年最低水位。蚌埠闸上15.25 m(7月26日),为1966年以来汛期最低水位,1979年以来年最低水位。吴家渡水文站10.61 m(7月28日),为1968年以来最低水位。汛期淮河干流来水量少,大部分河流比常年同期偏少9成以上。淮河干流王家坝、鲁台子、吴家渡水文站过水量分别为8.1亿m³,15.5亿m³,4.6亿m³,比常年同期少9成以上,除王家坝外,其余为历年汛期最少。7月下旬至8月中旬,因淮河上游流域集中降水,来水量大,原积蓄在颍河、涡河、洪河中的污水进入淮河,造成了淮河水质的严重污染。

据统计,2001 年安徽省受旱面积 354.9 万 hm²,占耕地面积的 83.7%,成灾面积 187.9 万 hm²,占受旱面积的 53%,绝收面积 34.7 万 hm²,占受灾面积的9.8%,其中午季作物受旱面积 186.1 万 hm²,成灾 26.4 万 hm²,绝收 2 万 hm²,全省因旱减收粮食 410 万 t,其中午季作物减收 28 万 t,农业经济损失 79 亿元。高峰期有 161 万人、49 万牲畜发生饮水困难。

2000 年沿淮涵闸总计引水 4.09 亿 m³。2001 年沿淮涵闸共引水 1.51 亿 m³,缓解了沿淮各县市的旱情,促进了当地的经济发展。

2.4　水量应急调度实例

淮河干流当地水资源短缺,特别是枯水年缺水量较大,难以支撑该区经济社会的可持续发展。淮河区北临黄河,南靠长江,具有跨流域调水的区位优势。当淮水较少、长江水量充足时,可以进行江水北调,并决定向各地区分配供水量。如在 1978 年的特大干旱中,江都抽水站抽引长江水 215 亿 m³,相当于洪泽湖正常蓄水量的 7 倍。在淮水较枯、沂水丰沛时,可以通过"引沂济淮"向洪泽湖及下游水体补充水量,如 1978、1994、2001 等年,洪泽湖水量较枯,骆马湖水量较充足,通过宿迁闸、泗阳闸补充水量。根据《淮河流域水资源综合规划》研究成果,2020 年,规划实施南水北调东线工程一期和二期、南水北调中线工程一期、引江济淮工程一期,淮河区多年平均跨流域调入水量为 187.2 亿 m³,调出淮河区水量为 1.6 亿 m³。2030 年,规划实施南水北调东线工程三期、南水北调中线工程二期、引江济淮工程二期,淮河区多年平均跨流域调入水量为 218.6 亿 m³,调出淮河区水量为 1.6 亿 m³。

2001 年 4 月以后,淮河持续干旱,7 月 18 日蚌埠闸闸上水位降至 15.57 m,是自 1965 年建闸蓄水以来同期最低水位。洪泽湖水位长期处于死水位以下,7 月 25 日蒋坝水位降至 10.60 m,低于死水位 0.70 m,为汛期最低水位,相应的蓄水不足 2 亿 m³,导致中国第四大淡水湖接近干涸。7 月下旬,沂沭泗地区连续出现降雨,骆马湖水位上升,入湖流量逐步加大。为充分利用沂沭泗洪水资源,7 月 29 日淮委紧急会商江苏防指,果断做出"引沂济淮"的决策,决定利用中运河和徐洪河调沂沭泗水系洪水补给淮河水系。

"引沂济淮"调水自 7 月 30 日 8 时起,8 月 13 日 8 时结束,骆马湖约调出 8.08 亿 m³ 洪水,其中,约 6.57 亿 m³ 洪水进入洪泽湖。加上淮干蚌埠闸下泄洪水,洪泽湖水位从 7 月 30 日 8 时的 10.60 m 涨至 8 月 13 日 8 时的 11.59 m,库容增加到 9.8 亿 m³。

"引沂济淮"调水的成功,有效缓解了淮河洪泽湖地区的旱情,极大改善了洪泽湖的水环境和生态环境,保障了群众的生活与生产安全,同时也为今后流域跨水系水资源优化调配和洪水资源的合理利用积累了经验。

　　洪泽湖设计最低蓄水位 11.3 m,2001 年洪泽湖最低水位仅 10.7 m,可用水量 (0.3～0.4)亿 m³,无水可引入蚌埠闸下。蚌埠闸下河槽蓄水量仅 0.3 亿 m³(11 m 水位),扣除蚌埠闸以下水质差的区段水量后,可用水量约 0.15 亿 m³。2001 年为缓解蚌埠闸上用水极度紧张局面,新集站开机启用,实际抽出香涧湖的水量在 500 万 m³ 左右,后因淮河干流上游来水增加,未补水到蚌埠闸上。

3 枯水期水资源系统解析与动态模拟技术研究

3.1 枯水期水资源系统概述

水资源系统是以水为主体构成的一种特定的系统,在一定范围或环境下为实现水资源开发目标,由相互联系、相互制约、相互作用的若干水资源工程单元和管理技术单元组成的有机体。

淮河中游区水资源系统主要由三部分构成:一是水资源自然系统;二是水资源工程系统;三是水资源管理系统。

3.1.1 水资源自然系统

水资源自然系统参见 2.1.3 节河流水系部分,这里不再赘述。

淮河水系水资源自然系统概化图,见图 3.1.1。

3.1.2 水资源工程系统

水资源工程系统,参见 2.1.4 节水利工程部分,这里不再赘述。

3.1.3 水资源管理系统

淮河流域和山东半岛的水资源管理机构是水利部淮河流域水利委员会。水利部淮河流域水利委员会是水利部在淮河流域和山东半岛设立的派出机构,在水利部授权范围行使所在流域内的水行政管理职能。在淮委内部涉及淮河流域水资源管理的机构有淮委水政与安全监督处、淮委水资源处、淮河流域水资源保护局、淮河流域水环境监测中心、淮委水文局(信息中心)和负责沂沭泗水系管理的沂沭泗水利管理局。

水利部淮河流域水利委员会的水资源管理职责包括:组织开展淮河流域和山东半岛范围内供水管理与监督、流域管辖范围内用水管理与监督、流域水资源保护和调配、流域水资源统计管理与信息发布、水资源应急管理。水利部淮委沂沭泗水利管理局负

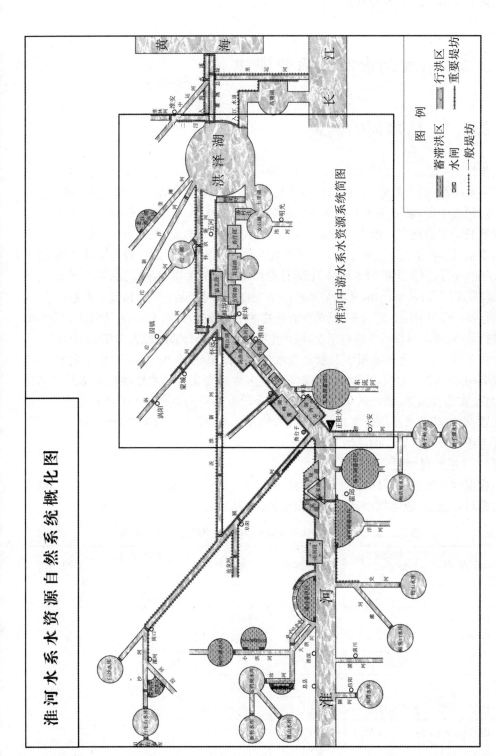

图 3.1.1 淮河水系水资源自然系统概化图

责淮河流域沂沭泗水系管理。

3.2　枯水期水资源演变规律

3.2.1　枯水期的确定

根据研究区域的用水结构和用水户的特点分析,正阳关—洪泽湖河段主要的用水户是农业灌溉(沿淮片灌区、补水片灌区)、工业、城市生活用水。一般工业、城市生活用水过程较平稳,农业用水受降水量的影响大,降水量小,作物对降水的有效利用小,需要灌溉的水量则大。沿淮两岸主要农作物种植午季(即夏季)以小麦、油菜为主,秋季以水稻、棉花、大豆、玉米为主。午季作物小麦、油菜的生长期一般为播种年的 10 月到次年的 5 月,而且次年的 3 月、4 月、5 月是作物生长的关键时期,耗水量比较大,为午季作物受旱时段;秋季作物,尤其是水稻其生长的关键时期是 6～9 月,且耗水量较大,为秋季作物的受旱时段。综合午、秋两季农作物的生长规律,选取 3～9 月为农作物受旱时段进行分析,考虑到该河段还有工业、城市生活用水,整个计算时段为全年 12 个月。

由于研究区内各年水资源总量及来水量存在随机性,年内、年际丰枯变化很大,而且主要用水户之一的农业用水量也随降水量多少而变化。枯水期的确定需综合考虑降水量、实测径流量、径流的年内分配,并结合面上的旱情和典型年的资料完整情况进行选取;典型年的选择综合考虑降水量、实测径流量、径流量的年内分配,对于干旱年还要考虑已发生干旱年的旱情等因素。

1. 从区域降水量分析

根据蚌埠闸上流域蚌埠、淮南、蒙城、鲁台子、王家坝等雨量站 1952～2012 年降水系列资料,按照灌溉年降水量进行经验排频,见表 3.2.1。

表 3.2.1　蚌埠闸上区域(灌溉年)年降水量经验频率成果表

灌　溉　年	年降水量 (mm)	经验频率	灌　溉　年	年降水量 (mm)	经验频率
1965～1966	444.2	98.2%	1970～1971	895.6	49.1%
1977～1978	536.0	96.4%	1989～1990	899.5	47.3%
1998～1999	537.9	94.5%	1988～1989	899.6	45.5%
2000～2001	599.6	92.7%	1964～1965	904.4	43.6%
1993～1994	625.3	90.9%	1959～1960	906.4	41.8%
1952～1953	646.7	89.1%	1967～1968	917.9	40.0%
1975～1976	654.7	87.3%	1963～1964	925.5	38.2%
1991～1992	674.7	85.5%	1984～1985	937.0	36.4%
1966～1967	693.9	83.6%	1951～1952	939.5	34.5%

续表

灌溉年	年降水量（mm）	经验频率	灌溉年	年降水量（mm）	经验频率
1957～1958	698.4	81.8%	1978～1978	956.3	32.7%
1980～1981	702.8	80.0%	1983～1984	976.5	30.9%
1958～1959	718.2	78.2%	2001～2002	978.4	29.1%
1956～1957	728.5	76.4%	1979～1980	979.8	27.3%
1960～1961	770.9	74.5%	1981～1982	981.5	25.5%
1985～1986	771.1	72.7%	1999～2000	997.2	23.6%
1976～1977	773.4	70.9%	1968～1969	1 001.0	21.8%
1987～1988	786.8	69.1%	1974～1975	1 007.5	20.0%
1982～1983	795.8	67.3%	1986～1987	1 044.0	18.2%
1994～1995	807.5	65.5%	1953～1954	1 049.8	16.4%
2003～2004	819.0	63.6%	1961～1962	1 067.5	14.5%
1973～1974	824.5	61.8%	1971～1972	1 075.0	12.7%
1996～1997	828.4	60.0%	1962～1963	1 095.2	10.9%
1995～1996	833.5	58.2%	2011～2012	1 152.1	9.1%
1954～1955	835.3	56.4%	1997～1998	1 186.5	7.3%
1969～1970	838.9	54.5%	1990～1991	1 327.3	5.5%
1972～1973	849.3	52.7%	1955～1956	1 366.4	3.6%
1992～1993	892.1	50.9%	2002～2003	1 384.9	1.8%

2. 鲁台子来水量分析

鲁台子来水量是蚌埠闸上来水的最主要组成部分，一般占蚌埠闸上来水的70%甚至80%以上。论证分析典型年选取可以鲁台子径流量分析作为参考。根据鲁台子站1952～2012年实测径流量系列资料，按照灌溉年径流量进行经验排频，见表3.2.2。

表3.2.2 鲁台子站(灌溉年)年径流量经验频率成果表

年份	灌溉年径流量（亿 m³）	经验频率	年份	灌溉年径流量（亿 m³）	经验频率
1965～1966	52.2	98.2%	1989～1990	199.1	49.1%
1998～1999	59.0	96.4%	1970～1971	212.8	47.3%
1977～1978	65.6	94.5%	1951～1952	216.1	45.5%
1991～1992	76.1	92.7%	1952～1953	222.1	43.6%
1993～1994	81.7	90.9%	1988～1989	225.8	41.8%

年　份	灌溉年径流量 （亿 m³）	经验频率	年　份	灌溉年径流量 （亿 m³）	经验频率
1966～1967	84.5	89.1%	1971～1972	225.9	40.0%
1980～1981	86.8	87.3%	1956～1957	226.3	38.2%
1960～1961	88.1	85.5%	2003～2004	234.7	36.4%
1994～1995	98.4	83.6%	1982～1983	250.5	34.5%
1973～1974	106.6	81.8%	1967～1968	259.9	32.7%
1978～1979	115.8	80.0%	1986～1987	268.3	30.9%
1992～1991	121.7	78.2%	1964～1965	287.5	29.1%
1987～1988	130.5	76.4%	1968～1969	295.9	27.3%
1957～1958	133.0	74.5%	1979～1980	296.6	25.5%
1976～1977	142.1	72.7%	2004～2005	303.9	23.6%
1958～1959	144.4	70.9%	1954～1955	304.6	21.8%
1961～1962	149.5	69.1%	1984～1985	308.1	20.0%
1996～1997	167.9	67.3%	1974～1975	311.0	18.2%
1985～1986	170.4	65.5%	1997～1998	315.2	16.4%
1959～1960	170.4	63.6%	1981～1982	333.8	14.5%
2000～2001	173.4	61.8%	1983～1984	376.3	12.7%
1975～1976	176.6	60.0%	1990～1991	388.0	10.9%
2001～2002	178.7	58.2%	1963～1964	391.8	9.1%
1969～1970	180.8	56.4%	2011～2012	405.9	7.3%
1995～1996	194.1	54.5%	1962～1963	423.1	5.5%
1999～2000	197.5	52.7%	1953～1954	491.5	3.6%
1972～1973	197.8	50.9%	1955～1956	510.9	1.8%

3. 鲁台子来水量年内分配情况

蚌埠闸上鲁台子—蚌埠段，目前年实际总用水量不到 10 亿 m³，只占最枯年（1965年 10 月～1966 年 9 月，52 亿 m³）总量的 20%，根据各枯水年调节计算成果分析，在用水总量不大的情况下，影响供水保证程度的主要因素是径流量的年内分配过程，而不是年总量。因此，在典型年选取时，充分考虑所选年份内来水量的分配情况，一般选取分配不利的年份。

4. 选取典型年

根据以上因素综合分析，考虑到资料条件和对工程不利的条件，选取相应于频率50%，75%，90%，95%，97% 及多年平均所对应的典型年分别是 1969～1970 年、1961

～1962 年、1977～1978 年、1966～1967 年、1978～1979 年和 1989～1990 年。各典型年的年内分配过程见图 3.2.1～图 3.2.6。

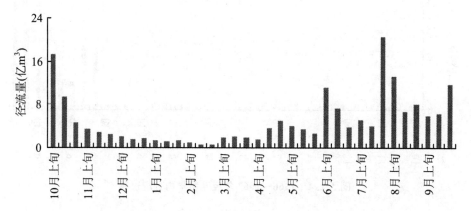

图 3.2.1　1969～1970 年径流年内分配过程

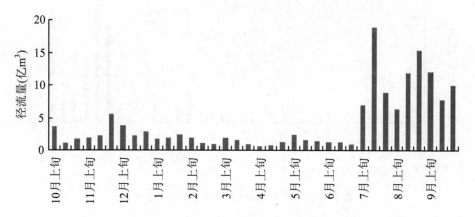

图 3.2.2　1961～1962 年径流量年内分配过程

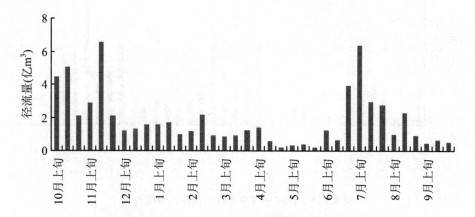

图 3.2.3　1977～1978 年径流量年内分配过程

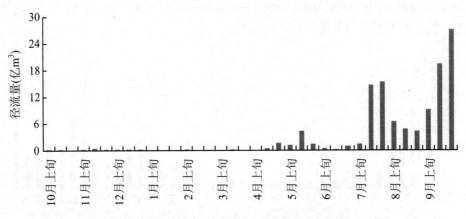

图 3.2.4　1966～1967 年径流量年内分配过程

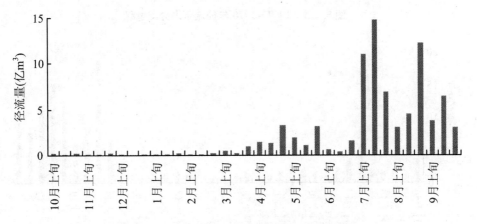

图 3.2.5　1978～1979 年径流量年内分配过程

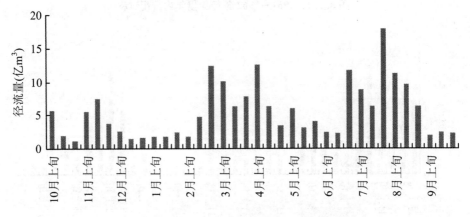

图 3.2.6　1989～1990 年径流量年内分配过程

综上,根据蚌埠闸上流域蚌埠、淮南、蒙城、鲁台子、王家坝等雨量站及鲁台子、吴家渡站水文站 1952～2012 年长系列资料,结合典型年年内分配情况,确定枯水期为当年12月到次年2月,考虑淮河干流水资源演变条件,本次计算选择连续3个月枯水期(当年12月至次年2月)和连续5个月枯水期(当年11月至次年3月)两种枯水期时段开展研究。

3.2.2 降水量演变规律分析

3.2.2.1 降水演变分析

淮河流域自然灾害频发,而降水多寡造成的旱涝灾害更为频繁。有记录的最大洪水发生在1954年,2003年6月下旬至7月上旬淮河流域出现自1954年的第三大洪水,2007年夏天,淮河流域又直面历史罕见的洪水洗礼,发生了仅次于1954年的大洪水,多个大城市和地区遭遇罕见暴雨袭击,灾情严重。可以说,降水是制约流域工农业发展的重要因素之一。因此,掌握流域降水的变化特征,对该区域旱涝综合防治具有重要意义。近年来,关于区域内降水演化特征的研究成为热点:张金玲等利用1961~2006年江淮流域降水资料,计算了6种极端降水指数,分析了江淮流域极端降水的时空变化特征。信忠保等研究了ENSO事件对淮河流域降水的影响,指出ENSO事件和淮河流域降水异常之间有明显的相关性。马晓群等的研究成果表明,淮河流域年总降水量、大雨量和暴雨量随时间变化的趋势不显著,但年总降水日数减少,大雨以上级别降水日有微弱增加趋势,夏季降水量和大雨以上级别降水占总降水量的比例也有增加趋势;夏季的大雨和暴雨强度随时间呈显著的二次曲线关系,20世纪90年代后呈增大趋势。李想等利用1881~2002年的降水资料,通过谱分析、历史曲线分析、小波变换和相关分析等多种分析方法,分析得到海河流域、黄河流域和淮河流域的降水都存在着76年左右的显著周期,在20世纪70年代左右出现了由多雨期向少雨期的转变。未来10~15年,海河流域、黄河流域和淮河流域仍将处于少雨期。王慧和王谦谦在研究淮河流域夏季降水异常的周期性特征、年代际和年际变化特征以及淮河流域多、少降水年的流场特征时也发现,淮河流域夏季降水20世纪70年代中期以前偏多,70年代中期以后偏少;在周期性特征上有2.3年左右的主周期和8年左右的次周期;淮河流域夏季降水异常与印度西南季风、东亚副热带季风以及冷空气异常有密切关系。另外,还有学者提出,年降水量的变化可能与全球气温偏高有着一定的对应关系。

本节在已有成果基础上,对项目研究流域代表站的观测系列较长、代表性较佳的雨量变化特征进行分析,然后再根据流域多站降水观测资料对整个淮河流域的降水时空变化特征进行探讨。

1. 代表站降水变化研究

(1) 鲁台子站降水量变化分析

鲁台子水文实验站位于淮河干流的中游,汇水流域面积为8.86万km²,汇集上游及各大支流(沙颍河、洪汝河、史河等)的地表径流,是蚌埠闸上径流量的主要水源,选用该站作为项目研究流域的代表站,进行降水变化的研究以便了解该流域的水资源情势。为了能深刻的反映降水的变化特征,将鲁台子实验站的降水资料分成三类:年降水系列、汛期降水系列(6～9月)、非汛期降水系列(当年10月至次年5月),分别对这三个系列进行时序分析。

① 降水量时序变化分析

根据鲁台子水文站1951～2005年资料分析,多年平均降水量约为1 061.4 mm,最大年降水量为2003年的1 632.9 mm,最小年降水量为1966年的579.6 mm,最大年降小量是最小年的2.82倍。鲁台子水文站汛期(6～9月)多年平均降水量为591.8 mm,最大汛期降水量为1956年的1 047.3 mm,最小汛期降水量为1966年的195.3 mm;非汛期(当年10月至次年5月)多年平均降水量为472.8 mm,最大非汛期降水量为1997～1998年的737.5 mm,最小非汛期降水量为1998～1999年的314.2 mm。鲁台子实验站年降水、汛期降水及非汛期降水频率分析图见图3.2.7。为了便于表达,其中非汛期将年际间非汛期认为是上一年度非汛期,如1966年非汛期即指1966年10月至1967年5月的时段。降水量、汛期降水量、非汛期降水量统计分析计算成果见表3.2.3。

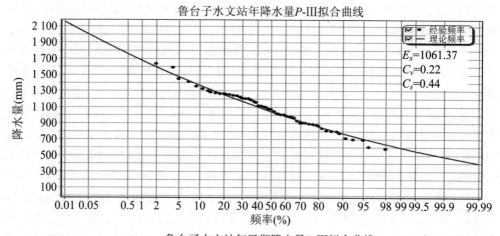

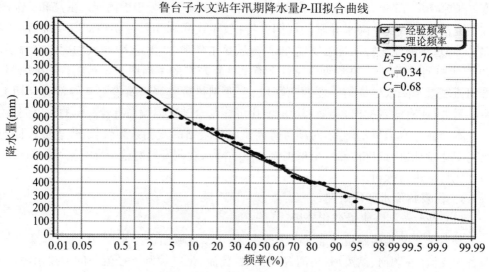

图3.2.7　鲁台子实验站降水、汛期、非汛期降水频率分析图

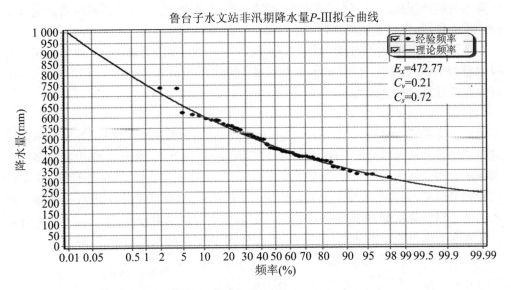

图 3.2.7(续)

表 3.2.3   鲁台子实验站降水量统计分析计算成果表   单位:mm

项 目		年降水量	汛期降水量	非汛期降水量
统计参数	均值	1 061.4	591.8	472.8
	C_v	0.22	0.34	0.21
	C_s/C_v	2	2	3.43
频率(%)	1	1 678.7	1 157.1	754.5
	5	1 472.4	956.8	653.7
	20	1 251.3	751.1	551.0
	50	1 044.3	569.1	461.0
	75	896.0	446.6	401.0
	95	708.6	304.0	332.1
	99	594.5	225.38	294.9

对于年降水量,以频率 $P \leqslant 15\%$ 为丰水年,可以读出其对应年降水量为 1 302.7 mm;$15\% < P \leqslant 35\%$ 为偏丰年,其对应年降水量为 1 302.7～1 136.0 mm;$35\% < P \leqslant 62.5\%$ 为平水年,其对应年降水量为 1 136.0～972.3 mm;$62.5\% < P \leqslant 85\%$ 为偏枯年,其对应年降水量为 972.3～822.6 mm;$P > 85\%$ 为枯水年,其对应年降水量为 822.6 mm。而且,在降水的年内分布上,1 月和 12 月占全年平均降水的比例最小,分别为 2.8% 和 2.4%,而 7 月占全年的比例最大,为 19.8%,其次是 6 月和 8 月,分别为 14.6% 和 13.3%,6～9 月的总降水量可以占到全年降水总量的 55.8%,而另外 8 个月合计仅占 44.2%。另外,年内降水分布最不均匀的是 1982 年,其 6～9 月降水占全

年降水量的比例高达 71.8%,而 1964 年这个比例仅为 32.8%,前者是后者的近 2.2 倍。综上所述,鲁台子站观测到的年内降水分布极不均匀。

值得一提的是,年降水量和汛期降水量最值出现的年份通常并不一致。汛期最大降水量为 1956 年的 1 047.3 mm,而全年最大降水量则是 2003 年的 1 632.9 mm。年降水量线性拟合的公式为

$$y = -0.514\,8x + 2\,079.6$$

即可以认为年降水量以 5.148 mm/10 年的速率递减,但其距平图(图 3.2.8)显示这种减少趋势带有较强烈的波动性,尤其是 20 世纪 90 以后至 21 世纪初,偏少和偏多年份都频繁出现。对于汛期降水量,其距平图(图 3.2.8)显示 20 世纪 50 年代与 60 年代出现强烈波动,偏多与偏少年份频繁出现;70 年代和 90 年代降水呈现减少趋势。对于跨年非汛期降水量,由距平图(图 3.2.9)知,其平均降水量较少,且其波动性亦有别于全年和年内汛期降水量,20 世纪 90 年代至 21 世纪初降水波动剧烈,降水减少年份较集中,而降水增加年份较少。

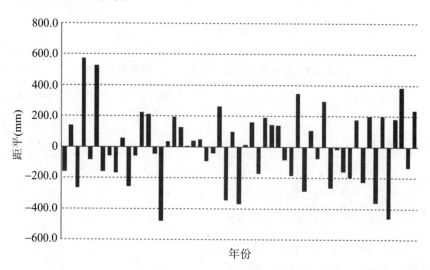

图 3.2.8　鲁台子实验站年降水量距平

鲁台子站全年、汛期和非汛期降水量分年代统计结果见表 3.2.4。由表 3.2.4 可以清楚地看到,鲁台子站的年平均降水量在 20 世纪 70 年代和 90 年代的降雨量偏少而 20 世纪 50 年代和 21 世纪初则偏多,尤以进入 21 世纪后偏多更甚。

表 3.2.4　分年代降水量统计表　　　　　　　　　　单位:mm

年代(20 世纪)	50 年代	60 年代	70 年代	80 年代	90 年代	21 世纪初
全年降水量均值	1 099.8	1 054.9	1 036.2	1 071.7	1 024.3	1 101.3
汛期降水量均值	620.6	582.7	559.3	616.4	548.7	654.1
非汛期降水量均值	492.1	476.0	477.1	453.7	462.0	482.5

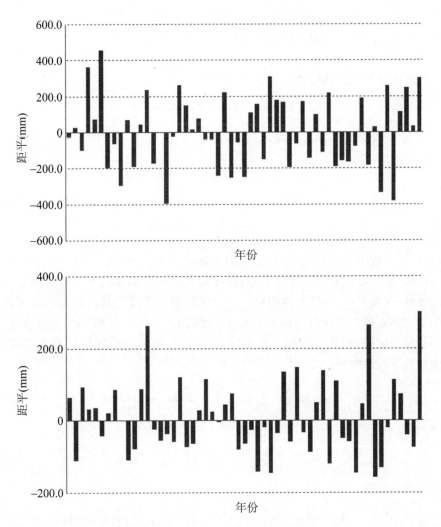

图 3.2.9 鲁台子站汛期、非汛期降水量距平

② 降水趋势性和突变分析

在水文领域用于趋势分析和突变诊断的方法很多,国内外从概率统计方面着手,发展了参数统计,非参数统计等多种方法。其中 Mann-Kendall 检验法是世界气象组织推荐并已广泛使用的非参数检验方法。许多学者应用该方法来分析降水、径流、气温等要素时间序列的趋势变化。Mann Kendall 检验法不需要样本遵从一定的分布,也不受少量异常值的干扰,适从水文、气象等非正态分布的数据,具有计算简便的特点。

在 Mann-Kendall 检验中,原假设 H_0 为时间序列数据$(x_l, \cdots, x_n)$,是 n 个独立的、随机变量同分布的样本;备择假设 H_1 是双边检验,对于所有的 $k, j \leqslant n$ 且 $k \neq j$,x_j, x_k 的分布是不相同的,如下式计算检验的统计变量 S:

$$S = \sum_{k=1}^{n-1} \sum_{j=k+1}^{n} \mathrm{sgn}(x_j - x_k) \qquad (3.2.1)$$

其中

$$\mathrm{sgn}(x_j - x_k) = \begin{cases} +1 & (x_j - x_k > 0) \\ 0 & (x_j - x_k = 0) \\ -1 & (x_j - x_k < 0) \end{cases} \tag{3.2.2}$$

S 为正态分布,其均值为 0,方差

$$\mathrm{Var}(S) = \frac{n(n-1)(2n+5)}{18}$$

当 $n>10$ 时,标准的正态统计变量通过下式计算:

$$Z = \begin{cases} \dfrac{S-1}{\sqrt{\mathrm{Var}(S)}} & (S > 0) \\ 0 & (S = 0) \\ \dfrac{S+1}{\sqrt{\mathrm{Var}(S)}} & (S < 0) \end{cases} \tag{3.2.3}$$

这样,在双边的趋势检验中,在给定的 α 置信水平上,如果 $|Z| \geqslant Z_{1-\alpha/2}$,则原假设是不可接受的,即在 α 置信水平上,时间序列数据存在明显的上升或下降趋势。对于统计变量 Z,大于 0 时,是上升趋势;小于 0 时,则是下降趋势。Z 的绝对值在大于等于 1.28,1.64 和 2.32 时,分别表示通过了置信度 90%,95% 和 99% 的显著性检验。当 Mann-Kendall 检验进一步用于检验序列突变时,检验统计量与上述 Z 有所不同,通过构造如下一秩序列:

$$S_k = \sum_{i=1}^{k} \sum_{j=1}^{i-1} a_{ij} \quad (k = 2,3,4,\cdots,n) \tag{3.2.4}$$

其中

$$a_{ij} = \begin{cases} 1 & x_i > x_j \\ 0 & x_i \leqslant x_j \end{cases} \quad (1 \leqslant j \leqslant i) \tag{3.2.5}$$

定义统计变量

$$UF_k = \frac{|S_k - E(S_k)|}{\sqrt{\mathrm{Var}(S_k)}} \quad (k = 1,2,\cdots,n) \tag{3.2.6}$$

式中

$$E(S_k) = \frac{k(k+l)}{4}$$

$$\mathrm{Var}(S_k) = \frac{k(k-l)(2k+5)}{72}$$

UF_k 为标准正态分布,给定显著性水平 α,若,$|UF_k| > U_{\alpha/2}$。$|UF_k| > U_{1-\alpha/2}$ 则表明序列存在明显的趋势变化。将时间序列 x 按逆序排列,在按照上式计算,同时使

$$\begin{cases} UB_k = -UF_k \\ k = n+1-k \end{cases} \quad (k = 1,2,\cdots,n) \tag{3.2.7}$$

通过分析统计序列 UF_k 和 UB_k 可以进一步分析序列 x 的趋势变化,而且可以明确突变的时间,指出突变的区域。若 UF_k 值大于 0,则表明序列呈上升趋势;小于 0 则表明呈下降趋势;当它们超过临界直线时,表明上升或下降趋势显著。如果 UF_k 和 UB_k 这 2 条曲线出现交点,且交点在临界直线之间,那么交点对应的时刻就是突变开

始的时刻。本文选取 $\alpha=0.05$，此时 $|U_{0.05}|=1.96$。

对于年降水量，由图 3.2.10(a)所示，20 世纪 50 年代初至 80 年代初年降水量为增加—减少交替波动，但未超过 95％置信区间范围；1985 年以后降水量开始了长达近 20 年的减少。按照突变点的定义，年降水量的变化几乎每次都会产生突变点：1953 年左右由增加到减少的突变点，1954 年左右由减少到增加的突变点，1956 年由增加到减少的突变点，1963 年由减少到增加的突变点，1965 年由增加到减少的突变点，1968 年由减少到增加的突变点，在此研究时段内出现了多个交叉点。

对于汛期降水量，MK 检测显示，突变点出现在 20 世纪 50 年代，1953 年前后存在一个降水量由增加到减少的突变点，1954 年由减少到增加，1957 年降水量开始减少，1958 年以后降水基本上处于减少阶段。汛期降水在 95％置信区间范围内，总体来说，汛期降水呈现减少趋势。

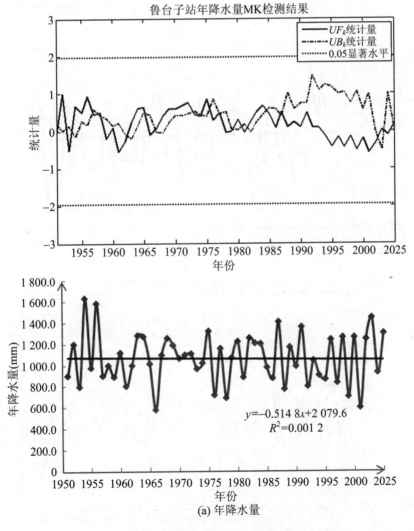

图 3.2.10　鲁台子站降水量 MK 检测及线性趋势分析

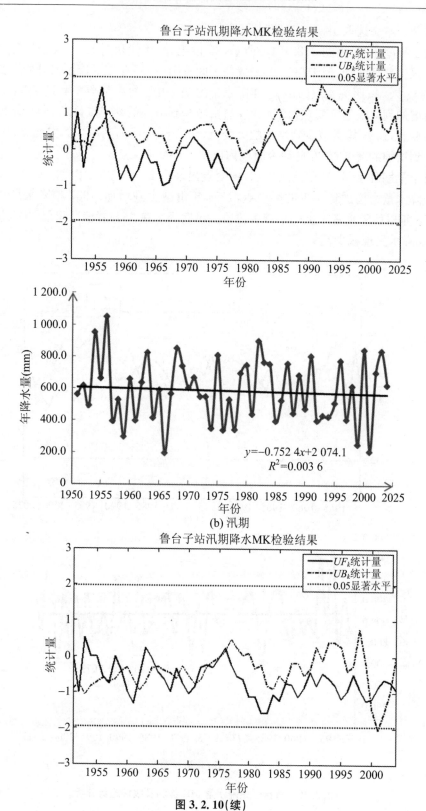

(b) 汛期

图 3.2.10(续)

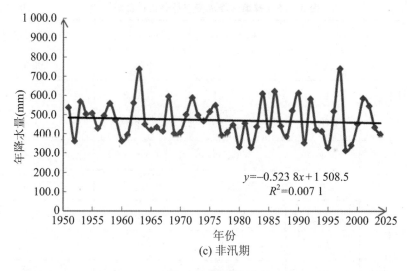

(c) 非汛期

图 3.2.10(续)

非汛期降水量较汛期降水量趋势变化更加频繁,出现了多个突变点,突变点多集中在 20 世纪 50 年代至 70 年代中期,在 21 世纪初出现两个突变点,总体来说,非汛期降水基本上呈现减少趋势。

(2) 蚌埠站降水量变化分析

蚌埠站位于淮河干流的中游,蚌埠闸以上淮河干流河长约 651 km,汇水流域面积为 12.1 万 km²,涉及 4 个水资源三级区(即王家坝以上北岸、王家坝以上南岸、王蚌区间北岸、王蚌区间南岸),人口密度高,以王蚌区间北岸为例,人口密度为 780 人/km²(2000 年),是淮河流域平均人口密度的 1.28 倍以及全国的 5.9 倍。选用该站作为项目研究流域的代表站,进行降水变化的研究以便了解该流域的水资源情势。为了能深刻的反映降水的变化特征,将蚌埠站的降水资料分成三类:年降水系列、汛期降水系列(6~9 月)、非汛期降水系列(当年 10 月至次年 5 月),分别对这三个系列进行时序分析。

① 降水量时序变化分析

根据蚌埠水文站 1952~2012 年资料分析,多年平均降水量约为 929 mm,最大年降水量为 1956 年的 1 559.5 mm,最小年降水量为 1978 年的 441.7 mm,最大年降水量是最小年的 3.53 倍。蚌埠水文站汛期(6~9 月)多年平均降水量为 570.2 mm,最大汛期降水量为 1956 年的 1 060.1 mm,最小汛期降水量为 1966 年的 184.8 mm;非汛期(当年 10 月至次年 5 月)多年平均降水量为 358.0 mm,最大非汛期降水量为 1997~1998 年的 604.6 mm,最小非汛期降水量为 2010~2011 年的 150.9 mm。蚌埠实验站年降水、汛期降水及非汛期降水频率分析,见图 3.2.11。为了便于表达,其中非汛期将年间非汛期划分为上一年度非汛期,如 1966 年非汛期即指 1966 年 10 月至1967 年 5 月的时段。降水量、汛期降水量、非汛期水统计分析计算成果见表 3.2.5。

表 3.2.5　蚌埠站降水量统计分析计算成果表　　　单位:mm

项　目		年降水量	汛期降水量	非汛期降水量
统计参数	均值	929.0	570.2	358.0
	C_v	0.24	0.33	0.27
	C_s/C_v	2.0	2.0	2.0
频率 (%)	1	1 524.6	1 096.4	620.4
	5	1 323.5	910.8	530.5
	20	1 109.5	719.6	435.9
	50	911.2	549.7	349.4
	75	770.5	434.7	289.0
	95	595.1	299.8	215.2
	99	489.8	224.8	172.0

对于年降水量,以频率 $P \leqslant 15\%$ 为丰水年,可以读出其对应年降水量为 1 159.2 mm; $15\% < P \leqslant 35\%$ 为偏丰年,其对应年降水量为 1 159.2~998.8 mm; $35\% < P \leqslant 62.5\%$ 为平水年,其对应年降水量为 998.8~842.7 mm; $62.5\% < P \leqslant 85\%$ 为偏枯年,其对应年降水量为 842.7~701.4 mm; $P > 85\%$ 为枯水年,其对应年降水量为 701.4 mm。在降水的年内分布上,1月和12月占全年平均降水的比例最小,分别为 2.8% 和 2.3%,而 7 月占全年的比例最大,为 23.3%,其次是 6 月和 8 月,分别为 13.3% 和 15.9%, 6~9 月的总降水量可以占到全年降水总量的 61.4%,而另外 8 个月合计仅占38.6%。年内降水分布最不均匀的是 1962 年,其 6~9 月占全年降雨的比例高达79.8%,而 1966 年这个比例仅为 32.4%,前者是后者的近 2.5 倍,蚌埠站年内降水分布极不均匀。

年降水量和汛期降水量最值出现的年份通常并不一致。汛期最小降水量为 1966 年的 184.8 mm,而全年最小降水量则是 1978 年的 441.7 mm。年降水量以 11.197 mm/10 年的速率递增,但其距平图(图 3.2.12)显示这种增加趋势带有较强烈的波动性,20 世纪 50 年代降水低于年平均降水量的年份居多,21 世纪初降水明显偏多。而对于汛期降水量,其距平图(图 3.2.13)显示 20 世纪 50 年代至 80 年代末降水出现强烈波动,降水偏多偏少交替进行;在 20 世纪 90 年代以降水量低于年平均降水量的年份居多,21 世纪初则相反。对于跨年非汛期降水量,由距平图(图 3.2.14)知,在整个研究期间降水波动不大,降水偏多偏少交替进行。

蚌埠站全年、汛期和非汛期降水量分年代统计结果见表 3.2.6。由表 3.2.6 可以清楚地看到,蚌埠站观测到的年平均降水量在 20 世纪 60 年代和 70 年代的降雨量偏少,而 90 年代和 21 世纪初则偏多,尤以进入 21 世纪后偏多更甚。

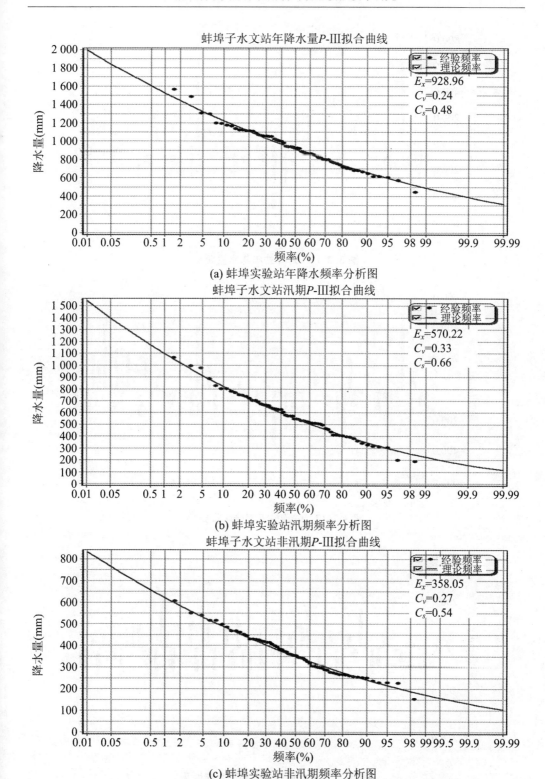

(a) 蚌埠实验站年降水频率分析图

(b) 蚌埠实验站汛期频率分析图

(c) 蚌埠实验站非汛期频率分析图

图 3.2.11　蚌埠实验站年降水、汛期降水及非汛期降水频率分析图

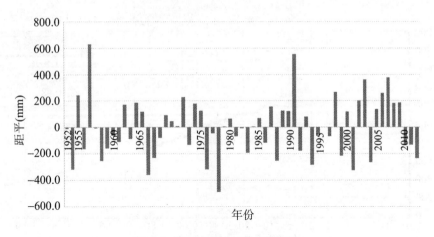

图 3.2.12　蚌埠站年降水量距平

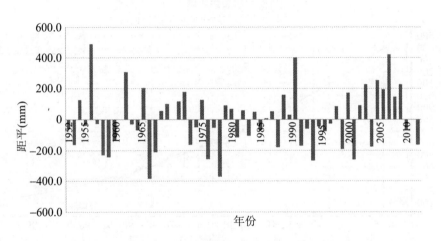

图 3.2.13　蚌埠站汛期降水量距平

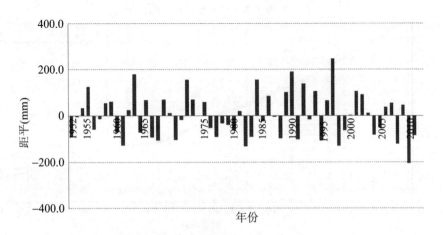

图 3.2.14　蚌埠站非汛期降水量距平

表 3.2.6　分年代降水量统计表　　　　　　　　单位：mm

年　代	20 世纪 50 年代	20 世纪 60 年代	20 世纪 70 年代	20 世纪 80 年代	20 世纪 90 年代	21 世纪初
全年降水量均值	917.1	904.8	893.4	913.8	951.9	1 028.4
汛期降水量均值	538.1	567.7	539.5	559.6	552.9	676.8
非汛期降水量均值	370.9	345.9	352.3	353.0	390.9	347.4

② 降水趋势性和突变分析

对于年降水量，MK 检测显示(图 3.2.15)，UF_k 曲线在多数年份处于统计量 0 以上，表明年降水序列呈上升趋势，在 20 世纪 90 年代中期至 21 世纪初，年降水量呈现明显的上升趋势，由线性趋势分析知年降水量与年份的相关方程为 $y = 1.197x - 1 443.6$，年降水量以 11.97 mm/10 年的速率递增；在分析年份内出现多个交叉点，则年降水量发生突变的次数较多，在 20 世纪 70 年代初和 80 年代末至 90 年代初，年降水量发生多次突变。

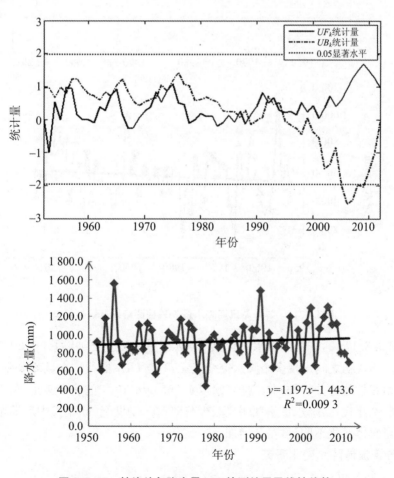

图 3.2.15　蚌埠站年降水量 MK 检测结果及线性趋势

　　对于汛期降水量,由图3.2.16显示,在20世纪50年代初至70年代末,UF_k在统计量0刻度线上下剧烈波动,说明此时间段汛期降水量变化大;在20世纪80年代初至90年代末,降水量基本上没什么变化,除90年代初出现不明显的递增;在21世纪初,汛期降水量呈现明显上升趋势;由线性趋势分析知$y=1.3913x-2187.4$,说明汛期降水量以13.913 mm/10年的速率递增;在研究时间范围内,出现了两个明显的突变点,在1958年左右降水量由增加到减少突变,在2001年左右降水量由减少到增加突变。

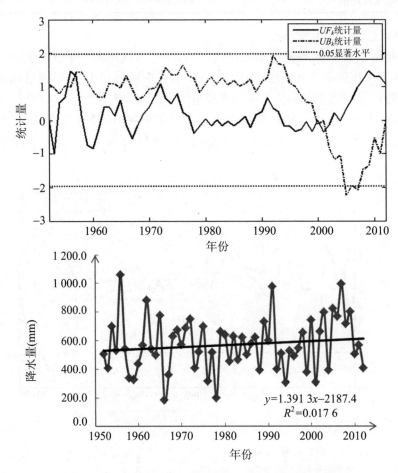

图3.2.16　蚌埠站汛期降水量MK检测结果及线性趋势

　　由图3.2.17知,非汛期降水量较汛期降水量趋势变化更加频繁,在20世纪50年代初至80年代初之间出现多个降水突变点;UF_k与UB_k曲线均在显著水平95%范围内变化;由线性趋势分析知,非汛期降水以1.569 mm/10年的速率递减,在20世纪50年代初至80年代初,降水量呈现明显减少趋势,在20世纪80年代中后期至21世纪初,降水量总体变化不明显,略微增加。

2. 淮河流域降水变化研究

（1）空间分布

　　为了全面地把握淮河流域降水量变化趋势,将整个流域分为三大区:淮河上游区、淮河中游区、淮河下游区并在各流域分区选择足够数量且代表性较好的观测站。将降水情况分成偏丰年、平水年、偏枯年和枯水年,其相应的保证率分别为:12.5％—37.5％,37.5％—62.5％,62.5％—87.5％,＞87.5％,利用差积曲线法研究各个流域分区降水量变化趋势。

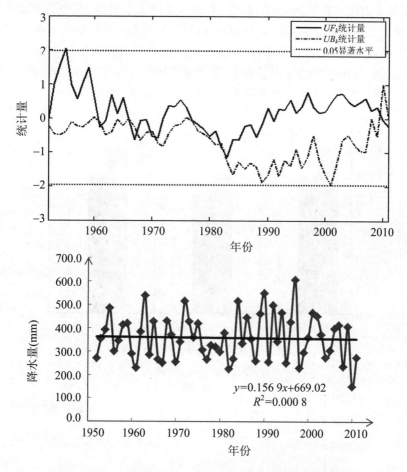

图 3.2.17　蚌埠站非汛期降水量 MK 检测结果及线性趋势

从图 3.2.18 中可以看出:

① 淮河以南区域:降水变化趋势基本一致,总体规律大致如下:20 世纪 50 年代中期到 60 年代末降水量趋于减少,20 世纪 60 年代末到 70 年代中期降水量有所上升,20 世纪 70 年代中期到 70 年代末又有一短期减少过程,所以总体上,1956—1979 年系列基本上降水减少;20 世纪 70 年代末到 90 年代初为持续多雨,1990 年以后又持续减少。

② 淮河以北区域:该区域降水变化趋势可分为两种类型,淮河以北上游近淮河区域降水变化趋势与淮河以南大致一致,只是 20 世纪 80 年代末期降水持续减少的幅度较淮河以南区域大得多;而淮河以北中游北部区域,降水变化趋势有较明显的不同,不少测站在 20 世纪 60 年代中期以后,降水持续偏少,只有少数年份降水有增加趋势。

　　经分析计算结果,淮河流域多年平均年降水深874.9 mm,相应降水量235.3亿m³,其中淮河水系年均降水深910.9 mm,相应降水量1 731亿m³。淮河水系的上、中、下游降水深分别为1 008.5 mm,863.8 mm和1 011.2 mm,分别折合降水量308.5亿m³、111 2.4亿m³和310亿m³。地形条件对降水量的分布影响很大,淮河流域西部、西南部及东北部为山区和丘陵区,东临黄海,来自印度洋孟加拉湾、南海的西太平洋的水汽,受边界上大别山、桐柏山、伏牛山、沂蒙山和内部局部山丘地形的影响,产生抬升作用,利于降水;而在广阔的平原及河谷地带,缺少地形对气流的抬升作用,则不利于降水。因此,在水汽和地形的综合影响下,致使降水呈现自南部、东部向北部、西部递减,山丘降水大于平原区,山脉迎风坡降水量大于背风坡的特征。

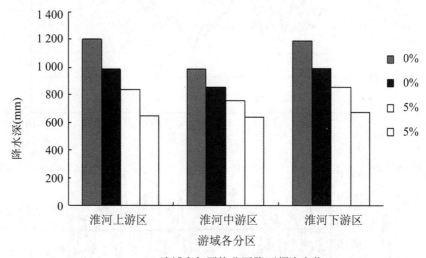

(a) 流域多年平均分区降雨频次变化

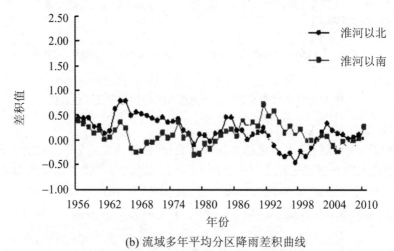

(b) 流域多年平均分区降雨差积曲线

图3.2.18　流域各分区多年平均降雨变化图

(2) 时程分布

淮河流域1953～2012年的逐年降水量呈波动变化,没有显著的年际变化趋势。

显著性检验表明,各时段的降水量趋势均未达到0.05的置信水平,淮河流域降水的年际变化应属于气候的自然波动。降水量在各季节的分配比例随年份波动较大,总体上没有明显的变化趋势,近年来汛期和夏季降水所占比例有上升趋势。汛期降水的变化特征基本与年降水量一致,年际波动较强烈,无明显的阶段特征。通过波谱分析,淮河流域汛期(6～9月)降水有着准10年和2年的降水周期。由年代距平百分比(图3.2.19)分析知,淮河流域年代际变化较明显,年降水量变化具有明显的阶段性。1953～1963年和2003～2012年处于相对多水的年代际背景,1992～2002年处于相对少水的年代际背景,20世纪70年代和80年代则处于相对平稳时期。对于汛期,年代际波动较为明显,1964～1991年基本为波动下降,1991年后下降较为明显,进入2003年后,降水量增幅较大。夏冬季年代际变化特征与汛期类似,春秋季降水为波动型变化。

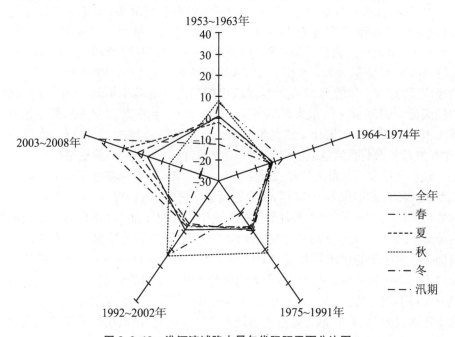

图 3.2.19　淮河流域降水量年代际距平百分比图

3.2.3　枯水期径流情势演变规律

径流是指河流、湖泊、冰川等地表水体中由当地降水形成的可以逐年更新的动态水量。径流是地貌形成的外营力之一,并参与地壳中的地球化学过程,它还影响土壤的发育,植物的生长和湖泊、沼泽的形成等。径流在国民经济中具有重要的意义。径流量是构成地区工农业供水的重要条件,是地区社会经济发展规模的制约因素。人工控制和调节天然径流的能力,关系到工农业生产和人们生活是否受洪水和干旱的危害。因此,径流的测量、计算、预报以及变化规律的研究对人类活动具有相当重要的指导意义。本节在已有成果基础上通过对项目研究流域所选取代表水文站分析,根据1956～2012年长系列径流资料,研究了淮河流域径流变化规律,并进行动态模拟分析。

3.2.3.1　代表站年径流分析

1. 鲁台子径流变化分析

（1）径流变化特征

根据淮河干流上的鲁台子站,处于中游,以上流域汇水面积为 8.86 万 km^2,汇集了上游及各大支流(沙颍河、洪汝河、淠河、史河等)的地表径流,是蚌埠闸上径流量的主要源水,后者又是淮南市、蚌埠市和凤台县、怀远县等地的供水水源。所以探讨鲁台子站年径流量(包括汛期和非汛期)的年内分配、年际变化以及多时间尺度周期变化对于淮河中游地区供需水安全的研究至关重要,可以将鲁台子站年径流量的丰枯变化作为一个参考指标,来对鲁台子 1951~2012 年的资料进行分析,多年平均径流量约为 218.1 亿 m^3,最大年径流量为 1956 年的 522.3 亿 m^3,最小年径流量为 1966 年的 347.0 亿 m^3,最大年径流量是最小年的 15 倍,丰枯的年份变化幅度非常大;汛期(6~9 月)多年平均径流量为 136.0 亿 m^3,最大汛期径流量为 1956 年的 419.8 亿 m^3,最小汛期径流量为 1966 年的 12.7 亿 m^3,最大汛期径流量是最小年的 33 倍;非汛期多年平均径流量为 81.9 亿 m^3,最大非汛期径流量为 1964 年的 28.3 亿 m^3,最小非汛期径流量为 1978 年的 16.9 亿 m^3,最大非汛期径流量是最小年的 16.7 倍。值得一提的是,年径流量和汛期径流量最值出现的年份一致,但与非汛期径流量最值出现的年份并不一致。全年和汛期最大年径流量年份为 1956 年,最小径流量年份为 1966 年,而非汛期最大年流量年份为 1964 年,最小径流量年份则是 1978 年。

鲁台子站 1951~2012 年各月平均径流量年内分配如图 3.2.20 所示,在径流量的年内分布上,1 月占全年平均径流量的比例最小,仅为 2%,其次是 2 月和 12 月,都是 3%;而 7 月占全年的比例最大,为 24%,其次是 8 月为 19%。汛期 6~9 月的总径流量可以占到全年径流总量的 64%,而非汛期的另外 8 个月合计仅占 46%。另外,年内径流分布最不均匀的是 1982 年,其 6~9 月占全年径流量的比例高达 82.7%,而 2001 年这个比例仅为 17.7%,前者是后者的近 4.7 倍。因此,可以说鲁台子站观测到的年

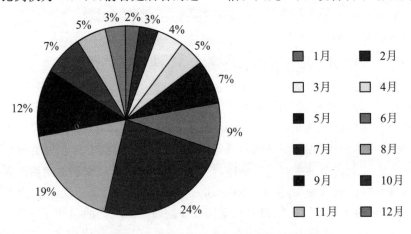

图 3.2.20　鲁台子站多年径流量年内分配

内径流分布极不均匀,这也与淮北平原典型的季风性气候导致的降雨量年内分配不均进而导致年内径流量分布不均有一定的关系,另外的原因就是人工取水并没有在枯水年份适当的减少。

根据鲁台子年径流量实测数据,绘制皮尔逊Ⅲ型曲线,以频率 $P \leqslant 15\%$ 为丰水年,可以读出其对应年径流量为 343.8 亿 m³;$15\% < P \leqslant 35\%$ 为偏丰年,其对应年径流量为 $(243.3 \sim 343.8)$ 亿 m³;$35\% < P \leqslant 62.5\%$ 为平水年,其对应年径流量为 $(158.9 \sim 243.3)$ 亿 m²;$62.5\% < P \leqslant 85\%$ 为偏枯年,其对应年径流量为 $(96.2 \sim 158.9)$ 亿 m³;$P > 85\%$ 为枯水年,其对应年径流量为 96.2 亿 m³。经过皮尔逊Ⅲ型曲线排频分析过的鲁台子全年径流量、汛期和非汛期径流量的特征值计算成果如表 3.2.7 所示。

表 3.2.7   鲁台子径流量排频统计分析计算结果表   单位:亿 m³

项目		年径流量	汛期径流量	非汛期径流量
统计参数	均值	218.1	136.0	82.1
	C_v	0.58	0.73	0.58
	C_s/C_v	2.0	2.0	2.0
频率 (%)	1	613.3	462.3	229.2
	5	458.9	328.2	171.8
	15	343.9	231.5	129.0
	32.5	252.8	158.1	95.1
	50	194.2	113.0	73.2
	62.5	159.0	87.1	60.0
	75	125.1	63.5	47.4
	85	96.2	44.6	36.6
	95	59.0	22.6	22.5
	99	31.3	9.1	12.1

① 全年径流量

据鲁台子站 1951~2012 年的年径流量序列和年径流序列距平分析,从趋势来看整体呈减少趋势,减少速率为 0.68 亿 m³/年,且有明显的波动。在 1986 年之前,年径流量丰转枯,枯转丰经历两个明显的波峰波谷,而 1986~2006 年之间,年径流量丰枯变化只出现了一个明显的波峰波谷,可以简单认为在 1986 年之前径流量变化周期为 10 年左右,1986 年之后径流量变化周期为 20 年左右。按照前面提到的丰、偏丰、平水、偏枯、枯年份的五级划分方法以及皮尔逊Ⅲ型曲线排频分析成果来判断鲁台子站 1951~2012 年间的数据,丰水年有 7 年,分别是 1954 年、1956 年、1963 年、1964 年、1975 年、1984 年和 2003 年,其中 1954 年和 1956 年超过 30 年一遇的丰水年标准;枯水年有 6 年,分别是 1961 年、1966 年、1978 年、1992 年、1994 年和 2001 年,其中 1966 年和 1978 年达到 50 年一遇的枯水年标准。

② 汛期径流量

据鲁台子站 1951~2012 年的汛期径流量序列和年径流序列距平分析,从线性趋势来看整体呈减少趋势,减少速率为 0.24 亿 m³/年,汛期径流量在 58 年周期有明显的波动,波动趋势和周期变化和上述年径流量序列分析结果一致。按照前面提到的丰、偏丰、平水、偏枯、枯年份的五级划分方法以及皮尔逊Ⅲ型曲线排频分析成果来判断鲁台子站 1951~2012 年间的数据,丰水年有 8 年,分别是 1954 年、1956 年、1963年、1975 年、1984 年、1991 年、2003 年和 2005 年,其中 1954 年和 1956 年超过 20 年一遇的汛期丰水年标准;枯水年有 10 年,分别是 1959 年、1961 年、1966 年、1978 年、1981 年、1992 年、1994 年、1997 年、1999 年和 2001 年,其中 1966 年和 2001 年达到 50年一遇的汛期枯水年标准,1978 年接近 20 年一遇汛期枯水年标准。

③ 非汛期径流量

据鲁台子站 1951~2012 年的非汛期径流量序列和年径流序列距平分析,从线性趋势来看整体呈减少趋势,减少速率为 0.44 亿 m³/年,非汛期径流量在 58 年周期有明显的波动,波动趋势和周期变化也和上述年径流量序列分析结果一致。按照前面提到的丰、偏丰、平水、偏枯、枯年份的五级划分方法以及皮尔逊Ⅲ型曲线排频分析成果来判断鲁台子站 1951~2012 年间的数据,丰水年有 6 年,分别是 1952 年、1963 年、1964 年、1969 年、1985 年和 2003 年,其中只有 1964 年超过 20 年一遇非汛期丰水年标准并且超过 100 年一遇的非汛期丰水年标准;枯水年有 4 年,分别是 1966 年、1978年、1986 年和 1995 年,其中只有 1978 年达到 20 年一遇非汛期枯水年标准。

总之,自 20 世纪 50 年代至 21 世纪初,丰枯年份频繁交替出现。而汛期径流量和非汛期径流量的平均径流量,其波动性亦有别于年径流量。相对而言,汛期径流量和年径流量的丰枯年份的变化的相似程度要比非汛期和全年径流量丰枯年份变化相似程度要高,非汛期径流量的年际波动较为平稳。我们对年际变化的分析离不开对周期的分析,通过周期分析我们可以清楚地看到径流量序列的发展趋势,进而可以预测未来年份的径流量走势。

(2) 多时间尺度动态模拟

所谓多时间尺度,指系统变化并不存在真正意义上的周期性,而是时而以这种周期变化,时而以另一种周期变化,并且同一时段中又包含这种时间尺度的周期变化。目前水文多时间尺度分析已开展了一定的研究工作。

小波分析是由法国油气工程师 Morlet 在 20 世纪 80 年代初分析地震资料时提出来的一种调和分析方法,其一面世就成为科学技术界研究的热点。小波分析具有多分辨率特点,被誉为数学"显微镜"。自 1993 年 Kumar 和 Foufoular Gegious 将小波分析介绍到水文学中以来,小波分析在水文科学中已经取得了包括多尺度分析在内的许多研究成果。

小波分析是一种窗口大小固定但性状可变(时宽和频宽可变)的时频局部化分析方法,具有自适应的时频窗口。小波分析的关键在于引入了满足一定条件的基本小波函数 $\psi(t)$ 并以之代替傅里叶变化中的基函数。$\psi(t)$ 经伸缩和平移得到一族函数:

$$\psi_{a,b}(t) = |a|^{-\frac{1}{2}} \psi\left(\frac{t-b}{a}\right) \quad (a,b \in R, a \neq 0) \tag{3.2.8}$$

式中,$\psi_{a,b}(t)$ 称分析小波或连续小波;a 为尺度(伸缩)因子,b 为时间(平移)因子。实数平面内连续小波变化(Wavelet Transform,WT)为

$$w_f(a,b) = |a|^{-\frac{1}{2}} \int_{t=-\infty}^{\infty} f(t) \bar{\psi}\left(\frac{t-b}{a}\right) dt \qquad (3.2.9)$$

式中,$W_f(a,b)$ 为 $f(t)$ 在相平面 (a,b) 处的小波变化系数。

连续小波变换的关键是基本小波 $\psi(t)$ 的选取。所谓小波(Wavelet)函数,就是具有震荡性、能够迅速衰减到零的一类函数。数学上的定义为

$$\int_{-\infty}^{\infty} \psi(t) dt = 0 \qquad (3.2.10)$$

满足式(3.2.10)的函数 $\psi(t)$ 称为基本小波。目前广泛使用的小波函数有 Haar 小波、Mexcian hat 小波、(复)Morlet 小波、正交小波、半正交小波以及样条小波等,其中水文分析中常用的是 Mexcian hat 小波和(复)Morlet 小波,本项目采用这三类小波函数(系)分析鲁台子站年径流量对时间尺度变换规律,比较其优缺点之后,选择某一种小波进行研究。

Morlet 小波定义为

$$\psi(t) = Ce^{-t^2/2}\cos 5t \qquad (3.2.11)$$

复 Morlet 小波定义为

$$\psi(t) = e^{i\omega_0 t} e^{-t^2/2} \qquad (3.2.12)$$

其傅里叶变换为

$$\psi'(\omega) = \sqrt{2\pi}\omega^2 e^{-(\omega-\omega_0)^2/2} \qquad (3.2.13)$$

Morlet 小波伸缩尺度 a 与周期 T 有如下关系:

$$T = \left(\frac{4\pi}{\omega_0 \sqrt{2+\omega_0^2}}\right) \times a \qquad (3.2.14)$$

通常 ω_0 的取值为 6.2 附近的经验值。

Mexcian hat 小波(Marr)是高斯函数的二阶导数的负数,其函数表达式为

$$\psi(t) = (1-t^2)e^{-t^2/2} \qquad (3.2.15)$$

为了便于比较,对于全年径流量采用(复)Morlet 和 Mexcian hat 三种母函数利用 Matlab 分别得到等值线图、立体图。这里我们仅选用表现较为清晰直观的立体图和等值线图进行分析。另外,还要对小波系数的模、模平方以及方差等进行计算,以精确显示各个时间尺度的对比情况。

① 年径流量分析

采用不同母函数检测鲁台子年径流量的结果具有类似的特征:在大尺度上表现为减少—增加的特点,而在中小尺度上则是众多尺度交错出现,相互包含,但两者都显示 2008 年及随后的几年将处于年径流量的增长期,不过这种趋势并不会持续太久,因为其均处于正信号区域即增长期的末期。

首先对于时间周期 T 和伸缩尺度具有明确关系的 Mexcian hat 函数(MEXH),由于其伸缩尺度相对较大,取最大尺度 $\max(a)=30$,可以看出 20 世纪 50 年代初至 70 年代初,$a=2\sim3$ 的小尺度发育明显,即在时间上存在 8~12 年的周期;类似地,70 年代中后期到 2008 年资料序列末,$a=5$ 即时间上 20 年左右的周期表现显著,且检测时

段末未闭合,由于其处于正信号区域,故 2006 年之后可能是一个短暂的多雨期(图3.2.21)。

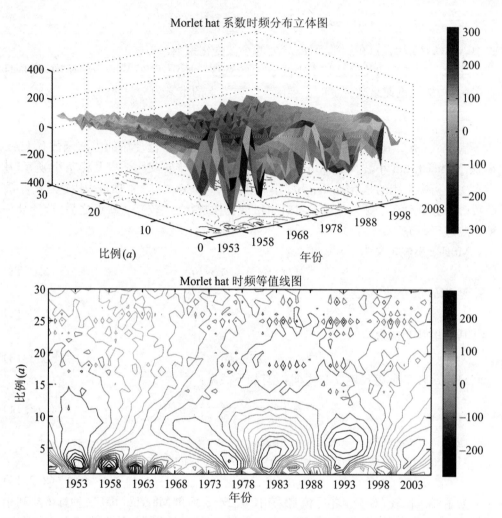

图 3.2.21　Mexcian hat 小波系数图

Morlet 小波检测的结果表明,在 20 世纪 50 年代初至 2008 年资料序列末,小尺度上 $a=5\sim 8$ 的发育明显即在时间上存在 $1.6\sim 2.5$ 年的周期;中尺度上 $a=20\sim 22$ 的尺度表现显著即时间上存在 6 年的周期;但从大尺度上看,实际上鲁台子年径流量在20 世纪 50 年代到 60 年代中期年径流量总体偏丰,70 年代初到 80 年代末总体偏枯,90 年代之后到 2008 年年径流量开始转丰,预计在未来会有两三年的偏丰年。

Cmor2-1 小波(复 Morlet 小波,选择带宽参数为 2,中心频率为 1 Hz)在小尺度和大尺度上检测的结果显示与实 Morlet 小波基本相同(图 3.2.22),但在中尺度上显示20 世纪 80 年代中期之前有 $a=18$ 和 $a=28$ 即的尺度表现显著即时间上存在 $5\sim 6$ 年和 $9\sim 10$ 年的周期;在 80 年代之后显示 $a=20$ 即 6 年左右的周期。另外,鲁台子站年径流 Cmor2-1 小波系数实部、虚部、模、相位角分别如图 3.2.23 所示。模值平方代表的能量周期将在后文详细分析。

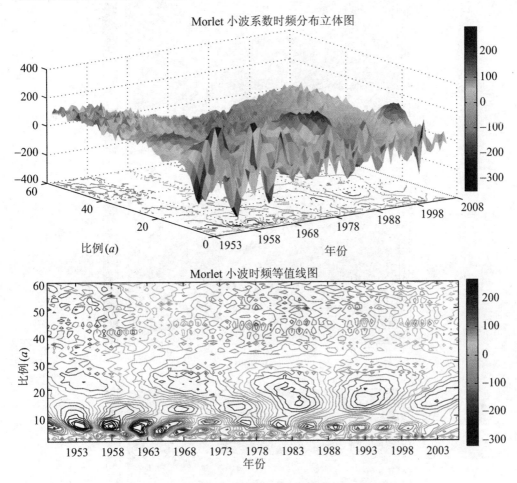

图 3.2.22 Morlet 小波系数图

总体上看,Morlet 小波和 Cmor2-1 小波检测的结果较 Mexcian hat 小波分辨率要高,但在宏观分析上却逊于 Mexcian hat 小波。Morlet 小波比 Cmor2-1 小波简便易用,但是从模值图展示各种时间尺度的周期变化在时间域中的分布情况却不如复 Morlet 小波(Cmor2-1)直观方便。

小波系数分析结果显示鲁台子年径流序列中隐含着许多尺度不同的周期,哪个是主周期,起到主要的影响作用还有待进一步分析,下面我们通过小波系数的模值、模值平方以及小波方差来寻找主周期和次主周期,进一步揭示其周期变化规律。

通过小波方差图可以非常方便地查找一个时间序列中起主要作用的尺度(周期)。Mexcian hat 小波系数方差,Morlet 小波方差和 Cmor2-1 小波系数方差分别如图 3.2.24(上、中、下)所示。

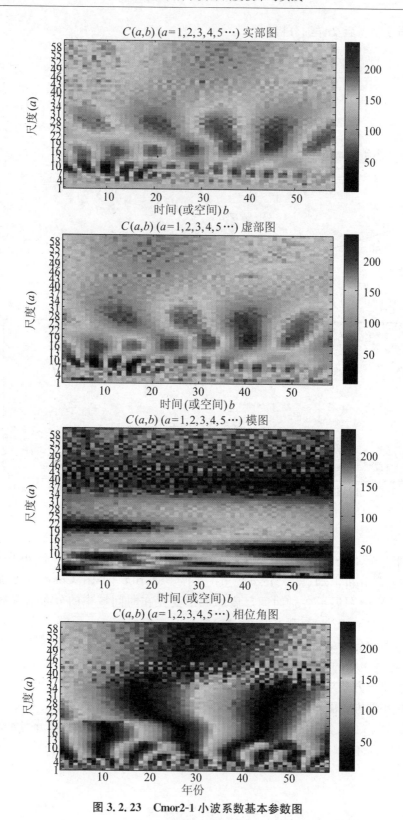

图 3. 2. 23　Cmor2-1 小波系数基本参数图

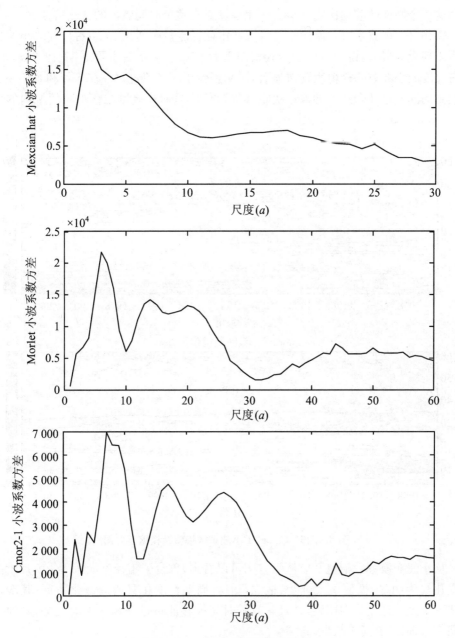

图 3.2.24　三种小波系数方差图

　　Mexcian hat 小波系数方差检测鲁台子年径流量序列在 $2a$ 左右尺度的小波方差极值表现最为显著,说明鲁台子年径流过程存在 $2a$ 即 8 年左右的主要周期;在 $5a$ 左右尺度的小波方差极值表现次显著,说明鲁台子年径流过程存在 $5a$ 即 20 年左右的次主周期。这 2 个周期的波动决定着鲁台子年径流量在整个时间域内的变化特征。

　　Morlet 小波方差检测鲁台子年径流量序列在 $6a$～$8a$ 尺度的小波方差极值表现最为显著,说明鲁台子年径流过程存在 2 年左右主要周期;在 $14a$ 和 $20a$ 左右尺度的小波方差极值表现次显著,说明鲁台子年径流过程存在 4 年和 6 年左右两个次主周期。这 3 个周期的波动决定着鲁台子年径流量在整个时间域内的变化特征。

　　Cmor2-1 小波系数方差检测鲁台子非汛期径流量序列在 8a 左右尺度的小波方差极值表现最为显著,说明鲁台子年径流过程存在 2.5 年左右主要周期;在 16a 和 25a 左右尺度的小波方差极值表现次显著,说明鲁台子年径流过程存在 5 年和 8 年左右两个次主周期。这 3 个周期的波动决定着鲁台子非汛期径流量在整个时间域内的变化特征(图 3.2.25)。

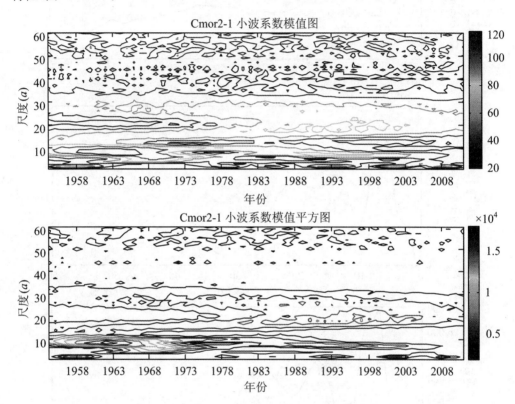

图 3.2.25　Cmor2-1 小波系数模值及模值平方图

　　从小波变换系数模值及模值平方图可以看出,鲁台子年径流量 8a～10a 尺度的周期变化最为明显,模值最大,能量最强,但其周期性变化具有局部化特征;其次,16a 和 25a 尺度周期变化次明显,并且具有随时间推移能量进一步加大的趋势;其他尺度周期变化都较弱,能量较低。

　　通过对上述三种小波的对比分析,不难发现小波函数不同分析结果会有细微差异,但是整体周期变化基本相同,比较其分析结果的相似性和各自的优缺点,我们下面分析多周期时间尺度只选择 Cmor2-1 小波。

　　② 汛期径流量分析

　　鲁台子汛期径流量周期分析结果如图 3.2.26 所示:在 45a～55a 大尺度即在 15～18 年上表现为减少—增加的特点,而在 28a 左右中尺度即 8～9 年上则峰值谷值交错出现,周期显著,两者都显示 2008 年及随后的几年处于汛期径流量的增长期末期,8a 左右小尺度即 2～3 年上显示 2008 年及随后的几年处于汛期径流量的减少期末期即将要转变成为增长期。另外在 20 世纪 90 年代之前有个尺度为 $15a \sim 20a$ 即 $5 \sim 6$ 年的明显的周期性,90 年代之后此尺度未表现出周期波动。多周期表现杂乱,为了简化周期规律,需要找到几个主周期。

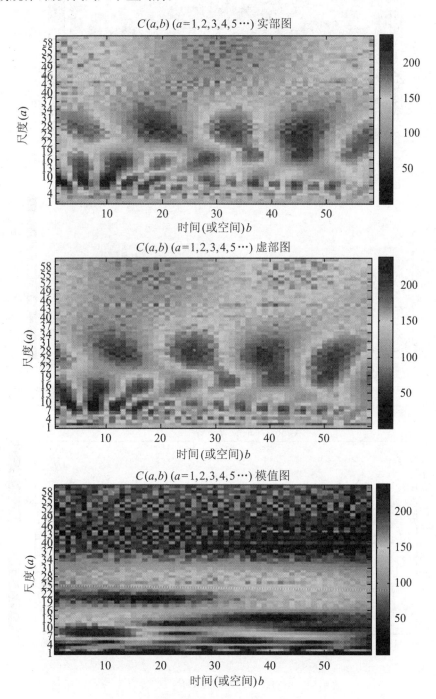

图 3. 2. 26　汛期径流量 Cmor2-1 小波系数组图

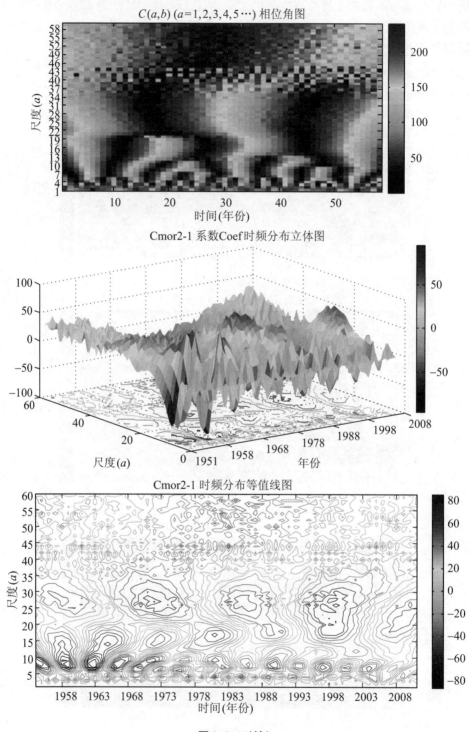

图 3.2.26(续)

　　小波变换系数模值及模值平方如图 3.2.27 所示,可以看出,鲁台子年径流量以 $8a \sim 10a$ 尺度的周期变化最为明显,模值最大,能量最强,但其周期性变化具有局部化特征；其次，以 16a 和 25a 尺度周期变化次明显，并且具有随时间推移能量进一步加大的趋势；其他尺度周期变化都较弱，能量较低。结合 Cmor2-1 小波系数方差（图 3.2.28）检测出鲁台子非汛期径流量序列在 8a 左右尺度的小波方差极值表现最为显著，说明鲁台子年径流过程在 20 世纪 70 年代之前存在 2.5 年左右主要周期，70年代之后 2.5 年左右的周期消失；在 25a 左右尺度的小波方差极值表现次显著，说明鲁台子年径流过程在 1951～2008 年间存在 8 年左右的次主周期；在 16a 左右尺度的

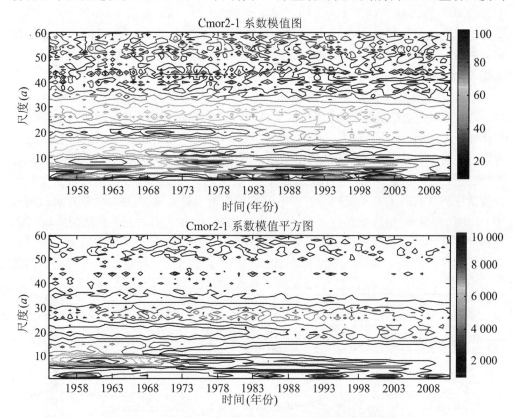

图 3.2.27 汛期径流量 Cmor2-1 小波系数模值和模平方图

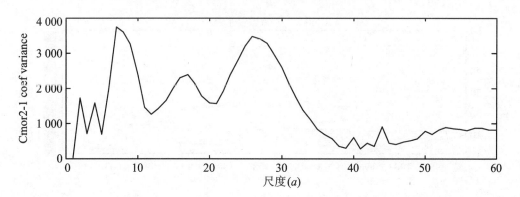

图 3.2.28 汛期径流量 Cmor2-1 小波系数方差图

小波方差极值表现第三显著,说明鲁台子年径流过程在 1951~2008 年间存在 5 年左右的第三主周期。这 3 个周期的波动决定着鲁台子非汛期径流量在整个时间域内的变化特征。

③ 非汛期径流量分析

鲁台子汛期径流量周期分析结果显示:在 40a~50a 大尺度即 12~15 年上表现为减少—增加的特点,而在 20a 左右中尺度即 6 年上则峰值谷值交错出现,周期显著,前者显示 2008 年及随后的几年处于汛期径流量的增长期,后者显示 2008 年及随后的几年处于汛期径流量的减少期,10a 左右小尺度即 3 年在 2008 年及随后的几年处于汛期径流量周期变化不明显。非汛期径流量周期变化规律跟年径流量、汛期径流量周期变化规律有些差异。

小波变换系数模值及模值平方如图 3.2.29 所示,可以看出鲁台子年径流量 5a~10a 尺度的周期变化最为明显,模值最大,能量最强,但其周期性变化只在 20 世纪 60 年代初至 80 年代末能量最大,具有局部化特征;其次 20a 尺度周期变化次明显,也具有局部化特征,在 20 世纪 70 年代初至 90 年代末能量最大;其他尺度周期变化都较弱,能量较低。结合 Cmor2-1 小波系数方差,如图 3.2.30 所示,检测出鲁台子非汛期径流量序列在 5a~10a 尺度的小波方差极值表现最为显著,说明鲁台子年径流过程只在 60 年代初至 80 年代末存在 2~3 年的主要周期,90 年代之后此主周期消失;在 20a 左右尺度的小波方差极值表现次显著,说明鲁台子年径流过程在 70 年代初至 90 年代末周期明显。这 2 个局部周期的波动决定着鲁台子非汛期径流量在整个时间域内的

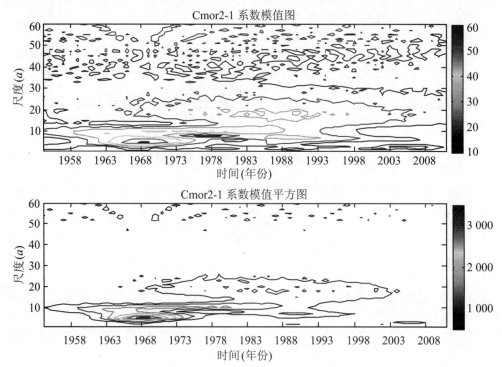

图 3.2.29　非汛期径流量 Cmor2-1 小波系数模值和模平方图

变化特征。总体来说,非汛期周期变化不如全年径流量和汛期径流量周期变化明显。

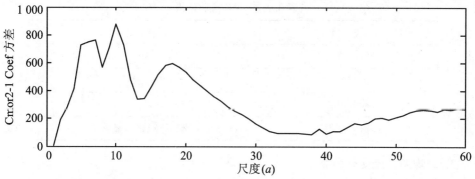

图 3.2.30　非汛期径流量 Cmor2-1 小波系数方差图

(3) 径流趋势分析

季节性 Kendall 检验是 Mann-Kendall 检验的一种推广,它首先是由 Hirsch 及其同事提出。该检验的思路是用于多年的收集数据,分别计算各季节(或月份)的 Mann-Kendall 检验统计量 S 及其方差 Var(S),再把各季节统计量相加,计算总统计量,如果季节数和年数足够大,那么通过总统计与标准正态表之间的比较来进行统计显著性趋势检验。

首先进行径流趋势分析:选取鲁台子站 1951～2012 年年径流量资料进行分析,年径流量变化过程线如图 3.2.31 所示。从图中可以看出,多年来淮干鲁台子站年径流量总体上呈下降趋势,年径流量下降的趋向率为 7.94 亿 m³/10 年,其中 1954～1956年、1963～1965 年、1968～1969 年以及 1982～1985 年年径流量处在小波动的偏高年,说明年径流量偏大;1957～1962 年、1966～1967 年、1970～1974 年、1976～1979 年和 1992～1995 年年径流量处在下降期,说明年径流量偏小;根据统计资料得出:上述各时段的年径流量分别为 442.77 亿 m³,421.01 亿 m³,276.26 亿 m³,324.19 亿 m³,155.47 亿 m³,82.62 亿 m³,180.07 亿 m³,112.90 亿 m³,94.29 亿 m³。用 Mann-Ken-

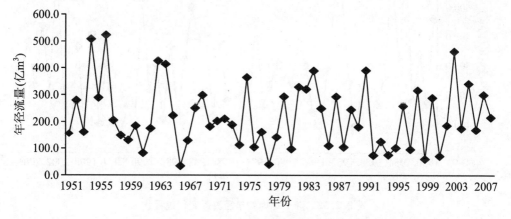

图 3.2.31　淮干鲁台子站年径流量变化过程线

dall 趋势检验法检验,其下降趋势显著,检验结果见表 3.2.8。

表 3.2.8　MK 检验结果

项　目	年径流量序列
n	59
M	-6.28
检验过程	$|M|>M_{0.05}=1.96$
检验结果	有下降趋势,显著

2. 蚌埠站径流变化分析

蚌埠(吴家渡)水文站是淮河干流中游重要控制站,蚌埠以上流域面积 11.21 万 km^2,占淮河水系面积的 60%,研究蚌埠站天然径流量的多年变化规律对淮河上中游地区水资源利用有着非常重要的意义。

(1) 径流趋势分析

对蚌埠站 1950~2012 年年径流量资料进行径流量趋势分析:从图 3.2.32 中可以看出,多年来淮干蚌埠站年径流总体上呈下降趋势,年径流量下降的趋向率为 24.76 亿 m^3/10 年,其中 1954~1956 年、1963~1965 年、1968~1969 年和 1982~1985 年的年径流量处在小波动的偏高年,说明年径流量偏大;1957~1962 年、1966~1967 年、1973~1974 年、1976~1979 年和 1992~1995 年的年径流量处在下降期,说明年径流量偏小。根据统计资料得出:上述各时段的年径流量分别为 531.91 亿 m^3,455.91 亿 m^3,341.22 亿 m^3,408.39 亿 m^3,192.05 亿 m^3,90.51 亿 m^3,198.52 亿 m^3,134.91 亿 m^3 和 104.23 亿 m^3。用 Mann-Kendall 趋势检验法检验,其下降趋势显著,检验结果见表 3.2.9。

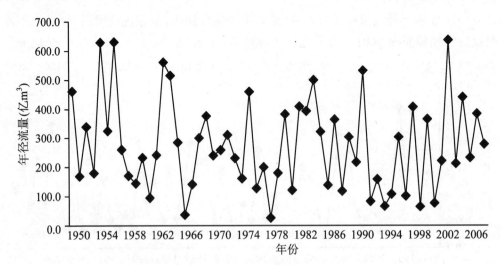

图 3.2.32　淮干蚌埠站年径流量变化过程线

表 3.2.9　MK 检验结果

项　目	年径流量序列
n	53
M	-3.04
检验过程	$\|M\|>M_{0.05}=1.96$
检验结果	有下降趋势,显著

受水文循环和人类活动的影响,水文情势在时间或空间上往往发生变异,即明显超过规则化的体系改变。这种使水文序列发生不一致的改变点就是我们要找的变异点。本节采用变点分析方法来分析变异年。变点分析采用滑动 t 检验方法。其原理是

$$t = \frac{\bar{x}_1 - \bar{x}_2}{s\sqrt{\dfrac{1}{n_1}+\dfrac{1}{n_2}}} \tag{3.2.16}$$

其中

$$s = \sqrt{\frac{n_1 s_1^2 + n_2 s_2^2}{n_1 + n_2 - 2}}$$

式中,$\bar{x}_1$,s_i 和 n_i 分别是两个子样本的均值、标准差和长度。它是从正态母体中选择相邻的两个固定长度的子样本进行 t 检验,然后依次向后滑动,最后取最佳变异点的。

为进一步分析研究淮河流域年径流量的变化趋势及变异年份,本文选择了鲁台子和蚌埠两站点进行变异年份分析,取子样长度为 $10a$,取 $\alpha=0.05$ 的显著水平,相应的 $t_\alpha=2.1$。$t>0$ 代表该点为要素趋向减少的变点,$t<0$ 则代表该点为要素趋向增加的变点。结果如图 3.2.33 所示。两站的变异点完全一致,年径流量增加的变异点出现在 1953 年及 1981 年,年径流量减少的变异点出现在 1956 年及 1991 年。

图 3.2.33　t 值变化趋势

总之,淮河流域年径流量减少的趋势主要是由人类活动影响造成的:降水变化趋势基本稳定,蒸发年际变化呈减少趋势,降水径流关系存在减少趋势)。

(2) 丰枯转移特性动态模拟

用马尔科夫(Markov)过程对淮河蚌埠站 1916~2012 年天然径流量进行转移概率分析,揭示蚌埠站年径流量丰平枯状态转移特性。Markov 过程是随机过程的一个分支,它的最基本特征是"后无效性",即在已知某一随机过程"现在"的条件下,其"将来"与"过去"是独立的,它是个时间离散、状态也离散的时间序列。它研究事物随机变化的动态过程,依据事物状态之间的转移概率来预测未来系统的发展。

以 $P_{i,j(m,m+k)}$ 表示 Markov 链在 t_m 时刻出现 $X_m = a_i$ 的条件下,在 t_{m+k} 时刻出现 $X_{m+k} = a_j$ 条件的概率,即转移概率为

$$P_{i,j(m,m+k)} = P(X_{m+k} = a_j \mid X_m = a_m) \quad (i,j = 1,2,\cdots,N;m,k \text{ 都是正整数})$$

当转移概率 $P_{i,j(m,m+k)}$ 的 $k = 1$ 时,有

$$P_{i,j} = P_{i,j(m,m+1)} = P(X_{m+1} = a_j \mid X_m = a_m)$$

称之为一步转移概率,表示 Markov 链由状态 a_i 经过一次转移到达状态 a_j 的转移概率。所有的一步转移概率可以构成一个一步转移概率矩阵。当 Markov 链为齐次时,对于 K 步转移矩阵 P_K,有

$$P = P_K \tag{3.2.17}$$

其中,P 为一步转移矩阵

$$P = \begin{bmatrix} P_{11} & P_{12} & \cdots & P_{1N} \\ P_{21} & P_{22} & \cdots & P_{2N} \\ \vdots & \vdots & & \vdots \\ P_{N1} & P_{N2} & \cdots & P_{NN} \end{bmatrix}$$

一个有限状态的 Markov 过程,经过长时间的转移后,初始状态的影响逐渐消失,过程达到平稳状态,即此后过程的状态不再随时间而变化。这个概率称为稳定概率,又称为极限概率,它是与起始状态无关的分布。定义为

$$p = \lim_{m \to \infty} P(m) \tag{3.2.18}$$

极限概率的存在,代表着系统处于任意特定状态的概率,而用 $\frac{1}{p}$ 则可表示该特定状态重复再现的平均时间。也就是说,极限概率表现了离散时间序列趋于稳定的静态特征。

用 Markov 过程来研究径流丰枯状态转变的过程,就是要通过对其转移概率矩阵的分析,认识年径流丰枯各态自转移和相互转移概率的特性;用对年径流量 Markov 状态极限概率的分析,显示年径流量变化趋于稳定的静态特征。

① 状态划分

首先划分系列丰枯平标准。先计算系列均值 X 和标准差 S,按大于 $X+S$,$X+S \sim X+0.5S$,$X+0.5S \sim X-0.5S$,$X-0.5S \sim X-S$,小于 $X-S$ 的标准划分为丰水年、偏丰水年、平水年、偏枯水年和枯水年进行统计。

根据径流丰枯状态划分标准,把淮河蚌埠站 1916~2012 年天然年径流量随时间

丰枯演变的情况划分为 5 种状态,由此构成时间离散、状态也离散的随机时间序列。

②　丰平枯状态转移特性动态模拟分析

如果该序列从某一时刻的某种状态,经时间推移,变为另一时刻的另一种状态,则是该序列状态的转移,以此构成 Markov 矩阵。可以计算出年径流丰枯状态一步转移概率矩阵,见表 3.2.10。

表 3.2.10　年径流丰枯状态一步转移概率矩阵

状　态	J				
I	1	2	3	4	5
1	0.214	0.000	0.286	0.357	0.143
2	0.000	0.000	0.400	0.600	0.000
3	0.194	0.065	0.355	0.258	0.129
4	0.182	0.136	0.409	0.136	0.136
5	0.000	0.083	0.417	0.250	0.250
平均	0.118	0.057	0.373	0.320	0.132

③　丰平枯静态特性

由 Markov 极限概率的定义,通过一步转移概率则可得到极限概率,其计算结果如表 3.2.11 所示。

表 3.2.11　年径流丰枯状态极限概率

状　态	J				
I	1	2	3	4	5
极限概率 P	15.2%	7.1%	37.2%	26.4%	14.1%
平均重复时间(年)	6.6	14.1	2.7	3.8	7.1

在表 3.2.11 中,年径流在状态 3(平水年)重复再现的平均时间最短,为 2.7 年一遇;其次为状态 4(偏枯水年),重复再现的平均时间为 3.8 年一遇;在状态 1(丰水年)和状态 5(枯水年)重复再现的时间分别为 6.6 年和 7.1 年一遇;而状态 2(偏丰水年)重复再现的平均时间最长,为 14.1 年一遇。由此可以看出,在淮河蚌埠站年径流长期丰枯变化中,出现平水年和偏枯水年的状态占优势,概率为 63.6%,出现极端的丰水年和枯水年的概率也达 29.3%。

④　不计自转移状态的各态相互转化的特性

在上述 Markov 状态转移概率矩阵中,包括了系统中任意状态自转移的特性,从一定程度上削弱了各状态间的相互转化特性的体现。因此,为减少任意状态自转移因素对系统各状态间相互转化的影响,采用在不计自转移状态的条件下分析 Markov 过程,来充分体现其年径流丰枯各态相互转化的特性。

将转移概率矩阵中 $P_{ij}(i=j)$ 项设定为零,计算各态互转移概率,组成不计自转移状态下的互转移 Markov 矩阵,以此来分析年径流长期丰枯各状态的转化特性。

从表 3.2.12 可以看出,各态($i_1 \sim i_5$)转入的状况主要集中在状态 3 和状态 4,各态转入状态 3 的平均概率为 0.357,各态转向状态 4 的概率为 0.333;转向状态 1 的概率为 0.128;而转向状态 2 和状态 5 的概率较小,分别为 0.092 和 0.089。说明各态向平水年和偏枯水年转移的概率较大,而向偏丰水年和枯水年转移的概率较小。

表 3.2.12　年径流丰枯各态互转移概率矩阵

状态	J				
I	1	2	3	4	5
1	/	0	0.364	0.455	0.182
2	0	/	0.400	0.600	0
3	0.300	0.100	/	0.400	0.200
4	0.211	0.158	0.474	/	0.158
5	0	0.111	0.566	0.333	/
平均	0.128	0.092	0.357	0.333	0.089

在淮河蚌埠站年径流长期丰枯变化的各态相互转移中,存在以状态 3 和状态 4 为转移中心的转移模式,表现为:

偏枯水年与平水年之间的邻态互转移模式。

丰水年、偏丰水年和平水年向偏枯水年的转移模式。

偏丰水年、偏枯水年和枯水年向平水年的转移模式。

经分析,结论如下:

a. 淮河蚌埠站年径流在长期丰枯状态的概率转变中,平水年的自转移概率较大,即平水态自保守性强。

b. 概率转移分析显示,年径流处于丰水和偏丰水的初始状态,向偏枯水年转移的概率较大;年径流处于平水、偏枯水年和枯水年的初始状态,向平水年转移的概率较大。淮河年径流在长期丰枯状态的转变中,出现平水和偏枯水年的状态占优势。

c. 在淮河年径流长期丰枯变化的各态相互转移中,存在以平水和偏枯水年为状态转移中心的转移模式。

d. 系列数据状态划分对分析结论的影响是显而易见的,如何合理地确定划分标准有待进一步探讨。

3.2.3.2　淮河流域径流情势演变

1. 径流情势分析

为了全面地把握淮河年降水径流情势,需在流域内选择足够数量且代表性较好的流量观测站进行降水径流情势分析,通过分析识别径流有衰减的区域。研究选用 35 个水文控制站情况见表 3.2.13。

表 3.2.13　研究选用的水文控制站

分　区	河　名	站　名	面　积 (km²)	分　区	河　名	站　名	面　积 (km²)
淮河以南	洪河	新蔡	4 110	淮河以北	史河	梅山	1 970
	洪河	班台	11 280		淠河	横排头	4 370
	沙河	白龟山	2 730		淠河	响洪甸	1 476
	沙河	昭平台	1 416		史河	蒋家集	5 930
	涡河	砖桥	3 410		池河	明光	3 501
	涡河	玄武	4 014				
	新汴河	永城	2 237				
	颍河	阜阳	38 240				
	涡河	蒙城	15 475				
	沙颍河	周口	25 800				
	沙颍河	沈丘	3 094				

采用降水径流相关法和径流系数法,研究径流情势如下:

(1) 降水径流相关法

建立流域各分区年降水径流相关关系(图 3.2.34),1980～2012 年系列年降水量小于 600 mm 的大多数点据偏于 1956～1979 年系列的左边,表明同样量级的降水量所产生的地表径流量偏小,即地表径流有衰减的趋势。

(2) 径流系数法

径流系数反映降水形成径流的比例,径流系数集中反映了下垫面的水文地质情况和降水特性对地表径流流量的影响,其中影响较大的因子包括下垫面的土壤和植被类型、土壤前期土壤含水量、降水量和强度等。一般而言,降水越大或降水强度越大,径流系数也相应较大;下垫面土壤含水量越大,径流系数也相应越大,且这种关系是非线性的。所以用径流系数研究径流演变情势,必须区分降水影响和下垫面的影响,如果径流系数的减小幅度远大于降水减少的幅度,那么其中有一部分可能是由下垫面变化所致。

计算流域各分区两个系列的径流系数,见图 3.2.35,其中系列 1 为 1956～1979 年,系列 2 为 1980～2008 年。由图可见:

① 淮河以南 1980～2008 年系列的径流系数均略大于 1956～1979 年系列,说明该区域地表径流量没有衰减现象。

② 淮河以北除个别水文控制站外,1980～2008 年系列的径流系数均较 1956～1979 年系列小,说明相同降雨产生的径流偏小。

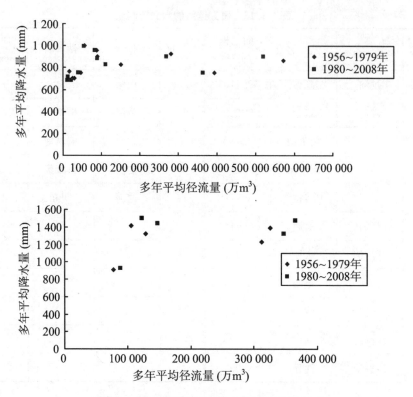

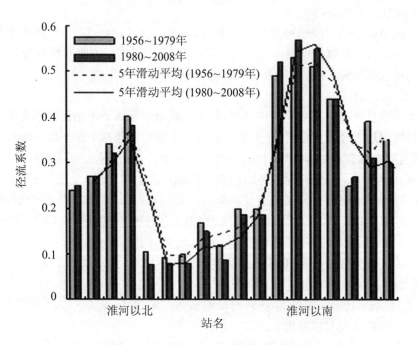

图 3.2.34　流域分区年降水径流相关分析

图 3.2.35　流域分区年径流系数变化趋势

2. 径流的时空变化

（1）空间分布

淮河流域年径流地区分布呈现出山区大、平原小，南部大、北部小，沿海地区大、内陆小的变化趋势。淮河流域年径流深变幅在 50～1 000 mm 之间，淮河以南及上游山丘区，年径流深为 300～1 000 mm；淮河以北地区，年径流深为 50～300 mm，并自南向北递减。流域南部的大别山区是本区径流深最高的地区，年径流深可达 1 000 mm，北部沿黄地区为径流最小地区，午径流深仅有 50～100 mm，南北相差 10～20 倍。西部伏牛山区年径流深为 400 mm，而东部沿海地区年径流深为 250 mm，东西相差 1.6 倍多（图 3.2.36）。

（2）时程分布

淮河流域径流年内分配不均匀。主要体现为汛期十分集中、季径流变化大、最大与最小月径流相差悬殊等。年径流的大部分主要集中在汛期 6～9 月，各地区河流汛期径流量占全年径流量的 50％～88％，呈现出由南向北递增的规律。最大与最小月径流相差悬殊。最大月径流量占年径流量的比例一般为 14％～40％，由南向北递增；

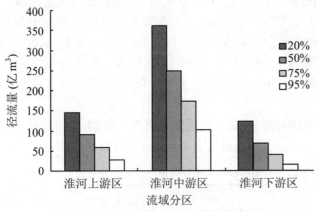

(a) 流域多年平均分区径流频次变化图

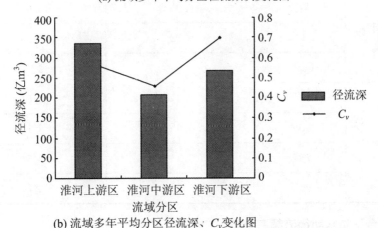

(b) 流域多年平均分区径流深、C_v 变化图

图 3.2.36　流域多年平均分区地表径流变化特征

最小月径流量占年径流量的比值仅为1%～5%,地区上变化不大。

淮河流域径流年际变化较大。主要表现在最大与最小年径流量倍比悬殊、年径流变差系数较大和年际丰枯变化频繁等。最大与最小年径流量倍比悬殊,本区各控制站最大与最小年径流量的比值一般在5～30之间,最小仅为3,而最大可达1 680。变差系数 C_v 值较大,年径流变差系数值与年降水量变差系数值相比,不仅绝对值大,而且在地区分布上变幅也大,呈现由南向北递增、平原大于山区的规律。

3.2.4　典型断面枯水期径流演变及动态模拟分析

3.2.4.1　枯水期径流频率分析

1. 王家坝枯水期径流频率分析

通过将王家坝站枯水期径流量的丰枯变化作为一个参考指标,来对王家坝1952～2012年的资料进行分析:多年连续3个月枯水期平均径流量约为6.5亿 m^3,最大连续3个月枯水期径流量为1954～1955年的23.6亿 m^3,最小连续3个月枯水期径流量为1969～1970年的0立方米,最大连续3个月枯水期径流量与最小年变化幅度非常大;多年连续5个月枯水期平均径流量约为10.0亿 m^3 立方米,最大连续5个月枯水期径流量为1996～1997年的51.8亿 m^3,最小连续5个月枯水期径流量为1978～1979年的0 m^3,最大连续5个月枯水期径流量与最小年变化幅度非常大。

对于王家坝枯水期径流量,我们绘制皮尔逊Ⅲ型曲线,经过皮尔逊Ⅲ型曲线排频分析过的王家坝3个月枯水期径流和5个月特征值计算成果如表3.2.14所示。

表 3.2.14　王家坝枯水期径流量排频统计分析计算成果表　　　　单位:亿 m^3

项　　目		3个月枯水期径流量	5个月枯水期径流量
统计参数	均值	6.5	10.0
	C_v	0.72	0.73
	C_s/C_v	2	2
频率	20%	7.6%	12.6%
	50%	5.9%	8.1%
	75%	3.8%	5.5%
	95%	0%	0%

2. 鲁台子枯水期径流频率分析

鲁台子站处于淮河干流中游,以上流域汇水面积为8.86万 km^2,汇集了上游及各大支流(沙颍河、洪汝河、淠河、史河等)的地表径流,是蚌埠闸上径流量的主要源水,后者又是淮南市、蚌埠市和凤台县、怀远县等地的供水水源。所以探讨鲁台子站枯水期年际变化以及多时间尺度周期变化对于淮河中游地区供需水安全的研究至关重要,可以将鲁台子站枯水期径流量的丰枯变化作为一个参考指标来对鲁台子1956～2012年的资料进行分析,多年连续3个月枯水期平均径流量约为18.4亿 m^3,最大连续3个月枯水期径流量为1952～1953年的52.7亿 m^3,最小连续3个月枯水期径流量为1978～1979年的0.8亿 m^3,最大连续3个月枯水期径流量是最小年的63倍,变化幅度非常大;多年连续5个月枯水期平均径流量约为39亿 m^3,最大连续5个月枯水期径流量为1996～1997年的106.3亿 m^3,最小连续5个月枯水期径流量为1978～1979年的2亿 m^3,最大连续5个月枯水期径流量是最小年的52倍。

对于鲁台子枯水期径流量,我们绘制皮尔逊Ⅲ型曲线,经过皮尔逊Ⅲ型曲线排频分析过的鲁台子3个月枯水期径流和5个月特征值计算成果,如表3.2.15所示。

表 3.2.15　鲁台子枯水期径流量排频统计分析计算成果表　　　单位:亿 m^3

项　　目		3个月枯水期径流量	5个月枯水期径流量
统计参数	均值	18.4	39
	C_v	0.52	0.59
	C_s/C_v	2	2
频率	20%	25.3%	57.0%
	50%	15.5%	32.5%
	75%	11.2%	21.5%
	95%	4.2%	6.2%

3. 蚌埠站枯水期径流频率分析

蚌埠(吴家渡)水文站是淮河干流中游重要控制站,蚌埠以上流域面积11.2万 km^2,占淮河水系面积的60%,研究蚌埠站天然径流量的多年变化规律对淮河上中游地区水资源利用有着非常重要的意义。可以将蚌埠站枯水期径流量的丰枯变化作为一个参考指标来对蚌埠1956～2012年的资料进行分析,多年连续3个月枯水期平均径流量约为20.7亿 m^3,最大连续3个月枯水期径流量为2000～2001年的72亿 m^3,最小连续3个月枯水期径流量为1978～1979年的0 m^3,最大连续3个月枯水期径流量和最小年之间变化幅度非常大;多年连续5个月枯水期平均径流量约为45.8亿 m^3,最大连续5个月枯水期径流量为2000～2001年的141.0亿 m^3,最小连续5个月枯水期径流量为1978～1979年的0 m^3。

对于蚌埠枯水期径流量,我们绘制皮尔逊Ⅲ型曲线,经过皮尔逊Ⅲ型曲线排频分析过的蚌埠3个月枯水期径流和5个月特征值计算成果如表3.2.16所示。

表 3.2.16 蚌埠枯水期径流量排频统计分析计算成果表 单位:亿 m^3

项目		3 个月枯水期径流量	5 个月枯水期径流量
统计参数	均值	20.7	45.8
	C_v	0.70	0.67
	C_s/C_v	2	2
频率	20%	31.6%	74.5%
	50%	19.1%	39.5%
	75%	11.1%	23.9%
	95%	0.5%	1.4%

3.2.4.2 枯水期径流演变及动态模拟分析

1. 王家坝径流演变及动态模拟分析

(1) 连续 3 个月枯水期径流量

据王家坝 1952~2012 年连续 3 个月枯水期径流量和连续 3 个月枯水期序列距平所示(图 3.2.37),从趋势来看整体呈减少趋势,减少速率为 0.06 亿 m^3/10 年,且有明显的波动。为了研究枯水期径流量的时段变化特征,本次研究分了 1952~1979 年和 1980~2012 年两个时段来进行研究。从趋势上看,王家坝 1952~1979 年时段连续 3 个月枯水期径流量是减少的,减少速率为 0.27 亿 m^3/年,减少的速率相对较快;而 1980~2012 时段连续 3 个月枯水期径流量反而是增加的,增加的速率相对较慢,只有 0.02 亿 m^3/年。

(2) 连续 5 个月枯水期径流量

据王家坝 1952~2012 年连续 5 个月枯水期径流量和连续 5 个月枯水期序列距平所示(图 3.2.38),从趋势来看整体呈增加的趋势,增加速率为 0.2 亿 m^3/10 年,且有明显的波动。同样的,为了研究枯水期径流量的时段变化特征,本次研究分了 1952~1979 年和 1980~2012 年两个时段来进行研究。从趋势上看,王家坝 1952~1979 年时段连续 5 个月枯水期径流量是减少的,减少速率为 0.28 亿 m^3/年,减少的速率相对较快;而 1980~2012 时段连续 5 个月枯水期径流量也是减少的,只是减少的速率相对较慢,只有 0.04 亿 m^3/年。通过分析可知,王家坝连续 5 个月枯水期径流量在 20 世纪 80 年代有个突变。

通过对比分析可得:1952~2012 年王家坝两个枯水时段径流量变化趋势不一致,连续 3 个月是呈现减少趋势,而连续 5 个月则呈现增加趋势;1952~1979 年两个枯水时段径流量变化趋势都是减少的,而且减少的速率相对较快;1980~2012 年两个枯水时段径流变化趋势不一致,连续 3 个月呈现增加趋势,而连续 5 个月则呈现减少趋势。

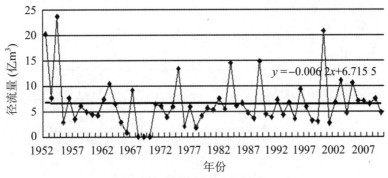

1952~2012年连续3个月枯水期径流量图

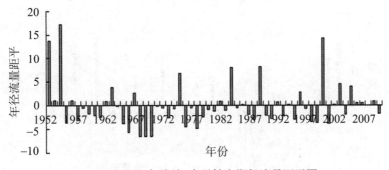

1952~2012年连续3个月枯水期径流量距平图

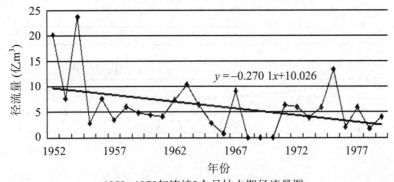

1952~1979年连续3个月枯水期径流量图

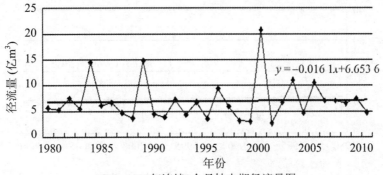

1980~2012年连续3个月枯水期径流量图

图 3.2.37　王家坝连续 3 个月径流量分析图

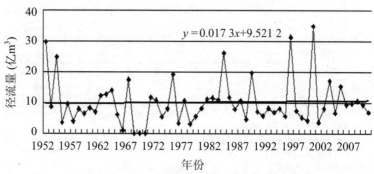

$y = 0.017\,3x + 9.521\,2$

1952~2012年连续5个月枯水期径流量图

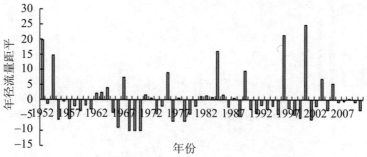

1952~2012年连续5个月枯水期径流量距平图

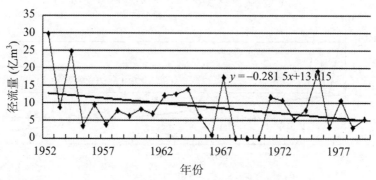

$y = -0.281\,5x + 13.015$

1952~1979年连续5个月枯水期径流量图

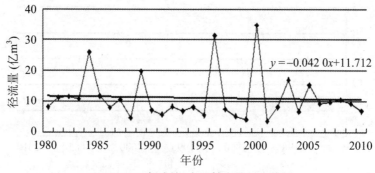

$y = -0.042\,0x + 11.712$

1980~2012年连续5个月枯水期径流量图

图 3.2.38　王家坝连续 5 个月径流量分析图

（3）多时间尺度动态模拟分析

① 连续 3 个月径流量分析

Morlet 小波检测的结果表明（图 3.2.39），在 20 世纪 50 年代初至 2012 年资料序列末，小尺度上 $a=2\sim10$ 的发育明显即在时间上存在 1.6～2.5 年和 8～9 年的周期；中尺度上 $a=20\sim30$ 的尺度表现显著即时间上存在 21 年的周期；但从大尺度上看，实际上王家坝连续 3 个月径流量在 20 世纪 50 年代到 60 年代中期年径流量总体偏丰，70 年代初到 80 年代末总体偏枯，90 年代之后到 2012 年年径流量开始转丰，预计在未来会有两三年的偏丰期。

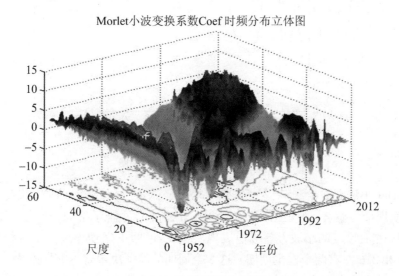

Morlet小波变换系数Coef时频分布立体图

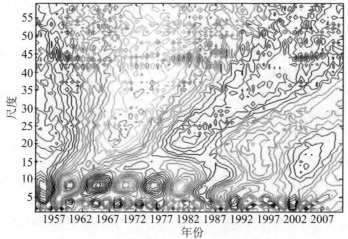

Morlet小波实部时频分布等高线图

图 3.2.39 Morlet 小波系数图

小波系数分析结果显示王家坝连续 3 个月径流序列中隐含着许多尺度不同的周期，哪个是主周期，起到主要的影响作用还有待进一步分析，下面我们通过小波系数的小波方差和模值平方以及来寻找主周期和次主周期，进一步揭示其周期变化规律。

通过小波方差图可以非常方便地查找一个时间序列中起主要作用的尺度(周期)。Morlet 小波方差如图 3.2.40 所示。

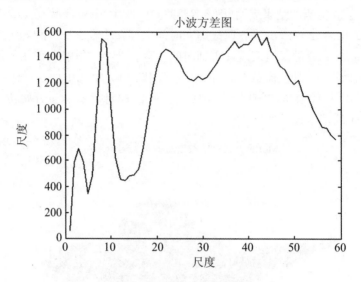

小波方差图

图 3.2.40　Morlet 小波方差图

Morlet 小波方差检测,王家坝连续 3 个月径流量序列在 $41a\sim42a$ 尺度的小波方差极值表现最为显著,说明王家坝连续 3 个月径流量过程存在 $41a$ 左右主要周期;在 $9a$ 和 $21a$ 左右尺度的小波方差极值表现次显著,说明王家坝连续 3 个月径流量过程存在 $9a$ 和 $21a$ 左右两个次主周期。这 3 个周期的波动决定着王家坝连续 3 个月径流量在整个时间域内的变化特征。

从小波变换系数模值平方图可以看出,王家坝连续 3 个月径流量 $41a\sim42a$ 尺度的周期变化最为明显,模值最大,能量最强,但其周期性变化具有局部化特征;其次,$9a$ 和 $21a$ 尺度周期变化次明显,并且具有随时间推移能量进一步加大的趋势;其他尺度周期变化都较弱,能量较低。

② 连续 5 个月径流量分析

Morlet 小波检测的结果表明,在 20 世纪 50 年代初至 2012 年资料序列末,小尺度上 $a=2\sim10$ 的发育明显即在时间上存在 3 年和 9 年的周期;中尺度上 $a=20\sim30$ 的尺度周期表现不明显;但从大尺度上看,实际上王家坝连续 5 个月径流量在 20 世纪 50 年代到 60 年代中期年径流量总偏丰,70 年代初到 80 年代末总体偏枯,90 年代之后到 2012 年年径流量开始转丰,预计在未来会有两三年左右的偏丰期。

通过小波方差图可以非常方便地查找一个时间序列中起主要作用的尺度(周期)。Morlet 小波方差分别如图 3.2.41 所示。

Morlet 小波方差检测王家坝连续 5 个月径流量序列在 $9a$ 左右尺度的小波方差极值表现最为显著,说明王家坝连续 5 个月径流过程存在 $9a$ 左右主要周期;在 $3a$、$36a$ 和 $42a$ 左右尺度的小波方差极值表现次显著,说明王家坝连续 5 个月径流过程存在 $3a$、$36a$ 和 $42a$ 左右有 3 个次主周期。这 4 个周期的波动决定着王家坝连续 5 个月径流量在整个时间域内的变化特征。

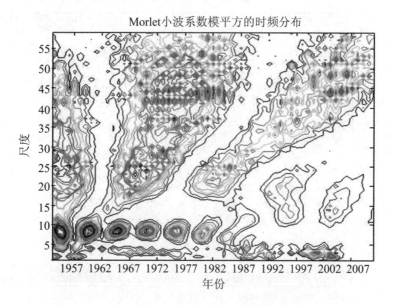

图 3.2.41 Morlet 小波系数模值平方图

从小波变换系数模值平方图可以看出,王家坝连续 5 个月径流量 $9a$ 尺度的周期变化最为明显,模值最大,能量最强,但其周期性变化具有局部化特征;其次,$3a$,$36a$ 和 $42a$ 尺度周期变化次明显,并且具有随时间推移能量进一步加大的趋势;其他尺度周期变化都较弱,能量较低(图 3.2.42、图 3.2.43、图 3.2.44)。

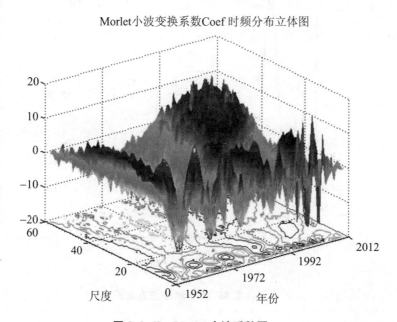

图 3.2.42 Morlet 小波系数图

Morlet小波实部时频分布等高线图

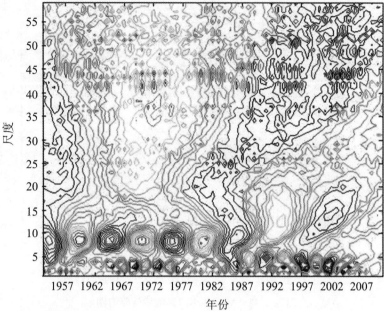

图 3.2.42(续)

小波方差图

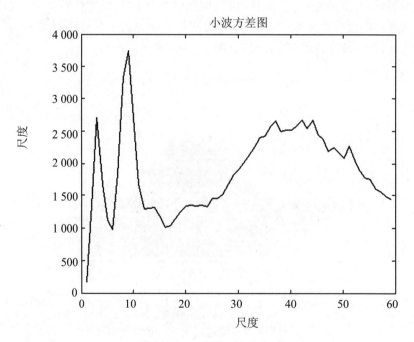

图 3.2.43　Morlet 小波方差图

Morlet小波系数模平方的时频分布

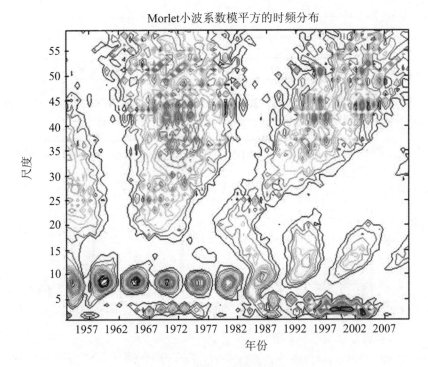

图 3.2.44 Morlet 小波系数模平方图

2. 鲁台子站径流变化分析

（1）连续 3 个月枯水期径流量

据鲁台子 1952～2012 年连续 3 个月枯水期径流量和连续 3 个月枯水期序列距平所示（图 3.2.45），从趋势来看整体呈减少趋势，减少速率为 0.94 亿 m^3/10 年，且有明显的波动。为了研究枯水期径流量的时段变化特征，本次研究分 1952～1979 年和 1980～2012 年两个时段来进行研究。从趋势上看，鲁台子 1952～1979 年时段连续 3 个月枯水期径流量是减少的，减少速率为 0.63 亿 m^3/年，减少的速率相对较快；而 1980～2012 时段连续 3 个月枯水期径流量反而是增加的，增加的速率相对较慢，只有 0.1 亿 m^3/年。

（2）连续 5 个月枯水期径流量

由鲁台子 1952～2012 年连续 5 个月枯水期径流量及序列距平图 3.2.46 可知，其整体呈减少的趋势，减少速率为 0.2 亿 m^3/10 年，且有明显的波动。同样的，为了研究枯水期径流量的时段变化特征，本次研究分 1952～1979 年和 1980～2012 年两个时段来进行研究。从趋势上看，鲁台子 1952～1979 时段连续 5 个月枯水期径流量是减少的，减少速率为 1.08 亿 m^3/年，减少的速率相对较快；而 1980～2012 时段连续 5 个月枯水期径流量也是减少的，只是减少的速率相对较慢，只有 0.15 亿 m^3/年。

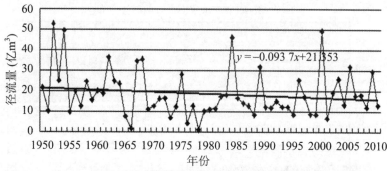

1952~2012年连续3个月枯水期径流量图

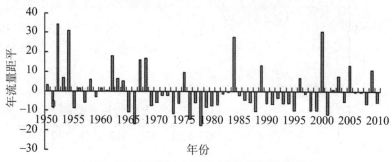

1952~2012年连续3个月枯水期径流量距平图

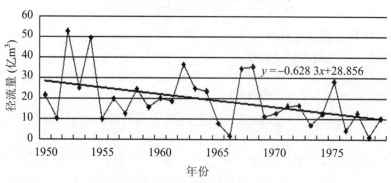

1952~1979年连续3个月枯水期径流量图

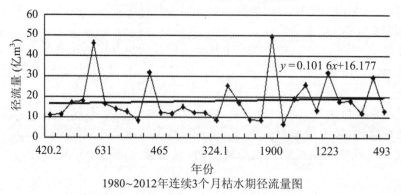

1980~2012年连续3个月枯水期径流量图

图 3.2.45　鲁台子连续 3 个月径流量分析图

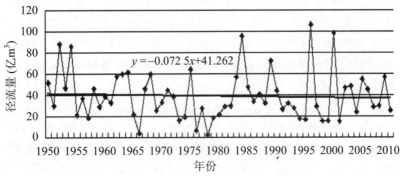

1952~2012年连续5个月枯水期径流量图

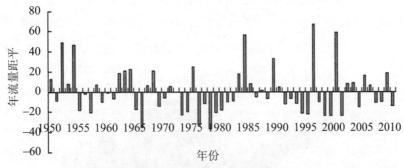

1952~2012年连续5个月枯水期径流量距平图

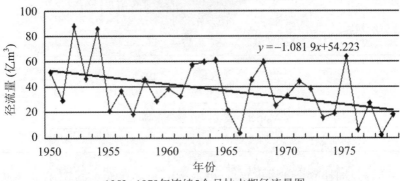

1952~1979年连续5个月枯水期径流量图

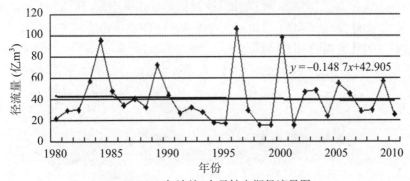

1980~2012年连续5个月枯水期径流量图

图 3.2.46　鲁台子连续 5 个月径流量分析图

　　通过对比分析可得：1952～2012 年王家坝两个枯水时段径流量变化趋势是一致，连续 3 个月和连续 5 个月则呈现减少的趋势；1952～1979 年两个枯水时段径流量变化趋势都是减少的，而且减少的速率相对较快；1980～2012 年两个枯水时段径流变化趋势不一致，连续 3 个月呈现增加趋势，而连续 5 个月则呈现减少的趋势。

　　（3）多时间尺度动态模拟分析

　　① 连续 3 个月径流量分析

　　Morlet 小波检测的结果表明（图 3.2.47），在 20 世纪 50 年代初至 2012 年资料序列末，小尺度上 $a=2～10$ 的发育明显即在时间上存在 4 年和 7 年的周期；在 $a=20～30$ 的中尺度上表现显著即时间上存在 12 年的周期；但从大尺度上看，实际上鲁台子连续 3 个月径流量在 20 世纪 50 年代到 60 年代中期总体偏丰，70 年代初到 80 年代末总体偏枯，90 年代之后到 2012 年年径流量开始转丰，预计在未来会有两三年的偏丰期。

Morlet小波变换系数Coef 时频分布立体图

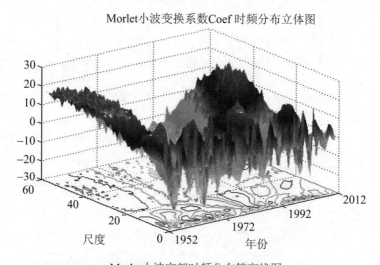

Morlet小波实部时频分布等高线图

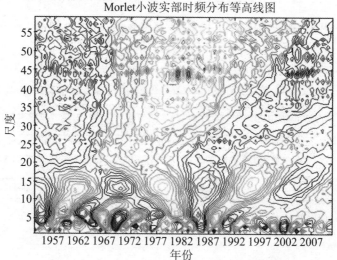

图 3.2.47　Morlet 小波系数图

通过小波方差图可以非常方便地查找一个时间序列中起主要作用的尺度(周期)。Morlet 小波方差如图 3.2.48 所示。

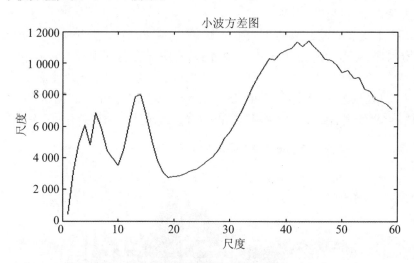

图 3.2.48 Morlet 小波方差图

Morlet 小波方差检测,王家坝连续 3 个月径流量序列在 $42a \sim 43a$ 尺度的小波方差极值表现最为显著,说明鲁台子连续 3 个月径流过程存在 42.5 年左右的主要周期;在 $4a$,$7a$ 和 $13a$ 左右尺度的小波方差极值表现次显著,说明鲁台子连续 3 个月径流过程存在 $4a$,$7a$ 和 $13a$ 左右的 3 个次主周期。这 4 个周期的波动决定着王家坝连续 3 个月径流量在整个时间域内的变化特征。

从小波变换系数模值平方图(图 3.2.49)可以看出,王家坝连续 3 个月径流量 $42a \sim 43a$ 尺度的周期变化最为明显,模值最大,能量最强,但其周期性变化具有局部化特

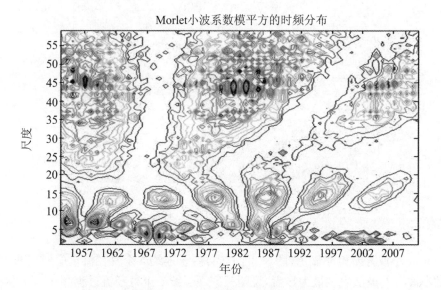

图 3.2.49 Morlet 小波模值平方图

征;其次,4a,7a 和 13a 尺度周期变化次明显,并且具有随时间推移能量进一步加大的趋势;其他尺度周期变化都较弱,能量较低。

② 连续 5 个月径流量分析

Morlet 小波检测的结果表明(图 3.2.50、图 3.2.51),在 20 世纪 90 年代初至 2012 年资料序列末,小尺度上 $a=2\sim10$ 的发育明显在时间上存在 3 年和 9 年的周期;在 $a=10\sim30$ 的中尺度上表现显著的有 28a 的周期;但从大尺度上看,实际上鲁台子连续 5 个月径流量在 20 世纪 50 年代到 60 年代中期总体偏丰,70 年代初到 80 年代末总体偏枯,90 年代之后到 2012 年年径流量开始转丰,预计在未来会有两三年的偏丰期。

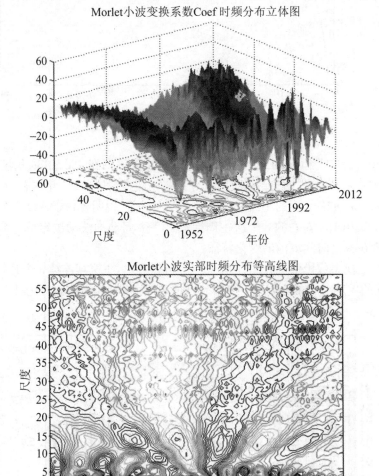

图 3.2.50　Morlet 小波系数图

Morlet 小波方差检测显示(图 3.2.51),鲁台子连续 5 个月径流量序列在 9a 左右尺度的小波方差极值表现最为显著,说明王家坝连续 5 个月径流过程存在 12a 左右的主要周期;在 3a 和 28a 左右尺度的小波方差极值表现次显著,说明王家坝连续 5 个月径流过程存在 3a 和 28a 左右的两个次主周期。这 3 个周期的波动决定着鲁台子连续 5 个月径流量在整个时间域内的变化特征。

从小波变换系数模值平方图(图 3.2.52)可以看出,鲁台子连续 5 个月径流量在 9a 尺度的周期变化最为明显,模值最大,能量最强,但其周期性变化具有局部化特征;其次,3a 和 28a 尺度的周期变化次明显,并且具有随时间推移能量进一步加大的趋势;其他尺度周期变化都较弱,能量较低。

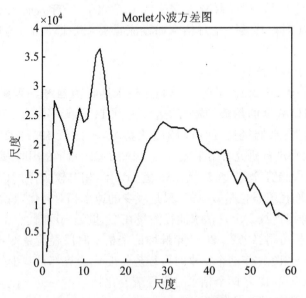

图 3.2.51 Morlet 小波方差图

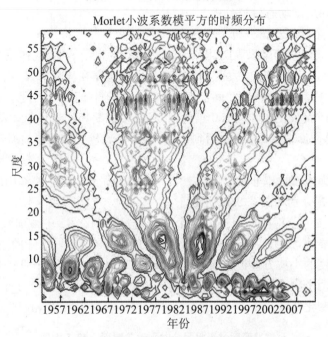

图 3.2.52 Morlet 小波模值平方图

3. 蚌埠站径流变化分析

(1) 连续 3 个月枯水期径流量

根据蚌埠站 1952～2012 年连续 3 个月枯水期径流量和连续 3 个月枯水期序列距平所示(图 3.2.53),从整体看呈减少趋势,减少速率为 0.84 亿 m^3/10 年,且有明显的波动。为了研究枯水期径流量的时段变化特征,分了 1952～1979 年和 1980～2012 年两个时段来进行研究。从趋势上看,王家坝 1952～1979 年时段连续 3 个月枯水期径流量是减少的,减少速率为 0.79 亿 m^3/年,减少的速率相对较快;而 1980～2012 年时段连续 3 个月枯水期径流量反而是增加的,增加的速率相对较慢,只有 0.25 亿 m^3/年。

(2) 连续 5 个月枯水期径流量

根据蚌埠站 1952～2012 年连续 5 个月枯水期径流量和序列距平结果来看(图 3.2.54),其整体呈减少的趋势,减少的速率为 0.11 亿 m^3/10 年,且有明显的波动。同样的,为了研究枯水期径流量的时段变化特征,本次就 1952～1979 年和 1980～2012 年两个时段来进行研究。结果显示:蚌埠站 1952～1979 年时段连续 5 个月枯水期径流量呈现减少趋势,减少速率为 1.30 亿 m^3/年,相对较快;而 1980～2012 年时段连续 5 个月枯水期径流量也是减少的,只是减少的速率相对较慢,只有 0.1 亿 m^3/年。通过分析可知,蚌埠连续 5 个月枯水期径流量在 20 世纪 80 年代有个突变。

通过对比分析可得:1952～2012 年蚌埠两个枯水时段径流量变化趋势是一致的,都是减少的;1952～1979 年两个枯水时段径流量变化趋势都是减少的,而且减少的速率相对较快;1980～2012 年两个枯水时段径流变化趋势不一致,连续 3 个月呈增加趋势,而连续 5 个月则呈减少的趋势。

(3) 多时间尺度动态模拟分析

① 连续 3 个月径流量分析

Morlet 小波检测的结果表明(图 3.2.55),在 20 世纪 50 年代初至 2012 年资料序列末,小尺度上,$a=2～10$ 的发育明显,即在时间上存在 4 年和 7 年的周期;中尺度上,$a=10～20$ 的表现显著,即时间上存在 13 年的周期;但从大尺度上看,实际上王家坝连续 3 个月径流量在 20 世纪 50 年代到 60 年代中期年径流量总体偏丰,70 年代初到 80 年代末总体偏枯,90 年代之后到 2012 年年径流量开始转丰,预计在未来会有两三年的偏丰期。

通过小波方差图可以非常方便地查找一个时间序列中起主要作用的尺度(周期)。Morlet 小波方差分别如图 3.2.56 所示。

Morlet 小波方差检测蚌埠连续 3 个月径流量序列在 $41a～42a$ 尺度的小波方差极值表现最为显著,说明蚌埠连续 3 个月径流过程存在 41～42 年的主要周期;在 $7a$ 和 $14a$ 左右尺度的小波方差极值表现次显著,说明蚌埠连续 3 个月径流过程存在 $7a$ 和 $14a$ 左右的两个次主周期。这 3 个周期的波动决定着蚌埠连续 3 个月径流量在整个时间域内的变化特征。

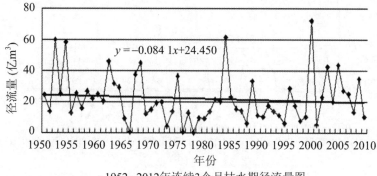

1952~2012年连续3个月枯水期径流量图

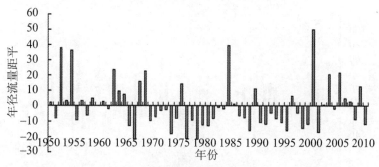

1952~2012年连续3个月枯水期径流量距平图

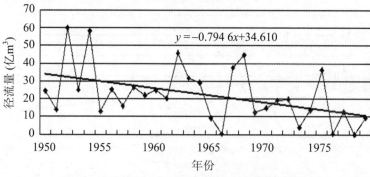

1952~1979年连续3个月枯水期径流量图

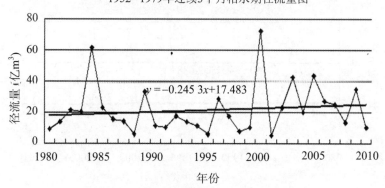

1980~2012年连续3个月枯水期径流量图

图3.2.53　蚌埠连续3个月径流量分析图

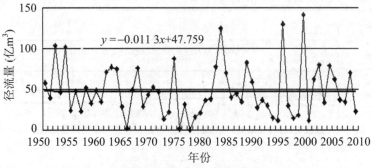

1952~2012年连续5个月枯水期径流量图

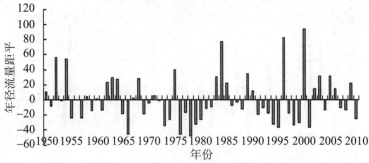

1952~2012年连续5个月枯水期径流量距平图

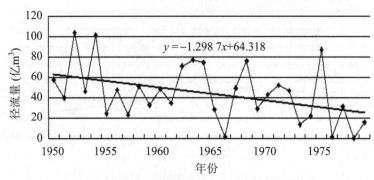

1952~1979年连续5个月枯水期径流量图

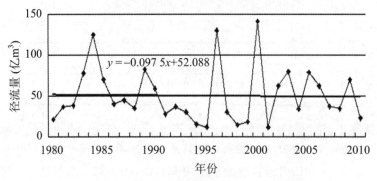

1980~2012年连续5个月枯水期径流量图

图3.2.54 蚌埠连续5个月径流量分析图

Morlet小波变换系数Coef 时频分布立体图

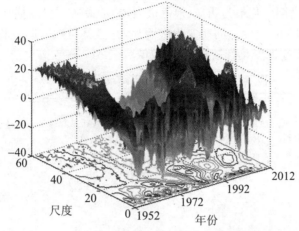

Morlet小波实部时频分布等高线图

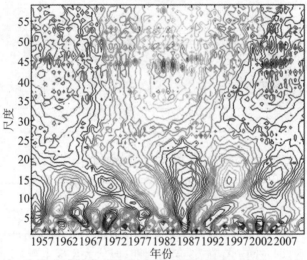

图 3.2.55　Morlet 小波系数图

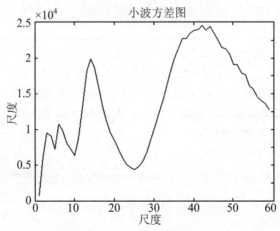

图 3.2.56　Morlet 小波方差图

从小波变换系数模值平方图(图3.2.57)可以看出,蚌埠连续3个月径流量在$41a$~$42a$尺度上的周期变化最为明显,模值最大,能量最强,但其周期性变化具有局部化特征;其次,$7a$和$14a$尺度上周期变化次明显,并且具有随时间推移能量进一步加大的趋势;其他尺度周期变化都较弱,能量较低。

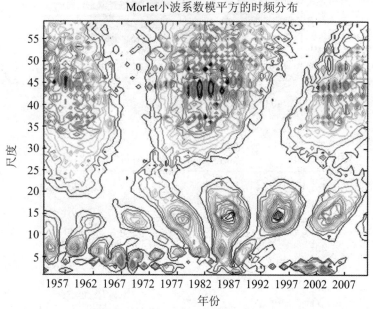

图3.2.57　Morlet小波模值平方图

② 连续5个月径流量分析

Morlet小波检测的结果表明(图3.2.58),在20世纪50年代初至2012年资料序列末,小尺度上$a=2$~10的发育明显即在时间上存在3年的周期;中尺度上$a=10$~20的周期表现显著,即时间上存在13年的周期;但从大尺度上看,实际上王家坝连续5个月径流量在20世纪50年代到60年代中期年径流量总体偏丰,70年代初到80年代末总体偏枯,90年代之后到2012年年径流量开始转丰,预计在未来会有两三年的偏丰期。

Morlet小波方差检测蚌埠连续5个月径流量序列在$13a$左右尺度的小波方差极值表现最为显著(图3.2.59),说明蚌埠连续5个月径流过程存在$13a$左右的主要周期;在$3a$和$36a$左右尺度的小波方差极值表现次显著,说明蚌埠连续5个月径流过程存在$3a$和$36a$左右的两个次主周期。这3个周期的波动决定着王家坝连续5个月径流量在整个时间域内的变化特征。

从小波变换系数模值平方图可以看出,蚌埠连续5个月径流量$9a$尺度的周期变化最为明显,模值最大,能量最强,但其周期性变化具有局部化特征;其次,$3a$和$36a$尺度周期变化次明显,并且具有随时间推移能量进一步加大的趋势;其他尺度周期变化都较弱,能量较低(图3.2.60)。

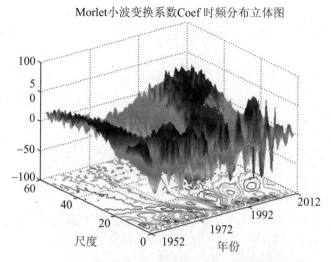

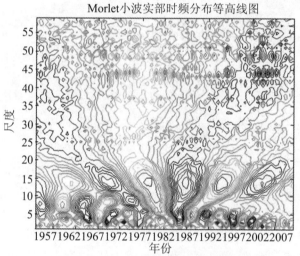

图 3.2.58 Morlet 小波系数图

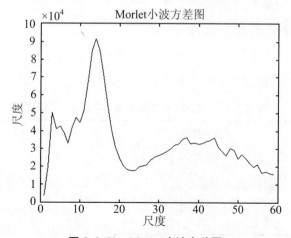

图 3.2.59 Morlet 小波方差图

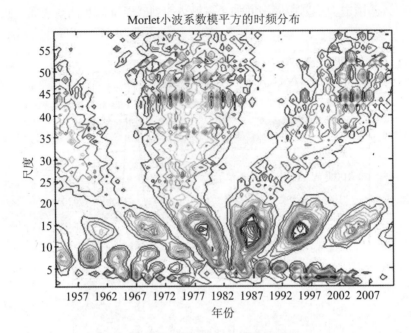

图 3.2.60　Morlet 小波模值平方图

3.2.5　地表水资源量变化

地表水资源量是指河流、湖泊、冰川等水体的动态水量,一般用还原后的天然河川径流量表示。但是由于人类活动的影响,河道断面的实测径流量已不能客观反映天然状态下的径流量,必须将人类活动影响的该部分径流量还原到实测径流中去,以求得天然径流量。同时,由于人类活动已经极大地改变了自然地理环境,使得人类已无法再恢复到纯天然状态。因此,为了更客观的反映天然水资源状况,也为了以后能更合理和更有效的利用、配置水资源,有必要将实测径流还原到现状下垫面条件。

3.2.5.1　分区地表水资源量

淮河流域 1956～2008 年多年平均地表水资源量 595.2 亿 m³,折合年径流深 221.1 mm,水资源分区及各省地表水资源量见表 3.2.17。

表 3.2.17　淮河流域二级区及各省地表水资源量

分区	多年平均值			不同频率年径流量(亿 m³)			
	径流深（mm）	径流量（亿 m³）	占全流域比例	20%	50%	75%	95%
淮河上游	336	103	17.3%	147	91.5	59.0	27.8
淮河中游	207.2	267	44.9%	361	248	177	102

续表

分区	多年平均值			不同频率年径流量(亿 m³)			
	径流深 (mm)	径流量 (亿 m³)	占全流域 比例	20%	50%	75%	95%
淮河下游	268.8	82.2	13.8%	123	69.5	40.1	15.1
河南省	206.1	178	29.9%	248	162	110	57.5
安徽省	263.8	176	29.6%	241	162	113	61.7
江苏省	237.4	151	25.4%	222	147	90.8	14.2

受降水和下垫面条件的影响,淮河流域地表水资源量地区分布总体与降水量基本一致,总的趋势是南部大、北部小,同纬度山区大于平原,平原地区沿海大、内陆小。总体上 1976 年以前径流量偏丰,1976 年以后径流量偏枯,且流域内各区域趋势变化差异较大。淮河 1956～2012 年系列平均年径流量 450 亿 m³,相应径流深 236.6 mm;平均年降水量 1730 亿 m³,相应降水深 910.9 mm;径流系数 0.26。1991 年径流量最大,达 1 017.1 亿 m³;1978 年径流量最小,仅 57.7 亿 m³。径流年内分配不均,60% 以上的径流集中在 6～9 月,当年 12 月至次年 3 月径流量仅占全年的 10% 左右;地区差异大,淮河以南径流量丰沛,淮北北部大部分地区地表水资源匮乏;年际变化大,系列中典型丰水年有 1956 年和 1991 年,典型枯水年有 1966 年和 1978 年。

① 淮河水系淮河以南区域:1980 年前,有 3 个下降段 2 个上升段。20 世纪 60 年代初到 60 年代中期、60 年代末期到 70 年代中期水量有所上升,其余时段下降。1980～2000 年分为明显的上升段和下降段,20 世纪 80 年代明显上升,90 年代呈减少趋势。

② 淮河水系淮河以北区域:总体上是减少的趋势,其中在 20 世纪 60 年代初期上升、80 年代略有上升外,其他时段呈减少趋势。

3.2.5.2 出入境水量

1. 入海、入江水量

淮河流域入海水量仅指通过海岸线直接入泄到黄海的水量,不包括通过长江间接下入海的水量。淮河流域 1956～2012 年系列多年平均入海水量为 286 亿 m³,淮河流域年最大入海水量为 1963 年的 537 亿 m³,最小为 1978 年的 90 亿 m³,两者相差 6 倍。年内不同时期入海水量情况与天然径流年内分配大体一致。淮河流域连续最大 4 个月入海水量发生在 6～9 月,占全年的 63% 左右;连续最小 4 个月,出现在当年 12 月至次年 3 月,不足全年总量的 14%。

淮河流域 1956～2012 年平均入江水量为 183 亿 m³。最大年为 1991 年,入江水量为 615 亿 m³,最小年为 1978 年,入江水量为 0。入江水量年内分配主要受降水影响,同时受湖库调节能力的影响,多年平均连续最大 4 个月入江水量为 140 亿 m³,占全年入海总量的 77%,出现在 7～10 月;连续最小 4 个月入江水量为 8.6 亿 m³,不到全年的 5%,出现在当年 12 月至次年 3 月。

2. 引江水量

淮河流域 1956~2012 年平均引入江水量为 42.0 亿 m³,最大年引江水量为 1978 年的 113.0 亿 m³,最小为 1963 年的 4.0 亿 m³。随着工农业生产和城乡居民生活用水的增加,引江水量也在不断加大,20 世纪 50 年代、60 年代每年引水量超过 10 亿 m³,70 年代、80 年代增加到 50 亿 m³,90 年代达到 60 亿 m³。多年平均最大连续 4 个月引江水量出现在 5~8 月,占年总量的 54%,最小连续 4 个月引江水量出现在当年 11 月至次年 2 月,占年总量的 18%。

3. 引黄水量

淮河流域 1980~2012 年系列多年平均引黄水量 21.0 亿 m³。河南省多年平均引黄水量 7.6 亿 m³,主要集中在贾鲁河和惠济河上游;山东省多年平均引黄水量 13.4 亿 m³,主要分布在南四湖湖西平原地区。

4. 出入省境水量

1956~2012 年系列出入省境水量如下:

河南省多年平均入境水量 12 亿 m³,其中湖北省流入 5 亿 m³,安徽流入 7 亿 m³。多年平均出境水量 165 亿 m³,除很小一部分流入山东外,其余均流入安徽省。

安徽省多年平均入境水量 168 亿 m³,其中河南省流入 165 亿 m³,江苏省流入 3 亿 m³。多年平均出境水量 301 亿 m³,其中 294 亿 m³ 流入江苏省,7 亿 m³ 流进河南省。

江苏省多年平均入境水量 352 亿 m³,其中安徽流入 294 亿 m³,山东流入 58 亿 m³。多年平均出境水量 466 亿 m³,除 3 亿 m³ 流入安徽和山东外,其余流入长江和黄海。

3.2.5.3　地表水资源特征分析

流域地表水资源变化主要受气候因子、下垫面、人类活动等主要因素影响。其中气象因素是影响地表水资源的主要因素,因为蒸发、水汽输送和降水这三个环节,基本上取决于地球表面上辐射平衡和大气环流情况。而径流情势虽与下垫面(自然地理)条件有关,但基本规律还是取决于气象因素。

分析不同年代的地表水资源量可以看出:20 世纪 50 年代和 2003~2008 年是流域地表水资源相对偏多时期,分别比常年同期多 13% 和 19%,20 世纪 60 年代的地表水资源量略高于常年均值 3%,而 20 世纪 70 年代、80 年代、90 年代的地表水资源分别比常年均值偏少 8.3%,4.8% 和 11%。

1. 气温与地表水资源

一般来说,由于气候变暖,使蒸发加大,会影响整个循环过程,改变区域降水量的降水分布格局,增加降水极端异常事件的发生,导致洪涝、干旱灾害的频次和强度的增加,使水资源量发生变化。一般来说,气温对水资源的影响主要表现在高温使水体蒸发加大,高温与干旱往往同时出现,高温加剧了旱情,使农田需水量增加,城市生活用水量增加,加大城市供水的负担,因此高温干旱是导致水资源区域紧张的重要因素。

统计分析表明,全年气温与全年降水的相关系数为-0.32,夏季气温与夏季降水的相关系数为-0.37,说明气温与降水存在着一定的负相关关系,这表明夏季气温低,冷空气较多,容易产生降水天气,因为夏季不缺少暖空气,只要有冷空气南下,就会产生降雨过程。夏季气温与降水的负相关关系略高于全年,但相关性并不显著。

2. 降水与地表水资源

流域全年降水与地表水资源量的相关系数为 0.93,说明地表水资源量与降水的关系密切,降水是影响地表水资源量的重要因了。降水多的年份,相应的地表水资源量大,降水量少的年份,水资源量也少。而全年温度与地表水资源量的相关系数为-0.26,说明气温变化与水资源量有一定的负相关性,但相关不显著。

淮河流域近 60 年冬季气温增温幅度最大,春秋季气温增幅次之,夏季气温增温趋势不明显。特别是近 10 年冬季气温增幅明显,其冬季温度为 2.8 ℃,比历年均值(2.0 ℃)高 0.8 ℃,比 1951~1960 年的冬季气温 1.5 ℃上升了 1.3 ℃。历年降水量与地表水资源量的相关系数为 0.93,说明降水与地表水资源关联程序高,变化趋势基本一致。

淮河流域历年气温与地表水资源量的相关系数为-0.26,气温与地表水资源量有一定的负相关关系,但相关系数低,气温变化对水资源量的影响不显著。

3.3　枯水期水资源情势演变影响因素

3.3.1　气候条件变化的影响

为说明近年来我国气候状况的变化情况及其引起的水资源变化,进行 1956~1979 年、1980~2012 年两时段气候要素多年平均值对比及其影响分析。

1. 年降水量演变趋势空间分布

由 1980~2012 年与 1956~1979 年两时段多年降雨量(表 3.3.1)可知,淮河流域年均降水量为 875 mm,其中淮河水系 911 mm。降水量在地区分布上不均,变幅为 600~1 400 mm,南多北少,同纬度地区山区大于平原,沿海大于内陆。降水量在年内分配上也呈现出不均衡性,淮河上游和淮南地区降水多集中在 5~8 月,其他地区在 6~9 月。多年平均连续最大 4 个月的降水量为 400~800 mm,占年降水量的 55%~80%;降水集中程度自南向北递增,淮南山区约 55%。受季风影响,流域年降水量年际变化剧烈。丰水年与枯水年的降水量之比约为 2.1。单站最大与最小年降水量之比大多为 2~5,少数在 6 以上。流域全年降水日数大致是南多北少,淮南和西部山区为 100~120 天,大别山区最多,约为 140 天,淮北平原为 30~100 天。

表 3.3.1　淮河流域水资源分区多年平均降水量

区域	河　名	站　名	面积(km²)	多年平均降水量(mm)		
				1956～1979 年	1980～2012 年	增减率
淮河以北	洪河	新蔡	4 110	899.3	880.0	−2.15%
	洪河	班台	11 280	926.3	900.7	−2.76%
	沙河	白龟山水库	2 730	956.2	955	−0.13%
	沙河	昭平台水库	1 416	999.3	993.3	−0.6%
	涡河	砖桥	3 410	702.3	685.7	−2.36%
	涡河	玄武	4 014	702.3	685.7	−2.36%
	新汴河	永城	2 237	766.9	715.7	−6.68%
	颍河	阜阳	38 240	866	899.5	3.87%
	涡河	蒙城	15 475	826.1	824.6	−0.18%
	沙颍河	周口	25 800	751.7	753.3	0.21%
	沙颍河	沈丘	3 094	751.7	753.3	0.21%
淮河以南	史河	梅山水库	1 970	1 323.5	1 442.5	8.99%
	淠河	横排头	4 370	1 391.8	1 470.4	5.65%
	淠河	响洪甸水库	1 476	1 410.8	1 498	6.18%
	史河	蒋家集	5 930	1 225.5	1 323	7.96%
	池河	明光	3 501	906.3	925.9	2.16%

2. 蒸发变化及其影响

蒸发量的大小与日照时数、太阳辐射强度、风速、平均最高气温、气温日较差等多因子相关。造成蒸发量增加的原因主要是水资源开发利用程度增大,下垫面情况发生了变化;同时气候原因如日照时数、太阳辐射及平均风速和气温日较差的增加也可能引起蒸发量增大,尚需进一步深入研究。根据气象部门预测,在未来相当长一段时期内我国温度仍将持续上升,势必要增大蒸发量,减少径流量,水资源将更趋紧张。

3.3.2　下垫面变化的影响

近年来人类对自然的干预越来越大,人为的措施如封山育林、采伐森林、变林地为农田、都市和道路建设、水利工程等引起水资源下垫面的变化,导致降雨入渗、地表径流、蒸发等水平衡要素发生了变化,从而造成了径流的减少或增加。

为了保证 1956～2012 年天然径流量系列的一致性,反映近期下垫面条件下的天然径流量,对下垫面变化引起的水资源变化进行了一致性处理,统一修正到 1980～2012 年的下垫面。对变化大的地区同时进行了向前还原,分析 1956～2012 年系列中的 1956～1979 年和 1980～2012 年两种下垫面条件下天然径流量的变化。

1. 一致性修正方法

建立降水径流关系线,将不同年代的降水径流点据点绘在关系图上,通过点据的分散程度确定下垫面变化前后的年代(也可以采用降雨、径流双累计法寻找拐点,确定下垫面改变的年代),从而确定下垫面变化前后的两个系列,并通过两个系列点据的点群关系定出不同的关系线。并以 $P{\sim}R$(前)和 $P{\sim}R$(后)表示。

2. 影响分析

考虑到天然水资源量还原资料可靠性和精确性、下垫面对地表径流影响的代表性、流域的闭合性以及下垫面资料的可得性,选取峡山水库流域作为典型流域研究下垫面条件变化下的径流演变趋势。

峡山水库径流系数分析表明(图 3.3.1):1980~2012 年系列的径流系数均较 1956~1979 年系列为小,即 1980~2012 年相同降水产生的径流较 1956~1979 年系列偏小。从大趋势上看,1975 年是一个分界点,即 1975 年前,年降水量为递增趋势,1975 年后为递减趋势。尤其是 20 世纪 80 年代递减趋势十分明显,而且递减梯度较大,进入 90 年代这种递减趋势有所缓和,降水量趋于稳定。

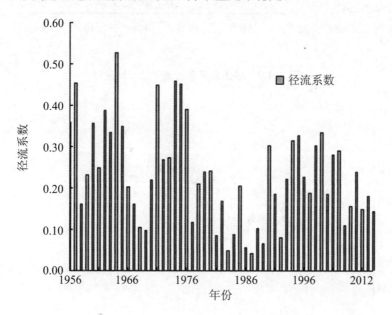

图 3.3.1 峡山水库径流系数变化趋势

从峡山水库年径流量的 5 年和 10 年滑动平均过程线(图 3.3.2)分析,年径流量的 5 年和 10 年滑动平均过程线表现为两个趋势,即 20 世纪 80 年代前滑动平均过程线位于多年平均过程线之上,而 80 年代后活动平均过程线位于多年平均过程线之下。年径流量滑动平均过程线围绕其多年平均线波动较大,这可能是由两个因素所致:一是降雨偏少;二是可能由下垫面变化引起径流衰减。

由图 3.3.3 可见,当降水量小于 600 mm,点据有比较明显的分离现象,即两系列同量级的降雨量所产生的径流量有比较明显的分带现象,即第二系列(1980~2012年)同量级降雨产生的径流量偏小。在现状下垫面条件下,同等级雨量下的径流量比

1956～1979 年下垫面条件下径流量系统偏左,其差值即为由于下垫面变化引起的径流变化量。

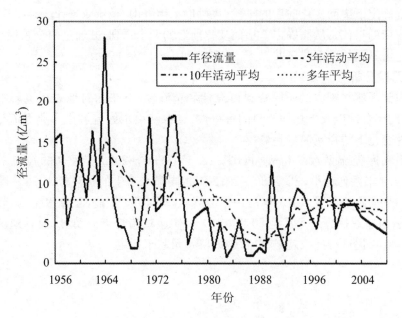

图 3.3.2　峡山水库年径流滑动平均过程

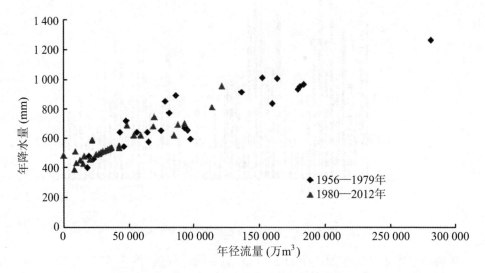

图 3.3.3　峡山水库流域年降雨量与年径流量关系

　　研究表明,影响峡山水库流域水资源衰减的主要因素是大量的小型水利工程蓄水引起水面蒸发量的增加,包括小型水库、塘坝和拦河闸,在平、枯水年份,流域径流的大部分都被这些蓄水工程所拦蓄,使得很大一部分水资源被蒸发和渗漏损失,而且这部分水资源在天然水资源还原计算中没有考虑。从平均情况看,20 世纪 80 年代之后较 80 年代以前峡山水库以上流域增加的水资源损失量中,小型水库和塘坝水面蒸发量约为 0.183 亿 m³,拦河水闸蓄水水面蒸发约为 0.38 亿 m³,总计蒸发量约为

0.562 亿 m³。小型水库和塘坝侧渗量约为 0.2 亿 m³,拦河水闸蓄水体侧渗量约为 0.1 亿 m³,总计侧渗量约为 0.3 亿 m³。因此,所增加的蒸发损失和侧渗量总计为 0.862 亿 m³。扣除建设用地增大不透水面积增加的地表径流量 0.15 亿 m³,流域净减少地表径流量为 0.712 亿 m³,影响较大。

3.4　本章小结

本章对枯水期时段进行了选择划分,重点解析淮河中游枯水期水资源系统、典型断面枯水期径流演变及动态模拟,通过分析系统中降水量、径流量、地表水资源量等的变化,揭示淮河中游枯水期多水源演变规律。

① 根据淮干蚌埠闸上主要雨量站及重点控制水文站降雨及径流量长系列资料统计分析,确定淮干正阳关至洪泽湖段枯水期为当年 12 月至次年 2 月,连续 3 个月枯水期时段也为当年 12 月至次年 2 月,连续五个月枯水期时段为当年 11 月至次年 3 月。

② 采用 Mexcian hat 小波、Morlet 小波和 Cmor2-1 小波 3 种小波分析法,对淮河干流鲁台子、蚌埠(吴家渡)典型站径流资料进行分析,研究普通年份及枯水年份干流径流变化规律;采用马尔科夫(Markov)过程对淮河蚌埠站 1916~2012 年天然径流量进行转移概率分析,揭示蚌埠站年径流量丰平枯状态转移特性。

从分析结果来看,淮河流域径流量的年代变化特点是 20 世纪 50~60 年代偏丰、70 年代平水、80~90 年代偏枯。与降水相比,径流和降水的年代变化基本一致,丰枯同步。

③ 研究了淮河流域水资源量的变化规律,受降水量和下垫面因素影响,淮河流域地表水资源量地区分布总体与降水量基本一致,总的趋势是南部大、北部小,同纬度山区大于平原,平原地区沿海大、内陆小。总体上 1976 年以前径流量偏丰,1976 年以后径流量偏枯,且流域内各区域趋势变化差异较大。

4 枯水期水资源开发利用
及供需态势研究

4.1 不同水平年水资源开发利用分析

为了便于开展水资源开发利用分析工作,将研究区域分成正阳关—蚌埠闸上、蚌埠闸下—洪泽湖以及洪泽湖周边三个部分,并对这三个部分的水资源开发利用情况依次进行分析。

4.1.1 正阳关—蚌埠闸段

4.1.1.1 供水工程及供水量

1. 工业取水工程

该区域内现有田家庵、平圩、洛河、凤台、田集和新庄子等 10 个电厂,总装机容量 14 000 MW。现状直接从淮河取水的一般工业企业取水口 11 个。工业取水工程情况见表 4.1.1、表 4.1.2。

表 4.1.1 蚌埠闸上火电取水工程统计表

序号	电厂名称	装机规模(MW)	年用(耗)水量(万 m³)
1	洛河电厂	2×600	2 800
2	平圩电厂	2×600	3 000
		2×600	1 803
3	田家庵电厂	4×125	4 000
		2×300	
4	新庄孜电厂	2×50	480
5	国电蚌埠电厂	2×600	1 400
6	潘集电厂	2×600	1 650
7	望峰岗煤矸石电厂	2×135	480

序号	电厂名称	装机规模(MW)	年用(耗)水量(万 m³)
8	凤台电厂	4×600	3 800
9	田集电厂	4×600＋2×100	1 800
10	潘集煤矸石电厂	2×135	460
	合计	14 740	21 673

表 4.1.2　蚌埠闸上一般工业取水工程情况表

用 水 户	设计最低取水水位(m)	现状取水能力(万 m³/d)	年取水量(万 m³)
淮化集团	15	15.6	5 694
凤台企业 3 个取水口		11.2	4 088
孔集矿、望选厂、铁三处、铁厂 4 个取水口		1.8	657
二药厂、东风化肥厂 2 个取水口		4.3	1 570
丰原集团	<14.00	12.0	4 380
一般工业不可预见用水			4 000
小计			20 389

2. 城市自来水取水工程

区域内使用城镇自来水的用户,包括城镇生活用水、部分工业用水、城镇绿化用水以及消防用水等。城镇自来水供水情况统计结果,见表 4.1.3。

表 4.1.3　蚌埠闸上城镇自来水供水情况统计表

用 水 户		设计取水能力(万 m³/d)	现状取水能力(万 m³/d)	实际取水能力(万 m³/d)	取水量(万 m³/年)
	凤台水厂	1.2	0.8	1.2	438
	一水厂	5	5	3	1 095
淮南水厂	三水厂	10	10	5	1 825
	四水厂	10	10	5	1 825
	望峰岗水厂	3	3	1	365
	李咀孜水厂	5	5	2	730
蚌埠水厂	三水厂	40	40	20	7 300
	怀远水厂	0.8	0.8	0.8	292
合计					13 878

3. 农业取水工程

根据《淮干上中游及主要支流下游水资源利用现状调查研究项目调查成果》及《安徽省淮河流域水资源开发利用现状调查分析》,正阳关—蚌埠闸区间泵站设计取水能力为 371.2 m³/s,沿淮干流农业灌溉抽水能力为 153 m³/s,具体情况见表 4.1.4。

表 4.1.4　蚌埠闸上淮河干流农业用水泵站基本情况表

地区	泵站名称	装机 (kW)	流量 (m³/s)	灌溉面积 (万亩)	地区	泵站名称	装机 (kW)	流量 (m³/s)	灌溉面积 (万亩)
淮南	王咀	220	2	2.1	蚌埠	张庄	225	1.2	0.77
	孔家路	165	0.48	0.794		邵圩	225	1.2	0.5
	耿皇、陶圩	68	0.2	0.014		东庙	400	4.24	0.3
	二道河	30	0.1	0.1		吴家沟	520	4.4	1.5
	瓦郢站	60	1.12	0.1		红旗	855	6.9	3.8
	柳沟站	1 550	13	2.1		河溜	720	5.2	2.5
	闸口站	60	0.56	0.03		向阳	880	6	2.8
	祁集站	1 240	10.8	5		建张	180	0.8	0.35
	架河站	2 790	24.3	7.93		黄洼	330	0.8	1.5
	汤渔湖站（排涝）	1 650	13.75	2.1		新红	180	0.9	4.5
	闸口南站	55	0.29	0.05		马圩	225	0.8	0.5
	永幸河站	3 875	39.75	55		团湖	775	6	4.2
	菱角排涝湖	1 240	12.72			龙亢	520	5.7	2.1
	团结站	300	1.6	0.3		帖沟	220	2	1.5
	峡石站	260	0.72	0.2		大窑	150	0.8	0.3
	河口站	330	3.9	1.2		吴咀	60	0.1	0.2
	欠荆	404	3.8	1.55		上桥	1 650	11.6	2.5
蚌埠	十二门塘	1275	8.17	2.8		欠北	330	3	0.26
	黄瞳窖	1 565	6	2.5		邵徐	1240	7.6	4.1
	汤鱼湖	775	6.2	2		苏圩	180	0.7	0.55
	拐集	605	5.5	0.85		韩庙	88	0.44	0.37
	界沟	195	0.9	0.62		邵院	165	1.44	1.2
	团郢	150	1	0.6					

4.1.1.2　现状用水量

该河段现状用水主要包括淮南、蚌埠两市的城市生活、工业、沿淮灌区农业、蚌埠闸船闸用水等。

1. 城市生活用水

现状年研究范围内城镇生活用水为 1.39 亿 m³。

2. 工业用水

依据各泵站取水规模和最大的取水能力,同时考虑闸上工业用水的复杂性、季节性变化和部分工厂临时或间接从淮河取水等因素,从安全角度出发,预留 0.4 亿 m³/年的不可预见或无法统计水量。因此 2012 年一般工业用水量为 2.04 亿 m³,火电(总装机容量超 14 000 MW)合计年用水量为 2.17 亿 m³,工业用水总量为 4.21 亿 m³(其中火电 2.17 亿 m³)。

3. 农业用水

现状蚌埠闸上沿淮灌区农田实际灌溉面积约 161 万亩,沿淮片灌区农业用水一般由两部分组成:电力排灌站直接从淮河干流提水和沿淮的引水口门(闸)从淮河引水。根据已经发生的 1977 年、1978 年、1981 年、1986 年、1988 年、1994 年、2000 年、2001 年等干旱年的农业实际引、取水量计算分析,近年来农田灌溉地表水最大用水量为 5.82 亿 m³。

补水片灌区主要是茨淮新河上桥闸翻水。根据上桥闸提供的历年抗旱抽水量,上桥抽水站共从淮河向茨淮新河翻水抗旱 15 年(1978～2002 年),累计翻水约 19.0 亿 m³,年翻水量一般在(0.3～3.0)亿 m³,多年平均翻水量 1.5 亿 m³。1978 年、1979 年、2001 年分别翻水 2.1 亿 m³、0.65 亿 m³、3.0 亿 m³。本次枯水年翻水量按多年平均的 1.5 倍计,为 2.20 亿 m³,因此现状情况平均翻水量约 2.20 亿 m³。

四方湖灌区、涡河灌区下游及淮南丘陵灌区等 3 个补水灌区按应急抗旱灌溉一次"救命水"40 m³/亩考虑(约 300 万亩),需水 1.2 亿 m³。

综上所述,农业现状取用水量按 9.22 亿 m³ 计算。

4. 船闸用水

根据蚌埠船闸 2012 年调查资料,正常情况下船闸用水为 16.5 万 m³/d。

5. 现状年用水量汇总

根据以上分析成果,现状年该河段用水户的总用水量为 15.59 亿 m³,其中城镇自来水 1.39 亿 m³、工业 4.38 亿 m³、农业 9.22 亿 m³(含上桥闸翻水量)。现状用水情况见表 4.1.5。

表 4.1.5　蚌埠闸上现状年用水量表　　　　　　　单位:亿 m³

用水户	农业	工业		城镇自来水	船闸	合计
		一般	现有火电			
用水量	9.22	2.04	2.17	1.39	0.6	15.42

4.1.1.3 需水预测

1. 城镇自来水需水量

城镇自来水需水包括:居民生活用水、公共生活用水和小部分以自来水为水源的一般工业用水。淮南市现已在瓦埠湖建设自来水厂,现状年水厂取水规模为 5.0 万 m³/d,2020 年取水规模将达到 20 万 m³/d;怀远县已在芡河上建成自来水厂,因受怀远县城区用水规模限制,取水量不大,年取水量约 100 万 m³。同时至 2020 年凤台水厂增加取水 1 400 万 m³。2020 年、2030 年蚌埠闸上区域自来水供水量按年 2%的速度递增,分别为 1.69 亿 m³ 和 2.06 亿 m³。

2. 工业需水量

(1) 一般工业需水量

根据淮河流域水资源综合规划指标,考虑淮南作为安徽省煤化和能源的重要基地,一般工业需水按 2.0%的年递增率增加。2020 和 2030 规划水平年区域一般工业需水量在现状基础上按年递增 2.0%预测,分别为 2.49 亿 m³ 和 3.03 亿 m³。根据安徽省煤化工发展中长期规划,2020 年前建成的淮南煤化工基地占地 12.7 km²,总投资560 亿元,规划供水规模 38 万 m³/d,其中一期 18 万 m³/d,二期 20 万 m³/d。因此,一般工业要考虑特殊行业用水增加因素,2020 年和 2030 年需水量分别为 3.88 亿 m³ 和4.42 亿 m³。

(2) 火电需水量

根据调查,从研究河段取水的现有电厂分别是田家庵、平圩、洛河、新庄子、国电蚌埠、潘集、望峰岗煤矸石、凤台、田集、潘集煤矸石电厂,总装机容量超 14 000 MW,根据最新的调查资料,现状年用水量为 2.17 亿 m³。规划水平年考虑已取得取水预申请的电厂,预测 2020 年和 2030 年淮南、蚌埠两市从研究河段取水的火电工业年需水量为3.59 亿 m³ 和 3.84 亿 m³,具体见表 4.1.6。

表 4.1.6 蚌埠闸上规划水平年火电需水量表 单位:万 m³

电　厂		2020 年	2030 年
新建	顾桥电厂	850	850
改扩建	洛河电厂	4 580	5 100
	平圩电厂	7 183	8 200
	田家庵电厂	4 000	4 000
	新庄孜电厂	480	480
	国电蚌埠电厂	4 000	4 000
	潘集电厂	3 800	3 800
	望峰岗煤矸石电厂	480	480
	凤台电厂	3 800	3 800

续表

电　厂		2020 年	2030 年
改扩建	田集电厂	6 300	7 200
	潘集煤矸石电厂	460	460
总计		35 933	38 370

3. 农业灌溉需水量

随着补水灌区范围国民经济各部门用水需求增长,补水灌区可利用的当地农田灌溉地表水逐步减少。按照国务院粮食增产 1 000 亿斤(即 500 亿千克)的要求,安徽产粮大省的主要增产区将在沿淮淮北平原中低产田改造,农业灌溉面积、要求将逐步提高。

蚌埠闸上规划 2020 年 95% 特枯年农业用水量按以下方法估算:沿淮灌区规划灌溉面积 200 万亩,按近 10 年最大毛用水定额 362 m³/亩计算,上桥闸灌区、阚疃闸灌区、四方湖灌区、浍河灌区下游及淮南丘陵灌区等 5 个补水灌区灌溉面积 504 万亩,按补水灌区需水的 50% 由蚌埠闸上取水,则沿淮灌区农业用水 7.24 亿 m³,补水灌区农业用水 9.12 亿 m³,合计蚌埠闸上规划 95% 特枯年农业用水量 16.36 亿 m³。规划水平年的农业需水量见表 4.1.7。

表 4.1.7　蚌埠闸上规划水平年农业需水量

年份	年型	沿淮灌区			补水灌区			合计 (亿 m³)
		定额	灌溉面积 (万亩)	需水量 (万 m³)	定额	灌溉面积 (万亩)	需水量 (万 m³)	
2020 年	75%	353	200	70 600	353	504	88 956	15.96
	90%	360		72 000	360		90 720	16.27
	95%	362		72 400	362		91 224	16.36
	97%	370		74 000	370		93 240	16.72
2030 年	75%	353	200	70 600	353	504	88 956	15.96
	90%	360		72 000	360		90 720	16.27
	95%	362		72 400	362		91 224	16.36
	97%	370		74 000	370		93 240	16.72

4. 生态需水量

生态需水预测,主要是对淮南、蚌埠两市环境生态需水和淮河干流鲁台子—蚌埠闸河段的河道内生态需水两大方面进行预测分析。

(1) 环境生态需水

环境生态需水主要是指淮南和蚌埠两市的公共绿地、河湖补水、环境卫生三个方面对水量的需求。

环境生态需水采用定额计算,根据安徽省城市生态环境需水量预测成果,淮南市和蚌埠市的公共绿地需水定额均为 $1\,500\ m^3/hm^2$,河湖补水需水定额为 $2\,000\ m^3/hm^2$, 环境卫生需水定额为 $8\,00\ m^3/hm^2$ 。考虑到不同典型年的要求,公共绿地、河湖补水 以及环境卫生的需水定额也有所不同,具体预测情况见表 4.1.8。

表 4.1.8　环境生态需水定额预测表　　　　单位: m^3/hm^2

典型年	公共绿地	河湖补水	环境卫生
75%	1 600	2 100	1 000
90%	1 800	2 300	1 200
95%	2 000	2 500	1 600
97%	2 100	2 600	1 800

随着规划水平年生态环境的面积不断扩大,环境生态用水也呈增长趋势。根据环 境生态用水定额,分析环境生态用水量,两市环境生态需水具体结果见表 4.1.9。

表 4.1.9　蚌埠闸上现状及规划水平年环境生态需水量

项目 水平年		绿地需水		河湖补水		环境卫生		合计 (万 m^3)
		面积 (hm^2)	需水 (万 m^3)	面积 (hm^2)	需水量 (万 m^3)	面积 (hm^2)	需水量 (万 m^3)	
2012 年	75%	2 270	363	680	143	2 550	255	761
	90%		409		156		306	871
	95%		454		170		408	1 032
	97%		477		177		459	1 113
2020 年	75%	2 400	384	720	151	2 680	268	803
	90%		439		166		322	926
	95%		488		180		429	1 097
	97%		504		187		482	1 173
2030 年	75%	2 600	416	750	158	2 800	280	854
	90%		468		173		336	977
	95%		520		188		448	1 156
	97%		546		195		504	1 245

（2）河道内生态需水

河流水生动植物的生存、繁衍、进化与水系的水量、水质、水位、流速等密切相关,如 果水资源配置不当,将会破坏河流生态和生命系统的完整性,给河流生态健康带来危害。

针对河道每个不同的断面,河流的生态径流量均不同,由于上游下泄水量中尚未 考虑河流的生态需求,因此计算蚌埠闸的下泄生态基流量中应为蚌埠闸与正阳关两断 面生态基流量的差值,计算的生态需水量为最小生态需水量。

　　河道内生态需水是指为维持河流生态系统一定形态和一定功能后需要保留的水（流）量。河道内生态需水量计算采用了《淮河流域及山东半岛水资源可利用量及生态环境用水成果》（淮河水利委员会，2006.8），其中计算方法包括河道生态基流分析法、水生生物需水量分析法及河道输沙需水量分析法。

　　① 生态基流分析法

　　生态基流指为维持河床基本形态、防止河道断流、保持水体天然自净能力和避免河流水体生物群落遭到无法恢复的破坏而保留在河道中的最小水（流）量，生态基流的值常由特征天然径流量确定，依据水资源开发利用状况，以最枯月 90% 保证率下的天然径流量确定为河道生态基流。

　　淮河干流淮南—蚌埠河段的生态基流量计算，采用了《淮河流域及山东半岛水资源可利用量及生态环境用水成果》，根据鲁台子与蚌埠闸上历年最枯月的河道天然径流量资料，以经验频率分析计算，90% 保证率下的最小月径流量为 0.22 亿 m^3，即为生态基流量，则年生态最小需水量为 2.58 亿 m^3。

　　② 水生生物需水量分析法

　　河道中水生生物需水量可用特征径流量法或 Tennant 法确定。

　　a. 特征径流量法

　　特征流量能反映当地的水文水资源状况及适应该水资源条件下水生生物状况。通过对淮河区水文水资源状况调查分析，分别对丰、平和枯三水期选择 90% 设计保证率下的天然水量分析计算，并以此为基础确定生态需水量。

　　b. Tennant 法

　　Tennant 法是非现场测定类型的标准设定法，所推荐的流量值是在考虑保护鱼类、野生动物、娱乐和有关环境资源的河流流量状况下，按照年平均流量的百分数来推荐河流基流的。该法将全年分为汛期和非汛期两个计算时段，根据多年平均流量百分比和河道内生态状况的对应关系，直接计算维持河道一定功能的生态环境需水量。Tennant 法是以预先确定的年平均流量的百分数为基础，则河道内不同流量百分比和与之相对应的河道内生态环境状况见表 4.1.10。

表 4.1.10　河流生态环境用水量状况标准表

河流流量状况	占多年平均径流量的百分比					
	最佳范围	极好	非常好	好	中	差
非汛期	60%	40%	30%	20%	10%	10%
汛期	60%	60%	50%	40%	30%	10%

　　采用 Tennant 法计算河道生态环境需水量，以蚌埠闸不同保证率下天然径流量为基础，分多水期 4～9 月和少水期当年 10 月至次年 3 月。

　　河道内水生生物需水量是在特征流量法和 Tennant 法的计算结果的基础上，综合分析河段河道内生态环境保护、修复或建设目标提出的成果。经分析维持河道内的一定生态环境功能，为保护水生生物所需要维持的河道内水生生物最小需水量应取年平均流量的 10%,而较为适宜的水量应为年平均流量的 20%～40%,水生生物最佳生长条件下所需水量按年平均流量的 60% 计算。采用《淮河流域及山东半岛水资源可利用量及生态环境用水成果》,蚌埠闸上多年平均径流量为 49.85 亿 m³,则计算结果见表 4.1.11。

表 4.1.11　研究河段水生生物需水量　　　　单位:万 m³

项　目	天然径流量	水生生物需水量		
		差(10%)	适宜(20%～40%)	最佳(60%)
水量	498 522	49 852	99 704	299 112

(3) 输沙需水量分析法

河道输沙需水量指保持河道水流泥沙冲淤平衡所需水量,主要与河道上游来水来沙条件、泥沙颗粒组成、河流类型及河道形态等有关。可根据模型计算水流挟沙力,由水流挟沙力和输沙量计算河道输沙需水量。

鉴于研究河道冲淤问题不明显,河道内的生态需水量计算的输沙需水量较小。

(4) 河道内最小生态需水量

河道内生态基流、输沙需水量和水生生物保护需水量取最大值(外包),得到最小生态需水量。

综合考虑生态基流、水生生物最小需水量和输砂需水量三者间的关系,则河道内生态最小需水量为 4.99 亿 m³,如表 4.1.12 所示。

表 4.1.12　河道内生态最小需水量　　　　单位:亿 m³

项　目	多年天然径流量	生态基流	水生生物需水量	生态最小需水量
需水量	49.85	2.58	4.99	4.99

(5) 生态需水量预测

分析淮南、蚌埠两市的生态环境情况,结合淮干正阳关—蚌埠闸上河道内外的环境生态需水要求,研究河段最小生态基流量为 2.58 亿 m³,最小生态需水量为 4.99 亿 m³,河道外环境生态需水量随着缺水程度变化而变化。则研究河段内生态需水量预测的具体成果详见表 4.1.13。

表 4.1.13　研究河段现状及规划水平年生态需水量　　　　单位:万 m³

水　平　年		河道外环境生态需水量	河道内生态需水量	合计
2012 年	75%	761	49 852	50 613
	90%	871	49 852	50 723
	95%	1 032	49 852	50 884
	97%	1 113	49 852	50 965
2020 年	75%	803	49 852	50 655
	90%	926	49 852	50 778

续表

水　平　年		河道外环境生态需水量	河道内生态需水量	合计
2020 年	95%	1 097	49 852	50 949
	97%	1 173	49 852	51 025
2030 年	75%	854	49 852	50 706
	90%	977	49 852	50 829
	95%	1 156	49 852	51 008
	97%	1 245	49 852	51 097

5. 船闸用水

根据《蚌埠船闸扩建与加固工程可行性研究报告》(安徽省水利水电勘测设计院，2004.12)，现有船闸为 1 000 t 级的Ⅲ级船闸，闸室长 195 m，宽 15.4 m，底板高程 9.2 m，输水洞宽 3.6 m，高 2.6 m。在正常通航情况下，2012 年淮河干流蚌埠船闸货运量已达 1 000 万 t，船闸耗水量约 16.5 万 m³/d。据货运量预测，2020 年淮河干流蚌埠船闸货运量将由现状(2012 年)的 1 000 万 t 增加到 3 000 万 t，2030 年为 4 500 万 t，蚌埠复线船闸已经建成，现状船闸的通航能力 1 800 万 t，已经建成的复线船闸也为 1 000 t 级的Ⅲ级船闸，闸室长 180 m，宽 23 m，底板高程 7.8 m，门槛水深 3.5 m。闸室一次蓄水量为 14 490 m³，2020 年蚌埠闸年货运总量 3 000 万 t，平均每天过闸 18 次，船闸耗水量约 33 万 m³/d。船闸用水可以作为河道内生态用水，在具体分析计算时，将船闸用水作为河段的生态基流量。

6. 损失水量

(1) 蒸发损失量

采用蚌埠闸的实测蒸发量、降水量和水面面积进行估算。蒸发量、降水量根据蚌埠闸的实测资料，水面面积根据蚌埠闸上各统计时段(旬)的平均水位的水位—面积曲线查得。

(2) 河道渗漏量

研究河段的渗漏量主要为河道蓄水补给给地下水的渗漏量，根据《水资源调查评价技术细则》，计算河道渗漏补给量时，当河道水位高于河道岸边地下水水位时，河水渗漏补给地下水。要求对河道的水文特性和河道岸边的地下水水位变化情况进行分析，确定年内河水补给岸边地下水的河段和时段，逐河段进行年内各时段的河道渗漏补给量计算。河道渗漏补给量可采用达西渗透定律进行计算。

由达西定律，当河流作为直线补给边界，其单侧向渗透补给浅层地下水量的计算由公式：

$$W_{侧} = \sum_{i=1}^{n} \frac{\Delta H_i}{B_i} M_i K_i L_i t_i \qquad (4.1.1)$$

式中，$W_{侧}$ 为河流直线补给边界侧向渗透补给量；ΔH_i 为第 i 河流水位与侧向浅层地下水位之差；B_i 为河流侧向补给带宽度；M_i，K_i 为 i 河流沿岸带浅层地下水透水层平均厚度及其渗透系数；L_i 为 i 河流侧向补给段长度；t_i 为计算时段。

《安徽省蚌埠市供水水文地质勘探报告》(安徽省 323 水文地质队)表明,沿淮河一带浅层地下水与淮河水具有十分明显的互补关系,在淮河蚌埠闸上一般闸上水位超过 17.0 m 时,淮河水补给沿河地下水,在蚌埠闸下,一般地下水补给淮河水机会多(仅在主汛期开闸泄洪期间,淮河蚌埠闸下水位高时,补给地下水)。根据《蚌埠市城市规划区地下水资源开发利用与保护规划》中的典型年沿淮浅层地下水与淮河地表水的补排关系成果,在浅层地下水天然状态下,淮河水补给地下水天数一般为 140~200 天,补给地下水的双侧单位长度年补给量平均约为 14.5 万 m^3/km,补给河长按 116 km 计算,年补给量 0.16 亿 m^3。

黄河系"地上河",流经河南、山东两省淮河流域境内段长分别为 126.4 km 和 603 km,由于黄河水位高于淮河区境内地下水位,造成侧渗,淮河区黄河年侧渗量 2.17 亿 m^3,为了对研究河段的河道渗漏量进行大致估算,本研究参照淮河区黄河单位河段长的年侧渗量(理论上研究河段此值应较其偏小)进行估算,研究河段长约 116 km,淮河区黄河单位河段长年侧渗量为 15.4 万 m^3/km,则研究河段的河道年渗漏量约为 0.17 亿 m^3,与上述计算成果基本接近。

7. 需水量汇总

由表 4.1.14 可知,蚌埠闸上 2020 年总需水量有较大幅度的上升,90%保证率下将达到 31.93 亿 m^3,较 2012 年增加需水量 11.22 亿 m^3,增长幅度达 55.2%;95%保证率下将达到 32.22 亿 m^3,较 2012 年增加需水量 11.31 亿 m^3,增长幅度达 54.1%;97%保证率下将达到 32.65 亿 m^3,较 2012 年增加需水量 11.67 亿 m^3,增长幅度达 55.6%。

表 4.1.14　蚌埠闸上各水平年需水量预测汇总表　　　　单位:万 m^3

用水户		水平年 2012 年	2020 年	2030 年
城镇自来水		13 878	16 917	20 622
工业	一般工业	20 389	38 724	44 167
	火电	21 673	35 933	38 370
农业	75%	92 200	159 600	159 600
	90%	92 200	162 700	162 700
	95%	92 200	163 600	163 600
	97%	92 200	167 200	167 200
生态	河道外 75%	761	803	854
	90%	871	926	977
	95%	1 032	1 097	1 156
	97%	1 113	1 173	1 245
	河道内	49 852	49 852	49 852

续表

水平年 用水户		2012 年	2020 年	2030 年
船闸用水		6 023	12 045	18 067
损失水量	75%	2 114	2 114	2 114
	90%	2 230	2 230	2 230
	95%	4 030	4 030	4 030
	97%	4 630	4 630	4 630
合计	75%	206 890	315 988	333 646
	90%	207 116	319 327	336 985
	95%	209 077	322 198	339 864
	97%	209 758	326 474	344 153

4.1.2　蚌埠闸—洪泽湖段

4.1.2.1　供水工程及供水量

1. 蚌埠闸下工业取水工程

蚌埠闸下工业取水工程见表 4.1.15。

表 4.1.15　蚌埠闸下工业取水工程统计表

用　水　户	取水能力 （m³/s）	取水许可批准取水量 （万 m³）	2012 年取水量 （万 m³）
蚌埠宏业肉类联合加工有限责任公司			20
安徽新源热电	0.72	1 040	1 040
五河凯迪生物质能发电厂	0.068		146
五河县江达工贸有限公司			264
安徽皖啤酒制造有限公司			265
蚌埠市永丰染料化工有限责任公司			265
蚌埠八一化工厂	0.1	392	216
合　计			2 216

2. 蚌埠闸下农业泵站取水工程

蚌埠闸至洪泽湖入湖口河段沿淮干两岸，20 世纪 50 年代以来先后建设排涝站、灌溉站 17 座，其中以排涝站居多，为 15 座，灌溉站仅 2 座（表 4.1.16）。后将 2 座排涝站改造成为排灌站。因此,现在能够抽取淮河水的泵站只有 5 座,即小溪翻水站、新集排灌站、霸王城排灌站、门台子排灌站、东西涧排灌站。

表 4.1.16　蚌埠闸下游—洪泽湖区间提水工程现状统计表

序号	工程名称	所在县区	工程位置	装机容量(kW)	设计取水能力(m³/s)	设计灌溉面积(万亩)			实灌面积(万亩)		
						水田	旱田	合计	水田	旱田	合计
1	新集排灌站	五河	新集镇	1 750	20.00	1.00	5.50	6.50	/	5.50	5.50
2	小溪一级站	五河	小溪镇	570	2.50	0.20	0.10	0.30	0.10	/	0.10
3	霸王城电站	凤阳	李二庄乡	2 390	7.70	6.80	4.00	10.80	6.80	1.20	8.00
4	门台子站	凤阳	门台镇	1 860	15.00	15.00	6.00	21.00	2.50	0.60	3.10
5	东西涧排灌站	明光	柳巷乡	/	9.54	2.8	/	2.8	0.8		0.8

4.1.2.2　现状用水量

根据《淮河流域水资源综合规划报告》等相关报告成果,统计蚌埠闸下河段内工业生产、退水、城镇生活用水和农业灌溉用水等(表 4.1.17)。

表 4.1.17　蚌埠闸下现状年用水量表　　　　　　　　单位:万 m³

用水户	农业	工业	城镇生活	合计
用水量	7 767	2 216	420	10 403

1. 城镇生活用水

蚌埠闸—洪泽湖段的城镇生活需水量,根据凤阳工业园以及明光市泊岗乡规划,将规划建设 1 万 t/d 以及 2 万 t/d 自来水厂,从淮河取水作为城镇生活年用水量为 234 万 m³。根据调查分析,2012 年研究区域内城镇生活用水量为 420 万 m³。

2. 工业用水

据调查,现阶段蚌埠闸下游—洪泽湖区间淮河干流河段现有的取水户有蚌埠宏业肉类联合加工有限责任公司、安徽新源热电有限公司、五河凯迪绿色能源开发有限公司、五河县江达工贸有限公司、安徽皖啤酒制造有限公司及蚌埠市永丰染料化工有限公司等,年取水总量约为 2 216 万 m³。

3. 农业用水

沿淮 5 座灌溉站设计流量 45.2 m³/s,设计灌溉面积 38.6 万亩,其中水田 23 万亩。其中新集站灌溉用水已纳入淮水北调工程水资源平衡,故需单独计算农业用水的为霸王城、门台子、小溪和东西涧四座灌溉站,设计取水流量 25.2 m³/s,灌溉面积 22

万亩,其中水稻 10.1 万亩。

4.1.2.3 蚌埠闸下需水预测

1. 城镇生活需水量

蚌埠闸—洪泽湖段的城镇生活需水量,根据凤阳工业园以及明光市泊岗乡规划,结合当地的居民生活用水定额及预测的人口数,从 1998 年以后研究区域内城镇生活用水缓慢,因此规划水平年的城镇生活需水量按照 5%的年增长率计算,则 2020 年及 2030 年的用水量分别为 685 万 m³,1 110 万 m³。

2. 工业需水量

蚌埠闸—洪泽湖段根据水资源综合规划指标,考虑该区域经济发展情况,结合宿州、蚌埠等城市的相关规划及论证报告,一般工业需水增长率按 2.0%的年递增率增加,以此计算得到蚌埠闸下 2020 规划水平年的工业需水量为 0.47 亿 m³,2030 规划水平年的工业需水量为 0.69 亿 m³,见表 4.1.18。

表 4.1.18 蚌埠闸下规划水平年工业需水量   单位:万 m³

取 水 口	设计流量(m³/s)	2020 年取水量	2030 年取水量
八一化工厂	0.1	463	650
新源热电厂	0.72	2 229	3 100
五河凯迪生物质能电厂	0.068	313	450
蚌埠宏业肉类联合加工有限责任公司		43	66
五河县江达工贸有限公司			
安徽皖啤酒制造有限公司		1 702	2 610
蚌埠市永丰染料化工有限责任公司			
小计	/	4 749	6 876

3. 农业需水量

根据 1956～2012 年逐旬的田间水量平衡计算,渠系水利用系数采用 0.65,分析该片不同水平年综合灌溉定额及需水量(表 4.1.19)。

表 4.1.19 研究区不同水平年灌溉定额和需水量表

水平年 保证率	2020 年		2030 年	
	综合毛灌溉定额 (m³/亩)	灌溉需水量 (亿 m³)	综合毛灌溉定额 (m³/亩)	灌溉需水量 (亿 m³)
75%	425	9 350	400	8 800
90%	480	10 560	460	10 120
95%	520	11 440	480	10 560
97%	550	12 100	500	11 000

4. 生态环境需水量

生态环境需水量应包括生态需水和环境需水两部分。生态需水是指维持生态系统中具有生命的生物物体水分平衡所需要的水量,即维持陆生和水生生物所需水量,包括维持天然和人工植物需水,人类、野生和饲养动物生存需水等;环境需水是指为保护和改善人类生存环境(包括水环境)所需要的水量。相对而言,生态需水较固定,需要保证的程度较高,而环境需水是随着人类社会的进步和经济发展而变化的,其保证程度也随之而变。

取水河段的生态环境用水主要考虑河段内生态最小需要量,即确保河道内最小水深和水量,以维持河道内生物需水、补充蒸发和渗漏损失水量。

参考国内外有关文献与研究成果,通常考虑河道正常水深的 10%～20% 作为生态需水的最小水深,即可维持河道内生物的最低需水量。根据前文分析可知,97% 保证率闸下水位为 10.42 m,河槽对应的河底平均高程在 8 m 左右,槽内积水深平均在 2 m 以上,基本可以满足生态用水要求。

5. 需水量汇总

由以上预测的生活需水量、工业需水量、农业灌溉需水量相加得出研究区域总需水量,各项需水量见表 4.1.20。

表 4.1.20　蚌埠闸下各水平年需水量汇总　　　　单位:万 m³

用水户	水平年	2012 年	2020 年	2030 年
城镇生活		420	685	1 110
一般工业		2 216	4 749	6 876
农业	75%	7 767	9 350	8 800
	90%	7 767	10 560	10 120
	95%	7 767	11 440	10 560
	97%	7 767	12 100	11 000
合计	75%	10 403	14 784	16 786
	90%	10 403	15 994	18 106
	95%	10 403	16 874	18 546
	97%	10 403	17 534	18 986

4.1.3　洪泽湖周边

4.1.3.1　供水工程及供水量

洪泽湖历来是苏北地区的水源地,随着区域的治理,供水范围有所调整,起初只向里下河、通南地区供水,在淮水北调、江水北调工程实施后,洪泽湖的供水范围逐步扩大至整个苏北地区。现今洪泽湖供水可分为两块,即沿湖周边供水和对外供水,对外供水可分为两类,一是下游自流供水,二是南水北调。本项目主要研究洪泽湖沿湖周边的供水情况。洪泽湖沿湖周边:洪泽湖沿湖周边地区除东部下游可自流供水,北、西、南上游地区主要以提水方式供水,供水工程主要为中小型泵站。

1. 工业取水工程

洪泽湖周边工业取水情况见表 4.1.21。

表 4.1.21 洪泽湖周边工业取水情况

序号	取水口位置	取水用途	取水工程名称	取水方式	审批取水量 (万 m³/年)	近年平均实际取水量 (万 m³)
1	淮河右岸	工业	星宇建材有限公司	提水	10	1.58
2	淮河右岸	工业	盱兰建材公司	提水	21.6	1.89
3	淮河右岸	工业	淮河建材总厂	提水	1	0.4
4	淮河右岸	工业	兴盱水泥有限公司	提水	25	1.5
5	淮河右岸	工业	大众建材有限公司	提水	1	0.67
6	淮河右岸	工业	狼山水泥厂	提水	35	1.2
7	淮河右岸	工业	恒远染化有限公司	提水	33	12.19
8	淮河右岸	工业	红光化工厂	提水	80	18.56
9	淮河右岸	工业	淮河化工有限公司	提水	642	179.49
总计						217.48

2. 农业用水

洪泽湖周边农业用水情况见表 4.1.22。

表 4.1.22 洪泽湖周边农业用水情况

序号	取水口位置	取水用途	取水工程名称	取水方式	近年平均实际取水量 (万 m³)
1	淮河右岸	农业	淮丰一级站(河桥灌区)	提水	75
2	淮河右岸	农业	清水坝一级站	提水	6 237
3	淮河右岸	农业	三墩灌区	提水	224
4	淮河右岸	农业	官滩灌区	提水	281
5	洪泽湖	农业	堆头一级站(东灌区)	提水	1 260
6	洪泽湖	农业	桥口一级站	提水	411
7	洪泽湖	农业	姬庄一级站	提水	377
8	洪泽湖 大堤	农业	洪金洞(洪金灌区)	引水	19 063

序号	取水口位置	取水用途	取水工程名称	取水方式	近年平均实际取水量（万 m³）
9	洪泽湖大堤	农业	周桥洞（周桥灌区）	引水	21 070
10	洪泽湖	农业	沿湖灌区	提水	4 247
11	黄码河（裴圩）	农业	黄码闸	引水	365
12	裴圩	农业	官沟闸	引水	127
13	颜勒河（高渡）	农业	颜勒沟闸	引水	243
14	高松河（高渡）	农业	高松闸	引水	603
15	薛咀引河（卢集）	农业	薛大沟站	提水	243
16	通湖河口	农业	古山河	蓄引提	0.19
17	通湖河口	农业	五河	蓄引提	0.19
18	通湖河口	农业	肖河	蓄引提	0.08
19	通湖河口	农业	马化河	蓄引提	0.17
20	双沟镇	农业	单灌17座，排灌13座	提水	501
21	上塘镇	农业	单灌17座，排灌3座	提水	2 546
22	魏营镇	农业	单灌8座	提水	2039
23	瑶沟乡	农业	单灌12座，排灌11座	提水	1 384
24	车门乡	农业	单灌21座	提水	2 532
25	青阳镇	农业	单灌65座，排灌24座	提水	3 301
26	石集乡	农业	单灌26座，排灌10座	提水	1 931
27	城头乡	农业	排灌23座	提水	1 449
28	陈圩乡	农业	单灌15座，排灌29座	提水	2 856
29	半城镇	农业	单灌6座，排灌9座	提水	816
30	孙园镇	农业	单灌35座，排灌13座	提水	2 655
31	龙集镇	农业	单灌3座，排灌27座	提水	1 702
32	太平镇	农业	单灌17座，排灌15座	提水	816
33	界集镇	农业	单灌6座，排灌26座	提水	2 141
34	曹庙乡	农业	单灌8座，排灌16座	提水	2 257
35	朱湖镇	农业	单灌7座，排灌27座	提水	2 102
36	金锁镇	农业	单灌8座，排灌8座	提水	1 568
总　计					87 423

3. 航运用水

洪泽湖周边航运用水情况见表4.1.23。

表 4.1.23 洪泽湖周边航运用水情况

序号	取水口位置	取水用途	取水工程名称	取水方式	近年平均实际取水量（万 m³）
1	洪泽湖大堤	航运	将坝船闸	引水	3 420
2	洪泽湖大堤	航运	高良涧船闸	引水	19 380
3	张福河	航运	张福河船闸	引水	957
总　计					23 757

4.1.3.2 洪泽湖周边现状用水

洪泽湖分属淮安、宿迁两市，沿湖周边涉及4县2区，洪泽湖周边地区范围除沿湖岸线周边，还包括入湖河道控制站以下河段。洪泽湖周边取水工程及用水量主要为农业用水，部分航运用水和少量工业用水，居民生活用水、乡镇企业用水以（深层）地下水为主。南部为三河闸以上盱眙县境内沿湖及淮干右岸沿线，有9个工业取水口、7个农业取水口，直接取自淮河干流和洪泽湖；东部为洪泽湖大堤，在洪泽县境内，主要有两个灌区引水涵洞和两个船闸共4个取水口；北部为淮安市淮阴区和宿迁市泗阳县、宿城区废黄河以南区域，用水主要为农业灌溉，取水以机电泵站提水为主，数量较多，分布于沿湖河道两侧，取水口按通湖河道计，淮阴区有3个、泗阳县有5个、宿城区有4个；西部为泗洪县的滨湖区和盱眙县的鲍集圩行洪区，用水主要为农业灌溉，以机电泵站提水为主，数量较多，分布于沿湖河道两侧，泗洪县取水量较大的通湖河道有徐洪河、安东河、濉河（原濉河尾段）、老汴河、溧西引河等5个，还有从湖区、溧河洼直接取水的泵站数量有限，盱眙县鲍集圩有两个灌区直接从洪泽湖取水。

1. 工业取用水量

洪泽湖周边工业取水主要在盱眙县境内，大部分集中在盱眙县城附近的淮河干流，直接取自洪泽湖的只有淮河化工有限公司一家企业。根据调查，工业用水以水泵提水为主，审批取水量849万 m³/年，实际取水量2006年193万 m³、2007年177万 m³、2008年283万 m³，多年平均工业用水量为217万 m³。取水用途主要为建材和化工工业。

2. 农业取用水量

洪泽湖周边北、西、南地形较高，取水以提水为主，基本不具备自引条件，东侧（洪泽湖大堤外侧）地势低洼，具备自引条件。根据原淮阴市水利手册资料，洪泽湖周边有大型灌区引水工程2个（洪金灌区洪金洞、周桥灌区周桥洞）、中型灌区首级提水工程5个（堆头灌区4个一级提水泵站、桥口灌区桥口一级提水泵站），小型灌区（1万亩以上）

提水工程 4 个(河桥、官滩、三墩、姬庄),其他零散提水泵站较多,数量较难统计。根据洪泽湖周边各县区提供的用水量资料统计,农业实际取用水量 2010 年为 10.6 亿 m³、2011 年为 7.6 亿 m³、2012 年为 8.0 亿 m³,近三年平均取水量为 8.7 亿 m³。

3. 航运取用水量

洪泽湖及淮河、苏北灌溉总渠均属江苏省骨干航道网中的三级航道。在洪泽湖下游有蒋坝船闸连接金宝航道、高良涧船闸连接苏北灌溉总渠、张福河船闸连接淮沭河,3 处船闸用水量 2010 年为 2.42 亿 m³、2011 年为 2.51 亿 m³、2012 年为 2.20 亿 m³,近 3 年平均 2.38 亿 m³。

4. 取用水总量

根据调查统计,洪泽湖周边地区 2010～2012 年平均取用水总量为 11.14 亿 m³,其中工业取水量为 0.02 亿 m³,农业取水量为 8.74 亿 m³,航运取水量为 2.38 亿 m³。

洪泽湖供水范围现状用水情况见表 4.1.24。

表 4.1.24　洪泽湖供水范围内现状用水状况表　　　单位:亿 m³

用水户	工 业	农 业	航 运	合 计
用水量	0.02	8.74	2.38	11.14

4.1.3.3　洪泽湖周边需水预测

洪泽湖供水范围包含淮河流域下游整个苏北地区,供水工程遍及供水河道沿线。较大的供水河道有苏北灌溉总渠、淮沭新河、京杭运河、废黄河、盐河等;较大的供水工程除洪泽湖几大出口控制工程;灌溉总渠有淮安、阜宁、滨海和海口枢纽工程;淮沭新河有二河枢纽、沭阳枢纽、新沂河截污导流工程、蔷薇河送清水工程,中、里运河梯级抽水站工程(南水北调东线)。用水户涉及城乡居民生活、工业、农林牧渔、航运、水电等各个方面。

1. 工业需水量

根据水资源综合规划指标,一般工业需水按 2% 的年递增率增加,则洪泽湖周边规划水平年 2020 年的工业需水量为 344 万 m³,规划水平年 2030 年的工业需水量为 419 万 m³。

2. 农业需水量

随着补水灌区范围内国民经济各部门用水需求增长,补水灌区可利用的当地农田灌溉地表水将逐步减少。根据水资源综合规划中的节水规划和政策,规划水平年的农业用水新增水量通过节水途径获取,则 2020 年和 2030 年研究范围内的农业用水量为 8.7 亿 m³。

3. 航运需水量

洪泽湖及淮河、苏北灌溉总渠均属江苏省骨干航道网中的三级航道。在洪泽湖下游有蒋坝船闸连接金宝航道、高良涧船闸连接苏北灌溉总渠、张福河船闸连接淮沭河。洪泽湖周边航运需水量在规划水平年保持多年平均值 2.38 亿 m³。

4. 需水量汇总

洪泽湖周边在不同水平年的用水需求见表 4.1.25。

表 4.1.25　洪泽湖周边需水量预测　　　　　　　单位:万 m³

用水户 ＼ 水平年	2012 年	2020 年	2030 年
工业	217	344	419
农业	87 423	87 423	87 423
航运	23 757	23 757	23 757
合计	111 397	111 524	111 599

4.2　不同枯水组合的水资源开发利用及可利用量研究

全面评价淮河中游区枯水期水资源数量、可利用量及其分布与演变规律,分析评价水资源开发利用现状、存在主要问题及面临形势,为流域和区域水资源合理配置提供基础。

4.2.1　不同枯水组合的水资源开发利用情况

根据淮河流域及山东半岛水资源综合规划调查评价成果,参照 2000~2012 年安徽省及淮河片水资源公报,2012 年分析范围内连续 3 个月枯水期用水量 28.95 亿 m³,其中生活用水 3.43 亿 m³,工业用水 7.15 亿 m³,农业用水 18.38 亿 m³;2012 年分析范围内连续 5 个月枯水期用水量 48.25 亿 m³,其中生活用水 5.71 亿 m³,工业用水 11.92 亿 m³,农业用水 30.63 亿 m³。具体见表 4.2.1、表 4.2.2。

表 4.2.1　2012 年水资源分区连续 3 个月枯水期实际用水量统计　　　单位:亿 m³

水资源分区	城镇生活用水量			工业用水量			农业用水量			总用水量
	城镇	农村	小计	火电	一般	小计	农田	林牧渔	小计	
王蚌区间北岸	0.38	0.70	1.08	0.18	1.45	1.60	6.98	0.43	7.40	10.08
王蚌区间南岸	0.33	0.43	0.78	1.75	2.50	4.28	5.93	0.28	6.18	11.23
蚌洪区间北岸	0.35	0.85	1.20	0.20	0.88	1.08	2.85	0.30	3.15	5.43
蚌洪区间南岸	0.08	0.30	0.38	0.00	0.20	0.20	1.58	0.08	1.65	2.23
小计	1.13	2.28	3.43	2.13	5.03	7.15	17.33	1.08	18.38	28.95

表 4.2.2　2012 年水资源分区连续 5 个月枯水期实际用水量统计　　单位:亿 m³

水资源分区	城镇生活用水量			工业用水量			农业用水量			总用水量
	城镇	农村	小计	火电	一般	小计	农田	林牧渔	小计	
王蚌区间北岸	0.63	1.17	1.79	0.29	2.42	2.67	11.63	0.71	12.33	16.79
王蚌区间南岸	0.54	0.71	1.29	2.92	4.17	7.13	9.88	0.46	10.29	18.71
蚌洪区间北岸	0.58	1.42	2.00	0.33	1.46	1.79	4.75	0.50	5.25	9.04
蚌洪区间南岸	0.13	0.50	0.63	0.00	0.33	0.33	2.63	0.13	2.75	3.71
合　计	1.88	3.79	5.71	3.54	8.38	11.92	28.88	1.79	30.63	48.25

4.2.2　不同枯水组合的水资源可利用量

4.2.2.1　地表水资源可利用量

淮河中游地表水资源可利用量为 304.9 亿 m³,可利用率为 42.1%(表 4.2.3)。

表 4.2.3　淮河中游地表水资源可利用量

时　段	地表水资源量 (亿 m³)	地表水可利用量 (亿 m³)	地表水可利用率
全年	304.9	128.3	42.1%
连续 3 个月枯水期	33.5	19.4	58%
连续 5 个月枯水期	64.0	33.9	53%

2. 平原区浅层地下水资源可开采量

平原区浅层地下水可开采量以 1980～2012 年平均总补给量为基础,采用可开采系数法确定。可开采系数值,用实际开采系数进行合理性分析后确定。淮河中游采用系数为 0.61～0.71。

3. 水资源可利用总量

淮河中游水资源可利用总量为 200.7 亿 m³,可利用率为 51.8%;连续 3 个月枯水期可利用总量 39.3 亿 m³,可利用率为 72.6%;连续 5 个月枯水期地表水可利用总量 64.5 亿 m³,可利用率为 65.5%。淮河中游水资源可利用总量成果见表 4.2.4。

表 4.2.4　淮河中游水资源总量可利用量

时　段	地表水资源量 (亿 m³)	水资源总量 (亿 m³)	地表水可利用量 (亿 m³)	地表水可利用率	地下水可开采量 (亿 m³)	可利用总量 (亿 m³)	水资源总量可利用率
全年	304.9	387.4	128.3	42.1%	79.5	200.7	51.8%
连续 3 个月枯水期	33.5	54.1	19.4	58%	19.9	39.3	72.6%
连续 5 个月枯水期	64.0	98.4	33.9	53%	30.6	64.5	65.5%

4.3 枯水期水资源供需态势分析

4.3.1 流域水资源开发利用程度分析

淮河流域现状水资源开发利用率为 43.9%,地表水开发利用率为 40.6%,中等干旱以上年份,淮河流域地表水资源供水量已经接近当年地表水资源量,严重挤占河道、湖泊生态、环境用水。

4.3.2 流域用水量变化趋势

近 20 多年来,淮河流域用水总量总体呈增长趋势,增长速率趋缓。1980～2012年供水量由 446.0 亿 m^3 增加到 571.7 亿 m^3,净增 125.7 亿 m^3,年均增长率 0.8%。用水结构发生较大变化。工业、生活用水量迅速增长,在总用水中的比例持续上升,由1980 年的 13.2% 上升到 2010 年的 26.9%,年均用水年均增长率均为 0.4%;农业用水基本保持平稳,其用水总量在 420 亿 m^3 左右。2001—2012 年淮河流域水资源利用情况见表 4.3.1。

表 4.3.1   2001～2012 年淮河流域水资源利用情况表

年份	供水量(亿 m^3)					用水量(亿 m^3)					
	当地地表水	跨流域调水	地下水	其他	总供水	农业	工业	生活		生态	总用水
								城镇	农村		
2001	390.49	95.49	145.24	0.86	632.08	398.41	80.47	22.98	34.88	0.04	536.78
2002	386.13	89.26	143.52	0.76	619.68	390.48	79.80	23.89	35.91	0.32	530.40
2003	248.63	43.29	118.32	0.63	410.87	262.97	83.77	21.90	38.26	3.97	410.87
2004	316.19	50.41	125.94	0.66	493.20	341.97	86.85	24.57	36.61	3.20	493.19
2005	306.16	50.26	122.64	0.58	479.64	317.56	95.18	25.07	38.21	3.63	479.65
2006	330.62	56.35	133.79	0.79	521.55	356.96	96.18	26.68	37.68	4.12	521.62
2007	316.62	37.38	132.18	0.90	487.08	329.44	87.65	29.25	36.07	4.65	487.06
2008	324.63	39.40	135.21	0.86	476.67	342.45	88.23	29.34	36.32	5.05	492.31
2009	332.24	45.42	140.62	1.08	531.56	362.76	89.45	30.23	36.45	6.32	528.65
2010	335.10	65.12	142.64	1.36	544.22	382.90	91.42	30.74	36.95	6.78	548.79
2011	347.87	75.18	147.64	1.44	572.13	410.15	86.28	32.17	37.29	6.09	571.98
2012	345.39	81.94	142.87	1.49	571.69	407.75	86.87	34.93	35.45	6.71	571.69

4.3.3 受旱典型年水量平衡分析

4.3.3.1 蚌埠闸以上

根据《安徽省淮河抗旱预案》的淮河蚌埠闸以上供水区域内水资源供需分析成果，受旱典型年的缺水情况见表 4.3.2。

表 4.3.2 蚌埠闸以上供水区域典型干旱年水量平衡成果表　　　单位:亿 m³

项目受旱典型年	供水量	总用水量	缺水量	缺水率
1977	4.66	9.35	−5.43	58.1%
1978	6.61	16.86	−10.50	62.3%
1981	8.17	11.94	−6.37	53.4%
1986	9.30	10.51	−5.05	48.0%
1988	8.64	11.39	−4.34	38.1%
1994	10.49	14.36	−7.70	53.6%
2000	11.18	12.76	−2.75	21.6%
2001	7.64	16.20	−9.81	60.6%

注:受旱典型年的受旱分析时段为 3~9 月,农业用水保证率按 90% 考虑。

根据现状年的供需平衡分析结果,有 95%,97% 的典型干旱年分别缺水 5.42 亿 m³,6.87 亿 m³(主要是沿淮补水片灌区农业用水缺乏)。

已发生的典型受旱年,蚌埠闸上区域均缺水,其中秋季缺水比午季缺水严重,主要原因是秋季水稻灌溉的水量比较大,其中上桥枢纽在干旱年份从淮河抽水到茨淮新河灌溉占了相当大的比重。蚌埠闸上区域在受旱典型年平均缺水量为 5.46 亿 m³,年最大缺水量为 1978 年 10.5 亿 m³,最小缺水量为 2000 年 2.7 亿 m³。逐月最大缺水量为 2001 年 7 月的 4.34 亿 m³,最小缺水量为 2000 年 4 月的 0.06 亿 m³。

4.3.3.2 蚌埠闸以下

根据《安徽省淮河抗旱预案》的淮河蚌埠闸以下供水区域内水资源供需分析成果,受旱典型年的缺水情况见表 4.3.3。

表 4.3.3 蚌埠闸以下供水区域典型干旱年水量平衡成果表　　　单位:亿 m³

项目受旱典型年	供水量	总用水量	缺水量	缺水率
1977	9.81	2.93	0	0%
1978	4.59	5.17	−2.15	41.6%
1981	6.67	3.86	−0.44	11.4%

续表

项目受旱典型年	供水量	总用水量	缺水量	缺水率
1986	8.92	3.45	−0.24	6.9%
1988	8.5	3.89	−0.07	1.8%
1994	6.53	4.12	−1.83	44.4%
2000	9.99	3.83	0	0%
2001	5.28	5.24	−2.70	51.5%

注:受旱典型年的受旱分析时段为3~9月,农业用水保证率按90%考虑。

根据供水区域典型干旱年可供水量与需水量分析的结果,此供水区域在干旱年份 3~5月基本不缺水,6~9月在重旱年份少量缺水,在特旱年份严重缺水。特旱年年平均缺水量2.32亿 m³,重旱年年平均缺水量0.158亿 m³。最大缺水为2001年,缺水量2.7亿 m³,年最小缺水为1988年,缺水量0.075亿 m³,逐月最大缺水为2001年7月,缺水量为1.30亿 m³,逐月最小缺水为1988年6月,缺水量为0.01亿 m³。

4.3.4 不同频率、不同枯水组合下的水资源供需态势分析

根据研究区域现状和规划工程条件,按照与对应频率年份降水量相接近、对工程用水最不利的原则,进行20%,50%,75%和95%保证率研究范围内现状水平年供需分析。分析范围内现状水平年连续3个月及5个月枯水期不同保证率供需分析成果见表4.3.4。

表4.3.4 分析范围内现状水平年连续3个月枯水期不同保证率供需分析表

分区	保证率	需水量(亿 m³)	供水量(亿 m³)	缺水量(亿 m³)	缺水率
王蚌区间	20%	9.35	11.715	0	0.0%
	50%	10.285	10.329	0.209	2.0%
	75%	10.769	9.504	1.265	11.7%
	95%	11.605	9.383	2.222	19.1%
蚌洪区间	20%	3.355	4.224	0	0.0%
	50%	3.74	3.696	0.044	1.2%
	75%	3.883	3.256	0.627	16.1%
	95%	4.279	3.52	0.759	17.7%

王蚌区间连续 3 个月枯水期现状水平年 20%，50%，75% 和 95% 保证率下 0.21 亿 m³，1.27 亿 m³ 和 2.22 亿 m³；王蚌区间连续 5 个月枯水期现状水平年 20%，50%，75% 和 95% 保证率下的缺水量分别为 0，0.40 亿 m³，2.42 亿 m³ 和 4.24 亿 m³。蚌洪区间连续 3 个月枯水期现状水平年 20%，50%，75% 和 95% 保证率下保证率下的缺水量分别为 0，0.04 亿 m³，0.63 亿 m³ 和 0.76 亿 m³；蚌洪区间连续 5 个月枯水期现状水平年 20%，50%，75% 和 95% 保证率下保证率下的缺水量分别为 0，0.08 亿 m³，1.20 亿 m³ 和 1.45 亿 m³（表 4.3.5）。

表 4.3.5　分析范围内现状水平年连续 5 个月枯水期不同保证率供需分析表

分　区	保证率	需水量（亿 m³）	供水量（亿 m³）	缺水量（亿 m³）	缺水率
王蚌区间	20%	17.85	22.365	0	0.0%
	50%	19.635	19.719	0.399	2.6%
	75%	20.559	18.144	2.415	14.8%
	95%	22.155	17.913	4.242	18.2%
蚌洪区间	20%	6.405	8.064	0	0.0%
	50%	7.14	7.056	0.084	1.1%
	75%	7.413	6.216	1.197	16.7%
	95%	8.169	6.72	1.449	18.4%

4.4　枯水期供水安全评价技术

4.4.1　供水安全评价指标体系

4.4.1.1　建立原则

供水安全评价的核心问题，是确定评价指标体系。指标体系是否科学、合理，直接关系到水安全评价的质量。为此，指标体系必须科学地、客观地、合理地、尽可能全面地反映影响系统安全的所有因素。但是，要建立一套既科学又合理的安全评价指标体系，却是一个非常困难的问题。为此必须按照一定的原则去分析和判断，才有可能较好地解决这一难题。

1. 目的性原则

指标的选择要紧紧围绕改进系统安全这一目的而设计，并由代表系统各组成部分的典型指标构成，多方位、多角度地反映系统的安全水平。

2. 科学性原则

指标体系结构的拟定,指标的取舍,公式的推导等都要有科学的依据。只有坚持科学性的原则,获得的信息才具有可靠性和客观性,评价的结果才具有可信性。

3. 系统性原则

指标体系要包括系统安全所涉及的众多方面,使其成为一个系统:相关性——要运用系统论的相关性原理不断分析,而后,组合设计安全评价指标体系;层次性——指标体系要形成阶层性的功能群,层次之间要相互适应并具有一致性,要具有与其相适应的导向作用,即每项上层指标都要有相应的下层指标与其相适应;整体性——不仅要注意指标体系整体的内在联系,而且要注意整体的功能和目标;综合性——指标体系的设计不仅要有反映事故状况的指标,更重要的是要有反映隐患的指标,事前与事后综合,才能更为客观和全面。

4. 可操作性原则

指标的设计要求概念明确、定义清楚,能方便地采集数据与收集情况,要考虑现行科技水平,并且有利于系统安全的改进。而且,指标的内容不应太繁太细,过于庞杂和冗长,否则会给评价工作带来不必要的麻烦。

5. 时效性原则

指标体系不仅要反映一定时期系统安全的实际情况,而且还要跟踪其变化情况,以便及时发现问题,防患于未然。此外,指标体系应随着社会价值观念的变化不断调整,否则,可能会因不合时宜而导致决策失误或非优。

6. 突出性原则

指标的选择要全面,但应该区别主次、轻重,要突出当前带全局性而又极为关键的安全问题,以保证重点和集中力量控制住那些发生频率高、后果严重的事件。

7. 可比性原则

指标体系中同一层次的指标,应该满足可比性的原则,即具有相同的计量范围、计量口径和计量方法,指标取值宜采用相对值,尽可能不采用绝对值。这样使得指标既能反映实际情况,又便于比较优劣,查明安全薄弱环节。

8. 定性与定量原则

指标体系的设计应当满足定性与定量相结合的原则,亦即在定性分析的基础上,还要进行量化处理。只有通过量化,才能较为准确地揭示事物的本来面目。对于缺乏统计数据的定性指标,可采用评分法,利用专家意见近似实现其量化。需要指出的是,上述各项原则并非简单的罗列,它们之间存在如图 4.4.1 所示的关系。也就是说,指标

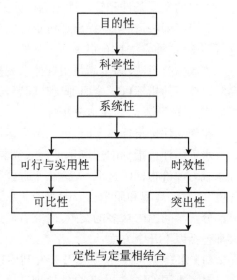

图 4.4.1　指标体系建立原则关系图

体系设立的目的性决定了指标体系的设计必须符合科学性的原则,而科学性原则又要通过系统性来体现。在满足系统性原则之后,还必须满足可操作性以及时效性的原则。这两条原则决定了指标体系设计应遵循政令性和突出性原则,此外,可操作性原则还决定了指标体系必须满足可比性的原则。上述各项原则都要通过定性与定量相结合的原则才能体现。最后,所有上述各项原则皆由评价的目的性所决定,并以目的性原则为前提。指标体系的建立原则间关系如图 4.4.1 所示。

4.4.1.2　建立方法

水资源系统是很复杂的,想要建立一个具有科学性、全面性及目的性的层次综合评价指标体系是复杂而又困难的。一般而言,建立一个合理的、科学的指标体系,应当经历以下两个阶段。

从分析各种因素指标体系入手,对评价方案做出条理清晰、层次分明的系统分析,从整体最优原则出发,考虑局部服从整体、宏观结合微观、长期结合近期,并综合多种因素确定评价方案的总目标。然后对目标按其构成要素之间的逻辑关系进行分解,形成系统完整的综合评价指标体系。

为了使评价指标能够满足指标体系建立的原则,还需要做进一步的筛选工作。筛选工作一般分为前期“一般性指标”的筛选和后期“具体指标”的筛选。筛选指标时选择那些可能受到配置措施直接或间接影响的指标,以及那些具有时间性和空间性的指标。指标筛选的方法有:频度统计法、理论分析法、专家咨询法、主成分分析法等。各种方法简介如下:

频度统计法:参考目前有关水资源配置研究的文献,进行指标频度统计分析,选用那些使用频率较高的指标。

理论分析法:对供水安全的内涵、特征、基本要素、主要问题进行分析、比较、综合,选择重要的发展条件和针对性强的指标。

专家咨询法:在初步提出评价指标的基础上,进一步征询有关专家的意见,对指标进行调整,这种方法具有很大的主观性。

主成分分析法:为了满足指标体系完备性原则,往往多选指标,但在评价时,人们期望以较少的指标可较全面地反映问题,为此,需要选择那些和较多指标有相关性的指标作为评价指标,即主成分指标。

在确立评价指标体系时,可以综合运用以上各种方法。

水资源评价指标的选取是进行水资源承载力评价中的关键问题。进行区域水资源承载力评价指标的选取,关键在于选择合理的指标来综合反映区域“社会—经济—环境”的发展规模和质量。影响水资源承载力的因素很多,涉及水资源系统的各个组成部分。参阅国内众多的文献,研究者们选取水资源承载力指标具有不同的方法。但大都包括以下几个方面:

(1) 水资源的数量、质量及开发利用程度

对于不同的区域,由于自然地理环境条件的不同,水资源具有不同的时空分布特征。不同地区的水资源在质量上也有所差异,如地下水的矿化度、埋深条件等,水资源

的开发利用程度及方式也会影响可利用水资源的数量。

（2）生产力水平

生产力水平包括科学技术水平，是一个社会经济发展的标志。不同的历史时期，生产力水平也是不同的。科学技术是第一生产力，科学技术将会对水资源承载力研究生产力水平制约着人类社会经济的发展，直接制约着水资源开发利用及保护等，因而，生产力水平也是影响水资源承载力的因素之一。

（3）消费水平和结构

在社会生产能力确定的情况下，消费水平及结构层次将决定水资源承载力的大小。同样生产力条件下，可以承载在较低生活水平下的较多人口，也可以承载在较高生活水平下的较少人口。

（4）人口、劳动力及区际交流

社会生产的主体是人，水资源承载力的对象也是人，因此人口和劳动力以及水资源承载力具有相互影响的关系，区域劳动分工与产品交换也间接影响水资源承载力的大小。

（5）其他资源潜力

社会生产不仅需要水资源，而且还需要其他诸如矿产、森林、草地和土地等资源的支持，而土地和森林、草地也受水资源的承载，在内陆干旱地区更为突出，以至社会经济发展和生态环境建设对水资源十分敏感。

（6）政策、法规、市场等因素

一方面，政府的政策法规、商品市场的运作规律及人文关系等因素会影响水资源承载能力的大小，另一方面，水资源承载能力的研究成果会对它们起反作用。这些主要因素间的相互关系非常复杂，是一个相互影响、相互制约的复杂体系。

具体设计到供水安全方面，主要考虑以下 4 个方面：

（1）水量

水量保证是供水安全的基本前提。淮河流域人均水资源占有量为 457 m³，是全国人均的 21%，亩均水资源占有量为 405 m³，是全国亩均的 24%，水资源总量不足和水资源短缺将是要长期面临的形势。淮河流域南靠长江、北临黄河，具有跨流域调水的区位优势，目前已具备跨流域调配水资源的工程措施，对淮河流域水资源配置及解决干旱年份水资源短缺问题起到了十分重要的作用。对淮河流域水资源量以及供水潜力等指标进行综合评价有助于全面了解淮河流域目前面临的水量供需矛盾，保证区域内社会经济全面可持续发展不会受到资源型缺水和工程型缺水的影响，为水资源合理调度提供重要参考依据。

（2）水质

淮河流域是我国水污染防治的重点，经过十多年的治理，污染物排放量也所减少，但距离淮河水体“变清”的目标还有一定的差距。尤其是在当前饮用水水源地事故频发、农饮工程加速建设的关键时期，水质评价是供水安全一个极其重要的方面。

除了考虑供水水源的水质安全，大规模供水工程建设可能还会引起一系列的环境生态问题：不合理的供水规划通常会挤占河道内正常的生态安全用水量，大规模集中供水后所产生的工业和污水排放可能会直接影响下游供水水质安全,因此必须选取一定的指标来评价水环境在供水需求下所能承受的极限,也即水环境承载力。

(3) 抗风险能力

供水安全评价中必须考虑系统的抗风险能力,这里所指的抗风险能力主要是遇到降水偏少的特枯年份区域供水能力的保证程度。淮河流域历年来水旱频发,同时总的水资源变化也波动剧烈:在 20 世纪 80 年代至 90 年代末,黄淮海地区平均降水量减少 10%,径流减少 18%。与 1956~1979 年多年平均径流量相比(第一次全国水资源评价),淮河流域 1980~1999 年的年平均径流量由 621 亿 m³ 减少至 476 亿 m³,减少了 28%。在可以遇见的未来,全球气候变化必然会带来极端事件的频发,研究表明,流域内淮北地区在今年来年内降水分配面临着枯季更枯、丰季更丰的趋势,因此,对供水体系抵御极端干旱等情况下保障能力的评价也至关重要。

4.4.1.3　具体指标

综合以上因素考虑,结合淮河流域工农业供水现状等运用频度分析法、专家咨询法等筛选出区域水资源承载力评价的指标体系见表 4.4.1。该指标体系包括三个层次,即目标层、准则层和指标层。

表 4.4.1　淮河流域供水安全综合评价指标

目 标 层	准 则 层	指 标 层
供水安全	A 供水条件及潜力	A_1 人均水资源量
		A_2 年降水量
		A_3 水资源开发利用程度
		A_4 地下水开采潜力指数
	B 实际供水保障	B_1 实际供水能力
		B_2 人均用水量
		B_3 实际灌溉面积保证率
		B_4 万元 GDP 用水
		B_5 经济增长率
	C 生态环境保障	C_1 水环境综合承载能力
		C_2 平均地表水质
		C_3 地下水水质
	D 抗风险能力	D_1 特枯年份缺水率(基准年)
		D_2 干旱指数

其中目标层即评价目标为保证供水安全,准则层指评价的准则或者角度,这里从供水条件及潜力、实际供水保障、生态环境保障和抗风险能力四个方面来综合评价供水安全。其中,A 为供水条件及潜力指区域内供水的禀赋,包括以下几点:

A_1:人均水资源量:地区水资源总量/人口总数,单位:m³。

A_2:年降水量,通常较大的年降水量意味着较多的水资源量,单位 mm。

A_3:水资源开发利用程度,供水量/水资源总量,在一定的限度内,开发利用程度越低意味着域内内可供开发的潜力愈大,形式为百分比。

A_4:地下水开采潜力指数,无量纲数。按下式计算

$$P = \frac{Q_可}{Q_采}　　　　　　　　　　(4.4.1)$$

式中,P 为地下水开采潜力指数;$Q_可$ 为地下水可开采资源量,单位为 m³/年;$Q_采$ 为地下水实际开采量,单位为 m³/年。淮河流域对地下水的依赖程度较高,因此有必要专门对地下水开采潜力进行评估。

B 为实际供水保障,指当前情况下实际的供水能力,包括以下几点:

B_1:实际供水能力,实际供水量/设计供水量,单位为百分比。

B_2:人均用水量,在当前供水能力条件下所能保证的人均年用水量,单位为 m³。

B_3:实际灌溉面积保证率,实际灌溉面积/有效灌溉面积,反映在实际情况下有效灌溉面积中真正可以满足灌溉需求的比例,形式为百分数。

B_4:每万元 GDP 用水,反映当前经济发展水平下供水的利用效率,值越大说明用水方式越粗放而不可持续,同时当前的供水安全越难以得到保证,单位为 m³。

B_5:经济增长率,指近年人均 GDP 年均增长率,在当前要维护社会的稳定必须有一定的经济发展率来作为保障,而经济的快速发展又会给供水带来巨大压力,选择这个指标重在考虑供水安全的社会属性,其形式为百分比。

C 为生态环境保障,A 和 B 侧重水量的保障,而 C 的生态环境保障则侧重于水质的保障,具体包括以下几点:

C_1:水环境综合承载能力,无量纲数。有别于单纯的水质指标或者水量指标,水环境综合承载能力(Water Environment Carrying Capacity)虽然是环境承载能力的一个重要方面,但是它即考虑水量又考虑水质。按照夏军等的定义,水环境综合承载能力是指:在一定区域、一定时期内,维系良好水环境最基本需求的下限目标,水环境系统(包括水量和水质)支撑经济社会发展的最大规模。值越大说明水环境所承受的压力越大,从而越难以保证正常的供水安全。

C_2:平均地表水质,即生活、工业和农业地表用水合格率的平均值。

C_3:地下水水质,按水质优劣依次以 Ⅰ,Ⅱ,Ⅲ,Ⅳ,Ⅴ 这 5 类表示,相应的在评价向量 V 中的隶属度均为 1。

D 为抗风险能力,反映供水系统在非常规情况下的保障能力,主要包括以下几点:

D_1:特枯年份缺水率,形式为百分比,指基准年标准下特枯干旱年缺水率。资料显示,当遭遇特枯干旱年份时,整个淮河流域需水 853.5 亿 m³,可供水量 667.8 亿 m³,供需缺口达到 185.6 亿 m³,缺水率达到 21.8%,供需缺口急速放大,供需矛盾突出,生活、生产和生态用水安全将受到严重威胁。缺水率既是供需平衡的体现,又是系统抵抗枯水风险能力的体现。

D_2：干旱指数，多年平均蒸发能力/多年平均年降水量，无量纲数。经验表明，越是干旱的地区在特枯年份出现供水危机的风险往往越大。设置该指标可以便于对各个分区之间供水安全风险进行横向比较。面上的干旱指数可以通过对干旱指数等值线图的综合研判确定。

4.4.2　水资源安全综合评价模型

考虑到水资源系统是一个复杂的多目标系统，其评价方法宜采用模糊综合评价；另一方面层次分析法是定量分析指标权重的较理想方法。因此，本次评价将两者结合，采用基于 AHP 构权的多层次综合模糊评价模型。

4.4.2.1　层次分析法

层次分析法（Analytic Hierarchy Process，简称 AHP）总是将决策有关的元素分解成目标、准则、方案等层次，在此基础之上进行定性和定量分析的决策方法。AHP是一种能将定性分析与定量分析相结合的系统分析方法，本质上是一种决策思维方式，体现了人们决策思维"分解—判断—综合"的基本特征。它把复杂的问题分解为各个组成因素，将这些因素按支配关系分组形成有序的递阶层次结构，通过两两比较的方式确定层次中诸因素的相对重要性，然后，综合判断以确定诸因素相对重要性的总排序。

层次分析法是将决策问题按总目标、各层子目标、评价准则直至具体的备投方案的顺序分解为不同的层次结构，然后得用求解判断矩阵特征向量的办法，求得每一层次的各元素对上一层次某元素的优先权重，最后再以加权和的方法递阶归并各备择方案对总目标的最终权重，此最终权重最大者即为最优方案。这里所谓"优先权重"是一种相对的量度，它表明各备择方案在某一特点的评价准则或子目标，标下优越程度的相对量度以及各子目标对上一层目标而言重要程度的相对量度。层次分析法比较适合于具有分层交错评价指标的目标系统，而且目标值又难以定量描述的决策问题。其用法是构造判断矩阵，求出其最大特征值及其所对应的特征向量 W，归一化后，即为某一层次指标对于上一层次某相关指标的相对重要性权值。

层次分析法的基本步骤如下：

① 分析系统中各因素之间的关系，建立系统的递阶层次结构，按照目标以及实现功能的不同，将包含的因素分组，每组作为一个层次，分为几个等级。从上至下依次为目标层（最高层）、准则层（中间层）和指标层（底层）。

② 同一层次的各元素对上一层次中某一准则的重要性进行两两比较，构造两两比较判断矩阵：

$$R = (r_{ij})_{n \times n} \qquad (4.4.2)$$

式中，R 为判断矩阵；n 为两两比较的因素数目；r_{ij} 是判断矩阵 R 的元素，表示 i 因素与 j 因素相对于某一准则 C 的相对重要性的标度，采用 1～9 标度法表示，见表 4.4.2。

表 4.4.2 九级标度法

标 度 r_{ij}	定 义
1	i 因素与 j 因素同等重要
3	i 因素比 j 因素略微重要
5	i 因素比 j 因素明显重要
7	i 因素比 j 因素绝对重要
9	i 因素比 j 因素极端重要
2,4,6,8	介于以上两种标度之间状态的标度

$r_{ji} = 1/r_{ij}$ 表示 j 因素与 i 因素的比较,即 i 因素与 j 因素比较结果的倒数

③ 根据判断矩阵 $\boldsymbol{R}$,计算判断矩阵 $\boldsymbol{R}$ 的最大特征值 $\lambda_{\max}$ 及对应的特征向量 $\boldsymbol{\omega}$,表达式为

$$\boldsymbol{R}\omega = \lambda_{\max}\boldsymbol{\omega} \tag{4.4.3}$$

特征向量 $\boldsymbol{\omega}$ 可采用方根法或者和法求得。

④ 进行一致性检验。

求得 $\lambda_{\max}$ 和 $\boldsymbol{\omega}$ 后,要对判断矩阵进行一致性检验,公式为

$$CR = \frac{CI}{RI} \tag{4.4.4}$$

其中,$CI = \frac{\lambda_{\max} - n}{n - 1}$,$RI$ 为随机一致性指标均值,与矩阵的阶数有关,其取值见表 4.4.3。对于高于 12 阶的指标需要进一步查资料或者用近似值代替。

表 4.4.3 随机一致性指标 RI

阶数	1	2	3	4	5	6	7	8	9	10	11
RI	0	0	0.58	0.9	1.12	1.24	1.32	1.41	1.45	1.49	1.51

当 $CI \leqslant 0.1$ 时,矩阵具有满意的一致性,判断矩阵一致性可以接受,否则必须对判断矩阵进行某些修改,再重新进行计算,直至满足 $CI \leqslant 0.1$ 为止。

⑤ 计算各层元素对系统目标的合成权重,并进行层次总排序。

4.4.2.2 多层次模糊综合评价模型

模糊综合评价的基本思想是利用模糊线性变换原理和最大隶属度原则,考虑与被评价事物相关的各个因素,对其做出合理的综合评价。当影响因素集合 U 的元素较多时,每个因素的重要程度系数也就相应的减小,这时系统中事物之间的优劣次序往往难以分开,仅由一级模型进行评价往往显得比较粗糙,不能很好地反映事物的本质,从而无法得出有意义的评价结果。对于这种情形,可以把因素集合 U 中的元素按某些属性分成几个子系统,先对每一个子系统作综合评价,然后对评价结果进行"类"元素的高层次的综合评价。建立多层次模糊综合评价数学模型的一般步骤如下:

① 设因素集 $U=\{u_1,u_2,\cdots,u_m\}$ 和评语集 $V=\{v_1,v_2,\cdots,v_n\}$。

将因素集 U 按属性不同划分为 s 个子集，记作 $U_1,U_2,\cdots,U_i,\cdots,U_s$。

② 对于每一个因素子集 U_i 进行一级综合评价。模糊评判为

$$B_i = A_i \cdot R_i = (b_{i1},b_{i2},\cdots,b_{im}) \quad (i=1,2,\cdots,s) \tag{4.4.5}$$

其中，A_i 为权重向量，R_i 为模糊隶属度矩阵。

③ 将每一个 U_i 作为一个元素，用 B_i 作为它的单因素评估，又可构成评价矩阵 R：

$$R = \begin{bmatrix} B_1 \\ B_2 \\ \vdots \\ B_S \end{bmatrix} = \begin{bmatrix} b_{11} & b_{12} & \cdots & b_{1m} \\ b_{21} & b_{22} & \cdots & b_{2m} \\ \vdots & \vdots & & \vdots \\ b_{S1} & b_{S2} & \cdots & b_{Sm} \end{bmatrix} \tag{4.4.6}$$

上式是 $\{U_1,U_2,\cdots,U_s\}$ 的单因素评价矩阵，每个 U_i 作为 U 的一部分，反映了 U 的某类属性，可以按它们的重要程度给出权重分配，于是有了第二级评价。

④ 以此类推，更高级的综合评价可将 s 再细分，得到更高一级的因素集，然后再按第二、第三步的方法依次进行，直至得到最终的综合评价。

基于 AHP 构权的多层次模糊综合评价模型是在多层次模糊综合评价模型的基础上，运用 AHP 对影响水资源承载力的各个因素按层次赋权。模糊综合评价的各个因素集就是 AHP 的准则层及各准则下的指标层。

多层次模糊综合评价法在本次供水安全评价中具体操作如下：

(1) 因素集的划分及评语集的建立

在综合分析水资源承载力系统及其影响因素后，根据前面选取的指标体系，将因素集划分为

$$U = \begin{bmatrix} U_1 & \text{供水条件及潜力} \\ U_2 & \text{实际供水保障} \\ U_3 & \text{生态环境保障} \\ U_4 & \text{抗风险能力} \end{bmatrix}$$

其中

$$U_1 = \begin{bmatrix} A_1 & \text{人均水资源量} \\ A_2 & \text{年降水量} \\ A_3 & \text{水资资源开发利用程度} \\ A_4 & \text{地下水开下水开采潜力} \end{bmatrix}$$

$$U_2 = \begin{bmatrix} B_1 & \text{现状供水能力} \\ B_2 & \text{人均用水量} \\ B_3 & \text{实际灌溉面积保证率} \\ B_4 & \text{万元 GDP 用水} \\ B_5 & \text{经济增长率} \end{bmatrix}$$

$$U_3 = \begin{bmatrix} C_1 & 水环境综合承载能力 \\ C_2 & 平均地表水质 \\ C_3 & 地下水水质 \end{bmatrix}$$

$$U_4 = \begin{bmatrix} D_1 & 特枯年份缺水率 \\ D_2 & 干旱指数 \end{bmatrix}$$

本研究借鉴已有研究成果和一些专家建议,将上述因素对供水安全影响程度划分为 5 个等级,每个因素各等级的数量指标见表 4.4.4。

表 4.4.4 指标等级分类标准

指标层	V_1	V_2	V_3	V_4	V_5
人均水资源占有量(m^3)	＜250	250～500	500～1 000	1 000～1 700	＞1 700
年降水量(mm)	＜600	600～700	700～800	800～1 000	＞1 000
水资源开利用率	＞65％	40％～65％	25％～40％	10％～25％	＜10％
地下水安全开采潜力指数	＜0.5	0.5～0.8	0.8～1.2	1.2～2	＞2
现状供水能力	＜60％	60％～70％	70％～80％	80％～90％	＞90％
人均用水量(m^3/年)	＜50	50～100	100～200	200～250	＞250
实际灌溉面积	＜60％	60％～70％	70％～80％	80％～90％	＞90％
万元 GDP 用水(m^3)	＞100	50～100	20～50	10～20	＜10
经济增长率	＜7％	7％～8％	8％～9％	9％～10％	＞10％
水环境综合承载能力	＞2	1.5～2	1～1.5	0.6～1	＜0.6
平均地表水质	＜60％	60％～70％	70％～90％	90％～95％	＞95％
地下水水质	V	IV	III	II	I
特枯年份缺水率(基准年)	＞20％	10％～20％	5％～10％	3％～5％	＜3％
干旱指数	＞7	3～7	1～3	0.5～1	＜0.5

其中,V_1 级表示状况很差,供水现状极不安全,进一步开发潜力较小,如果按照原定社会经济发展方案继续发展将会发生水资源短缺现象,水资源将成为国民经济发展的瓶颈因素,应采取相应的对策和措施;V_5 级属情况很好级别,表示本区供水现状极安全,水资源仍有较大的承载能力,水资源利用程度、发展规模都较小,水资源能够满足研究区社会经济发展对水资源的需求;V_3 级介于 V_1 级和 V_5 级之间,这一级别表明研究区供水安全级别一般,介于安全与不安全的临界状态,水资源供给、开发、利用已有相当规模,但仍有一定的开发利用潜力,如果对水资源加以合理利用,注重节约保护,研究区内水资源在一定程度上可以满足国民经济发展的需求。V_2 和 V_4 分别介于 V_1、V_3 和 V_3、V_5 之间,表示供不安全和安全的状态。

为了定量地反映各级因素对水资源承载能力的影响程度,对 V_1, V_2, V_3, V_4, V_5 进行从 -2 到 2 间的评价,值越大表示越安全。其中 $V_1 = -2$ 表示极不安全状态;$V_2 = -1$ 表示不安全状态;$V_3 = 0$ 表示介于安全和不安全之间的临界状态;$V_4 = 1$ 表示安全状态；$V_5=2$ 表示极安全状态。

（2）用 AHP 法确定水资源承载力评价指标权重

根据选取的指标体系，采用 AHP 方法，建立各指标相应的判断矩阵（表4.4.5）。

表 4.4.5　判断矩阵

U	U_1	U_2	U_3	U_4
U_1	1	r_{12}	r_{13}	r_{14}
U_2	r_{21}	1	r_{23}	r_{24}
U_3	r_{31}	r_{32}	1	r_{34}
U_4	r_{41}	r_{42}	r_{43}	1

同理可以建立各级准则层指标的判断矩阵，求得相应单排序向量，并对各判断矩阵进行一致性检验，如果不满足一致性要求，则重新建立判断矩阵直到满足检验，最后得到承载力评价指标的最终权重，即总排序。

（3）隶属函数的建立

隶属函数的建立必须考虑各单项指标的变化规律。由于指标数量多，因此对指标进行分类。在分类中，定义单项指标与上一层指标变化趋势一致的指标为"正指标"，不一致的为"负指标"。各个指标的正负见表4.4.6。

表 4.4.6　指标的正负性

指标	A_1 人均水资源量	A_2 年降水量	A_3 水资源开发利用程度	A_4 地下水开采潜力指数	B_1 实际供水能力	B_2 人均用水量	B_3 实际灌溉面积保证率
正或负	正	正	负	正	正	正	正

指标	B_4 万元GDP用水	B_5 经济增长率	C_1 水环境综合承载能力	C_2 平均地表水质	C_3 地下水水质	D_1 特枯年份缺水率（基准年）	D_2 干旱指数
正或负	负	正	负	正	正	负	负

各指标对应各评语论域的值可以根据该指标的实际值对照各评价因素的分级值获得。为了消除各等级之间数值相差不大，而评价等级相差一级的跳跃现象，必须对其进行模糊化处理，使隶属函数在各级之间平滑过渡。计算隶属度时，令正效应指标的评价集 $V=[V_1\ V_2\ V_3\ V_4\ V_5]$，负效应指标的评价集 $V=[V_5\ V_4\ V_3\ V_2\ V_1]$，另外，$k_1$，$k_3$，$k_5$，$k_7$ 分别为 V_1，V_2，V_3，V_4，V_5 的临界值。k_2，k_4，k_6 分别为 V_2，V_3，V_4 的中点，如图4.4.2所示。

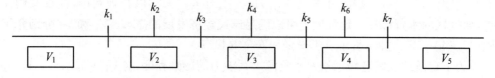

图 4.4.2　隶属公式参数分布示意图

$$u_{v1} = \begin{cases} 0.5\left(1 + \dfrac{k_1 - u_i}{k_2 - u_i}\right) & (u_i < k_1) \\[2mm] 0.5\left(1 - \dfrac{u_i - k_1}{k_2 - k_1}\right) & (k_1 \leqslant u_i < k_2) \\[2mm] 0 & (u_i \geqslant k_2) \end{cases}$$

$$u_{v2} = \begin{cases} 0.5\left(1 - \dfrac{k_1 - u_i}{k_2 - u_i}\right) & (u_i < k_1) \\[2mm] 0.5\left(1 + \dfrac{k_1 - u_i}{k_1 - k_2}\right) & (k_1 \leqslant u_i < k_2) \\[2mm] 0.5\left(1 + \dfrac{k_3 - u_i}{k_3 - k_2}\right) & (k_2 \leqslant u_i < k_3) \\[2mm] 0.5\left(1 - \dfrac{k_3 - u_i}{k_3 - k_4}\right) & (k_3 \leqslant u_i < k_4) \\[2mm] 0 & (u_i \geqslant k_4) \end{cases}$$

$$u_{v3} = \begin{cases} 0 & (u_i \leqslant k_2) \\[2mm] 0.5\left(1 - \dfrac{k_3 - u_i}{k_3 - k_2}\right) & (k_2 \leqslant u_i < k_3) \\[2mm] 0.5\left(1 + \dfrac{k_3 - u_i}{k_3 - k_4}\right) & (k_3 \leqslant u_i < k_4) \\[2mm] 0.5\left(1 + \dfrac{k_5 - u_i}{k_5 - k_4}\right) & (k_4 \leqslant u_i < k_5) \\[2mm] 0.5\left(1 - \dfrac{k_5 - u_i}{k_5 - k_6}\right) & (k_5 \leqslant u_i < k_6) \\[2mm] 0 & (u_i \geqslant k_6) \end{cases}$$

$$u_{v4} = \begin{cases} 0 & (u_i \leqslant k_4) \\[2mm] 0.5\left(1 - \dfrac{k_5 - u_i}{k_5 - k_4}\right) & (k_4 \leqslant u_i < k_5) \\[2mm] 0.5\left(1 + \dfrac{k_5 - u_i}{k_5 - k_6}\right) & (k_5 \leqslant u_i < k_6) \\[2mm] 0.5\left(1 + \dfrac{k_7 - u_i}{k_7 - k_6}\right) & (k_6 \leqslant u_i < k_7) \\[2mm] 0.5\left(1 - \dfrac{k_7 - u_i}{k_6 - u_i}\right) & (u_i \geqslant k_7) \end{cases}$$

$$u_{v5} = \begin{cases} 0 & (u_i \leqslant k_6) \\[2mm] 0.5\left(1 + \dfrac{k_7 - u_i}{k_6 - k_7}\right) & (k_6 \leqslant u_i < k_7) \\[2mm] 0.5\left(1 + \dfrac{k_7 - u_i}{k_6 - u_i}\right) & (u_i \geqslant k_7) \end{cases}$$

（4）计算最终评价结果

a. 模糊加权变换：

$$\boldsymbol{B} = \boldsymbol{\omega}\boldsymbol{R}$$

其中,$\boldsymbol{B}$ 为模糊综合评价向量,$\boldsymbol{\omega}$ 为权重向量,$\boldsymbol{R}$ 为隶属度矩阵。

b. 按照步骤 a 分别计算出一、二级隶属度加权矩阵后,分别计算相应的安全等级:

$$L = VB$$

其中,L 为最终安全得分,以 $-2 \sim 2$ 表示,值越大表示越安全。$V = \lfloor -2\ -1\ 0\ 1\ 2\rfloor$ 为评价向量。

(5) 指标权重的确定

① 建立判断矩阵

采用专家打分法分别对 4 个准则层及其内部的指标进行打分,请 6 位专家按照表 4.4.7 所示方法为 4 个准则层和对应的准则层内部指标进行 9 级标度打分。

表 4.4.7 专家打分综合结果

准 则 层				
	A	B	C	D
A	1	2.00	4.00	4.00
B	0.50	1.00	4.00	3.00
C	0.25	0.25	1.00	2.00
D	0.25	0.33	0.50	1.00
A 供水条件及潜力				
	A_1	A_2	A_3	A_4
A_1	1	5.00	3.00	3.00
A_2	0.20	1.00	2.00	2.00
A_3	0.33	0.50	1.00	2.00
A_4	0.33	0.50	0.50	1.00

B 实际供水保障					
	B_1	B_2	B_3	B_4	B_5
B_1	1	2.00	2.00	3.00	4.00
B_2	0.50	1.00	3.00	3.00	4.00
B_3	0.50	0.33	1.00	2.00	3.00
B_4	0.33	0.33	0.50	1.00	3.00
B_5	0.25	0.25	0.33	0.33	1.00

C 生态环境保障			
	C_1	C_2	C_3
C_1	1	2.00	2.00
C_2	0.50	1.00	1.00
C_3	0.50	1.00	1.00

续表

		D 抗风险能力			
	D_1	D_2			
D_1	1	4.00			
D_2	0.25	1.00			

对不同专家的意见进行人为赋权,综合各位专家意见后即可得到初步的判断矩阵,之后再进行一致性进行检验。如果通过便可以使用,如果不能通过则返回调整不同专家的赋权,直到通过一致性检验为止。对该结果进行一致性检验,结果如表4.4.8所示。

表 4.4.8   判断矩阵一致性检验

	准则层	指 标 层			
		A	B	C	D
CR	0.047 9	0.089 0	0.046 8	0	0

可见无论是准则层还是指标层判断矩阵均满足小于0.1的一致性要求,因此可以利用该判断矩阵来进行下一步工作。

② 确定各层指标权重

求出各层判断矩阵其最大特征值,及其所对应的特征向量,归一化后,即为该层次指标对于上一层次某相关指标的相对重要性权值。对于准则层,可以求得

$$d = (4.129\ 4 \quad -0.016\ 6 + 0.735\ 3i \quad -0.016\ 6 - 0.735\ 3i \quad -0.096\ 2)$$

$$W_a = (0.472\ 3 \quad 0.316\ 5 \quad 0.120\ 8 \quad 0.090\ 4)$$

其中,d 为准则层判断矩阵各特征值所组成向量,可知准则层判断矩阵最大特征值为4.129 4,其对应的特征向量经归一化处理后所得到的 $W_a = (0.472\ 3 \quad 0.316\ 5 \quad 0.120\ 8 \quad 0.090\ 4)$ 即为准则层 A,B,C,D 4 个准则对于目标层的权重(表4.4.9)。

表 4.4.9   指标权重表

目标层	准则层	权重	指标层	内部权重	总权重
供水安全	A 供水条件及潜力	0.472 3	A_1 人均水资源量	0.543 3	0.256 6
			A_2 年降水	0.195 1	0.092 1
			A_3 水资源开发利用程度	0.152 7	0.072 1
			A_4 地下水开采潜力指数	0.109	0.051 5
	B 实际供水保障	0.316 5	B_1 实际供水能力	0.360 2	0.114
			B_2 人均用水量	0.299 7	0.094 9
			B_3 实际灌溉面积保证率	0.164 3	0.052
			B_4 万元 GDP 用水	0.114 8	0.036 3
			B_5 经济增长率	0.061 1	0.019 3

续表

目标层	准则层	权重	指标层	内部权重	总权重
供水安全	C 生态环境保障	0.120 8	C_1 水环境综合承载能力	0.5	0.060 4
			C_2 平均地表水质	0.25	0.030 2
			C_3 地下水水质	0.25	0.030 2
	D 抗风险能力	0.090 4	D_1 特枯年份缺水率	0.8	0.072 3
			D_2 干旱指数	0.2	0.018 1

4.4.3　供水安全评价结果

淮河蚌埠闸上区域是淮河流域地表水用水集中的地区之一,是淮南煤矿和火力发电基地、淮南和蚌埠两市城镇生活、工业生产以及沿淮农业灌溉的主要取水水源,闸上供水对安徽沿淮淮北地区的社会、经济发展具有巨大作用。针对该区段水资源的天然时空分布、用水竞争以及水资源不合理开发利用引起的生态环境问题,对该地区进行供水安全综合评价。

4.4.3.1　计算隶属度

隶属度矩阵如表 4.4.10 所示。

表 4.4.10　蚌埠闸以上地区隶属度矩阵

蚌埠闸以上	V_1	V_2	V_3	V_4	V_5
A_1 人均水资源量	0	0.550 9	0.449 1	0	0
A_2 年降水	0	0	0	0.994 5	0.005 5
A_3 水资源开发利用程度	0.225 2	0.774 8	0	0	0
A_4 地下水开采潜力指数	0	0	0	0.082 6	0.917 4
B_1 实际供水能力	0	0.403 5	0.596 5	0	0
B_2 人均用水量	0	0	0	0.036	0.964
B_3 实际灌溉面积保证率	0	0	0.443	0.557	0
B_4 万元 GDP 用水	0.943 5	0.056 5	0	0	0
B_5 经济增长率	0	0	0	0.072 5	0.927 5
C_1 水环境综合承载能力	0.965 1	0.034 9	0	0	0
C_2 平均地表水质	0	0	0.725 8	0.274 2	0
C_3 地下水水质分类	0	1	0	0	0
D_1 特枯年份缺水率	0.930 9	0.069 1	0	0	0
D_2 干旱指数	0	0	0.3	0.7	0

4.4.3.2　综合评价结果分析

将权重与隶属度矩阵相乘后得到各层的最终评价得分,如表 4.4.11 和图 4.4.3 所示。

表 4.4.11　蚌埠闸以上地区供水安全综合评价结果

蚌埠闸以上	A 供水条件及潜力	B 实际供水保障	C 生态环境保障	D 抗风险能力	总评结果
	−0.081 2	0.429 4	−1.164	−1.405	−0.17

由表 4.4.11、图 4.4.3 可以看出,蚌埠闸以上地区供水安全综合评价得分为 −0.17 分,略低于一般水平,总体来看,水资源状况良好。在 4 个准则层中,实际供水保障得分最高,为 0.429 4 分,超过一般水平,而生态环境保障及抗风险能力得分都低于 −1 分,处于不安全与极不安全之间,其中抗风险能力得分最低,接近 −1.5 分。综合以上得分结果,可以看出蚌埠闸以上地区供水充足,水资源总量及过境水量充足,但是由于水资源时空分配不均,所以在特枯年缺水情势严峻,抗风险能力不足,同时存着在对生态环境保障措施不足的问题,影响地区供水安全及水资源的可持续利用。

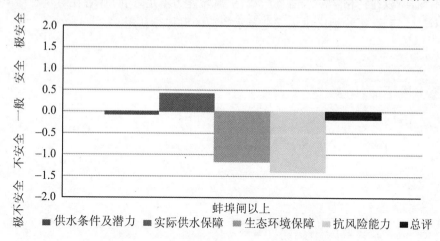

图 4.4.3　蚌埠闸以上供水安全综合评价结果

4.5　本章小结

本章重点剖析不同水平年、不同枯水组合情境下的水资源开发利用情况、可利用量、受旱典型年缺水量及水资源供需态势,同时针对淮河蚌埠闸上区域水资源的天然时空分布、用水竞争以及水资源不合理开发利用引起的生态环境问题等进行供水安全综合评价。

① 淮河中游水资源可利用总量为 200.7 亿 m³,可利用率为 51.8%;连续 3 个月枯水期可利用总量 39.3 亿 m³,可利用率为 72.6%;连续 5 个月枯水期地表水可利用总量 64.5 亿 m³,可利用率为 65.5%。

② 通过对区域受旱典型年分析,蚌埠闸上区域在受旱典型年平均缺水量为 5.46 亿 m³,年最大缺水量为 1978 年 10.5 亿 m³,最小缺水量为 2000 年 2.7 亿 m³;蚌埠闸以下供水区域特旱年年平均缺水量 2.32 亿 m³,重旱年年平均缺水量 0.158 亿 m³。最大缺水为 2001 年,缺水量 2.7 亿 m³,年最小缺水为 1988 年,缺水量 0.08 亿 m³。

③ 通过对不同年型需水缺水态势分析,王蚌区间连续 3 个月枯水期现状水平年 20%,50%,95% 和 95% 保证率下的缺水量分别为 0,0.21 亿 m³,1.27 亿 m³ 和 2.22 亿 m³,连续 5 个月枯水期现状水平年 20%,50%,95% 和 95% 保证率下的缺水量分别为 0,0.40 亿 m³,2.42 亿 m³ 和 4.24 亿 m³。

蚌洪区间连续 3 个月枯水期现状水平年 20%,50%,75% 和 95% 保证率下的缺水量分别为 0,0.04 亿 m³,0.63 亿 m³ 和 0.76 亿 m³;蚌洪区间连续 5 个月枯水期现状水平年 20%,50%,75% 和 95% 保证率下保证率下的缺水量分别为 0,0.08 亿 m³,1.20 亿 m³ 和 1.45 亿 m³。

④ 蚌埠闸以上地区供水充足,水资源总量及过境水量充足,但是由于水资源时空分配不均,所以在特枯年缺水情势严峻,抗风险能力不足,同时存着在对生态环境保障措施不足的问题,影响地区供水安全及水资源的可持续利用。

5 枯水期水源条件分析

5.1 水源概述

根据对淮河区域周边水源条件分析,在枯水期供水可能的水源有:① 淮河上游重点大型水库;② 沿淮湖泊洼地;③ 蚌埠闸上蓄水;④ 采煤沉陷区蓄水;⑤ 蚌埠闸—洪泽湖河道蓄水;⑥ 怀洪新河河道蓄水;⑦ 洪泽湖蓄水;⑧ 外调水;⑨ 雨洪资源利用。对于其他水源在特枯水期的可供水量,将引用《蚌埠市城市供水水源规划》《蚌埠市城市抗旱方案》《淮南市城市供水水源规划》《淮南市城市抗旱方案》以及该河段电厂取水水资源论证的分析成果。上述主要水源的分布,见图5.1.1。

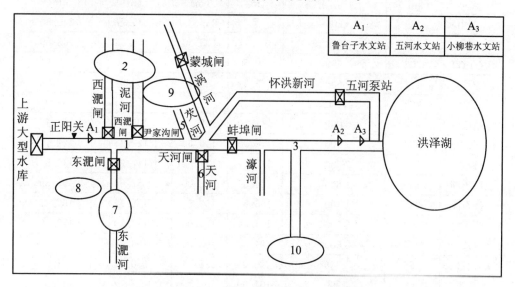

图 5.1.1 淮河水系主要水源分布简图

5.1.1 上游大型水库

蚌埠闸上涉及洪汝河、颍河、涡河、茨淮新河、史河、北淝河、浍河、窑河、天河等。蚌埠闸上淮河水系共有 20 座大型水库,总控制面积 17 771 km²,占正阳关以上流域面积的 20.1%,总库容 152 亿 m³。淮河流域正阳关以上流域,涉及大型水库 20 座,分别为白沙、昭平台、白龟山、孤石滩、燕山、石漫滩、板桥、薄山、宿鸭湖、花山、南湾、石山口、五岳、泼河、鲇鱼山、梅山、响洪甸、白莲崖、磨子潭和佛子岭水库;重要河道控制断面 11 个,其中淮河干流控制断面有:息县、王家坝、润河集和鲁台子(正阳关)站,支流控制断面有:沙颍河漯河、周口和阜阳站,洪汝河班台站,潢河潢川站,史灌河蒋家集站,淠河横排头站。研究范围、各大型水库及干支流控制站点地理位置分布见图 5.1.2。鲇鱼山、石山口、五岳、泼河、南湾、薄山、板桥、宿鸭湖、燕山、石漫滩、孤石滩、白沙、昭平台、白龟山 14 座大型水库在河南省境内,累计总库容 89.8 亿 m³。花山水库位于湖北省境内,总库容 1.73 亿 m³。梅山、响洪甸、佛子岭、白莲崖和磨子潭 5 座大型水库位于安徽省境内,累计总库容 62.5 亿 m³。除宿鸭湖水库位于汝河中游,属平原水库外,其余均为山丘区水库。水库集水面积最大的为宿鸭湖水库,集水面积为 3 150 km²(注:各水库集水面积均不包含上游大型水库集水面积,下同),最小的为五岳水库,集水面积为 102 km²。水库总库容最大的为响洪甸水库,总库容为 26.3 亿 m³,最小的为石漫滩水库,总库容为 1.2 亿 m³。淮河水系各大型水库的特征值详见表 5.1.1。

表 5.1.1　淮河水系 20 座大型水库主要特征值

水库名称	流域面积 (km²)	下游河道安全泄量 (m³/s)	全坝高程 (m)	兴利水位 (m)	历史最高水位 (m)	设计洪水位 (m)
花山	129	200	/	237	236.77	240.50
南湾	971	800	104.17	103.50	105.53	108.89
石山口	306	600	79.50	79.5	80.75	80.91
五岳	102	500	89.30	89.3	89.9	90.02
泼河	222	1250	82.50	82	82.1	83.01
鲇鱼山	924	2 000	111.10	107	109.31	111.42
薄山	580	2 000	110.00	116.6	122.75	122.1
板桥	768	2 800	112.5	111.5	117.94	117.5
宿鸭湖	3 150	1 800	54.00	53.00	57.66	57.39
孤石滩	285	1 400	155.5	152.5	158.72	157.07
昭平台	1 430	2 500	174.81	174.00	177.30	177.89
白龟山	1 310	3 000	104.00	103.00	106.21	106.19
白沙	985	500	226.00	225	230.91	231.85
燕山	1 169	1 900	107.00	106	/	114.6
石漫滩	230	350	108.53	107.00	110.11	110.65
响洪甸	1 400	2 500	129.00	128.00	134.17	139.10
梅山	1970	1500	129.00	126.00	135.75	139.17
佛子岭	525	3750	128.26	124	130.64	125.65
白莲崖	745	/	/	208	/	209.24
磨子潭	570	4 000	204.00	187	204.49	201.19

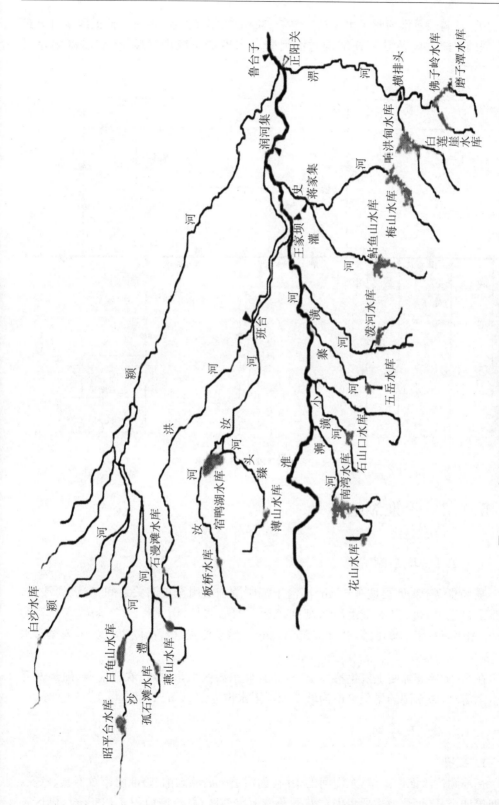

图 5.1.2 大型水库及控制站地理位置分布示意图

为了清楚表示淮河骨干水库与主要控制断面的相互关系,本研究拟根据淮河干支流之间的水流方向及其拓扑结构对淮河骨干水库群系统进行概化,初步概化如图5.1.3所示。

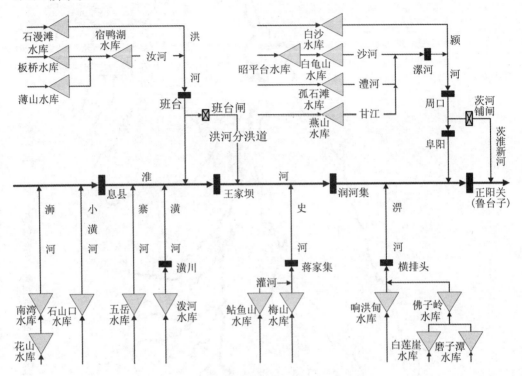

图 5.1.3　淮河骨干水库群系统概化图

5.1.2　沿淮湖泊洼地

5.1.2.1　城东湖

城东湖位于霍邱县城东 6 km,淮河干流中游临淮岗至正阳关之间,有汲河注入,经溜子口入淮,进、出水量由城东湖闸控制。湖形狭长,南北长约 25 km,东西宽约 5 km,湖底高程 17.00 m,集水面积 2 170 km²。城东湖正常蓄水位 20.00 m,安全蓄水位 22.50 m。

在 2001 年蚌埠闸上发生特大干旱期间,城东湖区域市供水、农业灌溉、航运及环境生态需水,城东湖的旱限水位为城东湖旱限水位为 19.0 mm,蓄水量 1.55 亿 m³。

5.1.2.2　瓦埠湖

1. 概况

瓦埠湖位于淮河南岸,东淝河的中游,为河道扩展的湖泊,跨淮南市及寿县、六安、肥西等四个县市,洼地主要集中在寿县及淮南市郊区,总流域面积 4 193 km²,湖区长

52 km,东西平均宽约 5 km,湖底高程 15.5 m。瓦埠湖死水位为 16.5 m,相应库容 0.7 亿 m³,正常蓄水位 18.0 m,相应库容 2.2 亿 m³,对应湖面面积 156 km²。2001 年淮河流域干旱后瓦埠湖蓄水位逐年抬高,近几年非汛期实际蓄水位控制在 18.0~18.3 m,瓦埠湖是淮南市西部和山南新区的城市供水水源。瓦埠湖水位与库容的关系见表 5.1.2 和图 5.1.4。

表 5.1.2　瓦埠湖水位—库容关系表

水位(m)	16.00	17.00	18.00	19.00	20.00	21.00	22.00	23.00
蓄水量(亿 m³)	0.3	1.00	2.20	4.00	6.40	9.40	12.90	17.40

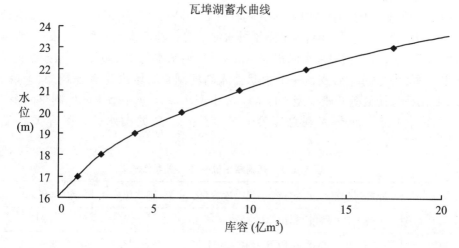

图 5.1.4　瓦埠湖水位与库容的关系图

2. 供水量分析

瓦埠湖来水主要由两部分组成,一是流域地表径流,二是淠河干渠、瓦西干渠和瓦东干渠的灌区退水。用水量主要包括农业灌溉用水、城市用水和生态用水等。

根据《淮南市山南新区水厂取水水资源论证报告》(下称《山南水厂取水论证》)水资源调查成果,瓦埠湖周边现无工业取水口,有三座城市自来水厂从此取水。分别是:长丰县水湖镇水厂,取水能力为 10 万 m³/d;寿县水厂,取水能力为 6 万 m³/d;淮南市五水厂,取水能力为 10 万 m³/d。淮南市五水厂、水湖镇水厂、寿县水厂现状实际取水分别为 10 万 m³/d,3 万 m³/d,3 万 m³/d。

《山南水厂取水论证》通过对流域来、用水过程的调节分析,在满足东淝闸控制运用条件的基础上,其结果为:在现状用水条件下,增加 10 万 m³/d 取水量,95%,97% 典型年瓦埠湖调节计算最低水位均高于 17.0 m,对应湖内蓄水量大于 1 亿 m³,即便在干旱年瓦埠湖的蓄水量也可以满足现状淮南市五水厂的取水能力 10 万 m³/d,其可供水量主要取决于需水量和供水工程能力,所以,瓦埠湖现状年可供水量为 3 650 万 m³(按日取水 10 万 m³/d 计算)。

根据瓦埠湖历年最低水位排频结果及瓦埠湖水位—库容曲线可知,瓦埠湖在保证率 50%时,年最低水位 17.4 m,对应蓄水量为 1.6 亿 m³;保证率 75%时,年最低水位 17.1 m,对应蓄水量为 1.3 亿 m³;保证率 95%时,年最低水位 15.9 m,对应蓄水量为 0.3 亿 m³。瓦埠湖是淮南市第二饮用水源,现状年翟家洼水厂供水能力为 6 万 m³/d,规划扩建该水厂,规模达到 26 万 m³/d(含现状 6 万 m³/d),现已完成一期扩建工程 10 万 m³/d,即将投入使用,年供水能力达到 16 万 m³/d。因此,在特枯水期,当瓦埠湖蓄水位低于 16.0 m 时,其蓄水量也较少,并要保证翟家洼水厂的取水,已没有供水的潜力了。

5.1.2.3　高塘湖

1. 基本情况

高塘湖流域位于淮河中游南岸,流域面积 1 500 km²,属丘陵区。流域主要支流有沛河、青洛河、严涧河、马厂河、水家湖镇排水河道等。沛河来水面积 662 km²,青洛河来水面积 284 km²,严涧河来水面积 85 km²,马厂河来水面积 196 km²,水家湖镇排水河道来水面积 40 km²,各支流呈放射状注入高塘湖。流域内建有齐顾郑、芝麻、霍集、永丰、明城、杜集等 6 座中型水库和一些小型水库,6 座中型水库控制总面积 211 km²,总库容 1.6 亿 m³,兴利总库容 0.69 亿 m³。高塘湖水位—库容关系见表 5.1.3。

表 5.1.3　高塘湖水位—库容关系表

水位(m)	库容(亿 m³)	水位(m)	库容(亿 m³)	水位(m)	库容(亿 m³)
14	0	18.5	1.40	22.5	5.91
15	0.07	19.0	1.75	23.0	6.90
15.5	0.12	19.5	2.13	23.5	8.11
16	0.27	20.0	2.58	24.0	9.48
16.5	0.41	20.5	3.08	24.5	11.00
17	0.61	21.0	3.63	25.0	12.60
17.5	0.84	21.5	4.25		
18	1.10	22.0	5.00		

高塘湖流域行政区划跨淮南市(郊区 86.7 km²、凤阳县 170.2 km²)、滁州市(定远县 661.4 km²)和合肥市(长丰县 546.9 km²)三市、四县(郊区),另有一国有农场(34.9 km²),位于淮南市(27.4 km²)和长丰县(7.5 km²)境内。窑河流域总耕地面积 140 多万亩,总人口 80 万人左右。高塘湖流域基本情况表 5.1.4。

表 5.1.4 高塘湖流域基本情况表

类别	项　目	单　位	数　量	说　明
流域概况	流域面积	km²	1 500	
	耕地面积	万亩	140	
	耕地率		0.62%	
	设计灌溉面积	万亩	111.6	
	提水灌区(提高塘湖)	万亩	67.7	
	中小水库灌区	万亩	43.9	
降水量	多年平均	mm	896.8	
	最大值	mm	1 522.6	1956 年
	最小值	mm	465.3	1978 年
	多年平均蒸发量	mm	957	80 mm 蒸发皿
入湖径流量	多年平均径流总量	万 m³	24 824	
	多年平均径流量	m³/s	7.94	
	多年平均径流深	mm	171	
	多年平均径流模数	m³/(s·km²)	0.005 5	
	多年平均径流系数		0.19	

2. 高塘湖供水量

在不引淮河水和不提高高塘湖正常蓄水位时,高塘湖现状供水保证率仅为 13.2%;若高塘湖正常蓄水位抬高到 18.0 m,且考虑水稻种植面积压缩 20%,供水保证率也只有 28.9%;2012 年考虑正常蓄水位抬高到 18.0 m,水稻种植面积压缩 35% 时,由于增加了淮南市的城市供水 1.25 亿 m³/年,供水保证率反而降到 7.9%;随着 2030 年进一步压缩水稻种植面积到 50%,高塘湖正常蓄水位将抬高到 18.5 m,非农业用水不再增加,供水保证率又上升到 15.8%。上述成果说明,在不引淮河水时,即使水稻的种植面积压缩到一半,高塘湖的正常蓄水位抬高 18.5 m,高塘湖的供水保证率最高也不足 30%。由此也说明了引淮补源重要性,换言之,要提高高塘湖的供水保证率,必须引淮补源。

在引淮补源情况下,从多年平均引淮水量来看,无论是窑河闸扩孔,还是窑河河道断面扩大,或两者兼而有之,其效益均十分微小。因此,从灌溉角度上讲,不需要扩大窑河闸,也不需要对窑河河道进行疏浚。

从窑河闸和窑河河道断面现状的调节计算成果看,各水平年高塘湖的供水保证率为 78.9%～86.8%,即均满足 75%～80% 的灌溉保证率的要求。考虑到当地农民的种植习惯,水稻种植面积可不作压缩,即基本维持现有的作物组成。

5.1.2.4　茨河洼地

1. 概况

茨河位于茨淮新河以北,介于西淝河与涡河之间。东南流向,经利辛、蒙城、怀远三县境,于茨淮新河上桥枢纽下游注入茨淮新河,全长 92.7 km,流域面积 1 328 km²。茨河洼地最低高程为 14.0 m,死水位为 15.5 m,死库容为 1 850 万 m³,正常蓄水位为 17.5 m,水面面积 36 km²,相应库容 8 130 万 m³,兴利库容为 6 280 万 m³。规划向蚌埠市供水后,茨河洼地蓄水位抬高至 18.0 m,相应库容为 8 400 万 m³。茨河洼地高程—面积—容积关系见表 5.1.5。

表 5.1.5　茨河洼地高程—面积—容积关系

水位(m)	15.0	15.5	16.0	17.0	17.5	18.0	19.0	20.0	21.0	22.0
库容(亿 m³)	0.08	0.185	0.29	0.6	0.813	1.025	1.59	2.305	3.235	4.76
水面(km²)	15.5	20	26	31	36	49	64	79	107	199

经实地勘查,茨河中水生物及各种水生产品种类、产量非常丰富,水草清澈见底。根据市环保部门多年水质监测资料,茨河洼地水域水质良好,全年以Ⅱ类水质为主。

2. 供水量分析

茨河属平原型河流,主要依靠降雨补水,茨河缺乏地表径流实测资料,但流域内降水资料比较完整,降水采用蒙城站、顺河集站和上桥站的 1950～2012 年降水资料按泰森多边形法处理后的数值。来水量采用 70 年北京对口成果降雨径流关系推求。经计算,茨河洼多年平均来水量 2.775 亿 m³,90%,95%,97%保证率的年来水量分别为 0.864 亿 m³,0.675 亿 m³,0.624 亿 m³。

现状年茨河用水户主要是茨河洼沿岸的农业灌溉用水,茨河陈桥闸至茨河闸区间原规划灌溉面积为 30.4 万亩,结合当地农业发展规划,现状实灌面积 24.05 万亩(其中水稻 18.5 万亩),规划 2020 年 30 万亩(其中水稻 24 万亩)。根据有关资料,蚌埠地区灌溉水利用综合系数现为 0.52,随着节水灌溉技术的推广和节水技术水平的提高,灌溉水综合利用系数将有所提高,规划 2020 年和 2030 年分别取 0.56 和 0.60。另外,怀远县城供水部分取自茨河洼,设计取水能力 1.5 万 t/d,现状实际取水量约 0.8 万 t/d,规划 2020 年取水量按 1.5 万 t/d 考虑(即每年 500 万 m³),2030 年取水量按 3 万 t/d 考虑(即每年 1 000 万 m³)。

根据《蚌埠市引茨济蚌工程初步规划》中的成果,茨河洼地蓄水向蚌埠市供水,必须抬高正常蓄水位和适当控制其沿岸农业用水,其沿岸农业用水控制条件为:当茨河洼水位降至 16.5 m 应停止农业用水,只向怀远县城及蚌埠市供水,直至 15.5 m 的死水位。当下降到 16.5 m 时停止向农业供水的条件下,可向蚌埠市连续供水 80 天,日均供水能力 22.5 万 m³/d,年供水量 0.18 亿 m³;规划茨河洼地正常蓄水位近期抬高到 18.0 m,规划水平年在保证率 90%,95%,97%的年份向蚌埠市可供水量分别为 0.8 亿 m³,0.72 亿 m³,0.35 亿 m³;远期抬高到 18.5 m,规划水平年在保证率 90%,95%,97%的年份向蚌埠市可供水量分别为 1.0 亿 m³,0.94 亿 m³,0.57 亿 m³。茨河位于茨淮新河以北,介于西淝河与涡河之间。东南流,经利辛、蒙城、怀远三县境,于茨淮新河上桥枢纽下游注入茨淮新河,全长 92.7 km,流域面积 1 328 km²。芡河洼死水位为 15.0 m,死库容 0.19 亿 m³,蓄水位 17.5 m 时,相应调节库容 0.628 亿 m³。目前怀远县城部分取该河道水源,设计供水 1.5 万 m³/d,实际取水 0.8 万 m³/d。在蓄水位 18.0 m 时向蚌埠供水 0.548 亿 m³,在 $P=50\%$ 是有保证的,其水位 17.5 m。当水位下降到 16.5 m 时应限制农业用水,当下降到 16.05 m 时应停止向农业供水,以保证向怀远和蚌埠市供水,在 95% 保证率年份可向蚌埠市连续供水 80 天,日均供水能力 15 万 m³/d,年供水量 0.12 亿 m³,但农灌保证率略有下降。当芡河抬到蓄水位以后,95% 年份的年可供水量为 0.67 亿 m³。

芡河的水质较好,没有大的用水户,1978 年大旱时,芡河仍有水可用,目前,蚌埠市正计划下一步将芡河水作为蚌埠市饮用水源。

5.1.2.5 天河水

1. 概况

天河位于淮河南岸,距蚌埠市约 10 km,南北长约 10 km,宽 600~1 000 m,流域面积 340 km²,死水位为 15.5~16.5 m(16.5 m 为考虑天河洼地养鱼的死水位,一般农业用水死水位为 16.5 m,在水位低于 16.5 m 的情况下,停止农业用水,城市供水死水位可以用到 15.5 m)。天河洼地死水位为 15.5 m,相应库容为 400 万 m³;蓄水位 16.5 m 时,相应库容为 0.15 亿 m³;蓄水位为 17.0 m,相应库容为 0.23 亿 m³,兴利库容分别为 0.19 亿 m³ 和 0.08 亿 m³。由于天河来水面积小,又承担了较多的农业用水任务,如向城市供水必须抬高蓄水位,规划天河洼地蓄水位抬高至 17.8 m,相应库容为 0.367 亿 m³。天河洼地高程—面积—容积曲线见表 5.1.6。

表 5.1.6　天河洼地高程—面积—容积曲线

水　位(m)	15	15.5	16	16.5	17	17.5	18	18.5	19	19.5	20
库容(亿 m³)	0	0.04	0.09	0.15	0.23	0.33	0.45	0.57	0.70	0.85	1.03
水面面积(km²)	5.6	7.6	10.1	13.1	16.5	21.0	24.6	28.0	30.6	33.6	38.0

2. 供水量分析

天河来水总面积 340 km²,来水量采用 70 年北京对口成果降雨径流关系推求。经计算,多年平均来水量 0.82 亿 m³,90%,95%,97% 保证率年来水量分别为 3 498 万 m³,2 440 万 m³,2 180 万 m³。

现从天河用水的主要是其周边农业灌溉用水,设计灌溉面积 13.1 万亩,现状实灌面积 10.1 万亩(其中水稻 9.42 万亩),年取用水量约 1 850 万 m³。结合当地农业发展规划,天河周边灌溉面积规划 2020 年 12.5 万亩(其中水稻 11 万亩),2030 年 15 万亩(其中水稻 13 万亩)。灌溉水综合利用系数同芡河。

天河可供水量是根据天河系列来水、用水和淮河干流蚌埠闸上水位及天河洼地蓄水容积等情况进行调节计算分析得出。调节中当天河水位低于淮河水位时,及时倒引淮河水;当天河水位低于 16.6 m 且上游无来水或近期无降水时,应严格限制直至停止农业用水,16.6 m 以上为农业和城市混合用水,16.6 m 以下为城市独立供水,直至 15.5 m 的死水位。现状 90% 的典型干旱年,年供水量仅为 1 850 万 m^3。规划天河正常蓄水位近期抬高到 18.0 m,90%,95% 和 97% 保证率年份的可供水量分别为 2 538 万 m^3,2 520 万 m^3,1 990 万 m^3。

天河湖正常蓄水位远期是否进一步抬高及何时抬高,与淮河蚌埠闸上水质以及蚌埠市城区缺水形势发展情况等密切相关,将来可视具体情况再进一步研究。

天河洼地死水位 15.5～16.5 m,在水位低于 16.5 m 时停止农业用水,天河洼原蓄水位 17.0 m 相应库容 2 300 万 m^3。1996 年建立城市应急供水泵站,现状年向城市供应水量仅 1 350 万 m^3,作为应急水源 15 万 m^3/d 仅可用 3 个月,但由于水源不足并存在城乡用水矛盾,目前不具备向城市供水条件。

5.1.2.6　凤阳山水库地表水

目前凤阳山水库坝下农业用水替代工程即将竣工,凤阳山水库水质好,根据分析在 95% 年份稳定供水 5 万 m^3/d 是可行的,在连续偏枯年份亦有保证。凤阳山水库给蚌埠市留有水量,现正在加固,管道已配送到门台子,可供给东海大道、高城区等用水户,供水期可达 4 个月。但由于不在一个行政区,不便于管理,目前,蚌埠市尚未将其纳入应急水源,需要上级主管部门之间相互协商解决。

5.1.2.7　花园湖

花园湖位于淮河右岸,属淮河流域,跨凤阳、五河和明光两县一市,湖面主属凤阳县。花园湖水系总集水面积 872 km^2,来水区域主要为丘陵。1950 年大水,湖面积达到 105 km^2,相应水位为 16.58 m,总滞洪量 2.64 亿 m^3,常年湖面积超过 50 km^2。湖底高程 11.50 m,正常水位 13.20 m,湖面积 40.5 km^2,相应蓄水量 4 240 万 m^3;水位 14.00 m 时,湖面积 53.3 km^2,容积 8 500 万 m^3。1952 年治淮工程计划纲要中,列为淮河中游蓄洪区之一,工程项目为花园湖蓄洪建闸工程,在湖口建成花园湖闸,常年水位定为 14.00 m,容积 8 000 万 m^3,湖面积 57 km^2。花园湖水位—容积关系见表 5.1.7。

表 5.1.7　花园湖水位—容积关系表

水　位(m)	11.5	12.0	12.5	13.0	13.5	14.0	14.5	15.0	16.0	17.0	18.0	19.0
蓄水量(亿 m^3)	0	0.14	0.24	0.39	0.58	0.85	1.08	1.40	2.16	3.09	4.18	5.45

根据花园湖站历史水位,对花园湖水量进行分析,95% 年份时花园湖区域用水较为紧张,无可利用水量。

5.1.3　蚌埠闸上蓄水

5.1.3.1　概况

蚌埠闸枢纽工程位于蚌埠市西郊,是淮河干流中游最大的枢纽工程,于 1958 年开工建设,1960年汛末开始蓄水,控制流域面积12.1万km²,是淮南和蚌埠两市的重要供水水源工程。工程由节制闸、船闸、水电站和分洪道组成,是一座具有防洪、供水和灌溉,兼顾航运和发电功能的大型水利枢纽工程。节制闸全长336 m,共28孔,每孔净宽10 m,设计过闸流量8 850 m³/s;船闸闸室长195 m,宽15.4 m,三级航道,设计通航能力1 000 t级;水电站装机6×800 kW,设计年发电量1.974×10^7 kW·h;分洪道过水宽度314 m,分洪水位为19.00 m,设计分洪流量1 150 m³/s。2000年1月,水利部正式批准蚌埠闸扩建工程初步设计,现扩建工程已经完成。扩建工程节制闸12孔,每孔净宽10 m,设计过闸流量3 410 m³/s。蚌埠闸扩建工程运用后,不仅显著提高了泄洪能力,而且为抬高正常蓄水位、有效利用洪水资源、降低因抬高蓄水位而导致的防洪风险创造了有利条件。

蚌埠闸主要调蓄上游来水,控制流域面积12.1万km²,占淮河流域面积的64.7%。蚌埠闸上设计死水位15.5 m,相应库容为1.43亿m³,正常蓄水位17.5 m,相应库容为2.72亿m³,兴利库容为1.29亿m³,现状蓄水位一般在18.0 m,相应库容为3.2亿m³,兴利库容为1.77亿m³。蚌埠闸上地表水是淮南和蚌埠两市的城镇生活、工业生产以及农业灌溉的主要水源。

蚌埠闸扩建工程已经完成。扩建工程节制闸12孔,每孔净宽10 m,设计过闸流量3 410 m³/s。扩建工程运用后,蚌埠闸的正常蓄水位如抬高到18.5 m,则可蓄水库容为3.81亿m³,多年平均增加可供水量约2.5亿m³。对提高枯水期的供水保证率(尤其是枯水期城市居民生活和电厂用水的保证率)有实际意义。

蚌埠闸水位~库容关系图如图5.1.5所示。

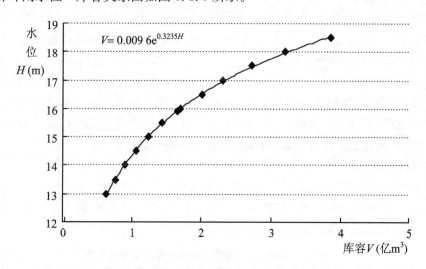

图5.1.5 蚌埠闸 H (水位)—V(库容)关系图

5.1.3.2 供水量分析

1. 采用基本资料

研究区域沿淮干支流有鲁台子水文站和淮南水位站、蚌埠(吴家渡)水文站、涡河蒙城闸水文站。主要依据各站的实测水文资料系列进行分析计算。资料情况见表 5.1.8。

表 5.1.8　研究区域内水文资料情况表

站　名	已收集资料	采用系列(年)	资料用途
鲁台子水文站	水位、流量	1950～2012	上游来水分析
淮南水位站	水位	1951～2012	取水口分析
蚌埠闸水位站	闸上、闸下水位	1960～2012	起调水位确定成果校核
吴家渡水文站	雨量、水位、流量、含沙量	1950～2012	成果校核
淮南雨量站	旬雨量	1951～2012	区间来水分析
蚌埠雨量站	旬雨量	1950～2012	区间来水分析
蒙城闸水文站	雨量、水位、流量	1961～2012	区间来水分析

2. 来水量分析

蚌埠闸上来水主要包括 3 部分:淮干上游来水(鲁台子),鲁台子—蚌埠闸区间来水,区间退水。

(1) 现状年闸上来水量分析

① 淮干上游来水量

鲁台子站位于蚌埠闸上游 116 km 处,集水面积 88 630 km²,占蚌埠闸以上总面积的 73%,来水量依据鲁台子站及蒙城站实测径流资料计算。

② 区间来水量

淮河鲁台子—蚌埠闸区间集水面积 3.27 万 km²,鲁台子、蒙城闸—蚌埠闸区间,集水面积为 1.72 万 km²,这部分面积占鲁台子—蚌埠闸区间集水面积的 52.7%,区间的产水量采用以降水量和径流系数为参数进行计算。区间来水一般均通过较大的支流进入淮河干流,在典型干旱年以主要入淮支流的实测资料对计算的区间来水量进行修正。根据实测资料和现状的调查情况,在特枯期区间上的产水几率较小,即便有产流也被拦蓄在区间上的沟、河内,不能进入到淮河干流,故在非汛期区间来水量按"0"考虑,汛期按径流系数法进行计算,并依据实测资料进行修正。

③ 区间退水量

鲁台子—蚌埠闸区间的退水主要是淮南市和怀远县城市生活污水和工矿企业的污水排放。根据淮河流域水环境监测中心入河排污口实测资料,鲁台子—蚌埠闸区间 2002～2010 年排污量统计见表 5.1.9。

表 5.1.9　蚌埠闸上 2002～2010 年排污水量统计表　　单位:万 t/d

年　份	凤台县城段	淮南市区段	怀远境内段
2002	1.76	92.8	3.61
2003	0.6	93.9	0.24
2004	0.62	76.6	0.62

续表

年　份	凤台县城段	淮南市区段	怀远境内段
2005	0.58	73.5	0.52
2006	3.75	58.30	5.02
2007	2.17	60.79	4.82
2008	6.26	52.83	3.27
2009	2.1	54.0	2.3
2010	2.6	52.8	2.8

通过综合分析,区间退入淮河水量现状按 60 万 m^3/d 计算。

(2) 规划水平年闸上来水量分析

规划来水量的组成同现状年。

① 淮干上游来水量

根据《淮河流域及山东半岛水资源评价》(2004 年,淮委水文局)的分析成果,蚌埠闸上多年平均耗水量 20 世纪 80 年代比 70 年代减少 7.5%,而 20 世纪 90 年代比 80 年代增加 11.6%。蚌埠闸上历年(1956~2000 年)耗水量见图 5.1.6。

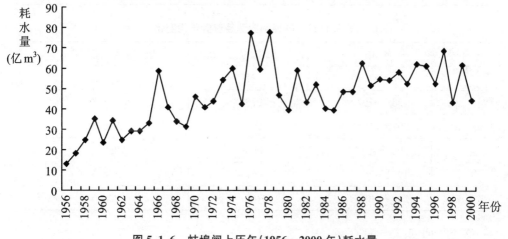

图 5.1.6　蚌埠闸上历年(1956~2000 年)耗水量

根据淮河流域水资源评价成果,由蚌埠闸实测径流量统计分析,蚌埠闸 1956~2012 年下泄水量多年平均为 275.5 亿 m^3,最大值为 641 亿 m^3(2003 年),最小值为 26.8 亿 m^3(1978 年),从实测径流量年代变化来看,总体上 1956~2012 年蚌埠闸实测径流量变化趋势也不明显。2001~2012 年代最高达到 295.6 亿 m^3,20 世纪 90 年代为最低达 220.6 亿 m^3,1980~2012 年多年平均实测径流量为 269 亿 m^3,比 1956~1979 年略增加 4.2%。

从表 5.1.10、表 5.1.11 可以看出,不同年代鲁台子、蚌埠闸年径流量变化规律不明显,扣除年面降雨量对实测年径流量的影响因素,由于其他影响因素也很多,年代之间实测径流衰减规律也不明显,但从最近几年淮河上游建设项目和用水户增加等综合考虑,在规划水平年 2020 年、2030 年考虑上游和区间用水量还将会有所增加,水资源的开发利用程度加大,使得来水量有减少的趋势,对规划水平年的来水量进行概化处理。因此,蚌埠闸上游来水量依据鲁台子站及蒙城站实测径流资料计算,2020 年规划水平年来水按现状年来水扣减 10% 计算,2030 年规划水平年来水按现状年来水扣减 20% 计算。

表 5.1.10　鲁台子站实测年径流量年代变化

序号	年代	年平均面雨量(mm)	实测年径流量(亿 m³)
1	1956~1960	1 078	248.4
2	1961~1970	1 055	195.7
3	1971~1980	1 036	183.3
4	1981~1990	1 071	234.1
5	1991~2000	1024	179.8
6	2001~2012	1 076	235.7

表 5.1.11　蚌埠闸实测径流量年代变化

序号	年代	年平均面雨量(mm)	实测年径流量(亿 m³)
1	1956~1960	1 021	289.5
2	1961~1970	976	281.5
3	1971~1980	963	235.8
4	1981~1990	996	290.7
5	1991~2000	967	220.6
6	2001~2012	989	295.6

② 区间来水量

规划年鲁台子—蚌埠闸区间来水处理方法与现状年相同,按"0"计算;蒙城闸下泄水量按现状年来水扣减 25%~50% 来计算。

③ 区间退水量

规划年用水量较现状年用水量有所增加,相应退水量也有所增加。根据用水量增加趋势分析,退水按 2% 的年增长率增加,即 2020 年退水量为 76.1 万 m³/d;2030 年退水量为 89.2 万 m³/d。

3. 用水量及损失量分析

现状年用水量直接引用 4.1.2 节计算成果,规划水平年需水量参考 4.1.2 节的成果,具体情况见表 4.1.14。

4. 可供水量分析计算

（1）调节计算公式

根据水量平衡原理,调节计算公式为:

$$V_i = V_{i-1} + W_来 + W_退 - W_损 - W_农 - W_工 - W_生活 - W_船闸 - W_下泄 \quad (5.1.1)$$

当 $V_i > V_0$ 时, V_i 值取 V_0,则 $V_i - V_0 = V_弃$。当 $V_i < V_死$ 时, V_i 值取 $V_死$。式中, V_i, V_{i-1} 为第 i 及 $i-1$ 旬末调节水库中存储的水量; $W_来$ 为当旬上游来水量, $W_来 = W_鲁台子 + W_蒙城闸 + W_区间来水$; $W_退$ 为当旬淮南市、凤台县和怀远县城市排入淮河废污水量; $W_损$ 为当旬闸上水面蒸发和河段渗漏损失量,当蚌埠闸上水位 $H_闸 \leqslant 16.00$ m 时,不计算渗漏损失量; $W_农$ 为当旬沿河农业灌溉取(引)水量,当蚌埠闸上水位 $H_闸 \leqslant 16.0$ m 时,开始限制沿淮农业用水(需要时), $H_闸 \leqslant 15.3$ m 停止农业用水; $H_闸 \leqslant 15.00$ m 时,停止一般工业用水; $H_闸 \leqslant 16.50$ m 时,上桥闸等补水灌区和沿淮内河、湖引水灌区停止翻(引)水; $W_工$ 为当旬工业取水量; $W_生活$ 为当旬城镇居民生活取水量; $W_船闸$ 为当旬船闸用水量; $W_下泄$ 为蚌埠闸控制水位(高于 17.50 m 或 18.00 m)时下泄水量; V_0 为闸上正常蓄水位对应的库容。

5. 调节计算结果

根据调节计算成果,蚌埠闸上现状及规划水平年 75%,90%,95% 和 97% 典型年份可供水量见表 5.1.12。

表 5.1.12　蚌埠闸上现状及规划水平年可供水量　　　　单位:亿 m³

典 型 年	2012 年	2020 年	2030 年
1961～1962 年(75%)	21.93	32.54	34.21
1977～1978 年(90%)	20.71	31.18	32.67
1966～1967 年(95%)	18.54	29.01	30.74
1978～1979 年(97%)	18.40	28.84	30.20

5.1.4　采煤沉陷区蓄水

5.1.4.1　概况

淮南煤田范围内有淮河、西淝河、港河、泥河、架河、济河等天然河道,永幸河人工河道以及港河、架河和西淝河等水系下游的湖洼地。采煤塌陷已经影响到以上河流的部分河段,目前已形成比较大的塌陷积水区主要有两个:西淝河采煤塌陷积水区和泥河采煤塌陷积水区,这两个沉陷区已初步具备蓄水利用条件,并与淮干相连。可见,采煤沉陷区建设可以提高蚌埠闸上沿淮北区域水资源承载能力和供水保证程度。

1. 西淝河采煤沉陷区

西淝河是淮河北岸的一条支流,全长 178 km,流域面积 4 113 km²。西淝河下有煤 4.27 亿吨,河下开采的主要是张集矿,张集矿开采影响西淝河南、北堤长各 11.0

km,最大沉陷值将达到 13.0 m。随着井下开采,至 2025 年西淝河及港河采煤沉陷区的水域面积将达到 40 km²,最大沉陷深度可达 24 m,洪涝水的调蓄能力得到较大提高。这些沉陷区均位于西淝河洼地,形成了较大的水面和蓄水体,可以作为供水水源,通过相继引水、蓄水,在枯水期西淝河塌陷洼地与河槽蓄水可以通过西淝闸进入淮河干流,供重要用水户取用,提高枯水期的用水保证程度。

2. 泥河采煤沉陷区

泥河是淮河左岸支流,青年闸以上泥河干流河道长 55.65 km,流域面积 388 km²,泥河下开采的主要是潘集煤区,面积约 150 km²,地面高程在 19.0～22.5 m 之间,现已有潘一、潘二、潘三矿和潘北矿 4 个矿井投入生产,潘一、潘三矿开采至 1994 年开始已经影响泥河,到 2025 年将影响泥河 21.0 km,累计最大下沉深度 19.0 m,最终影响长度 23.0 km,累计最大下沉深度超过 22.0～24.0 m。可利用这些塌陷区蓄水或作为反调节水库,这些水源可以作为城市应急供水水源,提高枯水期的用水保证程度。

5.1.4.2　供水量分析

1. 来水量分析

采煤沉陷区来水量由上游来水量和沉陷区自身产水量两部分组成。

（1）西淝河采煤沉陷区及泥河采煤沉陷区上游来水量

这一部分采用径流系数法进行估算,计算公式为

$$Q_{区间} = P \times \alpha \times F \tag{5.1.2}$$

式中,P 为月降水量,α 为月径流系数,F 为降水进入沉陷区的集水面积,月径流系数取值参照《安徽省水资源综合规划——地表水资源评价》中的成果。进入采煤沉陷区的水量为上游来水扣除面上用水、蓄水量。近期规划水平年 2020 年及远期规划水平年 2030 的来水量分别按现状来水量的 90%,80% 处理。

（2）沉陷区自身产水量

沉陷区自身产水量同样采用径流系数法进行估算,各水平年采煤沉陷区的区间集水面积按各水平年相应受沉陷区影响的河段长进行估算,区间径流系数参照表 5.1.13。

表 5.1.13　区间月径流系数取值表

月降水量（mm）	$P>100$	$100>P \geqslant 50$	$50>P \geqslant 30$	$30>P \geqslant 20$	$P<20$
月经流系数	0.26	0.22	0.12	0.07	0

2. 用水量及损失量分析

采煤沉陷区的用水量为农业灌溉需水量、设计取水量和水面蒸发损失量之和。

（1）农业灌溉用水

西淝河及泥河流域内农作物以一麦一稻为主,研究区灌溉除部分沿淮地带可直接从淮河抽水外,大部分地区通过西淝河及泥河河道引水灌溉,根据灌区种植结构、灌溉面积、各种作物的需水量及需水过程,逐月推求出各年的农业灌溉需求量。

（2）设计取水量

本项目设计取水量的设置以各水平年沉陷区的蓄水库容得到最大程度的利用为出发点，以便算得各采煤沉陷区的最大供水量。

（3）水面蒸发损失量

水面蒸发损失量根据实测的蒸发量和各计算时段的平均蓄水水面面积进行计算。

3. 可供水量分析计算

（1）调节计算公式

根据水量平衡原理，调节计算公式为

$$V_i = V_{i-1} + W_来 - W_损 - W_农 - W_设计 \tag{5.1.3}$$

当 $V_i > V_0$ 时，V_i 值取 V_0，则 $V_i - V_0 = V_弃$。当 V_i 小于 $V_死$ 时，V_i 值取 $V_死$。式中，V_i，V_{i-1} 为第 i 及 $i-1$ 月末蓄水量；$W_来$ 为当月采煤沉陷区来水量；$W_损$ 为月沉陷区水面蒸发；$W_农$ 为月农业灌溉取（引）水量；$W_设计$ 为月设计取水量；V_0 为沉陷区的总库容。

（2）计算方案

各典型年的调算均以各采煤沉陷区蓄满库容开始起调，以期求得其最大的可供水量。典型年的选取同蚌埠闸上地表水调节计算中选取的年份。

（3）调节计算结果

① 现状水平年

根据现状水平年的调节计算成果，若利用矿区塌陷区作为水源，西淝河及泥河采煤塌陷区现状年 90%，95%和 97%典型年份可新增供水量分别为 0.58 亿 m³，0.60 亿 m³ 和 0.55 亿 m³，见表 5.1.14。

表 5.1.14 潘谢矿区采煤沉陷区现状水平年（2012）可供水量　　　　单位：万 m³

典 型 年	西淝河采煤沉陷区及洼地	泥河采煤沉陷区	合　计
1977～1978 年（90%）	4 535	1 284	5 819
1966～1967 年（95%）	4 732	1 284	6 016
1978～1979 年（97%）	4 269	1 272	5 541

② 近期规划水平年（2020 年）

根据 2020 年的调节计算成果，潘集采煤塌陷区现状年 90%，95%和 97%典型年份可新增供水量分别为 1.40 亿 m³，1.43 亿 m³ 和 1.32 亿 m³，调节计算结果见表 5.1.15。

表 5.1.15 潘谢矿区采煤沉陷区近期规划水平年（2020）可供水量　　　　单位：万 m³

典 型 年	西淝河采煤沉陷区及洼地	泥河采煤沉陷区	合　计
1977～1978 年（90%）	10 980	2 978	13 958
1966～1967 年（95%）	11 451	2 833	14 284
1978～1979 年（97%）	10 385	2 772	13 157

③ 远期规划水平年(2030 年)

根据 2030 年的调节计算成果,塌陷区 2030 年 90%,95% 和 97% 典型年份可新增供水量分别为 3.91 亿 m³,4.17 亿 m³ 和 3.99 亿 m³。2030 年调节计算结果见表 5.1.16。

表 5.1.16　潘谢矿区采煤沉陷区远期规划水平年(2030 年)可供水量　单位:万 m³

典 型 年	西淝河采煤沉陷区及洼地	泥河采煤沉陷区	合　计
1977~1978 年(90%)	19 645	19 467	39 112
1966~1967 年(95%)	20 421	21 283	41 704
1978~1979 年(97%)	18 663	21 207	39 870

5.1.5　蚌埠闸—洪泽湖河道蓄水

5.1.5.1　概况

根据《淮河中游河床演变与河道整治》研究成果和 1992 年、2001 年实测河道大断面资料,蚌埠闸(闸下)至洪泽湖之间河道的深泓高程均在 10 m 以下,局部地方水深达 20 m,洪泽湖位于蚌埠闸下 145 km,根据洪泽湖口至蚌埠闸下河底深泓高程图分析,枯水期洪泽湖水位在 10.40 m 以上,97% 枯水年份时,五河水位为 10.4 m,河槽蓄水量为 1.1 亿 m³,蚌埠闸—洪泽湖蓄水可作为枯水期重要的水源。

根据《淮河中游河床演变与河道整治》(安徽省淮委水利科学研究院,1998 年)研究成果,当保证率 $P=95\%$ 时,蚌埠闸下相应水位 $H=10.45$ m,相应蓄量为 1.06 亿 m³。目前闸下区域工业、农业和生活用水量约 0.45 亿 m³/年,折合日用水量约为 12 万 m³,在保证率为 95% 时即使在完全扣除闸下区域用水和生态环境用水的条件下,也仍有一定的水量剩余。

蚌埠闸以下至洪泽湖河段蓄水量计算采用《淮河中游河床演变与河道整治》(安徽省水利部淮委水利科学研究院,1998 年)研究成果,河道蓄量计算公式为

$$W = \frac{(320.71 \times H_2 - 2\,894.1 \times H + 5\,742.4)}{10\,000} \tag{5.1.4}$$

式中,W 为河道主槽库容(单位:亿 m³);H 为蚌埠闸下水位(五河水位站)(单位:m)。

当蚌埠闸的下泄水量 $Q=0$ 时,相应水位 $H=10.42$ m,相应蓄量为 1.04 亿 m³。目前闸下区域工业、农业和生活用水量约 4 500 万 m³/年,折合日用水量约为 12 万 m³。按实测大断面资料分析计算,蚌埠闸下河道水位库容曲线见图 5.1.7。

取蚌埠闸下 1961~2002 年共 42 年的历年最低日、旬平均水位资料系列进行频率分析。经分析,20%,50%,75% 和 97% 保证率最低日平均水位分别为 12.28 m,11.62 m,11.05 m 和 10.42 m;20%,50%,75% 和 97% 保证率最低旬平均水位分别为 12.63 m,11.89 m,11.36 m 和 10.45 m(表 5.1.17)。

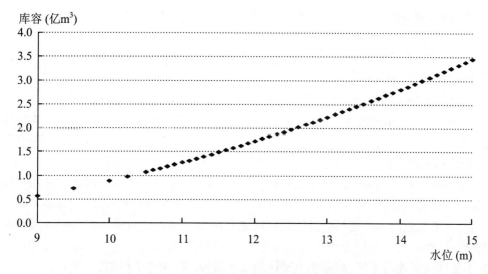

图 5.1.7 蚌埠闸下河道水位库容关系图

表 5.1.17 蚌埠闸下不同保证率最低日平均水位表   单位:m

保 证 率	20%	50%	75%	97%
日平均水位	12.28	11.62	11.05	10.42
旬平均水位	12.63	11.89	11.36	10.45

当保证率 $P=97\%$ 时,蚌埠闸的下泄水量 $Q=0$,相应水位 $H=10.42\,\mathrm{m}$,相应蓄水量为 1.04 亿 m^3。目前闸下区域工业、农业和生活用水量约 4500 万 m^3/年,折合日用水量约为 12 万 m^3,在保证率为 97% 时的特枯水期也有一定的水量可以利用。

5.1.5.2 供水量分析

1. 采用基本资料

研究区域沿淮干支流有蚌埠(吴家渡)水文站和小柳巷水文站、五河水位站、涡河蒙城闸水文站。主要依据各站的实测水文资料系列进行分析计算。各站的资料情况见表 5.1.18。

表 5.1.18 研究区域内水文资料情况表

站　名	已收集资料	实测系列(年)	资料用途
小柳巷水文站	水位、流量	1950~2012	上游来水分析
蚌埠闸水位站	闸上、闸下水位	1960~2012	取水口分析
吴家渡水文站	雨量、水位、流量、含沙量	1950~2012	起调水位确定,成果校核
蚌埠雨量站	旬雨量	1950~2012	成果校核
蒙城闸水文站	雨量、水位、流量	1961~2012	区间来水分析
五河水位站	水位	1961~2012	区间来水分析

2. 来水量分析

(1) 现状年闸下来水量分析

闸下河道蓄水来水量由蚌埠闸下泄水量、区间来水量和区间退水量三部分组成。

① 蚌埠闸下泄水量

根据不同保证率典型年蒙城闸、鲁台子来水及区间用水,按旬时段进行蚌埠闸上水量平衡计算,并考虑淮水北调工程中利用蚌埠闸上富余引水,计算不同保证率蚌埠闸下泄水量。

② 区间来水量

淮河蚌埠闸—洪泽湖区间集水面积 3.27 万 km^2,区间的产水量以降水量和径流系数为参数进行计算。区间来水一般均通过较大的支流进入淮河干流,在典型干旱年以主要入淮支流的实测资料对计算的区间来水量进行修正。根据实测资料和现状的调查情况,在特枯期区间上的产水几率较小,即便有产流也被拦蓄在区间上的沟、河内,不能进入到淮河干流,故在非汛期区间来水量按"零"考虑,汛期按径流系数法进行计算,并依据实测资料进行修正。

③ 区间退水量

五河沫河口工业园退水 2 万 m^3/d,凤阳工业园退水 2 万 m^3/d。

(2) 规划水平年闸下来水量分析

规划来水量的组成同现状年。

① 蚌埠闸下泄水量

规划年蚌埠闸下泄水量处理方法与现状年相同。

② 区间来水量

规划年蚌埠闸—洪泽湖区间来水处理方法与现状年相同,按"零"计算。

③ 区间退水量

2020 年用水量比现状年用水量有所增加,相应地退水量也会增加。根据用水折污系数分析,2020 年退水量按照现状年退水的 2‰增加,为 4.42 万 m^3/d;2030 年退水量为 4.88 万 m^3/d。

3. 用水量及损失量分析

现状年用水量参考 4.1.2 节的成果,规划水平年需水量参考 4.1.2 节的成果,具体情况见表 4.1.20。

4. 可供水量分析计算

(1) 调节计算公式

根据水量平衡原理,调节计算公式为

$$V_i = V_{i-1} + W_来 + W_退 - W_损 - W_农 - W_工 - W_生活 - W_船闸 - W_下泄 \qquad (5.1.5)$$

当 $V_i > V_0$ 时,V_i 值取 V_0,则 $V_i - V_0 = V_弃$。当 $V_i < V_死$ 时,V_i 值取 $V_死$。式中,V_i、V_{i-1} 为第 i 及 $i-1$ 旬末调节水库中存储的水量;$W_来$ 为当旬上游来水量;$W_退$ 为当旬区域排入淮河废污水量;$W_损$ 为当旬闸上水面蒸发和河段渗漏损失量;$W_农$ 为当旬沿河农业灌溉取(引)水量;$W_工$ 为当旬工业取水量;$W_生活$ 为当旬城镇居民生活取水量;$W_船闸$ 为当旬船闸用水量;$W_下泄$ 为下泄水量;V_0 为闸上正常蓄水位对应的库容。

（2）调节计算结果

根据调节计算成果,蚌埠闸上现状及规划水平年 75%,90%,95% 和 97% 典型年份可供水量见表 5.1.19。

表 5.1.19　蚌埠闸下现状及规划水平年可供水量　　　　单位:万 m³

典 型 年	2012 年	2020 年	2030 年
1961～1962 年(75%)	24 980	30 590	30 621
1977～1978 年(90%)	24 980	30 571	28 885
1966～1967 年(95%)	24 980	30 451	30 816
1978～1979 年(97%)	24 898	26 501	30 791

5.1.6　怀洪新河河道蓄水

5.1.6.1　工程概况

怀洪新河位于淮河流域中游区域,属沿淮、淮北的淮北平原区,地面坡降很缓,约为 0.3‰,其河段示意图见图 5.1.8。怀洪新河是以分泄淮河洪水、扩大漴潼河水系排水出路为主,兼有灌溉、航运等综合效益的大型综合利用水利工程,是淮河中游的一项战略性骨干工程。本工程自涡河下游左岸何巷起,至洪泽湖溧河洼,途经安徽的怀远县、固镇县、五河县和江苏省的泗洪县,河道全长 121 km,其中安徽省境内 95 km。漴潼河水系内的水文资料,1950 年以前有零星记载,1950 年治淮开始后才陆续设站全面观测。目前全流域水位、流量站有 30 余处,其中:观测资料在 35 年以上的有新马桥、固镇、九湾、临涣、峰山等;雨量站有 70 余处,包括新马桥站、九湾站在内,怀洪新河现建有何巷闸上(下)、胡洼闸上(下)、西坝口闸上(下)、山西庄闸上(下)、新开沱河闸上(下)等水位、水文站。

流域多年平均径流深 225 mm(合 27 亿 m³),其中 6～9 月 4 个月的多年平均径流深为 180 mm,占全年 80%,其余 8 个月占全年 20%。径流深年际变化很大,1954 年最大,为 694.5 mm(合 83.3 亿 m³),1978 年最小,为 16.2 mm(合 1.9 亿 m³),变幅达 43 倍。

怀洪新河工程于 20 世纪 70 年代初曾动工兴建,1980 年列为停缓建项目。1991年,安徽省淮河流域遭受了严重的洪涝灾害,当年 11 月部分河段开工续建。经过 10余年的建设,工程已全部完成,包括两岸约 260 km 堤防,何巷闸、胡洼闸、西坝口闸等9 座大中型水闸,100.57 km 堤顶防汛道路及管理设施、水土保持工程等。

怀洪新河设计标准:分洪为淮干百年一遇洪水,遭遇相应内水(相当于 40 年一遇),分洪入怀洪新河,最大分洪流量 2 000 m³/s,出口段设计最大流量 4 710 m³/s。除涝近期为 3 年一遇,并为将来提高到 5 年一遇排涝标准留有余地。

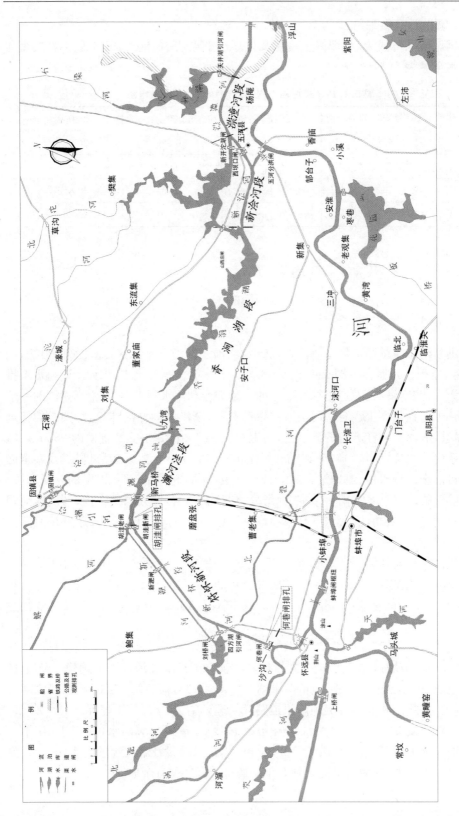

图 5.1.8　怀洪新河段示意图

2. 流域集水面积分布现状

怀洪新河上接涡河左岸何巷,下连洪泽湖支汊溧河洼,沿程所经河线接纳支流,均属漴潼河流域,在淮干不分洪时,怀洪新河集水面积即为漴潼河流域面积。漴潼河流域位于淮河以北涡河以东,新汴河以南,跨豫皖苏三省,在东经 $117°\sim18°30'$,北纬 $33°\sim33°30'$ 之间,总集水面积 12 024 km²。其中北淝河(曹畈坝即四方湖引河闸以上)1 670 km²,澥河(老胡洼闸以上)757 km²,浍河(九湾以上)4 850 km²,沱河 1 115 km²,新北沱河 555 km²,唐沟 856 km²,石梁河(天井湖引河闸以上)791 km²,怀洪新河干流两岸 1 430 km²。

干流节制闸控制面积:新胡洼闸上控制面积 1 670 km²,西坝口闸与山西庄闸控制面积 8 173 km²,新开沱河闸控制面积 3 060 km²。流域总控制站为峰山水文站。

新胡洼闸控制符怀新河 26 km 长河道,蓄水位每年 6 月 1 日至 9 月 30 日控制在 16.87 m,库容 1 336 万 m³;其他月份控制在 17.37 m,库容 1 534 万 m³;远期抬高至 18.07 m,可增加蓄水 286 万 m³。山西庄、西坝口闸控制新老胡洼闸以下、澥香河段、新浍河段。蓄水位 14.67 m,库容 1.03 亿 m³,远期蓄水位抬高至 15.17 m,蓄水库容可增加 3 500 万 m³。新开沱河闸控制沱湖,设计蓄水位 13.67 m,控制库容 7 358 万 m³,远期蓄水位抬高至 14.17 m,将增加库容 2 628 万 m³。怀洪新河干流三级控制蓄水库容近期为 1.91 亿 m³,远期可增加 6 414 万 m³,另沿怀洪新河干流还有四方湖(四方湖引河闸控制)、澥河老胡洼闸上、天井湖(天井湖引河闸控制)等湖泊洼地正常蓄水库容计 1.33 亿 m³,远期增加 2 510 万 m³。

以上合计近期蓄水库容约 3.25 亿 m³,其中有效库容 2.3 亿 m³(死水位以上);远期增加 8 924 万 m³,详见表 5.1.20。

表 5.1.20　漴潼河流域蓄水库容统计表

控　制	区　间	库容(万 m³)		说　明
		近期	远期	
一、干流		19 226	25 640	
1. 新湖洼闸	符怀新河	1 534	1 820	水位近期 17.37 m 远期 18.07 m
2. 山西庄、西坝口闸	澥河洼香涧湖	10 334	13 834	水位近期 14.67 m 远期 15.17 m
3. 新开沱河闸	沱湖	7 358	9 986	水位近期 13.67 m 远期 14.17 m
二、支流湖泊		13 320	15 830	
1. 四方湖引河闸	四方湖	7 280	9 790	水位近期 17.87 m 远期 18.37 m
2. 老胡洼闸	澥河老胡洼闸上	660	660	16.87 m
3. 天井湖引河闸	天井湖	5 380	5 380	13.36 m
合　计		32 546	41 470	近期有效库容 2.3 亿 m³(死水位以上)

为充分利用地面径流,增加调蓄库容,在充分利用湖泊洼地情况下,流域干支流河道上建闸蓄水控制。如浍河上固镇闸,北淝河上的四方湖引河闸,澥河上老胡洼闸,石

梁河上天井湖闸及怀洪新河干流上新胡洼、山西庄、西坝口、新开沱河闸。

3. 供水量分析

怀洪新河全面建成投入使用,使得香涧湖、沱湖蓄水与蚌埠闸上地表水联合调控运用成为可能。怀洪新河的主要任务是分泄淮河中游洪水,但河巷闸、新湖洼闸建成大大改善了其灌溉引水条件。西坝口闸、山西庄闸、新开沱河闸的建成,实现沱湖、香涧湖分蓄,又为抬高沱湖、香涧湖水位带来了可能。香涧湖、沱湖湖底高程为 10.5～11 m,原由北店闸总控制正常蓄水位 13.50～13.80 m,香涧湖可调节库容约 1 800 万 m^3,沱湖的可调节库容约 4 500 万 m^3。怀洪新河建成两湖分蓄后,香涧湖正常水位为 14.30 m,沱湖为 13.80 m,两湖可调节库容分别为 6 500 万 m^3 和 5 300 万 m^3。按照怀洪新河的设计标准,香涧湖、沱湖的蓄水位将分别蓄到 15.30 m 和 14.80 m,两湖的可调节库容分别是 1.35 亿 m^3 和 1.1 亿 m^3,合计为 2.45 亿 m^3,与目前蚌埠闸上调节库容相当。并且这一地区污染少,水资源利用率低,容易储水,平常把蚌埠闸废泄水改蓄在香涧湖、沱湖内。建议在新湖洼闸建翻水站,一旦蚌埠闸上出现水资源紧张,即可向蚌埠闸上补水。上述两湖抬高蓄水位可扩大当地水稻面积近 60 万亩,周边有 20 余万亩水稻可实现自流灌溉,同时发展水产养殖。也可为宿州、淮北两市提供水源。若南水北调东线全面建成,洪泽湖水位蓄至 13.0～13.50 m,即使香涧湖、沱湖无水,建在新湖洼闸处的翻水站也可通过提开西坝口闸,直接抽取洪泽湖水向蚌埠闸上补水。目前安徽省正在规划淮水北送,解决淮北、宿州两市水源问题,建在新湖洼闸处的翻水站,通过枢纽工程控制,也可作为向宿州、淮北供水的中间翻水站方案之一。

抬高香涧湖、沱湖蓄水位,必须首先解决三个问题:

① 两湖周边湖洼地种植结构调整问题。沿岸的部家湖、龙潭湖、许沟洼地地面高程 13.0～13.5 m,香涧湖抬高蓄水位后,正常水位要比现有地面高出 2.0 m 左右,部分洼地需退田还湖,同时引导农民大力发展水产养殖和水稻种植。

② 解决沿湖洼地排涝问题。

③ 解决抬高蓄水位淹没区耕地补偿和种、养殖结构调整问题。根据各水源在特枯年水资源条件分析,其在现状特枯年的年可供水量为 1.0 亿 m^3。

5.1.7　洪泽湖

5.1.7.1　概况

洪泽湖位于江苏省西北部,是我国第四大淡水湖。洪泽湖发育在淮河中游的冲积平原上,由成子湖湾、溧河湖湾、淮河湖湾三大湖湾组成,集水面积 15.8 万 km^2。它地处苏北平原中部西侧,位于淮河中、下游结合部,其地理位置在北纬 $33°6'$～$33°40'$,东经 $118°10'$～$118°52'$ 之间,临近京杭大运河里运河段,北枕废黄河和中运河。它西纳长淮,南注长江,东通黄海,北连沂沭。湖面分属江苏省淮安市的洪泽县、盱眙县、淮阴区三县(区)和宿迁市的泗洪县、泗阳县、宿城区三县(区)。沿湖有 28 个乡(镇),162 个渔业行政村(居委会、公司、场),渔业人口 218 928 人,渔业一直是沿湖地方经济的重要支柱产业。在水位13.00 m时,洪泽湖湖面面积为2 152 km²(表5.1.21)。1949年之前洪泽湖洪水仅有三河口(后建闸为三河闸)一处出路,1952年开辟了苏北灌溉总渠,在淮河大水时可通过高良涧闸分泄洪泽湖洪水入海;1958年开辟了分淮入沂水道,在淮河大水时可通过二河闸分泄洪泽湖洪水至沂沭泗水系之新沂河;2003年汛前基本完成的入海水道,可通过二河闸和二河新闸分泄洪泽湖洪水入海。目前,洪泽湖的防洪工程除了经过多次加固培修外,已建有入江水道三河闸、高良涧闸、二河闸三处出口,各闸的设计流量分别为12 000 m³/s,800 m³/s和3 000 m³/s。高邮湖、邵伯湖相继承接洪泽湖三河闸下泄洪水及部分区间来水。

表5.1.21 洪泽湖水位—面积—库容关系表

湖平均水位 (m)	平蓄不破圩(亿 m³)		平蓄破圩(亿 m³)	
	原资料	新资料(不含女山湖)	原资料	新资料(含女山湖)
10.00	0.80	/	/	/
10.50	3.00	1.34	/	1.34
11.00	6.40	4.21	/	4.21
11.50	13.15	8.92	16.50	9.34
12.00	21.52	15.21	27.35	16.38
12.50	31.27	22.31	37.40	24.98
13.00	41.92	30.11	47.96	35.18
13.50	52.95	38.35	60.67	46.94
14.00	64.27	46.85	74.88	60.02
14.50	75.85	55.51	88.23	74.20
15.00	87.58	64.32	103.56	89.51
15.50	99.45	73.32	119.45	106.00
16.00	111.20	82.45	136.37	123.68
16.50	123.17	/	154.34	/
17.00	135.14	/	/	/

洪泽湖承泄淮河上中游15.8万 km² 的来水。注入洪泽湖的河流有淮河、淙潼河、濉河、安河、池河、会河、沱河等,分布于湖西。其中淮河为最大的入湖河流,其入湖水量占总入湖径流量的70%以上,是洪泽湖水量的主要补给源。洪泽湖出湖河道主要有入江水道、淮沭新河、入海水道和苏北灌溉总渠,洪水量的60%~70%经三河闸通过淮河入江水道流经高邮湖、邵伯湖入长江,其余出高良涧闸经苏北灌溉总渠入黄海,出二河闸经二河入废黄河,分水经淮沭河、新沂河入黄海。2003年淮河洪水,洪泽湖从入海水道工程直接分泄洪水44亿 m³ 入海。出湖控制口主要是三河闸、二河闸和高良涧闸(含电站)。其中,三河闸共63孔,总宽700 m,设计流量12 000 m³/s;二河闸是淮沭河、淮河入海水道泄洪和渠北地区分洪的总口门,共35孔,总宽402 m,设计

流量 3 000 m³/s;高良涧进水闸共 8 孔,设计流量 8 00 m³/s。

洪泽湖湖底高程一般在 10～11 m 之间,最低处 7.5 m 左右;正常蓄水位 13.0 m 时,面积达 2 152 km²,容积为 30.11 亿 m³。南水北调工程运用后,正常蓄水位将提高到 13.5 m,相应面积为 2 231.9 km²,相应库容 52.95 亿 m³,这将为洪泽湖周边城镇生活和工业用水提供可靠的水源。洪泽湖水位—容积关系见表 5.1.21。

5.1.7.2 供水量分析

1. 采用基本资料

研究区域周边干支流有小柳巷水文站、五河水位站、宿县闸水文站、泗洪水文站、明光水文站、峰山水文站、金锁镇水文站和蒋坝水位站。主要依据各站的实测水文资料系列进行分析计算。各站的资料情况见表 5.1.22。

表 5.1.22　研究区域内水文资料情况表

站　名	已收集资料	实测系列(年)	资料用途
小柳巷水文站	水位、流量	1956～2012	上游来水分析
五河水位站	水位	1951～2012	取水口分析
宿县闸水文站	雨量、水位、流量、含沙量	1956～2012	区间来水分析
泗洪水文站	雨量、水位、流量	1956～2012	区间来水分析
明光水文站	雨量、水位、流量	1956～2012	区间来水分析
峰山水文站	雨量、水位、流量	1956～2012	区间来水分析
金锁镇水文站	雨量、水位、流量	1956～2012	区间来水分析
蒋坝水位站	水位	1951～2012	起调水位确定,成果校核

2. 来水量分析

(1) 现状年来水量分析

洪泽湖主要入湖控制站有小柳巷、明光、峰山、宿县闸、泗洪(潍)、泗洪(老)和金锁镇,根据各控制站实测流量分析,洪泽湖多年平均来水量为 321 亿 m³,最大来水量为 873 亿 m³,出现在 2003 年;最小来水量仅为 17.6 亿 m³,出现在 1978 年。洪泽湖各主要入湖控制站不同频率年径流量以及特征值见表 5.1.23,洪泽湖入湖、出湖河流水流特征见表 5.1.24。

表 5.1.23　洪泽湖各主要入湖控制站不同频率年径流量以及特征值

类　别	控制站	小柳巷	明光	峰山	宿县闸	泗洪(潍)	泗洪(老)	金锁镇
年径流量 (亿 m³)	均值	274	6.7	23.2	2.8	5.3	0.8	4.8
	50%	217.2	4.4	12.1	1.7	4.1	0.4	2.9

续表

类　　别	控制站	小柳巷	明光	峰山	宿县闸	泗洪（濉）	泗洪（老）	金锁镇
年径流量 （亿 m³）	80％	114.6	2	5.4	0.8	2.1	0.2	1.3
	90％	71.4	1.4	4.7	0.6	1.3	0.2	1
	97％	65.3	1.4	4.6	0.6	1.2	0.2	1
	最大	668.38	29.2	108	9.16	15.91	3.85	19.4
	出现年份	2003	1991	1954	1985	2007	2003	2003
	最小	54.95	0.06	0.22	0.02	0.26	0	0.3
	出现年份	2001	2004	2010	1999	2002	1995	1988
月平均最小 流量(m³/s)	最大	465	5.78	187	3.65	2.55	8.83	2.6
	出现年份	1985	1993	1955	1973	1967	1971	1952
	最小	50.6	0	0	0	0	0	0
	出现年份	2001	1952	1978	1969	1974	1976	1953

表 5.1.24　洪泽湖入湖、出湖河流水流特征统计表

名　　称	控制站	建站时间	最大流量 （m³/s）	最小流量 （m³/s）	多年平均 流量(m³/s)	附注
怀洪新河	峰山（双沟）	1953 年 5 月	3 170	−220	61.1	入湖
濉河	泗洪（濉河）	1966 年 6 月	780	−47.0	17.4	入湖
老濉河	泗洪（老濉河）	1966 年 6 月	277	−33.7	2.03	入湖
徐洪河	金锁镇	1951 年 4 月	1 240	−82.3	11.6	入湖
入江水道	三河闸	1953 年 6 月	10 700	0	620	出湖
二.河	二河闸	1958 年 8 月	1 170	−1 030	194	出湖
灌溉总渠	高良涧闸	1952 年 6 月	3 620	0	179	出湖

现状年不同水平年来水量根据上述主要控制站实测径流资料来分析计算。

（2）规划水平年来水量分析

规划水平年来水量的主要控制站同现状年，依据主要控制站实测径流资料计算，2020 年规划水平年来水按现状年来水扣减 10％计算，2030 年规划水平年来水按现状年来水扣减 20％计算。

3. 用水量及损失量分析

现状年用水量参考 4.1.3 节的成果，规划水平年需水量参考 4.1.3 节的成果，具体情况见表 4.1.25。

4. 可供水量分析计算

(1) 调节计算公式

调节计算公式见式(5.1.1),这里不再赘述。

(2) 调节计算结果

根据调节计算成果,洪泽湖周边现状及规划水平年97%典型年份可供水量见表5.1.25。

表 5.1.25　洪泽湖周边现状及规划水平年可供水量　　　　　　　单位:亿 m³

典 型 年	2012 年	2020 年	2030 年
1966~1967 年(97%)	11.14	11.15	11.16

5.1.8　长江水源

5.1.8.1　南水北调水源

1. 概况

由于淮河干流当地水资源短缺,特别是枯水年缺水量较大,难以支撑该区经济社会的可持续发展。随着淮河流域社会经济的发展,尤其是蚌埠闸区域上能源基地诸多的项目建设,河道外用水量会增加,河道内用水量也会急剧增加,增加的幅度比河道外用户用水量还要大。尽管蚌埠闸上近期可以实施的抬高蚌埠闸正常蓄水位、淮河干流洪水资源利用、闸上应急补水措施可以基本缓解闸上河道外用水的枯水期的水资源短缺,但从整个国民经济发展的角度考虑,要协调解决好蚌埠闸上和洪泽湖的水资源短缺、水环境、航运、河道生态等问题,需要实施跨流域调水工程。

南水北调东线工程是在江苏省江水北调工程现状基础上扩大规模和向北延伸的,其水源为长江和洪泽湖。东线一期工程从长江干流三江营引水,利用京杭大运河以及与其平行的河道输水。长江是南水北调东线工程的主要水源,质好量丰,多年平均入海水量达9 000亿 m³,特枯年6 000亿 m³,为东线工程提供了优越的水源条件。南水北调东线工程可以显著提高蚌埠闸上河洪泽湖河道外城市、工业用水量的供水保证程度,更重要的是可以提高较为丰沛的河道内用水水源,更好地促进整个国民经济协调发展和维持淮河的生态健康,对解决蚌埠闸上和洪泽湖水资源和生态问题的作用非常显著。在特殊干旱年份,可由新集翻水站向蚌埠闸上补水,该站可抽蚌埠闸下河槽蓄水及倒引的洪泽湖水通过张家沟进入香涧湖,沿怀洪新河逐级翻到蚌埠闸上,还可在胡洼闸设临时站抽水补充至蚌埠闸上,供城市用水。

根据《蚌埠市城市供水水源规划》成果,新集站在南水北调东线工程未完全实施的情况下,可在枯水期向蚌埠闸上供水约1 500万 m³,将进一步提高供水保证率。南水北调东线第一期工程运用后利用洪泽湖水位抬高(调水后洪泽湖水位保持在12.5~13.5 m)以后由河槽进入蚌埠闸下河段的水量,蚌埠闸下的水位将较现状提高1~2 m,闸下河段的蓄水量将有所增加,届时将进一步提高了从闸下翻水作为应急水源的保证率,将有助于解决干旱期蚌埠闸上缺水状况。洪泽湖的正常蓄水位抬高至 13.5 m,一般可维持在 12.0 m 以上,尤其是在干旱年份将为沿淮城镇生活和工业用水提供可靠的水源,该水源可以作为枯水年份的应急补水水源。南水北调东线第一期工程已建成通水,根据《南水北调东线一期工程水量调度方案(试行)》研究报告,东线一期工程抽长江水 500 m³/s,入洪泽湖 450 m³/s,出洪泽湖 350 m³/s,多年平均入洪泽湖水量 70 亿 m³,多年平均抽江水量 87.66 亿 m³,入洪泽湖水量 69.84 亿 m³,出洪泽湖水量 63.84 亿 m³。

南水北调东线工程已开工建设,安徽省提出了利用南水北调东线工程的配套工程规划——淮水北调工程。根据《安徽省淮水北调工程规划》,可供选择的调水线路有东线、中线、西线各 3 条共 9 条。近期推荐方案为中线方案,即五河站—香涧湖—浍河固镇闸下—二铺闸上。蚌埠闸上特枯期应急补水线路可以利用淮水北调中线线路一部分,即通过怀洪新河引香涧湖水,在胡洼闸设临时站可以抽水补充至蚌埠闸上。

引水条件及引水水源保证程度分析:根据洪泽湖实际水位控制运用现状、南水北调东线工程对洪泽湖控制运用的规划条件、淮河五河—洪泽湖段河道现状输水能力和洪泽湖老子站、淮河干流五河站历年实测资料综合分析。在保证率85%时,老子山站全年最低日平均水位 11.16 m,五河站全年最低日平均水位 10.97 m;保证率97%时,老子山全年最低日平均水位 10.45 m,五河站全年最低日平均水位 10.40 m。

南水北调东线第一期工程规划向北送水时,洪泽湖控制最低水位为:第一、二期为 11.9 m,第三期为 11.7 m。淮河太平闸—高良涧段,交通部门曾于 1985 年前后按底高 9.0 m,底宽 50～100 m 进行疏浚,1992 年,安徽省水利水电勘测设计院根据当年实测纵断面和 1985 年实测航道断面资料,分析了老子山—淮河五河分洪闸的引水能力。如果按老子山水位 10.45 m,五河分洪闸下水位 9.5 m 计算,则洪泽湖引水能力为 53.0 m³/s。

南水北调东线第一期工程运用后,洪泽湖的正常蓄水位抬高至 13.5 m,一般可维持在 12.0～13.5 m,尤其是遇干旱年份,蚌埠闸下的水位将较现状提高 1～2 m,闸下河段的蓄水量将有效增加。在特殊干旱年份,可由新集翻水站向蚌埠闸上补水。该站可抽蚌埠闸下河槽蓄水及倒引的洪泽湖水通过张家沟进入香涧湖,沿怀洪新河逐级翻到蚌埠闸上,还可在胡洼闸设临时站抽水补充至蚌埠闸上,供城市用水。根据《蚌埠市城市供水水源规划》成果,新集站在南水北调东线工程未实施的情况下,可在枯水期向蚌埠闸上供水约 1 500 万 m³。南水北调东线工程实施后,将进一步提高供水保证率。安徽省提出了利用南水北调东线工程的配套工程规划——淮水北调工程,该工程实施后,更有利于蚌埠闸上的补水。

因此,在特枯水期南水北调东线工程及安徽淮水北调工程实施后,可以向蚌埠闸上补水满足规划水平年的缺水量。但目前"淮水北调"的规划用水户中,没有特枯期蚌埠闸上的用水,应补充这方面工作。

2. 供水量分析

南水北调东线第一期工程已建成通水,根据《南水北调东线第一期工程项目建议书》(2002 年),一期工程抽长江水 500 m³/s,入洪泽湖 450 m³/s,出洪泽湖 350 m³/s,多年平均入洪泽湖水量 70 亿 m³。利用洪泽湖水位抬高(调水后洪泽湖水位保持在

12.5～13.5 m)以后由河槽进入蚌埠闸下河段的水量。最新监测显示,输水干线沿线排污口全部关闭,36 个控制断面水质首次全部达到 Ⅲ 类水标准。南水北调水源可以作为近期 90% 年份供水水源。

5.1.8.2　引江济淮水源

随着淮河流域社会经济的发展,尤其是蚌埠闸区域上诸多的能源基地建设项目,河道外用水量会增加,河道内用水量也会急剧增加,增加的幅度比河道外用户用水量还要大。尽管蚌埠闸上近期可以实施的抬高蚌埠闸正常蓄水位、淮河干流洪水资源利用、闸上应急补水措施可以基本缓解闸上河道外用水的枯水期的水资源短缺,但从整个国民经济发展的角度考虑,要协调解决好蚌埠闸上的水资源短缺、水环境、航运、河道生态等问题,需要实施引江济淮跨流域调水工程。该工程不仅可以显著提高蚌埠闸上河道外城市、工业用水量的供水保证程度,更重要的是可以提高较为丰沛的河道内用水水源,更好地促进整个国民经济协调发展和维持淮河的健康,引江济淮跨流域调水,对解决蚌埠闸上水资源和生态问题的作用非常显著。

引江济淮工程是一项跨流域调水工程,是缓解沿淮及淮北城市缺水,特别是特殊干旱年、连续干旱年份供水矛盾的根本性工程,被称为安徽省内的"南水北调"工程。20 世纪 50 年代中期,安徽省就有建设"江淮运河"的设想,把长江、淮河两大水系在安徽境内连接起来,缓解北方旱情,促进水资源的优化配置与合理利用。1995 年,"引江济淮"前期工作领导小组成立,并编制完成可行性研究报告。1999 年 1 月,工程启动。安徽省委、省政府已将引江济淮工程列入重要议事日程,要求及早考虑总体规划、分步实施,"十五"期间,已完成工程的前期工作。

该工程是一项以城市供水为主,兼有农业灌溉补水、水生态环境改善和发展航运等综合效益的大型跨流域调水工程。工程引水口为长江凤凰颈,经瓦埠湖入淮河,主要受水区为安徽省沿淮及淮北地区,涉及 9 个地市、2 700 万人和 3 200 万亩耕地,工程主要解决淮北供水保证率不高的难题,尤其是解决沿淮及淮北干旱年及干旱期水资源紧缺问题。安徽省正在做前期工作,现状年无法使用该水源。根据淮河流域水资源综合规划的配置成果,蚌埠闸上区域 2020 年规划配置引江济淮的水源,届时该水源可以作为枯水年份的水源之一。

引江济淮工程自长江抽水,经巢湖进派河,再提水沿派河经大柏店隧洞注入瓦蚌湖,近期工程按注入瓦蚌湖流量 100 m³/s 的规模兴建,远景按总规模 200 m³/s 扩建。引江济淮工程在蚌埠闸上沿淮地区的供水对象主要是淮南和蚌埠两座大中城市及蚌埠、临淮岗之间沿淮地区的一些城镇。由于长江水量丰沛、城市用水量年际内变幅小,引江济淮近期工程实施后向蚌埠闸上沿淮地区提供的最大年供水量达 25 亿 m³左右。

引江济淮工程 2020 年建成第一期工程,引江入巢 200 m³/s,引巢入淮 100 m³/s,多年平均引入淮河流域水量 5 亿 m³;2030 年远期规模为引江入巢 300 m³/s,引巢入淮 200 m³/s,多年平均引水量 10 亿 m³。引江济淮水源可以作为远期水源。

5.1.9 雨洪资源利用

淮河干流蚌埠以上集水面积 12.1 万 km², 多年平均径流量约 260 亿 m³, 闸上地表水资源的特点是年际变幅大、年内分配十分不均, 洪水资源在水资源所占的比重很大。所以, 在地表水的供水中表现为枯水年水资源严重不足, 而丰水年受水资源工程的调蓄能力、用水总量的限制, 又有大量的余水排泄入江入海。枯水午水资源相对不足, 因径流的年内分配不均, 且多以集中暴雨洪水形式出现, 在枯水年的丰水期也有部分余水排弃。因此, 蚌埠闸上的来水特点决定了加强洪水资源的合理利用以及水资源科学调度是十分必要的, 是现状工程情况下提高供水保证程度的有效措施。

根据沿淮洪水资源利用研究的初步成果, 从行蓄洪区自然条件, 社会经济状况、防洪要求、洼地与淮干水量交换方式等方面分析, 利用沿淮洼地蓄水增加调节库容有多种方案, 主要有 3 种方案:

① 通过扩大淮干洼地蓄水面积, 增加调蓄能力;

② 进一步抬高淮干已有的蓄水洼地(工程)的蓄水位;

③ 为了减少洼地蓄水对防洪的影响, 可在汛后抬高淮干洼地蓄水位。

地表水与过境水的充分利用, 关键是扩大河道及沿淮湖泊的调节库容, 淮河干流洪水资源利用的工程措施是利用蚌埠闸上的淮河干流河道、沿淮湖泊及部分洼地拦蓄境外来水。蚌埠闸上游两岸湖泊较多, 根据气象部门的气象预报及各个供水区域的实际干旱情况, 经防汛与抗旱综合分析, 适当提高节制闸及湖泊的蓄水位, 可以增加蓄水库容, 闸上主要蓄水体抬高蓄水位后增加库容情况见表 5.1.26。

表 5.1.26 蚌埠闸主要蓄水体抬高蓄水位后增加库容情况表

蓄水体名称	蚌埠闸	城东湖	瓦埠湖	高塘湖	合　计
原正常蓄水位(m)	18.0	19.00	18.00	17.50	/
抬高后的正常蓄水位(m)	18.5	19.50	18.50	18.00	/
增加蓄水库容(万 m³)	7 000	6 050	9 000	2 500	24 550

尽管闸上增加了蓄水库容, 若是在特枯水年, 有些时段没有来水也就不能蓄到水。根据蚌埠吴家渡水文站资料分析, 即使是特枯水年, 蚌埠闸仍有(10~70)亿 m³ 的水量下泄, 表明闸上还是有水可以蓄的。若是在闸上发生缺水时段以前提前蓄水, 是可以蓄住枯水期的洪水资源, 从而实现洪水资源的利用。

在分析安徽省境淮河中游干流洪水的基本特性、沿淮淮北地区水资源利用、工程调蓄能力现状, 以及水资源预测的基础上, 初步研究了沿淮湖泊洼地的蓄水条件和利用湖洼进一步提高淮干蚌埠闸以上径流调节能力的可能途径, 并进行了洪水资源利用, 对减少沿蚌埠闸以上沿淮淮北地区缺水量作用和效果分析。提出了缓解本地区未来水资源供需平衡矛盾的根本措施是实施跨流域调水, 利用沿淮湖洼增蓄水量, 是水资源利用的重要补充措施。

淮河中游洪水资源利用的设想是利用沿淮湖洼抬高蓄水位和扩大蓄水面积,提高对淮干水量的调节能力,增加供水,缓解沿淮淮北地区缺水情势。其实施的可行性、作用,取决于本区水资源特性、沿淮湖洼蓄水条件、湖洼同淮干水量交换条件以及需水情况等。

由自然条件、水工程布局等,按水资源分区,淮河流域分为蚌埠闸上和蚌(埠闸)—洪(泽湖)区间两个三级区。蚌洪区间属洪泽湖补水区,再加上该区缺乏河道控制工程,难以利用,洪水资源利用的潜力主要在淮河蚌埠闸上。

淮河干流洪水资源化对缓解沿淮淮北地区的水资源短缺状况有一定的作用,洪水资源利用效果与淮河来水特征、供水区水资源利用水平、用水构成等多种因素有关。新增加的调节库容多年平均利用率可以达到50%~60%,但是新增的库容在中等干旱年以下、丰水年以上这一段的区段发挥作用较为显著;在特殊干旱年尤其是连续干旱年,如1966~1967年、1978~1979年、1994~1995年,因上游和当地径流的来量有限,新增加的调节库容只能在第一干旱年发挥其增加供水量的作用,在第二干旱年,原有库容已基本上可以满足蓄水要求,新增库容作用不明显,基本不增加供水量;对于丰枯交替的年份,新增库容增加可供水量的作用总体较为显著,新增调节库容第一年(丰水年)的复蓄系数在0.6~1.0之间,第二年(枯水年)的复蓄系数在1.1~1.5之间。可见,淮干洪水资源利用在连续干旱年对缓解沿淮淮北地区的水资源短缺是有限的,不能根本解决问题。

5.2 枯水期主要水源可供水情况

根据各水源特枯年的水源条件分析,蚌埠闸上蓄水丰富,特枯年份可通过限制沿淮蚌埠及淮南两市农业、工业用水量来保障生活及重要工业用水,可作为特枯水年的调度水源之一。目前,西淝河、泥河采煤沉陷区具有蓄水库容大,蓄水深度大,底部多为黏土和亚黏土的良好蓄水利用条件,另外,沉陷区域本身有济河、西淝河、港河、泥河等淮河支流及淮河干流的补水,有利于以丰补枯和雨洪资源利用,枯水期具有一定的供水潜力。茨河的水质较好,没有大的用水户,1978年大旱时,茨河仍有水可用,目前,蚌埠市正计划下一步将茨河水作为蚌埠市饮用水源。天河由于水源不足并存在城乡用水矛盾,目前不具备向城市供水条件。在特枯水期,当瓦埠湖蓄水位低于16.0 m时,其蓄水量也较少,并要保证翟家洼水厂的取水,已没有供水的潜力了。对于怀洪新河河道蓄水,根据河道水源在特枯年水资源条件分析,其在现状特枯年的可供水量为1.0亿 m³/年。淮河干流雨洪资源洪水资源利用效果与淮河来水特征、供水区水资源利用水平、用水构成等多种因素有关。拦蓄雨洪资源在中等干旱年以下、丰水年以上这一段的区段发挥作用较为显著;在特殊干旱年尤其是连续干旱年对缓解沿淮淮北地区的水资源短缺是有限的,不能根本解决问题。

5.3　水量调度工程条件

供水工程包括蓄水、引水和提水工程,不包括地下水取水工程。蓄水工程主要是沿淮河两岸分布及位于主要支流下游的蓄水湖泊和大型水闸;提水工程主要包括沿淮干和主要支流中下游的大中型泵站;引水工程主要是沿淮干和主要支流中下游的大中型涵闸。

5.3.1　蓄水工程

研究区内共有城东湖、城西湖、瓦埠湖、花园湖和洪泽湖五大湖泊,总兴利库容为37.89 亿 m³,各湖蓄水情况见表 5.3.1、表 5.3.2。

据初步调查统计,研究区内目前淮河干流、沙颍河、新汴河、涡河、浍河等主要河道上有大中型拦河闸共 19 座,其中大型蓄水工程 14 座,中型 5 座;总库容约 15.00 亿 m³,兴利库容约 8.34 亿 m³;设计灌溉面积 1 634.7 万亩,实际灌溉面积约 531.28 万亩。按管理权限分,省管的有蚌埠闸、颍上闸、阜阳闸等 6 座,国管的有涡阳闸、宿县闸等 9 座,其他为县管或市管。据淮干上中游及主要支流下游主要控制闸坝1978～1997年历年末蓄水量统计,淮河干流蚌埠闸年末拦蓄水量以 1988 年最多,为 3.12 亿 m³;1984 年最少,为 2.04 亿 m³;多年平均年末蓄水量为 2.73 亿 m³(表 5.3.3)。

5.3.2　引水工程

据初步调查统计,研究区内从河湖引水的涵闸共 31 座,其中大中型涵闸 19 座,水源地主要为淮河、颍河、涡河及洪泽湖。引水工程设计引水能力 875 m³/s,设计灌溉面积 189.32 万亩,设计排水能力 3 484.6 m³/s。其中水源地为洪泽湖的有洪金洞、周桥洞 2 座,设计引水能力为 68 m³/s,设计灌溉面积为 61.43 万亩。

5.3.3　提水工程

据初步调查统计,研究区内共有大中型提水工程(包括泵站、排灌站)312 座(淮河71 座,颍河 6 座,洪河 6 座,西北淝河 22 座,怀洪新河 16 座,涡河 21 座,沱河 5 座,浍河 11 座,濉河 21 座,徐洪河 14 座,茨淮新河 36 座,新汴河 14 座,瓦埠湖 10 座,女山湖 15 座,洪泽湖 4 座,其他支流共 38 座),设计总装机台数 1 927 台,设计总装机容量25.59 万 kW,设计总取水能力 1 709.67 m³/s。设计灌溉面积 1 421.96 万亩,实际灌溉面积 792.85 万亩。提水工程水源地主要有淮河、茨淮新河、涡河、徐洪河、洪泽湖、瓦埠湖、高塘湖等。自淮河水源地取水的提水工程 71 座,设计总装机台数 510 台,设计

表5.3.1　淮河干流(正阳关—洪泽湖)特枯年各水源可供水情况表

特枯年可供水量(万 m³/年)

序号	水源		现状 90%	现状 95%	现状 97%	2020规划年 90%	2020规划年 95%	2020规划年 97%	2030规划年 90%	2030规划年 95%	2030规划年 97%	特枯年用水的可行性 现状年	特枯年用水的可行性 规划年
1	上游大型水库			18 000			18 000			18 000		可以利用	可以利用
2	沿淮洼地	天河洼地蓄水		1 800		8 000	7 210	3 450 (拾高蓄水位后)	10 000	9 360	5 710 (拾高蓄水位后)	无工程,不能利用	可以利用
		天河水		1 850		2 538	2 520	1 990 (拾高蓄水位后)		/		可以利用	可以利用
		瓦埠湖		3 650			3 650			3 650		可以利用	可以利用
3	蚌埠闸上蓄水		207 067	185 418	183 549	311 781	290 102	288 360	326 712	307 392	302 027	可以利用	可以利用
4	采煤沉陷区蓄水		5 819	6 016	5 541	13 958	14 284	13 157	39 112	41 704	39 870	可以利用	可以利用
5	蚌埠闸—洪泽湖蓄水		24 980	24 980	24 898	30 571	30 451	26 501	28 885	30 816	30 791	可以利用	可以利用
6	怀洪新河河道蓄水			7 000			8 000~1 0000			/		可以利用	可以利用
7	洪泽湖蓄水		/	/	111 397	/	/	111 524	/	/	111 599	可以利用	可以利用
8	长江水源	南水北调东线一期		/			/			超过 10 000		不能利用	可以利用
		引江济淮		/			50 000			100 000		不能利用	可以利用
9	雨洪资源			/			/			/		不能利用	不能利用

总装机容量 9.372 万 kW,设计取水能力 501.38 m³/s;自茨淮新河水源地取水的提水工程 36 座,设计装机台数 188 台,设计总装机 2.696 万 kW,设计取水能力 274.27 m³/s。

表 5.3.2　研究区五大湖泊蓄水情况

湖泊名	正常蓄水位(m)	相应库容(亿 m³)	设计洪水位(m)	相应库容(亿 m³)
城东湖	20.00	2.80	25.50	15.80
城西湖	19.00	0.90	26.50	28.80
花园湖	15~16	1.45~2.3	19.90	7.70
瓦埠湖	18.00	2.20	22.00	12.90
洪泽湖	13.00	30.11	16.00	82.45

表 5.3.3　研究区内 14 个控制断面以上水库现状统计表　　　单位:亿 m³

河流	控制断面	集水面积(km²)	大型 座	大型 库容	中型 座	中型 库容	小型 座	小型 库容	合计 座	合计 库容
淮河	息县	10 190	3	21.72	14	2.51	560	4.22	577	28.45
淮河	淮滨	16 005	5	25.27	20	4.03	855	6.35	880	35.65
淮河	蚌埠	121 330	18	142.12	83	20.03	3 232	19.60	3333	181.76
淮河	中渡	158 000	18	142.12	111	30.09	3518	24.56	3647	196.77
洪河	班台	11 280	4	30.71	5	0.76	120	1.35	129	32.82
沙颍河	界首	29 290	4	18.96	24	6.47	335	4.23	363	29.66
泉河	沈丘	3 094	0	0	0	0.00	0	0	0	0
黑茨河	邢老家	824	0	0	0	0.00	0	0	0	0
涡河	亳州	10 575	0	0	0	1.51	0	0	5	1.51
浍河	临涣集	2 560	0	0	0	0.00	0	0	0	0
新汴河	永城	2 237	0	0	0	0.00	0	0	0	0
淠河	横排头	4 370	3	34.74	2	0.63	700	2.09	705	37.46
史灌河	蒋家集	5 930	2	32.44	1	0.27	489	2.64	492	35.35
池河	明光	3 470	0	0	15	5.46	313	2.47	328	7.93

5.4　枯水期各水源供水可行性分析

水量工程调度体系是满足淮河干流主要河段及控制断面预警指标要求的重要手段,是确定预案组织管理体系和管理机构职责的主要依据,也是制定水量应急调度实施方案中调水线路、调水规模和调水工程管理的根本依据。水量调度工程主要指淮河干流干旱缺水时期可保障控制断面流量的水量来源。《抗旱条例》第三十七条和第五十四条仅规定"发生干旱灾害,县级以上人民政府防汛抗旱指挥机构或者流域防汛抗旱指挥机构可以按照批准的抗旱预案,制订应急水量调度实施方案,统一调度辖区内的水库、水电站、闸坝、湖泊等所蓄的水量。有关地方人民政府、单位和个人必须服从统一调度和指挥,严格执行调度指令",结合淮河干支流水系特点,水量应急工程调度工程主要包括:大型水库、沿淮湖泊和闸坝蓄水等。

本预案不针对城市污水处理厂中水、采煤沉陷区蓄水及矿坑采煤疏排水、中深层(孔隙水、岩溶水)地下水。根据第 2 章的预案适用范围研究,淮委防总实施水量应急调度的水源工程包括淮河干流及洪河、颍河、史河和淠河等主要支流及支流上水库和沿淮湖泊。完成水量应急调度任务需要国家防总授权淮河防总根据本预案,对沿淮水库和湖泊等水源工程实施水量应急调度。收集淮河流域干支流 20 余座大型水库及湖泊等水利工程基础资料、泄流能力曲线、库容曲线、各河道过水能力、距离淮河干流的河段长度和枯水径流传播时间和其他相关的研究报告,对研究范围内的枯水期蚌埠闸上和洪泽湖水源条件进行综合分析。

根据对蚌埠闸上区域水库、湖泊洼地和外调水等水源条件进行分析,干旱期可向蚌埠闸上调水的水源主要为安徽省境内的城东湖、瓦埠湖、高塘湖、茨河等上游沿淮湖泊洼地,蚌埠闸下河道蓄水,以及梅山水库、响洪甸水库和佛子岭水库;河南省境内的宿鸭湖水库、南湾水库和鲇鱼山水库等重点大型水库;江苏省境内的洪泽湖、高邮湖和骆马湖;跨流域调水为南水北调东线工程等水源。根据对洪泽湖区域周边水源条件分析,干旱期可向洪泽湖调水的水源主要为江苏省境内骆马湖、高邮湖等湖泊蓄水;安徽省境内的花园湖和蚌埠闸上蓄水;跨流域调水为南水北调东线工程等水源。根据淮河干支流的相互关系,为了清楚表示蚌埠闸上和洪泽湖与各水源的相互关系,根据淮河干支流之间的水流方向及其拓扑结构对淮河骨干水库群和湖泊进行系统概化,见图 5.4.1。

5.4.1　蚌埠闸上枯水期主要水源

通过对蚌埠闸上干旱预警指标分析,确定蚌埠闸上干旱预警指标分别为 15.5 m,结合蚌埠闸上用水户需水计算,计算不同干旱等级条件下的蓄水量与缺水情况,蚌埠闸上正常蓄水最低水位采用旱限水位为 16.7 m,最低限制水位为 15.0 m,当水位降至 15.0 m,蚌埠闸上无可利用量。根据淮河干流蚌埠闸上应急调度可供水量,计算得到不同干旱预警条件下的水量调节计算表,得出相应水位下的蓄水量、需水量及缺水量,再结合各种水位指标下蚌埠闸上各类用水需求,得出无外调水源时蚌埠闸上不同干旱等级条件下蓄水量的可利用时间。依据各水源距蚌埠闸距离,分析其传播时间,从时间上分析水源可供水的可行性。

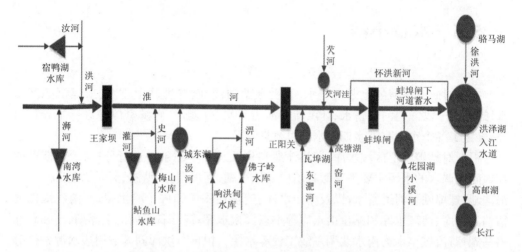

图 5.4.1 蚌埠闸上和洪泽湖主要水源分布简图

本节水源仅对在 2001 年发生的干旱期进行分析,但淮河流域水资源具有年内分配不均、年际变化剧烈的特点,因此 2001 年所分析干旱期无水可利用的水源,不排除在实际需调水的相应年份有水可利用,而高塘湖区域用水较为紧张,经分析高塘湖水源不可利用。在干旱期,调水部门可优先考虑文中已分析的可利用水源进行调水。

综上所述,干旱期可向蚌埠闸上调水的水源主要为城东湖、瓦埠湖、芡河、蚌埠闸下河道蓄水、梅山水库、响洪甸水库、佛子岭水库、宿鸭湖水库、南湾水库、鲇鱼山水库、洪泽湖、高邮湖、骆马湖和长江等水源。

5.4.2 洪泽湖枯水期主要水源

根据对洪泽湖干旱预警指标的分析,确定洪泽湖干旱预警指标分别为 10.6 m。结合洪泽湖周边用水户需水计算,计算不同干旱等级条件下的蓄水量与缺水情况,洪泽湖最低蓄水水位为 11.8 m,最低限制水位为 10.3 m。当水位降至 10.6 m,洪泽湖无可利用量。根据淮河干流洪泽湖应急调度可供水量,计算得到不同干旱预警条件下的水量调节计算表,得出相应水位下的蓄水量、需水量及缺水量,再结合各种水位指标洪泽湖各类用水需求,得出无外调水源时洪泽湖不同干旱等级条件下蓄水量的可利用时间。依据各水源距洪泽湖距离,分析其调水的传播时间,从时间上来分析水源可供水的可行性。

本节仅对在 2001 年发生的干旱期进行分析,但淮河流域水资源具有年内分配不均、年际变化剧烈的特点,因此 2001 年所分析干旱期无水可利用的水源,不排除在实际需调水的相应年份有水可利用,而花园湖区域用水较为紧张,经分析花园湖水源不可利用。在干旱期,可优先考虑文中已分析的可利用水源进行调水。

综上所述,干旱期可向洪泽湖调水的水源主要为骆马湖、高邮湖、蚌埠闸上蓄水和长江等水源。

5.5　本章小结

主要对研究区域的上游大型水库、沿淮湖泊洼地、蚌埠闸上蓄水、采煤沉陷区蓄水、蚌埠闸—洪泽湖河道蓄水、怀洪新河河道蓄水、外调水、雨洪资源等进行了分析研究,确定了各个水源在枯水期供水的可行性。

根据对蚌埠闸上区域水库、湖泊洼地和外调水等水源条件进行分析,干旱期可向蚌埠闸上调水的水源主要为安徽省境内的城东湖、瓦埠湖、高塘湖、芡河等上游沿淮湖泊洼地,蚌埠闸下河道蓄水,以及梅山水库、响洪甸水库和佛子岭水库;河南省境内的宿鸭湖水库、南湾水库和鲇鱼山水库等重点大型水库;江苏省境内的洪泽湖、高邮湖和骆马湖;跨流域调水为南水北调东线工程等水源。根据对洪泽湖区域周边水源条件分析,干旱期可向洪泽湖调水的水源主要为江苏省境内骆马湖、高邮湖等湖泊蓄水;安徽省境内的花园湖和蚌埠闸上蓄水;跨流域调水为南水北调东线工程等水源。

6 重点控制断面规划年来水量预测

重点控制断面规划年的来水量是水资源供需平衡分析的重要基础,是枯水期水量合理配置的技术依据。对不同时期不同枯水期频率组合淮干来水量以及对淮河中游枯水期各控制断面不同典型年来水量及可利用量进行了研究,重点通过建立临淮岗以上来水分析模型,对不同水平年各断面规划来水量进行模拟计算与分析。

6.1 规划来水量预测

6.1.1 淮干临淮岗以上规划来水分析模型

根据淮河临淮岗以上的现状用水状况,提出淮河干流临淮岗以上区域现状(2012年)和规划水平年(2020年)50%,75%和95%以及多年平均保证率典型年规划来水量,为确定区域内用水控制目标和下游淮河干流枯水期水量分配与调度提供基本依据。

6.1.1.1 研究方法

规划来水是指某一河道断面在某规划水平年遇不同典型年可能的下泄水量,主要计算方法有天然径流法和实测径流法(或称耗水增量法),其中两种方法的计算公式如下:

天然径流法

$$W_{规划} = W_{天然} - W_{规耗} \pm \Delta W_{蓄} \tag{6.1.1}$$

实测径流法

$$W_{规划} = W_{实测} - \Delta W_{耗} \tag{6.1.2}$$

式中,$W_{规划}$ 为某规划水平年的规划来水量;$W_{天然}$ 为还原后的天然河川径流量;$W_{规耗}$ 为某规划水平年的耗水量;$\Delta W_{蓄}$ 为规划水平年河库蓄变量;$W_{实测}$ 为河道的实测径流量;$\Delta W_{耗}$ 为实测年与规划年耗水量的增加量。

上述两种方法都遵循水量平衡原理。天然径流法是较好的常用方法,具有直观的优点,但是计算工作量大,首先需要进行天然径流还原,再进行规划水平年的生活、农业、工业等用水、耗水计算。实测径流法的优点是计算简单,可操作性强,缺点是用水受来水量、国民经济需水的影响变化大,对规划水平年耗水增加量趋势分析难度大。

6.1.1.2 典型年选取

临淮岗以上主要控制断面各年的来水量存在随机性,年内、年际丰枯变化很大,若仅采取某一特定年份或多年平均的情况进行分析,结果一般会存在不合理性或者没有代表性,因此本次研究采用 1956~2012 年长系列资料,选取 95%,75%和 50%以及多年平均保证率典型年份对临淮岗以上规划来水量进行分析。

根据临淮岗坝址断面以上大坡岭、长台关、息县、淮滨等 44 个雨量站的 1956~2012 年降雨资料,采用算术平均的方法计算得到临淮岗工程以上历年平均面雨量(灌溉年),并对其进行经验频率排频,见表 6.1.1。

表 6.1.1 临淮岗以上历年平均面雨量经验频率表

序号	年 份	年雨量 (mm)	经验频率	序号	年 份	年雨量 (mm)	经验频率
1	1981~1982	1 418.8	2.0%	25	1964~1965	1 032.0	51.0%
2	1990~1991	1 396.0	4.1%	26	1957~1958	1 002.7	53.1%
3	1962~1963	1 380.4	6.1%	27	1971~1972	996.2	55.1%
4	1986~1987	1 374.8	8.2%	28	1992~1993	986.0	57.1%
5	1997~1998	1 344.2	10.2%	29	1989~1990	983.0	59.2%
6	1974~1975	1 336.0	12.2%	30	1984~1985	958.3	61.2%
7	2002~2003	1 306.3	14.3%	31	1996~1997	950.6	63.3%
8	1968~1969	1282.8	16.3%	32	1969~1970	945.0	65.3%
9	1983~1984	1 276.4	18.4%	33	1985~1986	930.3	67.3%
10	2001~2002	1 218.3	20.4%	34	1994~1995	924.4	69.4%
11	1999~2000	1 203.7	22.4%	35	2003~2004	912.5	71.4%
12	1979~1980	1 198.3	24.5%	36	1987~1988	855.0	73.5%
13	1967~1968	1 169.8	26.5%	37	1975~1976	844.5	75.5%
14	1995~1996	1 161.8	28.6%	38	1973~1974	838.8	77.6%
15	1959~1960	1 144.5	30.6%	39	1958~1959	822.8	79.6%
16	1963~1964	1 124.2	32.7%	40	1980~1981	805.4	81.6%
17	1978~1979	1 110.8	34.7%	41	1993~1994	803.0	83.7%
18	1972~1973	1 106.1	36.7%	42	1956~1957	784.0	85.7%
19	1970~1971	1 078.1	38.8%	43	1960~1961	748.4	87.8%
20	1982~1983	1 076.6	40.8%	44	1977~1978	734.1	89.8%
21	1976~1977	1 072.0	42.9%	45	1991~1992	727.4	91.8%
22	1988~1989	1 060.4	44.9%	46	2000~2001	659.5	93.9%
23	1966~1967	1 050.1	46.9%	47	1965~1966	613.3	95.9%
24	1961~1962	1 035.9	49.0%	48	1998~1999	588.5	98.0%

根据临淮岗工程以上 1956～2012 年实测径流量系列资料,按照灌溉年径流量进行经验排频,见表 6.1.2。

表 6.1.2　临淮岗以上历年径流量经验频率表

序号	年　份	年径流量 （万 m³）	经验频率	序号	年　份	年径流量 （万 m³）	经验频率
1	2002～2003	2 456 409	2.0%	25	1969～1970	1 107 836	51.0%
2	1990～1991	2 416 344	4.1%	26	1959～1960	1 103 838	53.1%
3	1962～1963	2 369 714	6.1%	27	1996～1997	1 099 656	55.1%
4	1981～1982	2 342 018	8.2%	28	2000～2001	992 197.7	57.1%
5	1983～1984	2 091 577	10.2%	29	1976～1977	977 813.2	59.2%
6	1963～1964	1 989 389	12.2%	30	1985～1986	929 263.1	61.2%
7	1986～1987	1 988 608	14.3%	31	1975～1976	92 8031	63.3%
8	1974～1975	1 936 246	16.3%	32	1956～1957	844 064.9	65.3%
9	1979～1980	1 904 057	18.4%	33	1958～1959	843 056.6	67.3%
10	1997～1998	1 861 384	20.4%	34	1978～1979	765 067.7	69.4%
11	1968～1969	1 824 889	22.4%	35	1987～1988	738 786.5	71.4%
12	1984～1985	1 506 531	24.5%	36	1992～1993	730 773.8	73.5%
13	1982～1983	1 504 562	26.5%	37	1961～1962	714 249.8	75.5%
14	1988～1989	1 410 423	28.6%	38	1973～1974	675 408.7	77.6%
15	1964～1965	1 409 181	30.6%	39	1957～1958	597 902.7	79.6%
16	1971～1972	1 369 447	32.7%	40	1994～1995	562 618.7	81.6%
17	1967～1968	1 330 748	34.7%	41	1980～1981	528 405.1	83.7%
18	2003～2004	1 291 845	36.7%	42	1966～1967	480 801.1	85.7%
19	1970～1971	1 255 421	38.8%	43	1993～1994	468 099.6	87.8%
20	1995～1996	1 245 619	40.8%	44	1991～1992	457 224.5	89.8%
21	1972～1973	1 238 125	42.9%	45	1977～1978	442 249.6	91.8%
22	2001～2002	1 234 790	44.9%	46	1960～1961	407 128.9	93.9%
23	1989～1990	1 143 927	46.9%	47	1965～1966	281 079.9	95.9%
24	1999～2000	1 123 761	49.0%	48	1998～1999	222 812.6	98.0%

根据对临淮岗工程以上枯水年成果分析,影响研究区域内规划来水的主要因素是径流量的年内分配过程,而不是总量,因此在典型年的选取过程中,应充分考虑所选年份的径流量分配情况,选取分配不利的年份。

综上考虑,根据区间降水量,结合区间径流量以及径流量的年内分配过程,并考虑到临淮岗洪水控制不利影响的条件,选取保证率为95%,75%和50%以及多年平均对应典型年份为1998~1999年、1994~1995年、1989~1990年和2001~2002年。各典型年径流量的年内分配过程见图6.1.1、图6.1.2。

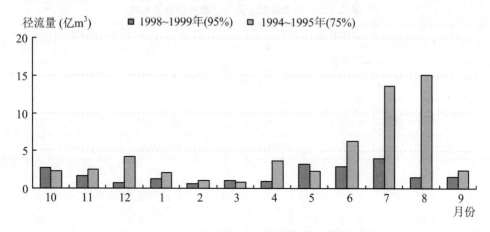

图 6.1.1　95%,75%典型年径流量年内分配过程图

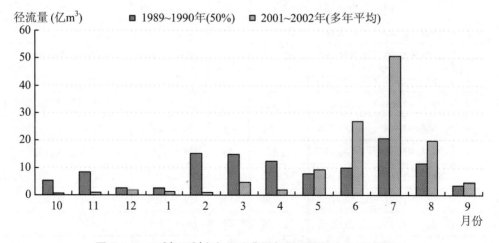

图 6.1.2　75%,50%多年平均典型年径流量年内分配过程图

6.1.1.3　技术路线

重点分析干流息县、淮滨、王家坝、润河集断面,支流班台、潢川、蒋家集断面,针对研究河段水资源状况以及水资源开发利用实际,充分利用已有的水资源规划、研究等成果,根据主要控制断面天然径流量系列资料以及现状水平年和规划水平年的耗水量资料,并考虑水利工程的用水需求,通过水利工程的蓄泄运用,对选用的系列资料进行调节计算,得到详细的不同水平年规划来水系列成果,并进行多方案分析比较。

利用 Mike Basin 模型建立临淮岗以上来水分析模型,以流域地图为背景图,概化河流系统,构建临淮岗以上来水分析研究系统网络,将研究范围内的息县、淮滨、王家坝、润河集、班台、潢川、蒋家集七个主要控制断面设置为主要研究节点,分别输入相关断面的降水、流量资料以及研究区用(耗)水资料,模型将根据水量平衡的原理,通过对各个节点产流、汇流计算,工程调度、水量平衡等方法,计算各个断面的下泄水量,同时依据不同规划水平年区域内的用水、耗水情况,对控制断面规划来水量进行模拟计算与分析,为临淮岗以上规划来水量的预测与分析成果提供检验与校正。

临淮岗以上规划来水分析研究技术路线见图 6.1.3。

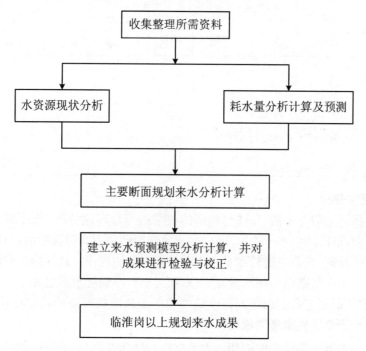

图 6.1.3 临淮岗以上规划来水分析研究技术路线图

6.1.1.4 耗水量预测

1. 资料收集与整理

耗水量为输水过程中通过蒸腾、蒸发、土壤吸收、产品吸收、人畜饮用等各种形式消耗掉的水量,而不能回归到地表水体或地下含水层的水量。本次研究只考虑地表水体的耗水量,主要包括农业灌溉耗水量、工业耗水量和生活耗水量。

根据《淮河流域及山东半岛水资源评价报告》及《淮河片水资源公报》中有关用水、耗水资料,统计淮河干流息县、淮滨、王家坝、润河集、临淮岗、班台、潢川以及蒋家集八个断面的耗水量,其中农业耗水量的资料系列为 1956～2012 年,而工业和生活耗水量的资料系列为 1980～2012 年(班台断面仅为 1993～2012 年)。临淮岗坝址断面以上多年平均耗水量为 14.7 亿 m³,耗水率为 57%,其中生活平均年耗水量为 0.29 亿 m³,耗水率为 21%;工业平均年耗水量为 0.42 亿 m³,耗水率为 29%;农业平均年耗水量为 14.31 亿 m³,耗水率为 68%(表 6.1.3)。

表 6.1.3　临淮岗坝址以上多年平均耗水量统计表

控制断面	生　活		工　业		农　业		合　计	
	耗水量 （亿 m³）	耗水率	耗水量 （亿 m³）	耗水率	耗水量 （亿 m³）	耗水率	耗水量 （亿 m³）	耗水率
息县	0.09	20%	0.13	28%	4.20	65%	4.32	55%
潢川	0.01	20%	0.01	29%	1.00	66%	1.01	57%
淮滨	0.09	20%	0.20	28%	7.03	66%	7.19	55%
班台	0.07	25%	0.09	32%	1.14	75%	1.19	61%
王家坝	0.16	21%	0.32	29%	9.81	66%	10.08	56%
蒋家集	0.10	24%	0.02	32%	2.52	85%	2.59	64%
润河集	0.29	21%	0.42	29%	13.58	68%	13.98	57%
临淮岗以上	0.29	21%	0.42	29%	14.31	68%	14.70	57%

2. 合理性分析

从耗水量的上游与下游、总体与局部的关系进行合理性分析,息县断面的耗水量小于淮滨断面,淮滨断面小于王家坝断面,王家坝断面小于润河集断面,润河集断面小于临淮岗坝址断面,符合上游耗水量小于下游耗水量的规律。息县断面与潢川断面的耗水量之和小于淮滨断面的耗水量,淮滨断面与班台断面耗水量之和小于王家坝断面耗水量,王家坝断面与蒋家集断面耗水量之和小于润河集断面的耗水量,因此也符合局部耗水量小于总体耗水量的规律。

从上游与下游各个断面间的相关关系进行合理性分析,息县与淮滨两个断面以上区域内的耗水量之间存在显著的相关关系,其相关系数为 0.97。同样,淮滨与王家坝、王家坝与润河集、润河集与临淮岗坝址等相关断面以上耗水量之间的相关关系也十分显著,相关系数均在 0.95 以上,尤其是润河集断面与临淮岗坝址断面间的关系接近于 1.0,则断面间的耗水量间相关关系曲线分别见图 6.1.4、图 6.1.5、图 6.1.6 和图 6.1.7。从上述分析看,本次临淮岗以上规划来水分析研究所采用的各个断面的耗水量数据是合理正确的。

3. 耗水量趋势分析

耗水量由生活耗水量、工业耗水量以及农业灌溉耗水量三个部分组成,其中农业灌溉耗水量与农业灌溉用水量一样,受降水时空分布影响较大,年际变化显著,耗水趋势不明显。同时考虑到《全国节约用水规划纲要》以及河南、安徽两省相关的节水政策,农业灌溉主要在节水和挖潜中发展,农业扩大灌溉面积的新增水量主要通过节约用水、种植结构调整或者用浅层地下水水源来解决,规划水平年农业灌溉用水量维持现状年用水量不变,因此,规划水平年（2020 年）的农业耗水量也维持在现状年耗水量的水平。

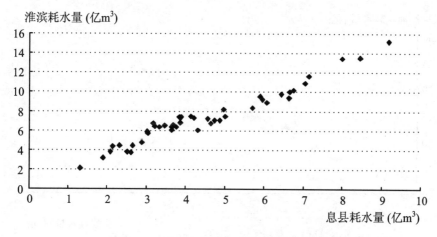

图 6.1.4 息县与淮滨耗水量相关关系曲线

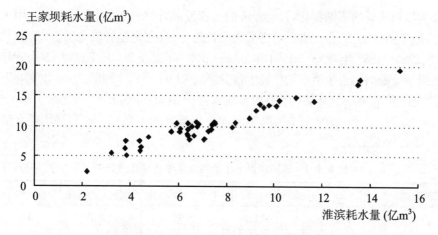

图 6.1.5 淮滨与王家坝耗水量相关关系曲线

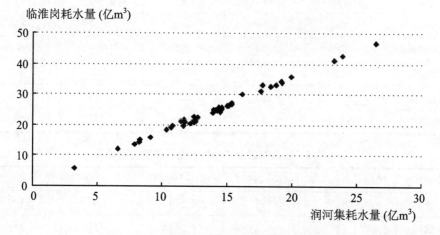

图 6.1.6 王家坝与润河集耗水量相关关系曲线

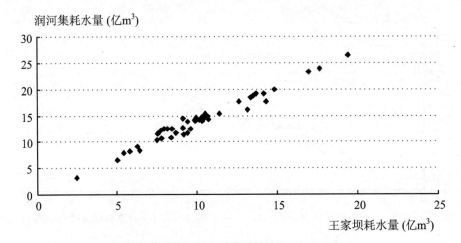

图 6.1.7　润河集与临淮岗耗水量相关关系曲线

随着城镇建设的不断深化,社会经济的高速发展,居民生活用水量和工业用水量不断增加,则生活耗水、工业耗水也随之呈现增长趋势,且变化趋势较为明显,其中 1980～1984 年、1985～1989 年、1990～1994 年、1995～1999 年以及 2000～2004 年 5 个五年系列的临淮岗坝址断面以上生活平均年耗水量分别为 2 004 万 m³,2 289 万 m³,2 678 万 m³,3 426 万 m³ 和 4 701 万 m³,工业平均年耗水量分别为 1 064 万 m³,1 859 万 m³,3 692 万 m³,6 928 万 m³ 和 8 596 万 m³,其他断面五年系列的生活和工业年平均耗水量分布见表 6.1.4、表 6.1.5。

表 6.1.4　临淮岗以上生活耗水量年代变化统计表　　　　单位:万 m³

控制断面	1980～1984 年	1985～1989 年	1990～1994 年	1995～1999 年	2000～2004 年
息县	473	604	762	1 008	1 433
潢川	35	55	72	104	148
淮滨	511	666	782	1 080	1 492
班台				611	859
王家坝	871	1 102	1 324	1 900	2 696
蒋家集	764	838	949	1 062	1 477
润河集	1 918	2 190	2 563	3 278	4 499
临淮岗以上	2 004	2 289	2 678	3 426	4 701

表 6.1.5　临淮岗以上工业耗水量年代变化统计表　　　　单位:万 m³

控制断面	1980～1984 年	1985～1989 年	1990～1994 年	1995～1999 年	2000～2004 年
息县	302	612	1 280	2 050	2 409
潢川	14	32	79	174	217
淮滨	445	877	1 824	3 135	3 745

续表

控制断面	1980～1984 年	1985～1989 年	1990～1994 年	1995～1999 年	2000～2004 年
班台	/	/	/	813	1 169
王家坝	501	1 111	2 684	5 356	6 560
蒋家集	28	67	160	397	552
润河集	1 019	1 779	3 533	6 630	8 226
临淮岗以上	1 064	1 859	3 692	6 928	8 596

从上表看出,生活耗水量和工业耗水量呈现逐年递增的趋势,尤其是进入 20 世纪 90 年代后,随着城市化建设的不断深化,社会经济的进一步发展,居民生活条件得到明显的改善,工业生产不断扩大,用水量增长迅猛,相应的居民生活和工业生产耗水量也随之迅速增长。而到 21 世纪初期,节能减排被大力提倡,不论是居民生活用水还是工业生产用水采取了节水、充分循环利用等有效措施,用水增长趋势有所缓解,耗水量也趋于稳定。临淮岗以上各个断面的生活和工业总耗水量的变化分别见图 6.1.8～图 6.1.15。

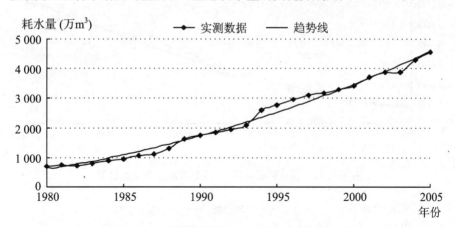

图 6.1.8 息县断面生活、工业总耗水量变化趋势图

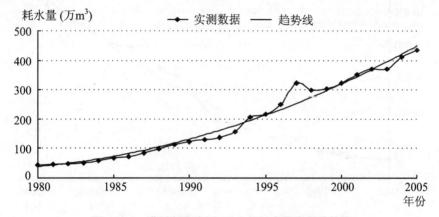

图 6.1.9 潢川断面生活、工业总耗水量变化趋势图

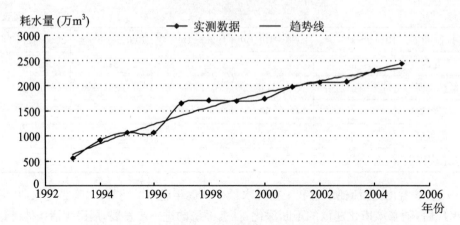

图 6.1.10　淮滨断面生活、工业总耗水量变化趋势图

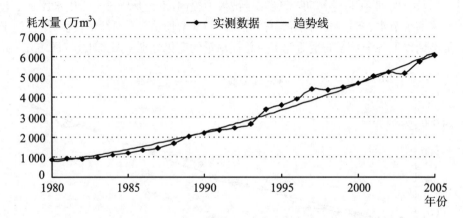

图 6.1.11　班台断面生活、工业总耗水量变化趋势图

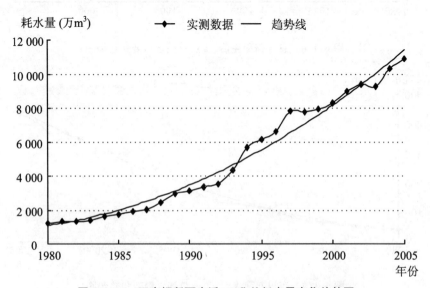

图 6.1.12　王家坝断面生活、工业总耗水量变化趋势图

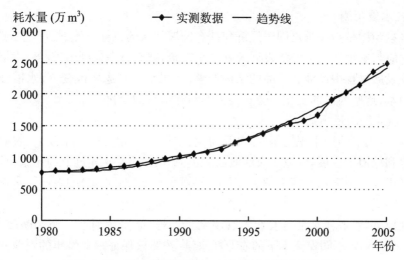

图 6.1.13 蒋家集断面生活、工业总耗水量变化趋势图

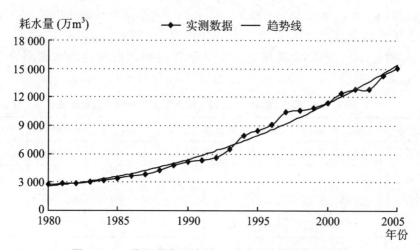

图 6.1.14 润河集断面生活、工业总耗水量变化趋势图

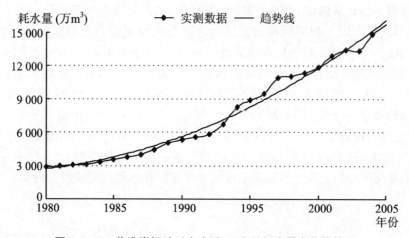

图 6.1.15 临淮岗坝址以上生活、工业总耗水量变化趋势图

4. 耗水量预测

耗水量预测是指在满足国民经济和社会发展需求的目标条件下所产生的耗水量。在预测中应与本地区社会经济发展规划紧密结合,并充分考虑到国民经济发展的不确定性以及发展过程中产业和产品的结构调整、人民消费观念的改变、节水措施的广泛应用等因素,这些因素的变化将会直接影响到耗水量的变化。

(1) 农业耗水量预测

根据《全国节约用水规划纲要》以及河南、安徽两省相关的节水政策,农业灌溉主要在节水和挖潜中发展,农业扩大灌溉面积的新增水量主要通过节约用水、种植结构调整或者用浅层地下水水源来解决,因此,规划水平年(2020 年)的农业耗水量维持现状年水平。

除此以外,农业耗水量与农业灌溉用水量一样,受降雨时空分布影响较大,因此 95%,75% 和 50% 不同保证率下的农业耗水量,按照该保证率典型年的农业耗水率计算,其中王家坝断面 95%,75%,50% 和多年平均保证率下的农业耗水量分别为 14.79 亿 m^3,13.54 亿 m^3,12.32 亿 m^3 和 12.07 亿 m^3,临淮岗坝址断面以上 95%,75%,50% 和多年平均保证率下的农业耗水量分别为 20.71 亿 m^3,18.95 亿 m^3,17.24 亿 m^3,16.90 亿 m^3。则临淮岗坝址以上其他控制断面的农业耗水预测成果表见表 6.1.6。

表 6.1.6　临淮岗坝址以上各个控制断面农业耗水量预测成果表　单位:亿 m^3

保 证 率	息县	潢川	淮滨	班台	王家坝	蒋家集	润河集	临淮岗
95%	4.25	0.99	7.73	5.44	14.79	2.37	18.78	20.71
75%	3.89	0.91	7.07	4.97	13.54	2.17	17.18	18.95
50%	3.54	0.82	6.44	4.52	12.32	1.97	15.63	17.24
多年平均	3.47	0.81	6.31	4.44	12.07	1.94	15.33	16.90

(2) 生活与工业耗水量预测

根据对生活耗水量、工业耗水量的趋势分析,以及河南和安徽两省的城市发展建设规划,对临淮岗以上控制断面的生活和工业总耗水量进行趋势预测,规划水平年 2012 年和 2020 年,国民经济进入稳定增长时期,居民生活用水、工业生产用水呈现稳定增长趋势,则耗水量也为增长趋势,但趋势较为缓慢。生活和工业耗水量不同于农业耗水量,它们不受降雨影响,因此不同保证率下的生活、工业耗水量是相等的。

通过趋势延展分析,王家坝断面以上现状水平年(2012 年)生活与工业总耗水量为 1.03 亿 m^3,规划水平年 2020 年则增至 2.34 亿 m^3;同理临淮岗坝址断面以上现状水平年 2012 年、规划水平年 2020 年生活与工业总耗水量分别为 2.09 亿 m^3 和 3.30 亿 m^3,临淮岗坝址以上其他控制断面规划水平年的耗水量预测成果见表 6.1.7。

表 6.1.7　临淮岗以上控制断面生活与工业总耗水量预测成果表　单位:亿 m³

水平年	息县	潢川	淮滨	班台	王家坝	蒋家集	润河集	临淮岗
2012 年	0.57	0.06	0.78	0.25	1.48	0.32	2.00	2.09
2020 年	0.85	0.10	1.17	0.50	2.34	0.53	3.15	3.30

（3）总耗水量预测

将以上预测的农业耗水量、生活与工业耗水量整理,则得到临淮岗以上各个控制断面不同规划水平年的总耗水量,详见表 6.1.8。

表 6.1.8　临淮岗以上控制断面总耗水量预测成果表　单位:亿 m³

水平年			息县	潢川	淮滨	班台	王家坝	蒋家集	润河集	临淮岗
2012	生活与工业		0.57	0.06	0.78	0.25	1.48	0.32	2.00	2.09
	农业	50%	4.25	0.99	7.73	5.44	14.79	2.37	18.78	20.71
		75%	3.89	0.91	7.07	4.97	13.54	2.17	17.18	18.95
		95%	3.54	0.82	6.44	4.52	12.32	1.97	15.63	17.24
		多年平均	3.47	0.81	6.31	4.44	12.07	1.94	15.33	16.90
	合计	50%	4.83	1.05	8.51	5.69	16.28	2.70	20.78	22.81
		75%	4.46	0.97	7.86	5.22	15.02	2.49	19.19	21.05
		95%	4.11	0.88	7.22	4.77	13.80	2.30	17.64	19.34
		多年平均	4.04	0.87	7.09	4.69	13.55	2.26	17.33	19.00
2020	生活与工业		0.85	0.10	1.17	0.50	2.34	0.53	3.15	3.30
	农业	50%	4.25	0.99	7.73	5.44	14.79	2.37	18.78	20.71
		75%	3.89	0.91	7.07	4.97	13.54	2.17	17.18	18.95
		95%	3.54	0.82	6.44	4.52	12.32	1.97	15.63	17.24
		多年平均	3.47	0.81	6.31	4.44	12.07	1.94	15.33	16.90
	合计	50%	5.10	1.09	8.90	5.94	17.13	2.91	21.93	24.01
		75%	4.74	1.00	8.24	5.47	15.87	2.70	20.34	22.25
		95%	4.39	0.92	7.61	5.02	14.65	2.51	18.79	20.54
		多年平均	4.32	0.90	7.18	4.94	14.41	2.47	18.48	20.20

6.1.1.5　规划来水量分析计算

规划来水量是指河道断面在规划水平年(2020 年),在供水工程下,根据各用水部门耗水情况,按照不同保证率典型年(95%,75%,50%和多年平均)的来水条件,分析河道断面可能的来水量。本次研究采用实测径流法(或称耗水增量法),即河道断面的规划来水量为河道的实测径流量减去实测年与规划年耗水量的增加量,具有计算简单,可操作性强的优点,但是受国民经济发展对水资源的需求变化的影响较大。

1. 现状水平年(2012 年)规划来水量

(1) 耗水增量

根据实测径流计算方法,河道断面现状水平年不同保证率的耗水增量应为不同保证率的 2012 年耗水量与不同保证率典型年实测耗水量之差。由现状水平年 2012 年 95%,75%,50% 和多年平均不同保证率下的预测耗水量以及保证率所对应的各个典型年 1998~1999 年、1994~1995 年、1989~1990 年和 2001~2002 年的实测耗水量,可计算得临淮岗以上各个控制断面 2012 年不同保证率的耗水增量,详见表 6.1.9。其中临淮岗坝址以上各个控制断面的生活与工业耗水增量均为正值,而农业耗水增量仍然存在个别断面为负值的情况。近期规划水平年农业耗水增量仍然在总耗水增量中占有较大比重,从而导致总的耗水增量与农业耗水增量情况一致。

现状水平年 2012 年临淮岗坝址以上 95% 保证率下总耗水增量为 3.60 亿 m³(其中生活与工业耗水增量为 0.97 亿 m³,农业耗水增量为 2.64 亿 m³)、75% 保证率下总耗水增量为 4.81 亿 m³(其中生活与工业耗水增量为 1.22 亿 m³,农业耗水增量为 3.59 亿 m³)、50% 保证率下总耗水增量为 3.68 亿 m³(其中生活与工业耗水增量为 1.57 亿 m³,农业耗水增量为 2.11 亿 m³)、多年平均保证率下总耗水增量为 5.29 亿 m³(其中生活与工业耗水增量为 0.76 亿 m³,农业耗水增量为 4.53 亿 m³),其他各断面的近期规划水平年的耗水增量见表6.1.9。

表 6.1.9 2012 年临淮岗以上控制断面耗水增量表   单位:万 m³

保 证 率		息县	潢川	淮滨	班台	王家坝	蒋家集	润河集	临淮岗
95%	生活与工业	2 483	294	3 380	852	6 900	1 658	9 239	9 654
	农业	−20 219	548	−11 625	34 831	36 283	−11 870	25 259	26 394
	小计	−17 737	842	−8 246	35 682	43 184	−10 212	34 497	36 048
75%	生活与工业	3 021	380	4 281	1 521	8 810	1 955	11 666	12 190
	农业	5 040	−362	10 366	38 021	37 496	−4 309	34 341	35 885
	小计	8 061	18	14 647	39 542	46 306	−2 355	46 007	48 075
50%	生活与工业	4 035	474	5 661	2 537	11 725	2 219	14 986	15 659
	农业	−1 652	−3 984	−7 254	41 167	29 635	−5 628	20 231	21 140
	小计	2 383	−3 510	−1 593	43 704	41 360	−3 409	35 217	36 799
多年平均	生活与工业	1 899	230	2 625	495	5 523	1 228	7 291	7 618
	农业	5 776	847	13 616	34 001	42 617	−1 950	43 361	45 310
	小计	7 675	1 076	16 241	34 496	48 140	−722	50 652	52 929

（2）规划年来水量

根据实测径流计算方法，按照近期规划水平年不同保证率下耗水情况分别对各典型年进行修正，从而求得不同保证率下的规划来水量，即 2012 年规划来水量为不同保证率典型年的实测径流量减去相应频率的耗水增量。同样，若典型年中出现月实测径流量小于该月耗水增量的情况，则将该月的规划来水量考虑以零计。2012 年临淮岗以上控制断面 95%，75%，50% 和多年平均保证率的规划来水量，采用 1998～1999年、1994～1995 年、1989～1990 年和 2001～2002 年的实测径流量，减去近期规划水平年 2012 年相应保证频率 95%，75%，50% 和多年平均的耗水增量。其中 2012 年王家坝断面 95%，75%，50% 和多年平均保证率的规划来水量分别为 15.99 亿 m³，38.66 亿 m³，70.62 亿 m³，97.64 亿 m³；临淮岗断面 95%，75%，50% 和多年平均保证率的规划来水量分别为 18.71 亿 m³，51.45 亿 m³，110.87 亿 m³，135.44 亿 m³，其他各个控制断面近期规划水平年规划来水量成果见表 6.1.10。

表 6.1.10　2012 年临淮岗以上控制断面规划来水量成果表　单位：亿 m³

保证率	息县	潢川	淮滨	班台	王家坝	蒋家集	润河集	临淮岗
95%	9.88	4.44	12.32	3.39	15.99	6.76	18.83	18.71
75%	21.59	6.37	32.69	1.07	38.66	8.62	51.66	51.45
50%	32.47	11.30	47.33	19.95	70.62	20.86	110.87	110.71
多年平均	45.34	8.35	54.66	35.41	97.64	14.91	135.98	135.44

（3）成果分析

① 地区分布

近期规划水平年临淮岗以上控制断面的规划来水量的地区分布与现状水平年的情况基本类似，王家坝断面的规划来水仍占临淮岗坝址断面来水量的 70%～80%；淮滨断面的规划来水量占王家坝断面的规划来水量中的 60%～80%；息县断面的规划来水量占淮滨断面的来水量的 70% 左右。临淮岗以上 2012 年的规划来水量仍为南部大于北部，山区大于平原。

② 年内分配

临淮岗以上控制断面的 2012 年规划来水量的年内分配过程与现状水平 2004 年的规划来水量的年内分配情况基本一致，来水量主要集中于汛期 6～9 月。

淮河干流以及南部支流来水量较为充沛，均未出现月规划来水量为零的情况；北部支流（班台断面）来水量变化较大，在平水年份和枯水年份出现了个别月份来水量为零的情况，情况与 2004 年相似。2012 年临淮岗以上淮河干流及主要支流控制断面 95%，75%，50% 和多年平均保证率的规划来水过程见图 6.1.16～图 6.1.23。

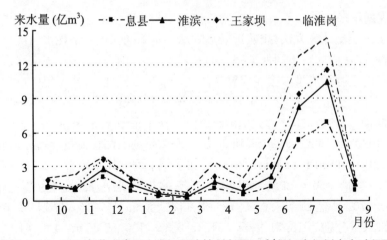

图6.1.16 2012年临淮岗以上淮河干流控制断面95%保证率规划来水过程图

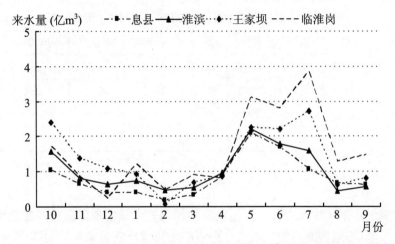

图 6.1.17 2012 年临淮岗以上淮河干流控制断面 75%保证率规划来水过程图

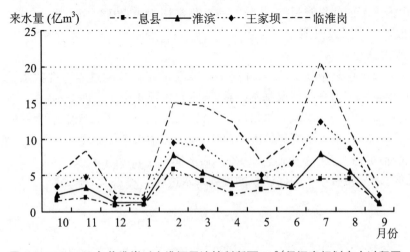

图 6.1.18 2012 年临淮岗以上淮河干流控制断面 50%保证率规划来水过程图

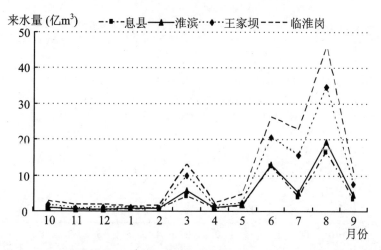

图 6.1.19　2012 年临淮岗以上淮河干流控制断面多年平均保证率规划来水过程图

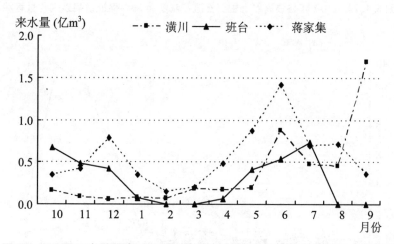

图 6.1.20　2012 年临淮岗以上主要支流控制断面 95% 保证率规划来水过程图

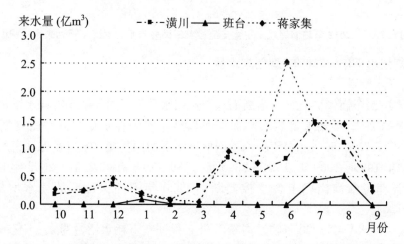

图 6.1.21　2012 年临淮岗以上主要支流控制断面 75% 保证率规划来水过程图

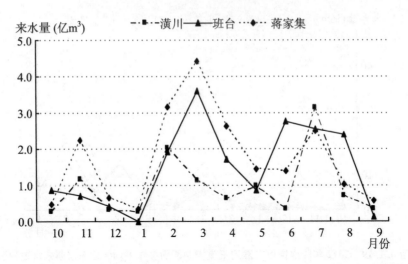

图 6.1.22　2012 年临淮岗以上主要支流控制断面 50%保证率规划来水过程图

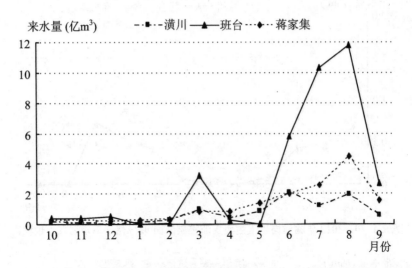

图 6.1.23　2012 年临淮岗以上主要支流控制断面多年平均保证率规划来水过程图

2. 规划水平年(2020 年)规划来水量

(1) 耗水增量

根据实测径流计算方法,河道断面远期规划水平年不同保证率的耗水增量应为不同保证率的 2020 年耗水量与不同保证率典型年实测耗水量之差。由规划水平年 2020 年 95%、75%、50%和多年平均不同保证率下的预测耗水量以及保证率所对应的各个典型年 1998~1999 年、1994~1995 年、1989~1990 年和 2001~2002 年的实测耗水量,可计算得临淮岗以上各个控制断面 2020 年不同保证率的耗水增量,详见表6.1.11。

远期规划水平年 2020 年临淮岗断面 95%保证率下耗水增量为 4.81 亿 m³(其中生活与工业耗水增量为 2.17 亿 m³,农业为 2.64 亿 m³)、75%保证率下耗水增量为 6.01 亿 m³(其中生活与工业耗水增量为 2.42 亿 m³,农业为 3.59 亿 m³)、50%保证下耗水增量为 4.88 亿 m³（其中生活与工业耗水增量为 2.77 亿 m³，农业为 2.11 亿 m³），多年平均保证率下耗水增量为 6.50 亿 m³（其中生活与工业耗水增量为 1.96 亿 m³，农业为 4.53 亿 m³）。

表 6.1.11　2020 年临淮岗以上控制断面耗水增量表　　　　单位：万 m³

保证率		息县	潢川	淮滨	班台	王家坝	蒋家集	润河集	临淮岗
95%	生活与工业	5 251	654	7 258	3 290	15 441	3 747	20 744	21 676
	农业	−20 219	548	−11 625	34 831	36 283	−11 870	25 259	26 394
	小计	−14 969	1 202	−4 368	38 120	51 725	−8 123	46 002	48 069
75%	生活与工业	5 789	740	8 159	3 959	17 351	4 044	23 171	24 212
	农业	5 040	−362	10 366	38 021	37 496	−4 309	34 341	35 885
	小计	10 829	378	18 525	41 980	54 847	−266	57 512	60 097
50%	生活与工业	6 803	834	9 539	4 975	20 266	4 308	26 491	27 681
	农业	−1 652	−3 984	−7 254	41 167	29 635	−5 628	20 231	21 140
	小计	5 151	−3 150	2 285	46 142	49 901	−1 320	46 722	48 821
多年平均	生活与工业	4 667	590	6 503	2 933	14 064	3 317	18 796	19 640
	农业	5 776	847	13 616	34 001	42 617	−1 950	43 361	45 310
	小计	10 443	1 436	20 119	36 934	56 681	1 367	62 157	64 950

其中 8 个控制断面的生活与工业耗水增量均为正值，而农业耗水增量仍然有部分断面负值。由于规划水平年农业耗水量保持现状年的水平不变，因此耗水增量没有变化，但是随着第二、三产业的快速发展，居民生活水平的提高，生活与工业的耗水量快速增长，耗水增量在总耗水增量中的比重不断提高，而农业耗水增量在总耗水增量中的主导作用逐渐减弱。

（2）规划来水量

根据实测径流计算方法，按照远期规划水平年 2020 年不同保证率下耗水情况分别对各典型年进行修正，从而求得不同保证率下的规划来水量，即远期规划水平年 2020 年规划来水量为不同保证率典型年的实测径流量减去相应频率的耗水增量。同样，若典型年中出现月实测径流量小于该月耗水增量的情况，则将该月的规划来水量考虑以零计。2020 年临淮岗以上控制断面 95%，75%，50% 和多年平均保证率的规划来水量，采用 1998～1999 年、1994～1995 年、1989～1990 年和 2001～2002 年的实测径流量，减去远期规划水平年 2020 年相应保证频率 95%，75%，50% 和多年平均的耗水增量。其中 2020 年王家坝断面 95%，75%，50% 和多年平均保证率的规划来水量分别为 15.14 亿 m³，37.80 亿 m³，69.77 亿 m³，96.78 亿 m³；临淮岗坝址断面 95%，75%，50% 和多年平均保证率的规划来水量分别为 17.51 亿 m³，50.25 亿 m³，109.51 亿 m³，134.24 亿 m³，其他各个控制断面远期规划水平年规划来水量成果见表 6.1.12。

表 6.1.12　　2020 年临淮岗以上控制断面规划来水量成果表　　　　单位:亿 m³

保 证 率	息 县	潢 川	淮 滨	班 台	王家坝	蒋家集	润河集	临淮岗
95%	9.61	4.40	11.93	3.23	15.14	6.55	17.68	17.51
75%	21.31	6.33	32.30	0.99	37.80	8.41	50.51	50.25
50%	32.19	11.26	46.94	17.73	69.77	20.65	109.72	109.51
多年平均	45.07	8.31	54.27	35.20	96.78	14.70	134.83	134.24

(3)成果分析

① 地区分布

规划水平年 2020 年临淮岗以上控制断面的规划来水量的地区分布与现状水平年的情况基本类似,王家坝断面的规划来水仍占润河集断面来水量的 60%～80%;淮滨断面的规划来水量占王家坝断面的规划来水量中的 70%～80%;息县断面的规划来水量占淮滨断面的来水量的 70%左右。临淮岗以上 2020 年的规划来水量仍为南部大于北部,山区大于平原。

② 年内分配

临淮岗以上控制断面的 2020 年规划来水量的年内分配过程与现状水平年的规划来水量的年内分配情况基本一致,来水量主要集中于汛期 6～9 月。规划水平年 2020 年各个控制断面仍然基本保持 10～12 月规划来水量呈递减趋势,1～4 月的规划来水量最小,从 5 月开始呈现增长趋势,最大规划来水量出现在 7 月、8 月。

规划水平 2020 年淮河干流以及南部支流来水量较为充沛,月规划来水量均大于零;仅有淮河北部支流(班台断面)来水量变化较大,在平水年份和枯水年份月际来水量变化更为剧烈,甚至出现了个别月份来水量为零的情况,其中 1998～1999 典型年(95%)的 2 月、3 月、8 月、9 月来水量为零,1994～1995 典型年(75%)除 1 月、2 月、7 月、8 月外的其他月份规划来水量均为零。

2020 年临淮岗以上淮河干流及主要支流控制断面 95%,75%,50%和多年平均保证率的规划来水过程见图 6.1.24～图 6.1.31。

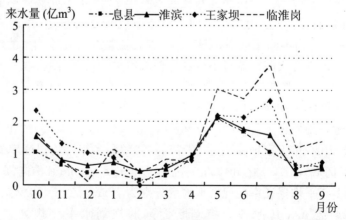

图6.1.24　2020 年临淮岗以上淮河干流控制断面 95%保证率规划来水过程图

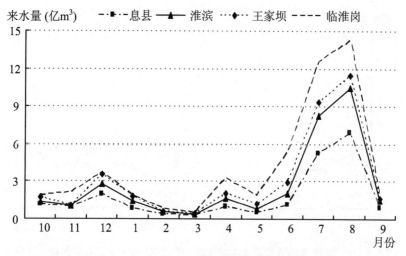

图 6.1.25　2020 年临淮岗以上淮河干流控制断面 75％保证率规划来水过程图

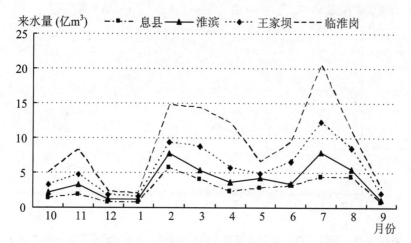

图 6.1.26　2020 年临淮岗以上淮河干流控制断面 50％保证率规划来水过程图

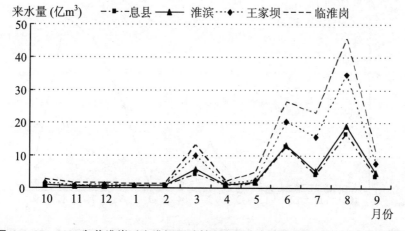

图 6.1.27　2020 年临淮岗以上淮河干流控制断面多年平均保证率规划来水过程图

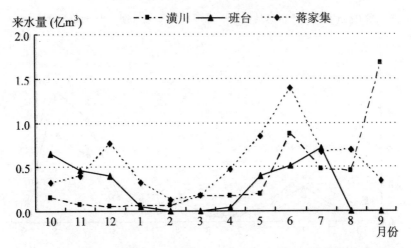

图 6.1.28　2020 年临淮岗以上主要支流控制断面 95％保证率规划来水过程图

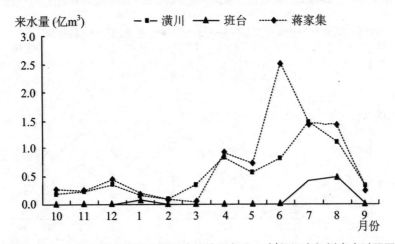

图 6.1.29　2020 年临淮岗以上主要支流控制断面 75％保证率规划来水过程图

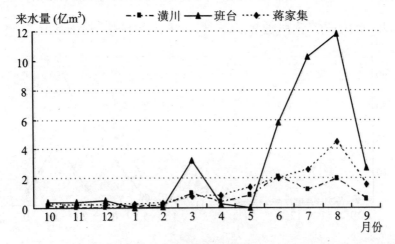

图 6.1.30　2020 年临淮岗以上主要支流控制断面 50％保证率规划来水过程图

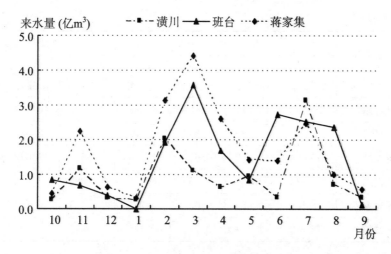

图 6.1.31　2020 年临淮岗以上主要支流控制断面多年平均保证率规划来水过程图

6.1.2　现状水平年断面规划来水

依据现状水平年耗水情况对各典型年实测径流量进行修正,即求得各典型年现状水平年规划来水量,现状水平年规划来水量为现状水平年不同频率实测径流量减去相应频率的耗水增量。

经计算,现状水平年淮干蚌埠站各典型年规划来水如下:50% 的典型年规划来水为 299.9 亿 m³,75% 的典型年规划来水为 214.3 亿 m³,95% 的典型年规划来水为 43.9 亿 m³。现状水平年省界控制断面现状来水量计算成果见表 6.1.13,其月分配过程见表 6.1.14。

表 6.1.13　淮干上中游及主要支流省界控制断面现状水平年规划来水量　单位:亿 m³

典型年 控制断面	50% 1982~ 1983 年	75% 1985~ 1986 年	95% 1977~ 1978 年	特枯年 1965~ 1966 年	连续枯水年 1975~ 1976 年	1976~ 1977 年	1977~ 1978 年
淮干息县站	35.136	18.353	12.732	6.995	25.727	32.77	12.732
淮干淮滨站	55.572	31.742	13.785	10.444	33.02	17.337	13.785
淮干蚌埠站	299.901	214.323	43.941	25.045	205.244	150.411	43.941
淮干中渡站	297.329	249.155	42.313	52.182	191.74	155.571	42.313
洪汝河班台站	19.957	12.671	10.879	4.106	19.091	17.579	10.879
涡河亳县站	0.82	6.719	5.404	0.382	14.165	10.221	5.404
潩河横排头站	44.479	41.36	21.131	22.783	39.732	30.975	21.131
史灌河蒋家集站	27.738	23.507	5.142	3.879	14.147	12.274	5.142

续表

控制断面 \ 典型年	50% 1982~ 1983年	75% 1985~ 1986年	95% 1977~ 1978年	特枯年 1965~ 1966年	连续枯水年		
					1975~ 1976年	1976~ 1977年	1977~ 1978年
颍河界首站	33.531	16.577	7.162	4.081	30.007	10.467	7.162
浍河临涣集站	1.35	2.339	0.833	0.402	1.458	2.639	0.833
池河明光站	6.733	5.657	0.652	1.414	5.505	2.022	0.652
泉河沈丘站	6.627	3.631	2.169	0.773	3.883	3.976	2.169
黑茨河邢老家站	0.308	0.689	0.034	0.379	0.168	0.189	0
沱河永城站	0.146	1.131	0.711	0.148	1.046	0.429	0.711

表 6.1.14　各控制断面典型年现状来水量月分配过程　　　　单位:亿 m³

断面	频率	10月	11月	12月	1月	2月	3月	4月	5月	6月	7月	8月	9月	年
班台	50%	1.5	0.7	0.6	0.4	0.4	0.5	0.3	0.3	1.7	6.4	3.1	3.9	20.0
	75%	4.6	2.1	0.7	0.6	0.1	0.1	0.2	0.1	0.4	0.4	0.2	3.2	12.7
	95%	0.6	1.8	1.0	0.5	0.4	0.5	0.4	0.1	2.7	2.0	0.2	0.6	10.9
亳州	50%	0.1	0.0	0.0	0.0	0.0	0.0	0.0	0.0	0.0	0.5	0.1	0.2	0.8
	75%	1.6	1.2	0.5	0.4	0.2	0.2	0.2	0.2	0.2	0.2	1.0	0.9	6.7
	95%	0.2	0.3	0.1							3.4	0.8	0.6	5.4
横排头	50%	0.8	0.9	0.7	1.2	0.5	0.6	3.4	4.8	6.4	17.6	4.6	2.9	44.5
	75%	5.1	2.3	0.5	0.5	1.1	1.2	3.7	5.9	5.3	8.2	5.1	2.6	41.4
	95%	2.3	0.5	0.2	0.4	1.4	1.6	3.3	6.1	3.9	0.7	0.4	0.4	21.1
淮滨	50%	2.6	2.5	2.5	0.8	0.6	0.7	0.7	0.4	4.4	29.1	4.3	7.0	55.6
	75%	4.4	2.3	0.8	1.2	0.9	0.8	0.6	1.5	2.3	11.0	2.4	3.6	31.7
	95%	1.5	2.0	0.6	0.7	0.6	0.6	0.1	0.0	4.0	0.7	2.5	0.5	13.8
蒋家集	50%	0.6	0.6	0.6	0.3	0.3	0.3	0.3	0.3	1.5	17.0	3.4	2.4	27.7
	75%	3.1	1.2	0.4	0.3	0.3	0.3	0.2	0.6	1.7	13.1	1.6	0.6	23.5
	95%	1.2	1.1	0.3	0.3	0.3	0.4	0.1	0.0	1.1	0.2	0.2	0.0	5.1
界首	50%	3.2	1.3	2.0	0.0	0.0	0.2	1.0	1.4	1.9	3.1	11.5	8.0	33.5
	75%	6.1	3.7	2.0	1.7	0.3	0.3	0.4	0.7	0.5	0.2	0.6		16.6
	95%	0.2	1.5	0.7	0.2	0.0	0.0	0.0	0.0	0.0	4.6	0.0	0.0	7.2

断面	频率	10月	11月	12月	1月	2月	3月	4月	5月	6月	7月	8月	9月	年
临涣集	50%	0.1	0.1	0.0	0.0	0.0	0.0	0.0	0.0	0.0	0.7	0.2	0.1	1.4
	75%	1.1	0.5	0.2	0.2	0.0	0.1	0.0	0.0	0.0	0.1	0.1	0.1	2.3
	95%	0.1	0.3	0.0	0.0	0.0	0.0	0.0	0.0	0.0	0.1	0.1	0.1	0.8
明光	50%	0.1	0.2	0.2	0.1	0.1	0.1	0.0	0.0	0.5	5.1	0.2	0.2	6.7
	75%	1.8	0.4	0.1	0.1	0.1	0.1	0.1	0.2	0.4	1.4	0.8	0.2	5.7
	95%	0.2	0.2	0.1	0.0	0.1	0.1	0.0	0.0	0.0	0.0	0.0	0.0	0.7
沈丘	50%	0.7	0.7	0.4	0.1	0.2	0.3	0.2	0.2	0.3	1.4	1.2	0.8	6.6
	75%	1.0	0.7	0.4	0.2	0.2	0.2	0.2	0.2	0.3	0.2	0.1	0.2	3.6
	95%	0.2	0.6	0.1	0.2	0.1	0.1	0.1	0.0	0.2	0.5	0.1	0.1	2.2
蚌埠	50%	38.6	12.4	12.9	2.6	1.5	2.6	3.2	4.7	14.7	85.0	80.7	41.1	299.9
	75%	44.0	42.9	11.1	6.5	3.3	2.0	1.2	4.2	10.4	50.7	25.8	12.4	214.3
	95%	15.0	12.2	3.8	2.1	2.1	2.1	0.0	0.0	0.0	6.7	0.0	0.0	43.9
息县	50%	1.9	2.2	1.8	0.6	0.3	0.5	0.5	0.6	2.9	16.0	2.7	5.3	35.1
	75%	3.2	1.5	0.4	0.6	0.5	0.6	0.3	1.0	1.3	5.2	1.0	2.6	18.4
	95%	1.2	1.8	0.5	0.6	0.4	0.4	0.2	0.1	4.3	0.6	2.0	0.5	12.7
邢老家	50%	0.1	0.1	0.0	0.0	0.0	0.0	0.0	0.0	0.0	0.0	0.0	0.0	0.3
	75%	0.2	0.2	0.1	0.0	0.0	0.0	0.0	0.0	0.0	0.0	0.0	0.0	0.7
	95%	0.0	0.0	0.0	0.0	0.0	0.0	0.0	0.0	0.0	0.0	0.0	0.0	0.0
永城	50%	0.1	0.0	0.0	0.0	0.0	0.0	0.0	0.0	0.0	0.1	0.0	0.0	0.1
	75%	0.6	0.3	0.1	0.0	0.0	0.0	0.0	0.0	0.0	0.0	0.0	0.0	1.1
	95%	0.0	0.0	0.0	0.0	0.0	0.0	0.0	0.0	0.0	0.4	0.3	0.0	0.7
中渡	50%	39.0	8.9	14.9	0.7	0.0	0.8	4.3	4.0	8.0	93.3	86.9	36.5	297.3
	75%	51.0	43.7	10.9	6.0	4.8	5.3	4.2	6.1	8.1	59.2	44.5	5.4	249.2
	95%	12.6	8.2	4.3	2.2	0.0	0.3	5.1	6.0	2.0	0.8	0.0	0.7	42.3

6.1.3　规划水平年断面规划来水

采用各典型年实测径流量,按规划水平年耗水情况对其进行修正,从而求得不同典型年的规划水平年来水量,规划水平年不同频率来水量为规划水平年不同频率实测径流量减去相应频率的耗水增量。

经计算,规划水平年淮干蚌埠站各典型年规划来水如下:50%的典型年规划来水为 293.9 亿 m³,75％的典型年规划来水为 208.3 亿 m³,95％的典型年规划来水为 40.6 亿 m³。规划水平年省界控制断面以上规划来水量计算成果见表 6.1.15,其月分配过程见表 6.1.16。

表 6.1.15　淮干上中游及主要支流省界控制断面规划水平年规划来水量　单位:亿 m³

控制断面＼典型年	50％ 1982～1983 年	75％ 1985～1986 年	95％ 1977～1978 年	特枯年 1965～1966 年	连续枯水年 1975～1976 年	1976～1977 年	1977～1978 年
淮干息县站	34.787	18.14	12.274	6.384	25.184	32.508	12.274
淮干淮滨站	54.972	31.142	13.237	10.006	32.42	16.673	13.237
淮干蚌埠站	293.901	208.323	40.595	21.385	199.244	147.129	40.595
淮干中渡站	290.298	241.155	35.948	46.16	183.74	149.965	35.948
洪汝河班台站	19.787	12.501	10.709	3.858	18.921	17.432	10.709
涡河亳县站	10.709	6.319	5.144	0.274	13.883	9.992	5.144
澧河横排头站	44.379	41.26	21.031	22.683	39.632	30.875	21.031
史灌河蒋家集站	27.438	23.207	4.917	3.699	13.847	12.01	4.917
颖河界首站	33.058	15.977	6.906	3.568	29.538	10.285	6.906
浍河临涣集站	1.214	2.196	0.681	0.341	1.334	2.557	0.681
池河明光站	6.686	5.587	0.642	1.392	5.435	1.952	0.642
泉河沈丘站	6.617	3.572	2.159	0.764	3.875	3.968	2.159
黑茨河邢老家站	0.299	0.679	0.029	0.369	0.164	0.18	0.029
沱河永城站	0.141	1.113	0.705	0.137	1.038	0.425	0.705

表 6.1.16　各控制断面典型规划水平年规划来水量月分配过程　单位:亿 m³

断面	频率	10 月	11 月	12 月	1 月	2 月	3 月	4 月	5 月	6 月	7 月	8 月	9 月	年
班台	50％	1.5	0.7	0.6	0.4	0.4	0.5	0.3	0.3	1.7	6.4	3.1	3.9	19.8
	75％	4.6	2.1	0.7	0.6	0.1	0.1	0.2	0.1	0.3	0.3	0.2	3.2	12.5
	95％	0.6	1.8	1.0	0.5	0.4	0.5	0.4	0.1	2.7	2.0	0.1	0.5	10.7
亳州	50％	0.0	0.0	0.0	0.0	0.0	0.0	0.0	0.0	0.5	0.0	0.0	0.1	0.7
	75％	1.6	1.1	0.5	0.4	0.2	0.2	0.2	0.2	0.0	0.2	0.9	0.8	6.3
	95％	0.2	0.2	0.1	0.0	0.0	0.0	0.0	0.0	0.0	3.4	0.8	0.5	5.1
横排头	50％	0.8	0.9	0.7	1.2	0.5	0.6	3.4	4.8	6.4	17.6	4.6	2.9	44.4
	75％	5.1	2.3	0.5	0.5	1.1	1.2	3.7	5.9	5.3	8.2	5.1	2.6	41.3
	95％	2.3	0.5	0.2	0.4	1.4	1.6	3.3	6.1	3.9	0.7	0.4	0.4	21.0

断面	频率	10 月	11 月	12 月	1 月	2 月	3 月	4 月	5 月	6 月	7 月	8 月	9 月	年
淮滨	50%	2.5	2.5	2.5	0.7	0.5	0.7	0.7	0.3	4.3	29.0	4.2	7.0	55.0
	75%	4.4	2.3	0.8	1.2	0.7	0.8	0.6	1.4	2.3	11.0	2.3	3.5	31.1
	95%	1.4	1.9	0.5	0.7	0.5	0.6	0.1	0.0	4.0	0.6	2.4	0.5	13.2
蒋家集	50%	0.6	0.6	0.6	0.4	0.3	0.3	0.2	0.2	1.4	17.0	3.4	2.4	27.4
	75%	3.1	1.2	0.4	0.3	0.3	0.3	0.2	0.6	1.6	13.0	1.6	0.6	23.2
	95%	1.2	1.1	0.3	0.3	0.3	0.4	0.1	0.0	1.0	0.1	0.1	0.0	4.9
界首	50%	3.1	1.3	2.0	0.0	0.0	0.1	0.9	1.3	1.9	3.1	11.5	7.9	33.1
	75%	6.0	3.6	1.9	1.7	0.2	0.3	0.2	0.4	0.6	0.5	0.1	0.5	16.0
	95%	0.1	1.4	0.7	0.2	0.0	0.0	0.0	0.0	0.0	4.5	0.0	0.0	6.9
临涣集	50%	0.1	0.1	0.0	0.0	0.0	0.0	0.0	0.0	0.0	0.7	0.2	0.1	1.2
	75%	1.1	0.5	0.2	0.2	0.0	0.0	0.0	0.0	0.0	0.0	0.0	0.1	2.2
	95%	0.1	0.3	0.1	0.0	0.0	0.0	0.0	0.0	0.0	0.1	0.0	0.0	0.7
明光	50%	0.1	0.2	0.2	0.1	0.1	0.1	0.0	0.0	0.5	5.0	0.2	0.2	6.7
	75%	1.8	0.4	0.1	0.1	0.1	0.1	0.1	0.0	0.3	1.4	0.8	0.2	5.6
	95%	0.2	0.2	0.1	0.0	0.1	0.1	0.0	0.0	0.0	0.0	0.0	0.0	0.6
沈丘	50%	0.7	0.7	0.4	0.1	0.2	0.3	0.2	0.2	0.3	1.4	1.2	0.8	6.6
	75%	1.0	0.7	0.2	0.2	0.2	0.2	0.2	0.2	0.3	0.2	0.0	0.2	3.6
	95%	0.2	0.6	0.1	0.2	0.1	0.1	0.0	0.0	0.2	0.5	0.1	0.1	2.2
蚌埠	50%	38.3	12.2	12.6	1.9	0.9	2.2	2.9	3.8	13.9	84.6	80.2	40.4	293.9
	75%	43.5	42.4	10.5	6.2	3.1	1.8	0.7	3.7	9.7	50.2	24.8	11.7	208.3
	95%	14.4	11.7	3.4	1.8	1.7	1.7	0.0	0.0	0.0	6.1	0.0	0.0	40.6
息县	50%	1.9	2.2	1.8	0.5	0.3	0.4	0.5	0.5	2.8	16.0	2.7	5.2	34.8
	75%	3.1	1.5	0.4	0.6	0.5	0.6	0.3	1.0	1.3	5.2	1.0	2.6	18.1
	95%	1.2	1.8	0.5	0.6	0.4	0.4	0.2	0.0	4.3	0.6	2.0	0.5	12.3
邢老家	50%	0.1	0.1	0.0	0.0	0.0	0.0	0.0	0.0	0.0	0.0	0.0	0.0	0.3
	75%	0.2	0.2	0.1	0.1	0.0	0.0	0.0	0.0	0.0	0.0	0.0	0.0	0.7
	95%	0.0	0.0	0.0	0.0	0.0	0.0	0.0	0.0	0.0	0.0	0.0	0.0	0.0
永城	50%	0.1	0.0	0.0	0.0	0.0	0.0	0.0	0.0	0.0	0.1	0.0	0.0	0.1
	75%	0.6	0.3	0.1	0.1	0.0	0.0	0.0	0.0	0.0	0.0	0.0	0.0	1.1
	95%	0.0	0.0	0.0	0.0	0.0	0.0	0.0	0.0	0.0	0.4	0.3	0.0	0.7

续表

断面	频率	10 月	11 月	12 月	1 月	2 月	3 月	4 月	5 月	6 月	7 月	8 月	9 月	年
中渡	50%	38.5	8.6	14.5	0.0	0.0	0.3	3.9	2.8	7.0	92.9	86.3	35.6	290.3
	75%	50.3	43.1	10.2	5.7	4.5	5.0	3.5	5.4	7.2	58.6	43.1	4.5	241.2
	95%	11.7	7.5	3.8	1.8	0.0	0.0	4.4	5.3	1.4	0.0	0.0	0.0	35.9

6.1.4　特枯年和连续枯水年断面规划来水

在特枯年份 1965~1966 年和 1977~1978 年,淮干中渡断面现状水平年来水量分别是平水年份的 18.8% 和 16.2%;在特枯年份 1965~1966 年和 1977~1978 年,淮干中渡断面规划水平年来水量分别是平水年规划来水量的 17.7% 和 15.0%,是现状水平年平水年规划来水量的 17.4% 和 14.7%。

经计算,现状水平年淮干蚌埠站特枯年(1965~1966 年)规划来水为 25.0 亿 m³,特枯年(1977~1978 年)规划来水为 43.9 亿 m³。规划水平年淮干蚌埠站特枯年(1965~1966 年)规划来水为 21.4 亿 m³,特枯年(1977~1978 年)规划来水为 40.6 亿 m³。

特枯年和连续枯水年省界断面规划来水量计算成果见 4.1.3 中的分析表。

6.2　本章小结

根据淮河临淮岗以上的现状用水状况,建立了临淮岗以上规划来水分析模型,提出淮河干流临淮岗以上区域现状(2012 年)和规划水平年(2020 年)50%,75%,95% 以及多年平均保证率典型年规划来水量,为确定区域内用水控制目标和下游淮河干流枯水期水量分配与调度提供基本依据,为枯水期水量的合理配置提供技术支撑。

1. 临淮岗以上主要断面规划年来水量

临淮岗以上控制断面的规划来水量的地区分布中,王家坝断面的规划来水占润河集断面来水量的 60%~80%;淮滨断面的规划来水量占王家坝断面的规划来水量中的 70%~80%;息县断面的规划来水量占淮滨断面的来水量的 70% 左右。临淮岗以上的规划来水量为南部大于北部,山区大于平原。来水量主要集中于汛期 6~9 月。各个控制断面 10~12 月规划来水量呈递减趋势,1~4 月的规划来水量最小,从 5 月开始呈现增长趋势,规划来水量最大出现在 7 月、8 月。

2. 现状水平年 2012 年主要断面规划来水量

依据现状水平年耗水情况对各典型年实测径流量进行修正,得到各典型年现状水平年规划来水量,2012 年淮干蚌埠闸 50% 的典型年规划来水为 299.9 亿 m³,75% 的典型年规划来水为 214.3 亿 m³,95% 的典型年规划来水为 43.9 亿 m³。

3. 规划水平年 2020 年淮干蚌埠闸断面规划来水量

采用各典型年实测径流量,按规划水平年耗水情况对其进行修正,得到不同典型年的规划水平年 2020 年规划年来水量,淮干蚌埠闸 50％的典型年规划来水为 293.9 亿 m³,75％的典型年规划来水为 208.3 亿 m³,95％的典型年规划来水为 40.6 亿 m³。

4. 特枯年和连续枯水年断面规划来水

在特枯年份 1965～1966 年和 1977～1978 年,淮干中渡断面现状水平年来水量分别是平水年份的 18.8％和 16.2％;在特枯年份 1965～1966 年和 1977～1978 年,淮干中渡断面规划水平年来水量分别是平水年规划来水量的 17.7％和 15.0％,是现状水平年平水年规划来水量的 17.4％和 14.7％。

现状水平年淮干蚌埠站特枯年(1965～1966 年)规划来水为 25.0 亿 m³,特枯年(1977～1978 年)规划来水为 43.9 亿 m³。

规划水平年淮干蚌埠站特枯年(1965～1966 年)规划来水为 2.14 亿 m³,特枯年(1977～1978 年)规划来水为 40.6 亿 m³。

7 多枯水组合情境下水资源配置技术研究

7.1 枯水期水资源配置模型

7.1.1 水量分配方案设计

7.1.1.1 分配原则

在分析参考了各国水权制度、水利用方式、水管理方式及其利弊的基础上,结合我国的现行法律制度和水资源利用和管理的国情,水量分配应遵循以下一般原则。

1. 所有权和使用权分离原则

《中华人民共和国水法》(之后简称《水法》)明确规定,水资源归国家所有,即中华人民共和国领土范围内的一切水资源都归国家所有,由中央政府(即国务院)代表国家实施水资源权属管理。《水法》还明确了中央、流域机构及各级政府对流域综合规划、水资源规划和管理的权限,也就明确了各级流域和行政区水资源使用权(包括使用权的交易和转让)分配的权属。国家或相应级别的政府有权根据水资源丰缺状况,在管辖的范围内的流域之间或区域之间合理调配水资源。因此,本次的水量分配均指水资源使用量的含义,不是分配后该水量就归谁所有的。

2. 社会公平原则

水量分配中应充分考虑各地的自然条件、人口分布、经济社会发展水平、经济结构与生产力布局、在可持续发展战略中的地位和作用等方面因素,力求做到公平合理。

3. 尊重现状原则

尊重现状原则是指水量分配时要充分、认真地考虑现状水平年的实际情况,既不是不切实际地严格按照某种标准统一分配,也不是严格地服从现状用水情况。分配既要立足现状,以最近几年的各项用水指标为基本参照系,也要参考水资源综合规划中制定的水资源合理配置方案和近期节水目标,同时也要比较全国先进水平、全国平均水平和其他条件相似地区的水平,进行现状用水方式、用水水平的合理性分析。

4. 优先保障生活用水、电力用水的原则

根据《水法》第二十一条明确规定:开发、利用水资源,应当首先满足城乡居民生活用水,并兼顾农业、工业、生态环境用水以及航运等需要。同时考虑到研究区域的社会经济状况及发展前景,电力工业是该地区的支柱产业,也是居民生活所离不开且无法替代的必需品,因此在除生活用水的所有其他行业中应首先满足当地电力工业的用水需求。在本次研究对水量分配的考虑中,优先采取了保障区域内的生活用水和电力工业用水的原则。

5. 合理满足基本生态需水原则

保护和改善生态环境,是实现经济社会可持续发展的基本前提,所以在配置中应优先保障最基本的生态环境水权,在此基础上界定水资源可利用量和可分配水量。对于蚌埠闸上地区在干旱年或干旱季节,如果要充分满足生态环境的需水量,则剩下给社会经济所用的水量可能很少,有些时段甚至全部让给生态都不够。对于这样的情况,要根据当地社会经济和生态环境的需水量及可用水资源量的实际情况,合理确定生态环境保护对象和保护标准,分析生态环境最基本的需水量。在水资源丰沛的年份或时段,则应该按照较高的生态环境标准确定生态环境需水量。

6. 效率优先原则

效率优先原则是指对用水效率高的地区、行业(或用户)要适当多配置水权,且优先用水。这样能够使有限的水资源发挥更大的社会经济效益。但是效益优先原则有悖于社会公平原则和尊重现状原则。为了保证最基本的用水效率,配置时核减浪费的水量和效率太低的用水量,还是很有必要的。对同一地区用水重要性大或单位水量经济效益高的行业适当多分配一些水量,或供水保证率适当高一些或破坏程度小一些,也是可以的,对于蚌埠闸上尤其应保证火电工业的用水。

7. 依法实施原则

水量分配方案应按法定程序和管理权限通过审批正式生效,相关各方应签订实施协议并建立相应的责任制,流域机构负责监督检查和协调。

8. 适时调整原则

由于水量分配在淮河流域尚处于试点阶段,并涉及各种错综复杂的问题,目前解决水量分配的理论、方法和技术都很不成熟,可以借鉴的经验积累也很少,必须要经过一个先易后难、先粗后细和逐步完善的过程。另一方面,社会经济和生态环境用水的各个方面、用水模式和用水量将来会发生变化,随着蚌埠闸上未来众多的水资源措施的实施,供水形势也会发生较深刻的变化。所以水量分配方案需要一定的试行期,然后根据实施过程中的经验和问题适时加以调整和完善。

7.1.1.2 分配范围

1. 分配范围

分配的水量为正阳关—蚌埠闸淮河干流河段内的水量。

2. 分配标准

水量分配以现状水平年(2012年)的水资源开发利用状况及其合理性分析成果为基础,明晰现状淮南、蚌埠两市的不同行业的水量。

7.1.1.3 分配的层次与内容

1. 分配层次

水量分配按照三个层次进行。首先是社会经济用水量(工业、生活及农业灌溉用水)与自然用水量(河流生态用水量)的分配;其次是淮南、蚌埠市的地区间社会经济水量的分配;最后是两市的社会经济各行业水量的配置。

2. 分配对象

根据《水量分配暂行办法》(简称《办法》水利部政法政【2006】36 号)的规定,水量分配是对水资源可利用总量或者可分配的水量向行政区域进行逐级分配,确定行政区域生活、生产可消耗的水量份额或者取用水水量份额。为满足取水许可管理的需要,本次分配是可分配水量。可分配的水量是指在水资源开发利用程度已经很高或者水资源丰富的流域和行政区域或者水流条件复杂的河网地区以及其他不适以水资源可利用总量进行水量分配的流域和行政区域,按照方便管理、利于操作和水资源节约与保护、供需协调的原则,统筹考虑生活、生产和生态与环境用水,确定的用于分配的水量。

从用水行业方面看,水量分配可以按照各行业的用水量和消耗量两种方式进行分配。虽然分配方式不同,各行业分得的水量不同,而分配的实质结果是相同的。行业划分采用现状年全国水资源综合规划的用水行业的划分标准,包括生活用水、工业用水和农业用水。另外还有其他行业的用水(例如,水力发电、航运、水上娱乐业等),这些行业的用水特点与上述以耗用水量为主要特点的行业不同,它们消耗的水量较少,以利用水的其他功能为主,用后的水量还可以供其他行业重复利用,在管理方面,可以针对它们的用水特点制定一些具体的操作规则和办法。因此,本研究在用水量分配中不考虑这些行业的用水。

7.1.1.4 分配方法

1. 水量分配模式

根据蚌埠闸上现有用水结构,蚌埠闸上供水区取用蚌埠闸上蓄水的主要用水户有工业、生活、农业、航运和河道的生态用水。水资源需求分为生态用水、基本需求用水(生活用水)、经济发展需求用水(主要指工业、农业、其他行业生产用水)。在这里考虑的水量分配最高层次的是生态环境水量与社会经济水量,其中,社会经济水量又分城市生活水量、工业水量和农业水量。工业水量中又分一般工业水量、火电水量。农业水量主要为农田灌溉水量。

(1)基本需求用水分配模式——人口模式

基本需求用水是指公民满足生存与发展需要所必需的水量,这部分的需求用水必须满足,在分配过程中应采用公平分配的原则,采用人口分配模式,将可以分配的基本需求用水量按淮南、蚌埠两市人口分解到各用水户。

(2)经济发展需求用水的分配模式——混合模式

用于工业、农业和其他行业的生产性用水属于多样化需求用水,对于这部分水资源宜采用混合配置模式进行配置。具体来说,农业生产用水的配置应考虑耕地面积因素,工业生产用水的分配则应考虑产值这一因素。对于混合分配模式中各因素加权的因素,可以用过去一段时间内各种需求用水在总需求用水中所占的比重作为参考。

2. 水量分配方法

设可供净水量为 Q,需水单位为 $V_1,V_2,\cdots,V_n$,其申请需水量(简称需水量)分别为 $q_1,q_2,\cdots q_n$,需水总量为

$$\sum_{i=1}^{n} q_i = Q_0$$

如何分配总量为 Q 的水量,分以下几种情况分别讨论。

（1）供大于或等于需求

当供大于或等于需求,即当 $Q \geqslant Q_0$ 时,一种最简单的分配方法是按需分配。

设需水单位 V_i 分配的水量为 C_i,则

$$C_i = q_i \quad (i=1,2,\cdots,n) \tag{7.1.1}$$

$$\sum_{i=1}^{n} C_i = \sum_{i=1}^{n} Q_i = Q_0 \leqslant Q \tag{7.1.2}$$

水量余额为

$$\Delta Q = Q - \sum_{i=1}^{n} C_i = Q - Q_0 \geqslant 0 \tag{7.1.3}$$

当 $\Delta Q > Q$ 时,则有多余的水量,对多余的水量 ΔQ,可按其具体有的情况进行应急分配、调节分配,或将它存入调节水库或参与第二轮水量分配。

该方法简单易算,适于供大求。缺点是在"商品水"条件下,居于水的买方(需求方)市场,而不属卖方(供应方)市场。供水单位的收益由需水单位的需水量所决定,需水单位的"用水"(二次出售或直接利用)效益也由其需水量所决定。这种"按需分配"方法虽然体现了水资源的社会价值,但并没有充分体现水资源的经济价值。

（2）供不应求

如果可供净水量小于需水总量,即 $Q < Q_0$,此时可按不同原则采用以下几种水量分配方法:

① 按需比例分配法

设需水单位 $V_i(i=l,2,\cdots,n)$ 的需水量为 q_i,分配的水量 C_i,则

$$C_i = \frac{q_i}{\sum_{i=1}^{n} q_k} \times Q = \frac{Q}{Q_0} \times Q_i \quad (i=1,2,\cdots,n) \tag{7.1.4}$$

式中,Q 为可供净水量;$Q_0 = \sum_{i=1}^{n} Q_i$ 为需水量。

由于 $0 < Q < Q_0$,从而 $0 < \dfrac{Q}{Q_0} < l$,所以 $C_i < q_i$,即每个需水单位所分配的水量均小于其申请需水量,显然

$$\sum_{i=1}^{n} C_i = \sum_{i=1}^{n} \frac{Q}{Q_0} \times q_i = \frac{Q}{Q_0} \sum_{i=1}^{n} q_i = \frac{Q}{Q_0} \times Q_0 = Q \tag{7.1.5}$$

这就是说,可供净水量全部分完,没有剩余。

这种分配方法的优点是:虽不能满足每个需水单位的需水要求,但每个需水单位都能分到相应水量,且需水量越多的单位分配的水量也越多,它是资源短缺情况下一种分配方法。该方法的缺点是:既没有考虑需水单位的"用水"效益,也没有考虑到供水单位供水效益的优化问题,没有充分体现在"供不应求"情况下卖方市场的主动权。

② 效益优序分配法

设需水单位 $V_i(i=1,2,\cdots n)$ 的需水量为 q_i,单方水量用水效益为 p_i,$p_i(i=1,2,\cdots,n)$ 的大小不尽相同,不妨设 $p_1 \geqslant p_2 \geqslant \cdots \geqslant p_k \geqslant p_{k+1} \geqslant \cdots \geqslant p$。

按下述方法分配水量:

按单方水量用水效益的大小优序分配,即在"供不应求"的情况下,首先尽可能满足 V_1(单方需水量用水效益最大)对水量的需求,然后将剩余的水量尽可能满足 V_2(单方水量用水效益次大)对水量的需求。

依此类推,直到可供水量分完为此,数学模型如下:

若可供水量 Q 满足条件

$$\sum_{i=1}^{n} q_i \leqslant Q = \sum_{i=1}^{n} q_i \quad (m+1 \leqslant n) \tag{7.1.6}$$

则需水单位 $V_i(i=1,2,\cdots,m)$ 分配的水量为 $C_i = q_i$,即按需分配,满足它们的需求,需水单位 V_{m+1} 分配的水量

$$C_{m+1} = Q - \sum_{i=1}^{n} q_i$$

在上述条件下,显然 $0 \leqslant C_{m+1} \leqslant q_{m+1}$,需水单位 $V_{m+2},V_{m+3},\cdots,V_n$ 均为无水量分配,即 $C_i = 0(i=m+2,m+3,\cdots,n)$。

该方法的优点是:水量分配所产生的用水经济效益大。其缺点是:由于"供不应求",必然有某些或某个需水单位分不到水量。

3. 研究采用方法

本次对蚌埠闸上水量分配的研究中,根据蚌埠闸上鲁台子水文站及蒙城闸至蚌埠闸区间实测资料以及求得不同典型年的正阳关—蚌埠闸区间来水过程,采用 Mike Basin 模型模拟分析了蚌埠闸上各种方案下的可供分配的水量。当可供水量大于所有行业总的需水要求时,则以按需分配,对多余的水量,可按其具体有的情况存入蚌埠闸上或参与下一轮水量分配;当可供水量不能满足所有行业的需水要求时,将按需比例分配和效益优序分配两种方法相结合,按照一定的分水顺序以及各个行业的用水满足程度进行水量的分配,直至可供水量完全得到分配。

蚌埠闸上水量分配的研究中所采用的分水顺序以及各个行业的用水满足程度具体为:首先满足淮南和蚌埠两市的居民生活用水,其次应保证两市重要工业如火电用水的基础,然后满足河道内生态环境及船闸用水、一般工业用水、第三产业及建筑业用水、河道外生态环境用水、农业用水要求。当可供水量非常缺乏的时段,可以完全停止农业供水,除保证居民生活以及影响两市经济发展的重要工业的用水之外,其他行业的需水满足程度可维持在 $50\% \sim 60\%$,直至可供水量完全得到分配。

(1) 现状水平年的水量分配方法

蚌埠闸不同典型年可供分配的水量计算。按照现状水平年的实际用水量,利用 Mike Basin 水量分配模型对蚌埠闸上进行水量平衡计算结果,确定不同年型的蚌埠闸上河道内可以分配的总水量。根据计算的可分配的水量,首先分配到不同行业,然后按照一定的分配原则再配置到淮南、蚌埠两市间的各行业。

(2) 规划水平年的水量分配

规划水平年 2020 的水量分配方法与 2012 年的分配方法基本相同。以《淮河流域水资源综合规划》所做的社会经济发展预测和各行业的需水量预测成果为基本依据,并综合分析蚌埠闸上的需水量预测成果与水资源情况,分配规划水平年的各行业需(用)水量。

7.1.2 Mike Basin 模型原理

Mike Basin 模型是由丹麦水利与环境研究所(DHI)开发的集成式流域水资源规划管理决策支持软件。其最大特点是基于 GIS 开发和应用,以 Arc View 为平台引导用户自主建立模型,提供不同时空尺度的水资源系统模拟计算以及结果分析展示、数据交互及等功能。Mike Basin 具有计算速度快、建模相对容易、富有伸缩性、大小流域均合适、透明的静态数据和动态数据可以集成处理等优点。目前该软件在国内包括长江、珠江、海河等多个流域和省区的水资源规划管理和水量分配中得到应用。

Mike Basin 模型模拟技术的核心是用一种数学方法尽可能真实地描述水资源系统的各种重要特性和系统行为的模型技术,它是实现模拟的一种工具,应用它能够观察和了解已有或虚拟系统对给定输入的响应,便于在系统规划和运行中做出正确决策。由于水资源系统的复杂性,对系统的全部特性和演变规律都详尽地模拟是不现实的,因此必须抓住其主要特性和演变规律,对于次要方面需要做适当的概化。总的来说,Mike Basin 模型模拟的核心主要包含两个部分:

① 真实的水资源系统的概化,也就是实际的流域水资源系统概化为由节点和有向线段构成的网络;

② 对概化后的水资源网络系统进行仿真的模拟,即在水资源的物理网络上,构建对节点水量进行平衡分析、水库优化调度、地表地下水联合运用等内核,采用优化网络解法,通过优先规则和流量目标对各种水事行为进行节点水量分配和将流量分配到各连线上实现水量平衡的计算。

7.1.2.1 模型结构及应用流程

Mike Basin 具体包含视觉化的界面和空间分析工具模组,水量平衡计算模型、水文模型、综合水质模型、地下水线性水库模型、水库调度、局域和全域优先规则等模组,内容全面实用。本研究选择适合该项目的有效方法构建模型,以保证模型的实用性。针对本研究建立的模型系统中包含水量平衡模型、水文模型、水库调度模拟模型及多水源水量分配模型。模型与数据库在 GIS 平台上集成为统一软件,软件系统的结构关系如图 7.1.1 所示。

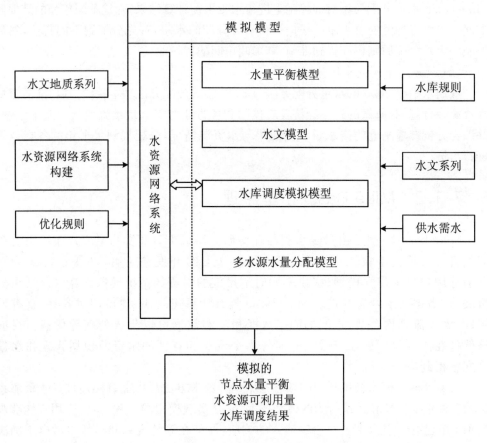

图 7.1.1　**Mike Basin 模型框架结构示意图**

水量分配模型是以 Mike Basin 2003 商业模型开发环境,建立在地理信息系统(GIS)软件的基础上。因此,模型的各类物理元素,包括计算单元、水库、湖泊、闸坝、河道、渠道、灌渠、城镇取水工程等及其拓扑关系,都可以利用 GIS 软件上的点、线段、多边形等图元来表示。各物理元素的控制运用参数、水文历史系列资料等,则可以通过各图元的属性表来存储和管理。这样,水资源系统的空间网络特性和时间序列特性就能得到直观地描述。

本研究建立的模型,按照水利工程分类,共包括了 5 种物理元素:水库(包括闸坝、湖泊)、城镇取水工程、农业灌区、河道(渠道)和节点(包括河流的起点、河流交汇点、取水工程取水点与退水点、农业灌区取水点与退水点等)。通过 GIS 平台,根据各工程实际的空间位置及其连接关系,建立各工程的描述图元及其拓扑关系,从而建立起水资源系统空间网络(图 7.1.2)。

通过对代表各水利工程的图元的描述,表达各工程的控制运用参数(模型的约束条件之一)、运行状态(模型的运行结果之一)、图元之间的相互关系(模型的约束条件之一)、系统的协调准则(目标函数)以及图元对应的水文历史资料(工程的时间关系)。

在 GIS 平台上描述这些图元所代表的工程的空间关系、时间关系和模型的约束条件后,建立模型。

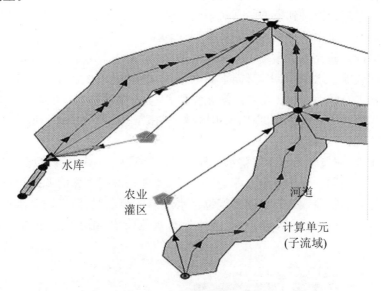

水库

农业
灌区

河道

计算单元
(子流域)

图 7.1.2 模型结构示意图

7.1.2.2 模型的功能

Mike Basin 模型能解决的问题概括起来主要有以下几方面:所研究的流域究竟有多少水;哪里缺水,能否满足将来的用水需求;能否通过改善水库的运行方式,以一种优化的方式在不同用水者之间进行配置;如何满足河道的最低用水需求即生态用水需求。

在 Mike Basin 开发环境中,模型通过一个水循环网络来描述。在该网络中,通过线段模拟河流、渠道等输水工程,通过节点模拟河流(渠道)交汇点、分水点、水库(或概化为水库的蓄水工程)和用水户(农业灌区、城镇取水工程)。用多边形模拟各计算单元。模型遵循的最基本的原理是水量平衡,在各个物理元素位置,其水量的进、出和蓄量变化之间是平衡的。以水库为例,各水量成分之间应遵循以下方程的平衡关系。

$$V_i - V_{i-1} = R_i + W_{入境i} - \sum_i^j W_i^i + \sum C^i W_i^i \tag{7.1.7}$$

式中,V_i,V_{i-1} 为第 i,$i-1$ 时段末的蓄水量(万 m³);R_i 为第 i 时段本流域产流量;$W_{入境i}$ 为第 i 时段入境水量;W_i^i 为第 i 时段各取水工程取水量;C^i 为第 i 时段各取水工程在本流域的损失系数。

在水资源模拟演算时,采用局部优先性原理,也就是在水资源短缺的时候,河道某节点的水量首先在与该节点直接相连的用水户之间分配。首先根据各用水户的重要性、用水经济效益和用水户的社会影响等因素,制定好用水节点的优先顺序。对于地表水分配,模型严格按照该优先顺序执行。优先性最高的用水节点先获得水,而且只有在其需水得到充分满足的情况下,第二优先性的用水节点才能获得供水,以此类推。

计算单元(子流域)是水资源配置模型中基本的产流单元,其产流量直接进入对应的河网。计算单元尽量按照子流域来划分,以方便其径流在河网中的配置。对于有天然径流过程成果的子流域(在其他研究中得出的成果),本模型准备好数据接口,可以直接把产流量过程拷贝到模型中。对于没有现成产流量过程成果的子流域,其产流量过程可以通过模型中的降雨径流关系模型计算。

农业灌区是研究区域重要的用水户。在本模型中,把灌区模拟为一个既从水源(河道、水库或地下水库)取水,又向下游河道或水库排水的循环系统。其取水过程和排水过程根据时间而变化。与农业灌区类似,工业和生活取水户也是最大的用水部门之一。在本模型中,这类用水户用供水区域来模拟,该供水区域从河道、水库或地下水库取水,向下游节点排水。

关于水库(或概化为水库的蓄水工程)的模拟,Mike Basin 能模拟多水联合运行和多目标供水等问题。对于单个水库,模拟的原理是先根据水库的调度运用计划,制定好水库的控制运行曲线族。该曲线族包括水库总库容曲线、防洪限制水位曲线、削减用水户取水量对应的控制水位曲线、最小运行水位曲线、死水位曲线等(图 7.1.3、图 7.1.4)。

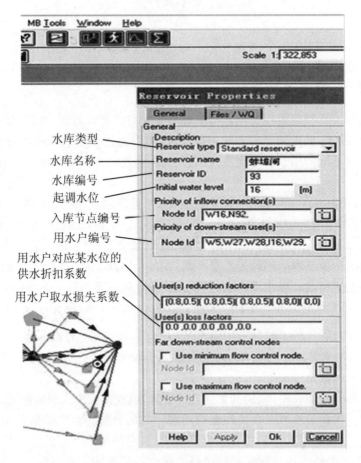

图 7.1.3　模型中某水利工程节点参数描述及其图与其他节点关系描述示意图

Mike Basin 水资源配置模型可以根据用户的需要,在不同的来水条件下,按照各用水户的重要性、用水的经济效益和用水户的社会影响等因素,进行多种方案的模拟演算,达到水资源合理分配的目的。

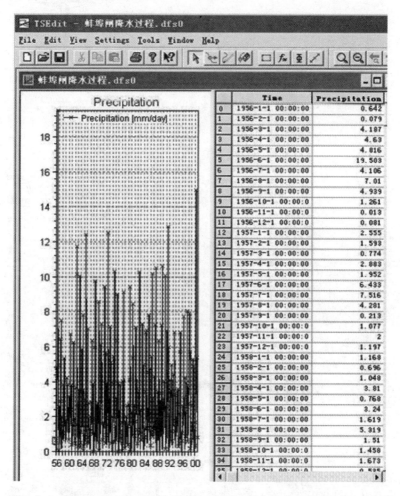

图 7.1.4　模型中某水利工程的时间关系描述(对应的水文历史资料)示意图

7.1.3　模型的建立

7.1.3.1　研究区水资源系统网络的构建

利用流域图为背景图,在概化后的河流系统上添加水库、取用水、分流、汇流等各类节点,建立正阳关—蚌埠段水资源系统网络图,见图 7.1.5。其中,水库节点主要对蚌埠闸概化为水库设立节点;取用水节点对研究区内重点城镇的工业、生活取水设置节点;农业用水节点对从蚌埠闸取水的灌区单独建立节点,其他支流上按计算单元各自建立节点,本研究共建立了河流节点 5 个,农业用水需求节点 1 个,城镇取供水节点 5 个,水库节点 1 个,具体的节点设置见表 7.1.1。

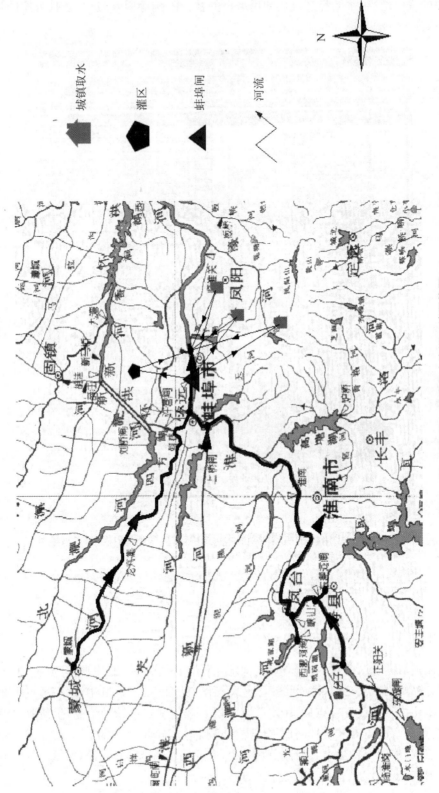

图 7.1.5 正阳关—蚌埠段水资源系统网络图

表 7.1.1　正阳关—蚌埠段水量分配模型节点设置

序　号	河流节点	农业需求节点	城镇取供水节点	水库节点
1	鲁台子	蚌埠闸灌区	蚌埠闸生活	蚌埠闸
2	东淝河入淮	/	蚌埠闸一般工业	/
3	西淝河入淮口	/	蚌埠闸火电	/
4	茨淮新河入淮口	/	第三产业及建筑业	/
5	涡河入淮口	/	河道外生态	/

7.1.3.2　目标函数

水资源优化配置模型通常有下列几种目标函数:经济效益最大准则、水损失量最小准则、生态环境用水量最大准则、供水优先性准则等。但在实际工作中,当系统过于复杂时,模型中有些指标可以量化,有些指标是难以或不可量化的。这时以总经济效益或净效益最大为目标求解有很大困难,多数情况下是不能把不能定量的量以约束条件形式引入模型,这样就缩减了原问题的可行域,得到的解往往不是实际问题的最优解,因此,很难使用经济效益最大准则。由于社会影响、体制等方面的限制,如果采用水损失量最小准则,可能导致某些优先性很高的用水户用水需求遭到限制。在目前的社会发展阶段,生态环境用水量最大准则可能会影响很多用水户的利益,也很难使用。

本研究以供水优先性准则作为目标函数,是按照各用水户的社会影响、经济效益、社会效益等多方面因素综合考虑而制定的供水优先顺序。根据为《中华人民共和国水法》第二十一条规定:开发、利用水资源,应当首先满足城乡居民生活用水,并兼顾农业、工业、生态环境用水以及航运等需要。

7.1.3.3　约束条件

针对本研究,模型主要包括以下约束:蚌埠闸的水量平衡方程、蚌埠闸水位限制、各节点的水量平衡方程、蚌埠闸的最小下泄流量要求、各计算单元的水量平衡方程。其中,蚌埠闸的最小下泄流量要求是指河流生态需水量,在模型中是通过约束条件实现的。

7.1.3.4　模型输入

模型的输入即为模型的边界条件,主要通过节点完成,主要包括研究区域水资源系统物理元素空间网络信息和物理元素属性信息类,物理元素空间网络信息包括河道、渠道、水库、湖泊、闸坝、河道渠道交汇点、河道起点、出入境口、子流域(计算单元)等。

在网络图构建完成的基础上模型的输入主要包括以下几个部分。

1. 子流域(计算单元)

各个子流域的流域面积及逐月单位面积的天然径流过程。对于没有天然径流资料的地区,本模型可采用降水径流关系来模拟产流过程,如图 7.1.6 所示,选取了某个计算单元的输入界面加以说明。

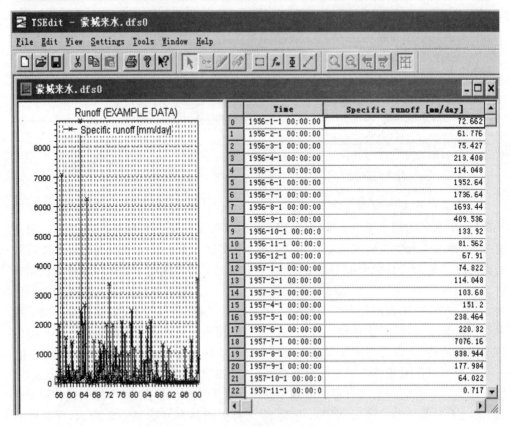

图 7.1.6　计算单元输入表

2. 主要节点的入流量

主要包括鲁台子及蒙城闸长系列的实测流量,图 7.1.7 中列出鲁台子节点的输入表并加以说明。

3. 蚌埠闸和支流主要闸坝水库节点的属性

主要包括蚌埠闸及支流上各主要闸坝的属性,这些属性主要包括水库的运用曲线、库容曲线、溢洪道出流曲线及逐月的降水蒸发过程,图 7.1.8 以蚌埠闸为例将其主要属性的输入项列出加以说明。

5. 模型输出

模型图和表格两种方式输出成果,成果主要包括以下项目。

(1) 关于水库(或概化为水库的蓄水工程)

总的泄流过程,溢洪道泄流过程,设定的最小和最大下泄过程,水库水位过程,水面积过程,蓄水量过程,开发的水能过程,渗漏过程,降水过程,蒸发过程,产流量过程,净入流过程,可再分配的水量过程,其上游各节点、各灌区、各用水户入流过程,出流到下游各节点、各灌区、各用水户的水量过程,水量平衡差过程。下面仅列举蚌埠闸节点某个计算方案的输出加以说明,由于输出项内容比较多,图 7.1.9 中仅列出蚌埠闸节

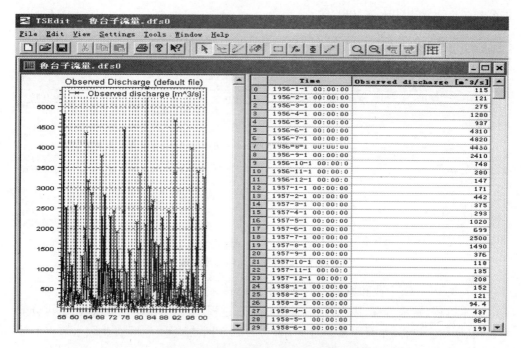

图 7.1.7　鲁台子节点实测流量输入表

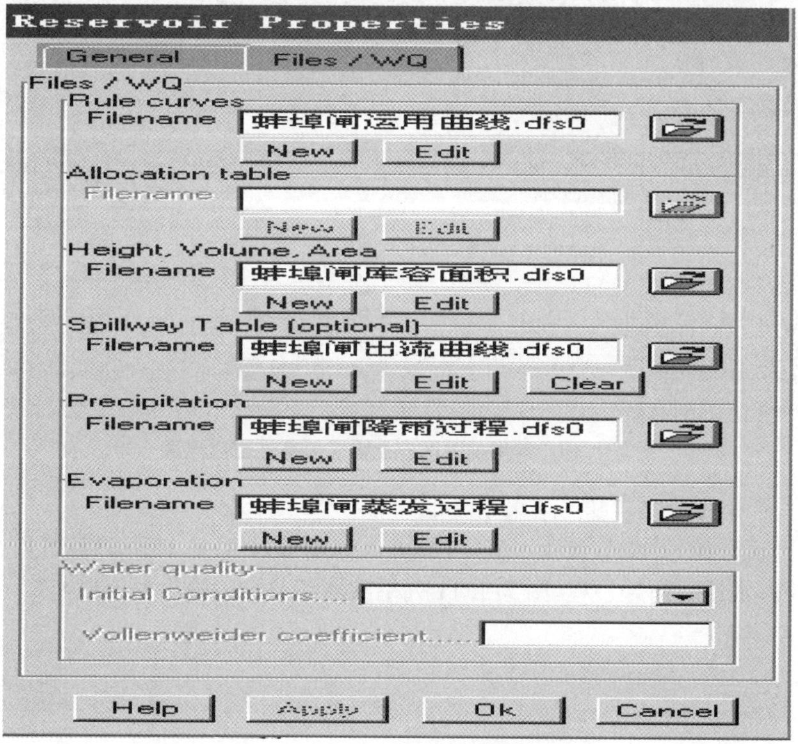

图 7.1.8　蚌埠闸节点属性输入表

点分到各个用水户的水量过程。

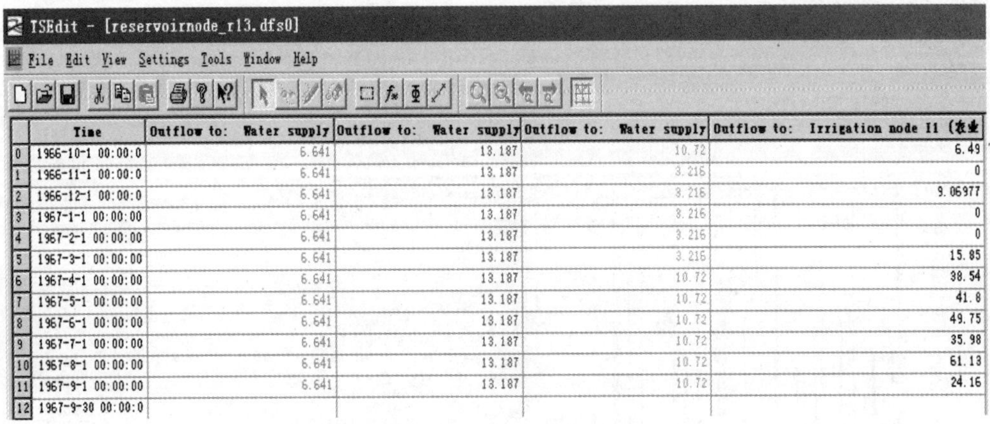

TSEdit - [reservoirnode_r13.dfs0]

File Edit View Settings Tools Window Help

	Time	Outflow to:	Water supply	Outflow to:	Water supply	Outflow to:	Water supply	Outflow to:	Irrigation node I1 (农业)
0	1966-10-1 00:00:0		6.641		13.187		10.72		6.49
1	1966-11-1 00:00:0		6.641		13.187		3.216		0
2	1966-12-1 00:00:0		6.641		13.187		3.216		9.06977
3	1967-1-1 00:00:00		6.641		13.187		3.216		0
4	1967-2-1 00:00:00		6.641		13.187		3.216		0
5	1967-3-1 00:00:00		6.641		13.187		3.216		15.85
6	1967-4-1 00:00:00		6.641		13.187		10.72		38.54
7	1967-5-1 00:00:00		6.641		13.187		10.72		41.8
8	1967-6-1 00:00:00		6.641		13.187		10.72		49.75
9	1967-7-1 00:00:00		6.641		13.187		10.72		35.98
10	1967-8-1 00:00:00		6.641		13.187		10.72		61.13
11	1967-9-1 00:00:00		6.641		13.187		10.72		24.16
12	1967-9-30 00:00:0								

图 7.1.9　蚌埠闸节点输出成果表

（2）关于灌区、工业和城镇生活供水节点

取水过程、缺水过程、用水过程、抽取地下水过程、上游节点净入流过程、可再分配水过程、回归水过程、水量平衡差过程，图 7.1.10 列举蚌埠闸灌区农业取水节点的输出加以说明。

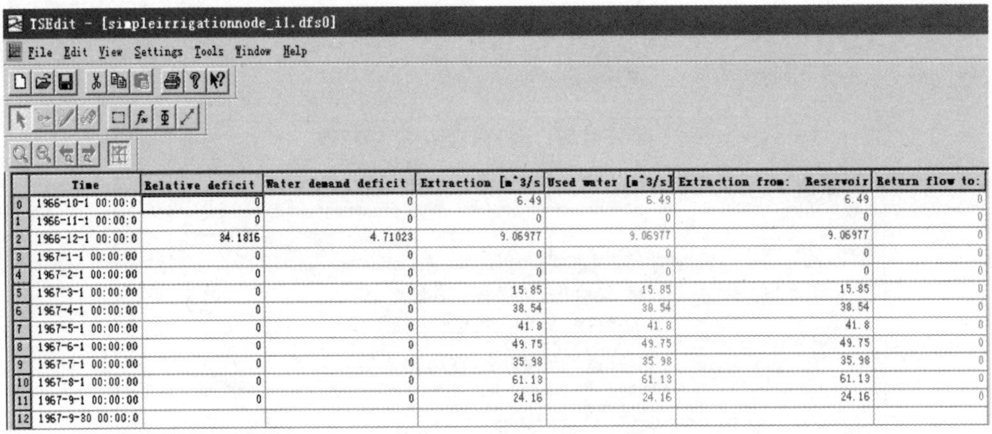

TSEdit - [simpleirrigationnode_i1.dfs0]

File Edit View Settings Tools Window Help

	Time	Relative deficit	Water demand deficit	Extraction [m^3/s]	Used water [m^3/s]	Extraction from:	Reservoir	Return flow to:
0	1966-10-1 00:00:0	0	0	6.49	6.49		6.49	0
1	1966-11-1 00:00:0	0	0	0	0		0	0
2	1966-12-1 00:00:0	34.1816	4.71023	9.06977	9.06977		9.06977	0
3	1967-1-1 00:00:00	0	0	0	0		0	0
4	1967-2-1 00:00:00	0	0	0	0		0	0
5	1967-3-1 00:00:00	0	0	15.85	15.85		15.85	0
6	1967-4-1 00:00:00	0	0	38.54	38.54		38.54	0
7	1967-5-1 00:00:00	0	0	41.8	41.8		41.8	0
8	1967-6-1 00:00:00	0	0	49.75	49.75		49.75	0
9	1967-7-1 00:00:00	0	0	35.98	35.98		35.98	0
10	1967-8-1 00:00:00	0	0	61.13	61.13		61.13	0
11	1967-9-1 00:00:00	0	0	24.16	24.16		24.16	0
12	1967-9-30 00:00:0							

图 7.1.10　蚌埠闸灌区农业需求节点输出成果表

（3）关于小流域出口和河道渠道交汇节点

流域产流过程，上游节点净入流过程，可再分配水量过程，向下游各节点、各用水户供水过程，水量平衡差过程，图 7.1.11 列举某河流节点的输出加以说明。

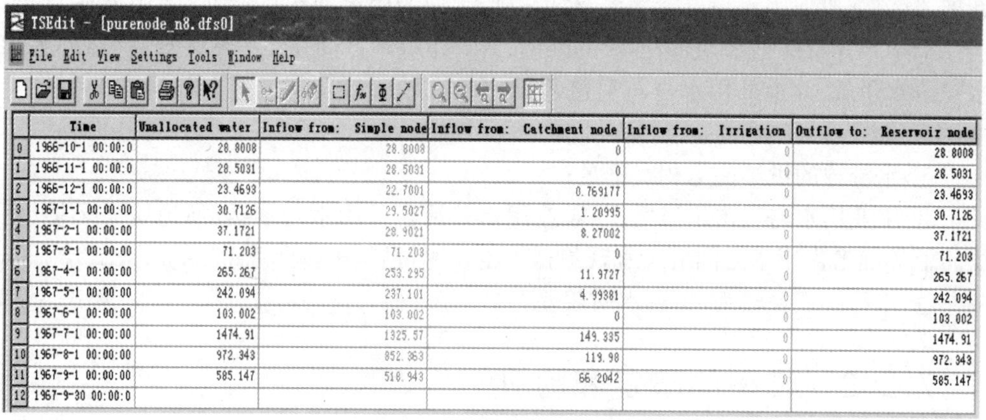

图 7.1.11　节点输出成果表

7.2　模型验证

7.2.1　选择验证区域

本项目范围为正阳关—洪泽湖段,考虑到正阳关—蚌埠闸上河段供用水矛盾较为突出,同时为了与已有资料相衔接,本项目利用 Mike Basin 模型重点研究正阳关—蚌埠段的水量配置方案,明晰蚌埠闸上淮南、蚌埠两市不同水平年不同行业的水量。

淮河正阳关至蚌埠闸全长约 131.5 km,左岸为淮北平原,有淮北大堤;右岸为山丘区,有西淝河、东淝河、茨淮新河、涡河等支流入汇,涉及的主要城市(含县城)有阜南县、霍邱县、寿县、凤台县、淮南市、怀远县和蚌埠市等。

蚌埠闸上蓄水是该河段淮南和蚌埠两市城镇生活、工业生产以及沿淮农业灌溉的主要取水水源,闸上供水对安徽沿淮淮北地区的社会、经济发展具有巨大作用。蚌埠闸位于蚌埠市西郊,为淮河干流上大型水利枢纽工程之一。主要调蓄上游来水,控制流域面积 12.1 万 km²,正常蓄水位 17.5~18.0 m,相应库容(2.76~3.24)亿 m³,死水位 15.5 m,相应库容为 1.43 亿 m³。蚌埠闸上地表水是淮南和蚌埠两市的城镇生活、工业生产以及农业灌溉的主要水源。蚌埠闸扩建工程已经完成。扩建工程节制闸 12 孔,每孔净宽 10 m,设计过闸流量 3 410 m³/s。蚌埠闸扩建工程运用后,不仅显著提高了泄洪能力,而且为抬高正常蓄水位、有效利用洪水资源、降低因抬高蓄水位而导致的防洪风险创造了有利条件。蚌埠闸的正常蓄水位如抬高到 18.5 m,则可蓄水库容为 3.81 亿 m³,多年平均增加可供水量约 2.5 亿 m³。

近年来,随着淮河干流蚌埠闸上河段沿淮城市经济社会的快速发展,人口增加、城市化加快,以及淮南煤电一体化基地的建设,扩建、新建的电厂项目、煤化工项目不断增加,从该河段取用水户不断增多,河道外用水户的用水量不断增加。尤其是干旱年、连续干旱年等特殊枯水期,该河段的淮南、蚌埠市等地区间发生争水矛盾、河道外各用水户争水矛盾、河道外用水户与河道内用户争水矛盾以及河道生态环境问题更加突出,主要表现在:

① 水资源的供给能力相对不足;

② 工业用水与城市生活用水、农业用水等河道外用水与水运、河道生态环境、污染防治等河道内用水之间的争水现象越来越普遍,且越来越严重;

③ 水污染现象较为严重,水质较差。

7.2.2　模型的率定和验证

当模型的结构和参数初步确定后,就需要对模型进行率定和验证。可取两部分资料,其中一部分用于率定模型,另一部分用于模型的验证。调整模型参数或结构使模型拟合实测资料达到最佳程度,这个过程称之为模型率定。在模型率定过程中,要进行参数优选、模型结构调整和描述方法的完善。当模型经过率定初步确定下来后,还需要用验证期的资料对模型进行检验,以便能够得到满足实用要求的高效率模型。

7.2.2.1　模型参数的率定

1. 率定方法

选取蚌埠闸出口断面吴家渡站的资料进行率定,数据选取 1990 年 1 月~2005 年 12 月中的某 1 个月为时段的流量资料,其中 1990 年 1 月~2000 年 12 月为模型的率定期,2001 年 1 月~2005 年 12 月为模型的验证期,模型主要从以下几方面对参数进行调整:

① 上游鲁台子站及支流涡河蒙城站的流量资料为实测资料,模型率定中对此基本没有进行调整。

② 蚌埠闸的参数设置按现状蚌埠闸的调度运行规则输入,蚌埠闸上各年的用水量资料由地方水利部门提供,比较可靠,模型中未对其进行修改。

③ 研究河段的区间来水除蒙城站有实测资料外,其余支流由于缺乏入淮干的实测流量资料,因此对其他支流入淮干的总量先根据区间的面降雨量及区间集水面积来进行估算,然后通过适当调整区间的产流系数来控制区间来水量,以使得模型计算的蚌埠闸下泄量与吴家渡的实测值尽量接近。

2. 率定结果

首先分别从定性和定量上来分析模型模拟蚌埠闸下泄流量效率的过程,定性分析主要根据模型模拟计算与吴家渡实测流量过程线的对比图,蚌埠闸 1990 年 1 月~2000 年 12 月实测与模拟过程线比较见图 7.2.1。

从图中可以看出,模型模拟的蚌埠闸下泄流量过程线能够与吴家渡的实测流量过程能够较好地吻合,计算值大体与实测值相当,且变化趋势相符,反映了蚌埠闸整体的下泄过程。定量分析主要从蚌埠闸计算值与实测值的绝对误差和相对误差来进行分析,结果见表 7.2.1,从表中可以看出,模型具有较好的精度。

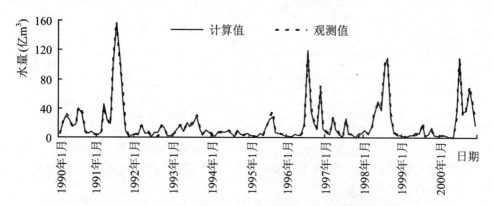

图 7.2.1　蚌埠闸(1990～2000 年)计算下泄流量与吴家渡站实测流量比较图

表 7.2.1　蚌埠闸(1990～2000 年)流量演算结果与实测值比较　　单位:亿 m³

时　间	吴家渡实测值	演算值	绝对误差	相对误差
1991 年	535.0	523.2	−11.8	−2.20%
1992 年	84.0	85.0	1.0	1.22%
1993 年	158.6	154.2	−4.4	−2.78%
1994 年	66.3	68.5	2.2	3.38%
1995 年	108.6	105.7	−2.9	−2.66%
1996 年	306.6	299.1	−7.5	−2.44%
1997 年	102.4	103.6	1.2	1.15%
1998 年	410.2	398.1	−12.1	−2.95%
1999 年	65.9	66.4	0.5	0.76%
2000 年	368.8	358.5	−10.3	−2.80%

7.2.2.2　模型参数的验证

模型通过率定初步确定下来,下面采用验证期的资料对其进行验证,拟采用 2001～2005 年的资料进行验证,只需将 2001～2005 年的实际资料输入模型,将输出的结果与实测值进行对比,来验证模型的合理性。图 7.2.2 和表 7.2.2 分别为 2001～2005 年蚌埠闸下泄流量模拟与实测对比图和误差分析表。

表 7.2.2　蚌埠闸(2001~2005 年)流量演算结果与实测值比较　单位:亿 m³

年　份	吴家渡实测值	演算值	绝对误差	相对误差
2001	76.3	77.6	1.3	1.71%
2002	225.0	221.3	−3.7	−1.64%
2003	641.5	650.9	9.4	1.47%
2004	214.3	218.2	3.9	1.82%
2005	443.0	430.8	−12.2	−2.76%

从图 7.2.2 中可以看出,模拟计算值与实测值比较吻合,变化趋势相当。至此,通过模型的率定和验证,大大提高了模型的效率,模型模拟的结果是符合实际情况的,能够满足该项目的研究要求。

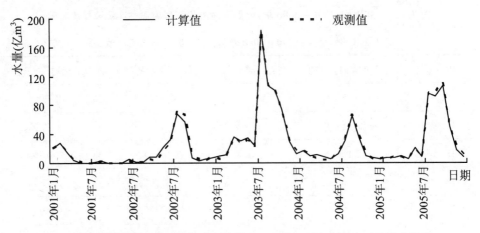

图 7.2.2　蚌埠闸(2001~2005 年)计算下泄流量与吴家渡站实测流量比较图

7.2.3　多边界多控制要素水资源配置分析

7.2.3.1　计算规则与顺序

1. 蚌埠闸上控制水位

根据淮南、蚌埠两市枯水期应急供水预案以及沿淮农业取水、引水工程的高程情况来确定用水的控制条件。当蚌埠闸上水位低于 16.5 m 时停止上桥闸引水,当水位低于 16.0 m 时,开始限制农业用水,当低于 15.5 m 时,将停止两市的农业用水量;只保证城市生活的自来水厂和重点工业用水(如电力)。根据现有的城市生活、重要工业取水口的高程,蚌埠闸上最低控制水位为 15.0 m。

2. 起调水位

起调水位主要是所选典型干旱年的上一年水量丰枯和调度情况的综合反映,与所选典型年关系不密切,考虑到起调水位一般是闸上常出现的水位,根据蚌埠闸上汛末蓄水位以及不同时期汛末水位变化,确定起调水位。根据蚌埠闸上 1960~2005 年汛末(9 月 30 日平均水位)的蓄水水位分析,其多年平均汛末水位 17.21 m,见表 7.2.3。因此在 Make Basin 模型模拟计算中尽可能符合蚌埠闸上的实际情况,则起调水位采用了各个典型年份实测汛末水位和多年平均汛末水位 17.21 m 两种方案。

表 7.2.3　蚌埠闸上历年汛末蓄水位情况表

序 号	年 份	9 月下旬平均水位(m)	经验频率	序 号	年 份	9 月下旬平均水位(m)	经验频率
1	1960	15.3	97.9%	24	1988	17.35	48.9%
2	1965	15.91	95.7%	25	1987	17.38	46.8%
3	1962	15.92	93.6%	26	1970	17.4	44.7%
4	1964	15.94	91.5%	27	1997	17.41	42.6%
5	1968	15.97	89.4%	28	1981	17.48	40.4%
6	1991	16.09	87.2%	29	1986	17.57	38.3%
7	1961	16.33	85.1%	30	2003	17.59	36.2%
8	1969	16.37	83%	31	1982	17.7	34%
9	1983	16.44	80.9%	32	1989	17.71	31.9%
10	1966	16.45	78.7%	33	1992	17.72	29.8%
11	1972	16.47	76.6%	34	1990	17.82	27.7%
12	1973	16.53	74.5%	35	2005	17.82	25.5%
13	2001	16.72	72.3%	36	1993	17.84	23.4%
14	1974	16.84	70.2%	37	1996	17.95	21.3%
15	1980	16.87	68.1%	38	2004	17.97	19.1%
16	1978	16.92	66%	39	1994	18.06	17%
17	1977	17.02	63.8%	40	1998	18.11	14.9%
18	1971	17.04	61.7%	41	1999	18.17	12.8%
19	1975	17.05	59.6%	42	1963	18.2	10.6%
20	1976	17.11	57.4%	43	2000	18.21	8.5%
21	1995	17.14	55.3%	44	1984	18.25	6.4%
22	1967	17.23	53.2%	45	2002	18.4	4.3%
23	1985	17.24	51.1%	46	1979	18.55	2.1%
					平均	17.21	

3. 河道内生态用水的合理考虑

根据合理满足河道内基本生态需水的原则,对于蚌埠闸上地区在水资源丰沛的年份如75%,50%以及多年平均保证率典型年份,可以按照较高的生态环境标准确定生态环境需水量,则河道内的生态需水量采用预测的生态最小需水量4.99亿m³。而在干旱年份如97%,95%以及90%保证率典型年份,如果要充分满足生态环境的需水量,则剩下给社会经济所用的水量可能很少,不利于当地社会经济的发展。因此,对于这样的情况,要根据当地社会经济和生态环境的需水量及可用水资源量的实际情况,分析生态环境的最基本的需水量,本次研究对于干旱年份,河道内生态需水量采用最小生态基流2.58亿m³。

4. 各种需水满足顺序

根据《中华人民共和国水法》第二十一条规定:开发、利用水资源,应当首先满足城乡居民生活用水,并兼顾农业、工业、生态环境用水以及航运等需要。

本次对蚌埠闸上水量分配的研究中各个行业需水满足顺序为:首先满足淮南和蚌埠两市的居民生活用水,其次应保证两市重要工业如火电用水的基础,然后满足河道内生态环境及船闸用水、一般工业需水、第三产业及建筑业需水、河道外生态环境需水、农业需水要求。

当可供水量非常缺乏的时段,可以完全停止农业供水,除保证居民生活以及影响两市经济发展的重要工业的用水之外,其他行业的需水满足程度可维持在50%～60%。

7.2.3.2　多边界多控制要素的计算方案

本研究方案设置主要依据三方面的条件来设置:一是蚌埠闸上的来水条件;二是蚌埠闸上正常蓄水位条件;三是蚌埠闸上起调水位。上述三类措施共同组成方案生成的条件因子集,根据流域水资源配置现状,结合不同水平年的相关规划,对上述主要影响因子进行可能的组合,得到不同水资源配置方案。

1. 蚌埠闸上来水方案的设置

现状水平年2012年按蚌埠闸上实际来水量计算。规划水平年2020年上游来水按来水分析模型计算结果处理。

2. 蚌埠闸上正常蓄水位

现状水平年(2012年)蚌埠闸上正常蓄水位为17.5 m;规划水平年2020年正常蓄水位分别按17.5 m、18.0 m和18.5 m三种情况考虑。

3. 蚌埠闸上起调水位

现状水平年和规划水平年的起调水位均按照各个典型年份汛末实测水位和多年平均汛末水位17.21 m两种情况考虑。

4. 方案组合

根据以上内容,按照蚌埠闸上不同来水情况,不同起调水位,以及蚌埠闸正常蓄水位的调整,对各种情况进行组合形成不同的方案。现状水平年(2012年)有2个方案,规划水平年2020年为12个方案,具体方案设置见表7.2.4。

表 7.2.4 模拟计算方案设置

水 平 年	方案代码	正常蓄水位			备 注
		17.50 m (C_1)	18.00 m (C_2)	18.50 m (C_3)	
现状水平年 (2012年)	$A_{10}B_0$	√			A_{10} 为现状水平年蚌埠闸上实际来水量; B_0 为按典型年实测汛末水位起调; B_1 为按多年平均汛末水位起调
	$A_{10}B_1$	√			
规划水平年 (2020年)	$A_{22}B_0$	√	√	√	A_{22} 为2020年蚌埠闸上规划来水; B_0 为按典型年实测汛末水位起调; B_1 为按多年平均汛末水位起调
	$A_{22}B_1$	√	√	√	

7.2.3.3 可供水量计算成果

可供水量指不同水平年、不同保证率或不同频率,考虑需水要求和工程设施等可提供的水量。

1. 研究河段可供水量的计算

计算本研究河段的可供水量,一般先从单项工程计算入手,单项工程可供水量计算是基础,然后再进行综合分析计算。

(1) 大中型蓄水工程的可供水量计算

大型蓄水工程和控制面积大、可供水量多的中型蓄水工程采用长系列进行调节计算。长系列法就是将水库坝址断面河流多年来水过程系列和用水过程系列,按历时列表进行逐时段的水量平衡计算。

对某特定来水与特定水平年,逐月推求可供水量,公式如下:

$$W_{可供} = \begin{cases} M & (W > M) \\ \min(W + \Delta V, M) & (W \leqslant M) \end{cases} \tag{7.2.1}$$

式中,W 为月入库水量;M 为月需水量(由前文方法预测);ΔV 为当月可利用水库蓄水量。

(2) 其他中型蓄水工程和小型蓄水工程可供水量

此类工程可供水量可采用简化计算,中型蓄水工程采用典型年法计算可供水量。小型蓄水工程一般缺乏实测数据及设计数据,可采用兴利库容乘复蓄系数法估算,其中复蓄系数通过对不同地区各类工程进行分类,采用典型调查方法,参照邻近及类似地区的成果分析确定。可供水量计算公式如下:

$$w = nv \tag{7.2.2}$$

式中,w 指小型水库及塘坝的可供水量;n 为复蓄系数;v 为小型蓄水工程的有效容积。

(3) 大、中型引水工程的可供水量计算

$$W_{可供} = \min(W, M, Q) \tag{7.2.3}$$

式中,W 为河流时段允许引用流量(考虑下游河道用水要求);M 为时段需水量(m³/s);Q 为引水渠道的最大过水能力。

（4）提水工程的可供水量计算

提水工程的可供水量计算，与引水工程相类似，只需将渠道的过水能力换成提水设备提水能力。

在完成单项工程可供水量计算的基础上，再进行综合分析计算。将存在联系的各类工程组成一个供水系统，按照一定的原则和运行方式联合调算，而且要避免重复计算供水量。对不存在联系的工程按单项工程计算。

2. 研究河段的可供水量

针对本项目，蚌埠闸上的可供水量主要是指在上游（鲁台子）及区间一定的来水和研究河段用水条件下，蚌埠闸采用一定的调度运用方式，研究河段可以提供利用的水量。可采用下列方法进行计算：利用 Mike Basin 模型，在综合考虑各计算单元的天然水资源量、上游主要节点来水量、各行业用水量、水资源工程能力及蚌埠闸不同的调度方案的基础上，根据各计算单元的供排关系，对不同保证率所对应的典型年逐级进行水资源调节计算，从而得到蚌埠闸上的来水量，并对蚌埠闸进行水量调节计算，从而得到蚌埠闸向闸上各用水户提供的净水量即为可供水量。

（1）现状年（2012 年）可供水量

通过水资源系统各计算单元的关系，由上而下逐级水量平衡调节计算，可得蚌埠闸来水量过程，这些来水量是天然径流过程经过蓄、耗水后，再进入蚌埠闸进行调节后提供的净水量，即认为是可供水量。计算成果见表 7.2.5、表 7.2.6。

表 7.2.5　2012 年蚌埠闸上可供水量计算结果表(1)

方　案	典型年份		97%	95%	90%	75%	50%	多年平均
	上游来水（亿 m³）		84.93	75.54	99.58	173.64	209.76	191.66
按典型年实测汛末水位起调	起调水位	（m）	16.92	16.45	17.02	16.33	16.37	17.71
蚌埠闸上正常蓄水位为 17.5 m	可供水量	（亿 m³）	12.81	13.52	14.64	13.99	13.08	13.13
蚌埠闸上正常蓄水位为 18.0 m	可供水量	（亿 m³）	12.81	13.52	14.64	13.99	13.08	13.13
蚌埠闸上正常蓄水位为 18.5 m	可供水量	（亿 m³）	12.81	13.52	14.64	13.99	13.08	13.13

表 7.2.6　2012 年蚌埠闸上可供水量计算结果表(2)

方　案	典型年份		97%	95%	90%	75%	50%	多年平均
	上游来水（亿 m³）		84.93	75.54	99.58	173.64	209.76	191.66
按多年平均汛末水位起调	起调水位	（m）	17.21	17.21	17.21	17.21	17.21	17.21

续表

方　案	典型年份		97%	95%	90%	75%	50%	多年平均
	上游来水（亿 m³）		84.93	75.54	99.58	173.64	209.76	191.66
蚌埠闸上正常蓄水位为 17.5 m	可供水量	（亿 m³）	12.95	14.05	14.64	13.99	13.08	13.13
蚌埠闸上正常蓄水位为 18.0 m	可供水量	（亿 m³）	12.95	14.05	14.64	13.99	13.08	13.13
蚌埠闸上正常蓄水位为 18.5 m	可供水量	（亿 m³）	12.95	14.05	14.64	13.99	13.08	13.13

现状水平年 17.21 m 起调的情况下，并且蚌埠闸上正常蓄水位控制在 18.0 m 的情况下，97%，95%，90%，75%，50% 及多年平均来水频率年份，研究河段的可供水量分别为：12.95 亿 m³，14.05 亿 m³，14.64 亿 m³，13.99 亿 m³，13.08 亿 m³ 及 13.13 亿 m³。

蚌埠闸上以 17.21 m 水位起调的情况，除 97% 和 95% 典型年份外的其余各个典型年均能满足用户用水需求，用水缺口主要集中在农业用水方面，而以汛末实测水位起调，95% 典型年用水缺口加大。

（3）2020 年可供水量

根据 2020 年来水量和需水预测成果以及水资源间的关系，从上游到下游进行调节计算，即可计算得到蚌埠闸上的来水量及其过程，然后对蚌埠闸进行调节计算得到蚌埠闸在不同规划来水量、不同调度方案下的可供水量。规划水平年 2020 年蚌埠闸上起调水位为 17.21 m，并且蚌埠闸上正常蓄水位控制在 18.0 m 的情况下，97%，95%，90%，75%，50% 及多年平均来水频率年份，研究河段的可供水量分别为：14.41 亿 m³，15.40 亿 m³，17.08 亿 m³，16.46 亿 m³，15.59 亿 m³ 和 15.63 亿 m³，则其他方案下的蚌埠闸上可供水量结果详见表 7.2.7 和表 7.2.8。

表 7.2.7　2020 年蚌埠闸上可供水量计算结果表（1）

方　案	典型年份		97%	95%	90%	75%	50%	多年平均
按典型年实测汛末水位起调	起调水位	（m）	16.92	16.45	17.02	16.33	16.37	17.71
	上游来水	（亿 m³）	76.44	67.98	89.63	156.28	188.78	172.50
蚌埠闸上正常蓄水位为 17.5 m	可供水量	（亿 m³）	13.87	14.73	16.59	16.46	15.59	15.63
蚌埠闸上正常蓄水位为 18.0 m	可供水量	（亿 m³）	13.87	14.73	17.08	16.46	15.59	15.63
蚌埠闸上正常蓄水位为 18.5 m	可供水量	（亿 m³）	13.87	14.73	17.08	16.46	15.59	15.63

表7.2.8　2020年蚌埠闸上可供水量计算结果表(2)

方　案	典型年份		97%	95%	90%	75%	50%	多年平均
按多年平均汛末 水位起调	起调水位	(m)	17.21	17.21	17.21	17.21	17.21	17.21
上游来水		(亿 m³)	76.44	67.98	89.63	156.28	188.78	172.50
蚌埠闸上正常 蓄水位为17.5 m	可供水量	(亿 m³)	14.05	15.14	16.59	16.46	15.59	15.63
蚌埠闸上正常 蓄水位为18.0 m	可供水量	(亿 m³)	14.05	15.14	17.08	16.46	15.59	15.63
蚌埠闸上正常 蓄水位为18.5 m	可供水量	(亿 m³)	14.05	15.14	17.08	16.46	15.59	15.63

7.2.4　多枯水组合情境下水资源配置成果

以 Mike Basin 模型计算结果为基础,对现状水平年(2012 年)、规划水平年(2020年)进行分析,定量给出淮南、蚌埠两市在各种方案下的配置结果。

7.2.4.1　现状水平年(2012 年)水量配置

利用 Mike Basin 模拟模型,对不同典型年进行供需平衡模拟计算,得到现状水平年的可供分配的水量。

1. 供需分析

现状水平年 2012 年,根据不同来水情况,不同起调水位情况以及考虑蚌埠闸上正常蓄水位的变化情况,进行方案组合,模型对不同的方案进行模拟计算,并对各种情景下的淮南和蚌埠两市的供水情况进行了分析。

(1) 方案 $A_{10}B_0C_1$

2012 年以典型年汛末实测水位起调(B_0),蚌埠闸上正常蓄水位仍保持 17.5 m(C_1),则蚌埠闸上可供水量的分配结果见表 7.2.9。

表7.2.9　2012年蚌埠闸上可供水量分配结果(方案 $A_{10}B_0C_1$)

典型年份			97%	95%	90%	75%	50%	多年平均
来水量(亿 m³)			84.36	75.54	99.58	173.64	209.76	191.66
起调水位(m)			16.92	16.45	17.02	16.33	16.37	17.71
出现的最低水位(m)			15.00	15.00	17.24	17.36	17.50	17.50
用 水 量	生活	需水量(亿 m³)	1.12	1.12	1.12	1.12	1.12	1.12
		供水量(亿 m³)	1.12	1.12	1.12	1.12	1.12	1.12
		供水保证程度	100%	100%	100%	100%	100%	100%

续表

典型年份			97%	95%	90%	75%	50%	多年平均
用水量	第三产业及建筑业	需水量(亿m³)	0.79	0.79	0.79	0.79	0.79	0.79
		供水量(亿m³)	0.66	0.71	0.79	0.79	0.79	0.79
		供水保证程度	82%	90%	100%	100%	100%	100%
	一般工业	需水量(亿m³)	3.70	3.70	3.70	3.70	3.70	3.70
		供水量(亿m³)	2.96	3.43	3.70	3.70	3.70	3.70
		供水保证程度	80%	92%	100%	100%	100%	100%
	火电	需水量(亿m³)	2.33	2.33	2.33	2.33	2.33	2.33
		供水量(亿m³)	2.33	2.33	2.33	2.33	2.33	2.33
		供水保证程度	100%	100%	100%	100%	100%	100%
	农业	需水量(亿m³)	6.63	6.63	6.61	5.98	5.09	5.13
		供水量(亿m³)	5.66	5.86	6.61	5.98	5.09	5.13
		供水保证程度	85%	88%	100%	100%	100%	100%
	河道外生态	需水量(亿m³)	0.11	0.10	0.09	0.08	0.06	0.07
		供水量(亿m³)	0.08	0.07	0.09	0.08	0.06	0.07
		供水保证程度	72%	70%	100%	100%	100%	100%
	合计	需水量(亿m³)	14.67	14.66	14.64	13.99	13.08	13.13
		供水量(亿m³)	12.81	13.52	14.64	13.99	13.08	13.13
		供水保证程度	87%	92%	100%	100%	100%	100%
河道内生态		需水量(亿m³)	2.58	2.58	2.58	4.99	4.99	4.99
		供水量(亿m³)	2.38	2.58	2.58	4.99	4.99	4.99
		供水保证程度	92%	100%	100%	100%	100%	100%

注:1. 农业中包含上桥翻水量2.20亿m³;
2. 蚌埠闸上正常蓄水位17.5 m;
3. 97%,95%和90%典型年份河道内生态需水量采用最小生态基流2.58亿m³。

由表7.2.9可知,90%,75%,50%以及多年平均典型年份,均能满足各用户的用水需求,其供水保证程度均达到100%,各个行业的供水分别为:生活1.12亿m³,第三产业与建筑业 0.79 亿 m^3,一般工业 3.70 亿 m^3,火电工业 2.33 亿 m^3,农业(5.09~6.61)亿 m^3(其中包含上桥翻水 2.20 亿 m^3),河道外生态(0.06~0.09)亿 m^3。另外 90% 典型年河道内生态用水量只保证了最小生态基流量 2.58 亿 m^3,其他典型年份均为河道内最小生态需水量 4.99 亿 m^3。

97% 和 95% 典型年份出现了农业用水、河道外生态用水、第三产业与建筑业用水、一般工业用水等方面的用水缺口,其供水保证程度分别为 87%,92%,缺水量分别为 1.86 亿 m^3 和 1.14 亿 m^3。

另外,95% 典型年的河道生态需水量仅采用河道内最小生态基流量 2.58 亿 m^3(包含船闸用水量,下同),占河道内最小生态用水量 4.99 亿 m^3 的 52%。97% 典型年缺水较为严重,河道内生态用水量仅为 2.38 亿 m^3,占最小生态用水量 4.99 亿 m^3 的 48%,占最小生态基流量 2.58 亿 m^3 的 92%。

各个行业用水按照一定的比例分配至淮南市和蚌埠市,淮南和蚌埠两市的水量分配情况详见表 7.2.10。其中在该方案下可供水量最多的情况下,即 90% 典型年达 12.44 亿 m^3(不含上桥翻水 2.20 亿 m^3,下同),淮南和蚌埠两市可供水量分别为 8.26 亿 m^3、4.17 亿 m^3;在可供水量最少的情况下,即 97% 典型年为 10.60 亿 m^3,淮南和蚌埠两市可供水量分别为 7.16 亿 m^3 和 3.44 亿 m^3。

(2) 方案 $A_{10}B_0C_2$

现状水平年 2012 年蚌埠闸仍以典型年份汛末实测水位起调(B_0),蚌埠闸上正常蓄水位调整为 18.0 m(C_2),蚌埠闸上可供水量的分配结果与方案 $A_{10}B_0C_1$ 一致,淮南和蚌埠两市的水资源供需分析结果也相同。

(3) 方案 $A_{10}B_0C_3$

当其他条件不变的情况下,将蚌埠闸上正常蓄水位调整为 18.5 m(C_3),蚌埠闸上可供水量的分配结果仍与方案 $A_{10}B_0C_1$ 一致。

7.2.4.2　规划水平年(2020 年)水量配置

1. 供需分析

规划水平年 2020 年,根据不同来水情况,不同起调水位以及考虑蚌埠闸上正常蓄水位的变化情况,进行方案组合,模型对不同的方案进行模拟计算,并对各种情况的供水进行了分析。

(1) 方案 $A_{22}B_0C_1$

规划水平年 2020 年蚌埠闸上起调水位采用典型年份汛末实测水位起调(B_0),蚌埠闸上正常蓄水位保持在 17.5 m(C_1)的情况下,蚌埠闸上可供水量的分配结果见表 7.2.11。

表 7.2.10　现状水平年（2012 年）淮南、蚌埠两市水量分配情况表（方案 $A_{10}B_0C_1$）

以典型年汛末实测水位起调(B_0)，蚌埠闸上正常蓄水位 17.5 m(C_1)

淮南市

典型年份	居民生活			第三产业及建筑业			一般工业			火电			农业			河道外生态			合计		
	需水量(亿 m³)	供水量(亿 m³)	供水保证程度	需水量(亿 m³)	供水量(亿 m³)	供水保证程度	需水量(亿 m³)	供水量(亿 m³)	供水保证程度	需水量(亿 m³)	供水量(亿 m³)	供水保证程度	需水量(亿 m³)	供水量(亿 m³)	供水保证程度	需水量(亿 m³)	供水量(亿 m³)	供水保证程度	需水量(亿 m³)	供水量(亿 m³)	供水保证程度
97%	0.67	0.67	100%	0.44	0.36	82%	2.47	1.98	80%	2.12	2.12	100%	2.54	1.99	78%	0.05	0.04	30%	8.29	7.16	86%
95%	0.67	0.67	100%	0.44	0.40	91%	2.47	2.29	93%	2.12	2.12	100%	2.54	2.10	83%	0.04	0.03	75%	8.28	7.61	92%
90%	0.67	0.67	100%	0.44	0.44	100%	2.47	2.47	100%	2.12	2.12	100%	2.53	2.53	100%	0.04	0.04	100%	8.27	8.27	100%
75%	0.67	0.67	100%	0.44	0.44	100%	2.47	2.47	100%	2.12	2.12	100%	2.17	2.17	100%	0.03	0.03	100%	7.90	7.90	100%
50%	0.67	0.67	100%	0.44	0.44	100%	2.47	2.47	100%	2.12	2.12	100%	1.66	1.66	100%	0.02	0.02	100%	7.38	7.38	100%
多年平均	0.67	0.67	100%	0.44	0.44	100%	2.47	2.47	100%	2.12	2.12	100%	1.68	1.68	100%	0.03	0.03	100%	7.41	7.41	100%

蚌埠市

典型年份	生活			第三产业及建筑业			一般工业			火电			农业			河道外生态			合计		
	需水量(亿 m³)	供水量(亿 m³)	供水保证程度	需水量(亿 m³)	供水量(亿 m³)	供水保证程度	需水量(亿 m³)	供水量(亿 m³)	供水保证程度	需水量(亿 m³)	供水量(亿 m³)	供水保证程度	需水量(亿 m³)	供水量(亿 m³)	供水保证程度	需水量(亿 m³)	供水量(亿 m³)	供水保证程度	需水量(亿 m³)	供水量(亿 m³)	供水保证程度
97%	0.45	0.45	100%	0.35	0.29	83%	1.23	0.98	80%	0.21	0.21	100%	1.89	1.47	78%	0.06	0.04	57%	4.19	3.44	82%
95%	0.45	0.45	100%	0.35	0.31	89%	1.23	1.14	93%	0.21	0.21	100%	1.89	1.56	83%	0.06	0.04	57%	4.19	3.71	89%
90%	0.45	0.45	100%	0.35	0.35	100%	1.23	1.23	100%	0.21	0.21	100%	1.88	1.88	100%	0.05	0.05	100%	4.17	4.17	100%
75%	0.45	0.45	100%	0.35	0.35	100%	1.23	1.23	100%	0.21	0.21	100%	1.61	1.61	100%	0.05	0.05	100%	3.90	3.90	100%
50%	0.45	0.45	100%	0.35	0.35	100%	1.23	1.23	100%	0.21	0.21	100%	1.23	1.23	100%	0.04	0.04	100%	3.51	3.51	100%
多年平均	0.45	0.45	100%	0.35	0.35	100%	1.23	1.23	100%	0.21	0.21	100%	1.25	1.25	100%	0.04	0.04	100%	3.53	3.53	100%

注：农业用水不包含上桥翻水的 2.20 亿 m³。

表 7.2.11　2020 年蚌埠闸上可供水量分配分析结果(方案 $A_{22}B_0C_1$)

		典型年份	97%	95%	90%	75%	50%	多年平均
		来水量(亿 m³)	76.44	67.98	89.63	156.28	188.78	172.50
		起调水位(m)	16.92	16.45	17.02	16.33	16.37	17.71
		出现的最低水位(m)	15.00	15.00	16.00	16.99	17.50	17.50
用水量	生活	需水量(亿 m³)	1.50	1.50	1.50	1.50	1.50	1.50
		供水量(亿 m³)	1.50	1.50	1.50	1.50	1.50	1.50
		供水保证程度	100%	100%	100%	100%	100%	100%
	第三产业及建筑业	需水量(亿 m³)	1.32	1.32	1.32	1.32	1.32	1.32
		供水量(亿 m³)	0.74	0.93	1.32	1.32	1.32	1.32
		供水保证程度	56%	70%	100%	100%	100%	100%
	一般工业	需水量(亿 m³)	4.11	4.11	4.11	4.11	4.11	4.11
		供水量(亿 m³)	2.46	2.94	4.11	4.11	4.11	4.11
		供水保证程度	60%	72%	100%	100%	100%	100%
	火电	需水量(亿 m³)	3.62	3.62	3.62	3.62	3.62	3.62
		供水量(亿 m³)	3.62	3.62	3.62	3.62	3.62	3.62
		供水保证程度	100%	100%	100%	100%	100%	100%
	农业	需水量(亿 m³)	6.46	6.46	6.44	5.83	4.97	5.01
		供水量(亿 m³)	5.49	5.68	5.95	5.83	4.97	5.01
		供水保证程度	85%	88%	92%	100%	100%	100%
	河道外生态	需水量(亿 m³)	0.12	0.11	0.09	0.08	0.06	0.07
		供水量(亿 m³)	0.06	0.06	0.09	0.08	0.06	0.07
		供水保证程度	50%	54%	100%	100%	100%	100%
	合计	需水量(亿 m³)	17.13	17.12	17.08	16.46	15.59	15.63
		供水量(亿 m³)	13.87	14.73	16.59	16.46	15.59	15.63
		供水保证程度	81%	86%	97%	100%	100%	100%
河道内生态		需水量(亿 m³)	2.58	2.58	2.58	4.99	4.99	4.99
		供水量(亿 m³)	1.73	2.05	2.58	4.99	4.99	4.99
		供水保证程度	67%	79%	100%	100%	100%	100%

注:1. 农业中包含上桥翻水量 2.20 亿 m³;

　2. 蚌埠闸上正常蓄水位 17.5 m;

　3. 97%,95%和 90%典型年份河道内生态需水量采用最小生态基流 2.58 亿 m³。

由表 7.2.11 可知,该方案下除 97%,95%和 90%典型年份外,其他典型年能满足各个行业用水需求,供水保证程度为 100%。97%,95% 和 90% 典型年份在河道内生态需水量仅采用最小生态基流量 2.58 亿 m^3（包含船闸用水量）的情况下,仍出现不同程度的用水缺口。90% 典型年农业缺水 0.49 亿 m^3,出现在 5 月中、下旬,农业用水保证程度为 92%。95% 典型年用水缺口仍表现在农业用水、河道外生态用水、第三产业及建筑业以及一般工业用水方面,行业用水保证程度分别为 88%,54%,70% 和 72%,95% 典型年份可供水量 14.73 亿 m^3,供水保证程度为 86%。97% 典型年缺水情况最为严重,缺水 3.26 亿 m^3,分别为农业缺水 0.97 亿 m^3,河道外生态缺水 0.06 亿 m^3,第三产业及建筑业缺水 0.58 亿 m^3,一般工业缺水 1.65 亿 m^3,97% 典型年供水保证程度为 81%。另外 97% 和 95% 典型年份在缺水情况较为严重期间,河道内生态用水量仅满足船闸需水量 24 万 m^3/d,其他时段也只是保证河道内最小生态基流。

淮南和蚌埠两市的水量分配见表 7.2.12。在该方案下 90% 典型年的可供水量最多的情况下,即达 14.39 亿 m^3（不含上桥翻水 2.20 亿 m^3）,淮南市分配得到的可供水量为 9.78 亿 m^3,其中生活 0.88 亿 m^3,第三产业与建筑业 0.75 亿 m^3,一般工业 2.74 亿 m^3,火电工业 3.22 亿 m^3,农业 2.15 亿 m^3,河道外生态 0.03 亿 m^3；蚌埠市分配得到的可供水量为 4.61 亿 m^3,其中生活 0.62 亿 m^3,第三产业与建筑业 0.57 亿 m^3,一般工业 1.37 亿 m^3,火电工业 0.40 亿 m^3,农业 1.60 亿 m^3,河道外生态 0.05 亿 m^3。

（2）方案 $A_{22}B_0C_2$

规划水平年 2020 年蚌埠闸上以典型年份汛末实测水位起调（B_0）,蚌埠闸上正常蓄水位调整为 18.0 m（C_2）的情况下,除 90% 典型年,其他典型年份蚌埠闸上可供水量的分配结果与方案 $A_{22}B_0C_1$ 一致,淮南和蚌埠两市的水资源供需分析结果也相同。随着蚌埠闸上正常蓄水位的抬高,90% 典型年份的农业用水缺口得到满足,各个行业供水保证程度均达到 100%,可供水量 17.08 亿 m^3。97% 和 95% 典型年仍然存在用水缺口,95% 典型年缺水 3.26 亿 m^3,97% 典型年缺水 2.75 亿 m^3。

（3）方案 $A_{22}B_1C_1$

规划水平年 2020 年蚌埠闸上起调水位采用多年平均汛末水位 17.21 m 起调（B_1）,蚌埠闸上正常蓄水位保持在 17.5 m（C_1）的情况下,蚌埠闸上可供水量的分配结果见表 7.2.13。

在该方案下,75%,50% 和多年平均保证率典型年在河道内生态供水量保证为最小生态水量 4.99 亿 m^3（包含船闸用水量,下同）情况下,此三个典型年仍能够满足蚌埠闸上各行业的用水需求,供水保证程度达 100%。而 97%,95% 和 90% 典型年份在河道内生态需水量仅采用最小生态基流量 2.58 亿 m^3 控制的情况下,仍出现用水缺口。90% 典型年缺水 0.49 亿 m^3,出现在 5 月中下旬,农业供水保证程度为 92%。95% 典型年用水缺口出现在农业、河道外生态、第三产业及建筑业以及一般工业用水方面,农业缺水 0.78 亿 m^3、河道外生态缺水 0.04 亿 m^3、第三产业及建筑业缺水 0.29 亿 m^3、一般工业缺水 0.87 亿 m^3,供水保证程度分别为 88%,64%,78% 和 79%,95% 典型年份可供水量 15.14 亿 m^3。

表 7.2.12　规划水平年(2020年)淮南、蚌埠两市水量分配情况表(方案 $A_{22}B_0C_1$)

以典型年汛末实测水位起调(B_0)、蚌埠闸上正常蓄水位17.5 m(C_1)

淮南市

典型年份	居民生活			第三产业及建筑业			一般工业			火电			农业			河道外生态			合计		
	需水量(亿m³)	供水量(亿m³)	供水保证程度	需水量(亿m³)	供水量(亿m³)	供水保证程度	需水量(亿m³)	供水量(亿m³)	供水保证程度	需水量(亿m³)	供水量(亿m³)	供水保证程度	需水量(亿m³)	供水量(亿m³)	供水保证程度	需水量(亿m³)	供水量(亿m³)	供水保证程度	需水量(亿m³)	供水量(亿m³)	供水保证程度
97%	0.88	0.88	100%	0.75	0.42	56%	2.74	1.64	60%	3.22	3.22	100%	2.45	1.89	78%	0.05	0.02	40%	10.09	8.07	80%
95%	0.88	0.88	100%	0.75	0.53	71%	2.74	1.96	71%	3.22	3.22	100%	2.45	2.00	82%	0.04	0.02	50%	10.08	8.61	85%
90%	0.88	0.88	100%	0.75	0.75	100%	2.74	2.74	100%	3.22	3.22	100%	2.43	2.15	88%	0.04	0.04	100%	10.06	9.78	97%
75%	0.88	0.88	100%	0.75	0.75	100%	2.74	2.74	100%	3.22	3.22	100%	2.08	2.08	100%	0.03	0.03	100%	9.70	9.70	100%
50%	0.88	0.88	100%	0.75	0.75	100%	2.74	2.74	100%	3.22	3.22	100%	1.59	1.59	100%	0.02	0.02	100%	9.20	9.20	100%
多年平均	0.88	0.88	100%	0.75	0.75	100%	2.74	2.74	100%	3.22	3.22	100%	1.61	1.61	100%	0.03	0.03	100%	9.23	9.23	100%

蚌埠市

典型年份	生活			第三产业及建筑业			一般工业			火电			农业			河道外生态			合计		
	需水量(亿m³)	供水量(亿m³)	供水保证程度	需水量(亿m³)	供水量(亿m³)	供水保证程度	需水量(亿m³)	供水量(亿m³)	供水保证程度	需水量(亿m³)	供水量(亿m³)	供水保证程度	需水量(亿m³)	供水量(亿m³)	供水保证程度	需水量(亿m³)	供水量(亿m³)	供水保证程度	需水量(亿m³)	供水量(亿m³)	供水保证程度
97%	0.62	0.62	100%	0.57	0.32	56%	1.37	0.82	60%	0.40	0.40	100%	1.81	1.40	78%	0.07	0.04	57%	4.84	3.61	75%
95%	0.62	0.62	100%	0.57	0.40	70%	1.37	0.98	72%	0.40	0.40	100%	1.81	1.48	82%	0.07	0.04	57%	4.84	3.92	81%
90%	0.62	0.62	100%	0.57	0.57	100%	1.37	1.37	100%	0.40	0.40	100%	1.81	1.60	88%	0.05	0.05	100%	4.82	4.61	95%
75%	0.62	0.62	100%	0.57	0.57	100%	1.37	1.37	100%	0.40	0.40	100%	1.55	1.55	100%	0.05	0.05	100%	4.56	4.56	100%
50%	0.62	0.62	100%	0.57	0.57	100%	1.37	1.37	100%	0.40	0.40	100%	1.18	1.18	100%	0.04	0.04	100%	4.18	4.18	100%
多年平均	0.62	0.62	100%	0.57	0.57	100%	1.37	1.37	100%	0.40	0.40	100%	1.20	1.20	100%	0.04	0.04	100%	4.20	4.20	100%

注:农业用水不包含含上桥翻水的 2.20 亿 m³。

表 7.2.13　2020年蚌埠闸上可供水量分配结果(方案 $A_{22}B_1C_1$)

典型年份			97%	95%	90%	75%	50%	多年平均
来水量(亿 m³)			76.44	67.98	89.63	156.28	188.78	172.50
起调水位(m)			17.21	17.21	17.21	17.21	17.21	17.21
出现的最低水位(m)			15.00	15.00	16.00	16.99	17.50	17.50
用水量	生活	需水量(亿 m³)	1.50	1.50	1.50	1.50	1.50	1.50
		供水量(亿 m³)	1.50	1.50	1.50	1.50	1.50	1.50
		供水保证程度	100%	100%	100%	100%	100%	100%
	第三产业及建筑业	需水量(亿 m³)	1.32	1.32	1.32	1.32	1.32	1.32
		供水量(亿 m³)	0.82	1.03	1.32	1.32	1.32	1.32
		供水保证程度	62%	78%	100%	100%	100%	100%
	一般工业	需水量(亿 m³)	4.11	4.11	4.11	4.11	4.11	4.11
		供水量(亿 m³)	2.55	3.24	4.11	4.11	4.11	4.11
		供水保证程度	62%	79%	100%	100%	100%	100%
	火电	需水量(亿 m³)	3.62	3.62	3.62	3.62	3.62	3.62
		供水量(亿 m³)	3.62	3.62	3.62	3.62	3.62	3.62
		供水保证程度	100%	100%	100%	100%	100%	100%
	农业	需水量(亿 m³)	6.46	6.46	6.44	5.83	4.97	5.01
		供水量(亿 m³)	5.50	5.68	5.95	5.83	4.97	5.01
		供水保证程度	85%	88%	92%	100%	100%	100%
	河道外生态	需水量(亿 m³)	0.12	0.11	0.09	0.08	0.06	0.07
		供水量(亿 m³)	0.06	0.07	0.09	0.08	0.06	0.07
		供水保证程度	50%	64%	100%	100%	100%	100%
	合计	需水量(亿 m³)	17.13	17.12	17.08	16.46	15.59	15.63
		供水量(亿 m³)	14.05	15.14	16.59	16.46	15.59	15.63
		供水保证程度	82%	88%	97%	100%	100%	100%
河道内生态		需水量(亿 m³)	2.58	2.58	2.58	4.99	4.99	4.99
		供水量(亿 m³)	1.77	2.19	2.58	4.99	4.99	4.99
		供水保证程度	69%	85%	100%	100%	100%	100%

注:1. 农业中包含上桥翻水量2.20亿 m³;

2. 蚌埠闸上正常蓄水位17.5 m;

3. 97%,95%和90%典型年份河道内生态需水量采用最小生态基流2.58亿 m³。

表 7.2.14　规划水平年（2020 年）淮南、蚌埠水资源两市水量分配情况表（方案 $A_{22}B_1C_1$）

以多年平均汛末水位 17.21 m 起调(B_1)，蚌埠闸上正常蓄水位 17.5 m(C_1)

淮南市

典型年份	居民生活 需水量(亿m³)	供水量(亿m³)	供水保证程度	第三产业及建筑业 需水量(亿m³)	供水量(亿m³)	供水保证程度	一般工业 需水量(亿m³)	供水量(亿m³)	供水保证程度	火电 需水量(亿m³)	供水量(亿m³)	供水保证程度	农业 需水量(亿m³)	供水量(亿m³)	供水保证程度	河道外生态 需水量(亿m³)	供水量(亿m³)	供水保证程度	合计 需水量(亿m³)	供水量(亿m³)	供水保证程度
97%	0.88	0.88	100%	0.75	0.47	62%	2.74	1.70	62%	3.22	3.22	100%	2.45	1.89	78%	0.05	0.02	40%	10.09	8.18	81%
95%	0.88	0.88	100%	0.75	0.59	79%	2.74	2.16	79%	3.22	3.22	100%	2.45	2.00	85%	0.04	0.03	75%	10.08	8.88	88%
90%	0.88	0.88	100%	0.75	0.75	100%	2.74	2.74	100%	3.22	3.22	100%	2.43	2.15	88%	0.04	0.04	100%	10.06	9.78	97%
75%	0.88	0.88	100%	0.75	0.75	100%	2.74	2.74	100%	3.22	3.22	100%	2.08	2.08	100%	0.03	0.03	100%	9.70	9.70	100%
50%	0.88	0.88	100%	0.75	0.75	100%	2.74	2.74	100%	3.22	3.22	100%	1.59	1.59	100%	0.02	0.02	100%	9.20	9.20	100%
多年平均	0.88	0.88	100%	0.75	0.75	100%	2.74	2.74	100%	3.22	3.22	100%	1.61	1.61	100%	0.03	0.03	100%	9.23	9.23	100%

蚌埠市

典型年份	生活 需水量(亿m³)	供水量(亿m³)	供水保证程度	第三产业及建筑业 需水量(亿m³)	供水量(亿m³)	供水保证程度	一般工业 需水量(亿m³)	供水量(亿m³)	供水保证程度	火电 需水量(亿m³)	供水量(亿m³)	供水保证程度	农业 需水量(亿m³)	供水量(亿m³)	供水保证程度	河道外生态 需水量(亿m³)	供水量(亿m³)	供水保证程度	合计 需水量(亿m³)	供水量(亿m³)	供水保证程度
97%	0.62	0.62	100%	0.57	0.35	61%	1.37	0.85	62%	0.40	0.40	100%	1.81	1.41	78%	0.07	3.04	57%	4.84	3.67	76%
95%	0.62	0.62	100%	0.57	0.44	77%	1.37	1.08	79%	0.40	0.40	100%	1.81	1.48	82%	0.07	3.04	57%	4.84	4.06	84%
90%	0.62	0.62	100%	0.57	0.57	100%	1.37	1.37	100%	0.40	0.40	100%	1.81	1.60	88%	0.05	3.05	100%	4.82	4.61	95%
75%	0.62	0.62	100%	0.57	0.57	100%	1.37	1.37	100%	0.40	0.40	100%	1.55	1.55	100%	0.05	3.05	100%	4.56	4.56	100%
50%	0.62	0.62	100%	0.57	0.57	100%	1.37	1.37	100%	0.40	0.40	100%	1.18	1.18	100%	0.04	3.04	100%	4.18	4.18	100%
多年平均	0.62	0.62	100%	0.57	0.57	100%	1.37	1.37	100%	0.40	0.40	100%	1.20	1.20	100%	0.04	3.04	100%	4.20	4.20	100%

注：农业用水不包含上桥翻水的 2.20 亿 m³。

97%典型年缺水情况最为严重,农业缺水 0.96 亿 m³、河道外生态缺水 0.06 亿 m³、第三产业及建筑业缺水 0.50 亿 m³、一般工业缺水 1.56 亿 m³,共缺水 3.08 亿 m³,供水保证程度为 82%。另外,95%,97%典型年份在缺水情况较为严重时段内,河道内生态用水量仅满足船闸需水量 24 万 m³/d,年供水量分别为 2.19 亿 m³,1.77 亿 m³。

与典型年汛末实测水位起调的方案($A_{22}B_0C_1$)相比,该方案($A_{22}B_1C_1$)90%,75%,50%以及多年平均保证率典型年份的供水情况与前者一致,但后者 97%和 95%典型年份的用水缺口减小,供水缺口分别减小 0.18 亿 m³,0.41 亿 m³。

淮南和蚌埠两市的水量分配详见表 7.2.14。在该方案下可供水量最多出现在 90%典型年,达 14.39 亿 m³(不含上桥翻水 2.20 亿 m³,下同),淮南和蚌埠两市可供水量分别为 9.78 亿 m³,4.61 亿 m³;可供水量最少出现在 97%典型年,为 11.85 亿 m³,淮南和蚌埠两市可供水量分别为 8.18 亿 m³,3.67 亿 m³。

(11) 方案 $A_{22}B_1C_2$

规划水平年 2020 年蚌埠闸上多年平均汛末水位 17.21 m 起调(B_1),蚌埠闸上正常蓄水位调整为 18.0 m(C_2)的情况下,90%典型年份的农业用水随着蚌埠闸上正常蓄水位的抬高,用水缺口得到满足,各个行业供水保证程度均达到 100%,可供水量 17.08 亿 m³。

(12) 方案 $A_{22}B_1C_3$

当其他条件不变的情况下,将蚌埠闸上正常蓄水位调整为 18.5 m(C_3),蚌埠闸上可供水量的分配结果与方案 $A_{22}B_1C_2$ 一致。

2. 潜力分析

规划水平年 2020 年,在多种方案组合的调节计算过程中,蚌埠闸还存在一定量的下泄水量,各个典型年份不同方案的情况下,蚌埠闸下泄水量及旬最小下泄水量统计值见表 7.2.15。

表 7.2.15　2020 年蚌埠闸下泄水量统计表

典型年份			97%		95%		90%		75%		50%		多年平均	
来水情况	正常蓄水位	起调水位	下泄水量	最小旬泄水量	下泄水量	最小旬泄水量	下泄水量	最小旬泄水量	下泄水量	最小旬泄水量	下泄水量	最小旬泄水量	下泄水量	最小旬泄水量
			(亿 m³)	(万 m³)	(亿 m³)	(万 m³)	(亿 m³)	(万 m³)	(亿 m³)	(万 m³)	(亿 m³)	(万 m³)	(亿 m³)	(万 m³)
来水量为现状年的 90%	17.5 m	汛末实测水位	52.52	240	43.56	283	62.30	707	121.22	2 066	151.17	2 816	137.80	6 676
		多年平均汛末水位	52.59	240	43.70	283	62.45	707	121.84	2 066	151.77	2 816	137.24	6 676
	18.0 m	汛末实测水位	52.04	240	43.08	283	61.33	707	120.74	2 066	150.69	2 816	137.32	6 676

续表

来水情况	正常蓄水位	起调水位	97%		95%		90%		75%		50%		多年平均	
			下泄水量	最小旬泄水量	下泄水量	最小旬泄水量	下泄水量	最小旬泄水量	下泄水量	最小旬泄水量	下泄水量	最小旬泄水量	下泄水量	最小旬泄水量
			(亿m³)	(万m³)	(亿m³)	(万m³)	(亿m³)	(万m³)	(亿m³)	(万m³)	(亿m³)	(万m³)	(亿m³)	(万m³)
来水量为现状年的90%	18.0m	多年平均汛末水位	52.11	240	43.22	283	61.48	707	121.36	2066	151.94	2816	136.76	6676
	18.5m	汛末实测水位	51.47	240	42.51	283	60.76	707	120.16	2066	150.11	2816	136.74	6676
		多年平均汛末水位	51.53	240	42.65	283	60.90	707	120.78	2066	150.71	2816	136.19	6676

注:1. 97%,95%,90%典型年份下泄水量中包含河道内最小生态基流2.58亿m³;

2. 75%,50%和多年平均典型年下泄水量中包含河道内最小生态水量和船闸用水量4.99亿m³。

由表7.2.15可知,蚌埠闸正常蓄水位调整为18.5 m时,起调水位采用典型年实测汛末水位(方案 $A_{22}B_0C_3$)的情况下,75%,50%以及多年平均保证率典型年蚌埠闸的下泄水量仍然很大,达到115.17亿 m³,145.12亿 m³,131.75亿 m³(不包含河道内最小生态用水及船闸用水量4.99亿 m³),旬最小下泄水量分别为2 066万 m³,2 816万 m³,8 154万 m³,下泄过程见图7.2.3。因此,在这三个典型年的情况下,蚌埠闸上水量仍然具有一定的开发潜力,能够满足用户一定的需水要求。

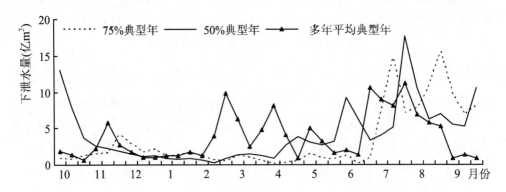

图 7.2.3 2020 年 75%,50%和多年平均典型年蚌埠闸下泄水量过程(方案 $A_{22}B_0C_3$ 情景)

90%典型年蚌埠闸下泄水量过程中,有5~7个旬是以生态基流量707万 m³ 作为下泄水量,97%,95%典型年蚌埠闸的最小下泄水量为707万 m³(97%典型年有30~32个旬,95%典型年有21~22个旬),其中有部分旬为满足行业用水,限制了河道内生态水,仅以船闸用水24万 m³/d 作为极限控制(97%典型年有16~18个旬,95%典型年有9~15个旬),因此这些旬不再具备进一步开发供水的潜力,但是在汛期这些典型年份的蚌埠闸下泄水量也很大,可以考虑充分利用洪水资源,开发用水具有明显周期性的行业。97％,95％,90％典型年份方案 $A_{22}B_0C_3$ 情景下,调节计算后的蚌埠闸下泄水量过程见图 7.2.4。

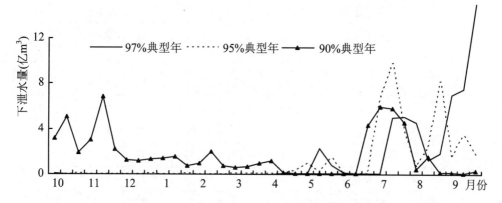

图 7.2.4　2020 年 97％,95％,90％典型年蚌埠闸下泄水量过程(方案 $A_{22}B_0C_3$ 情景)

7.3　本章小结

本章利用 Mike Basin 模型将淮河中游的河流、水利工程、取用水户等各类控制要素进行了概化,建立了基于分行业用户满意度的水资源配置模型,刻画了淮河中游蚌埠闸、沿淮洼地、采煤沉陷区等多边界多控制要素的复杂调控系统情景,模拟了多枯水组合情境下的水资源配置方案。同时以正阳关—蚌埠闸作为水资源配置研究的重点河段,通过模型验证,明晰了淮南、蚌埠两市现状水平年(2012 年)、规划水平年 2020年分行业的水量配置结果。

1. 现状 2012 年

现状水平年,起调水位为 17.21 m(多年平均汛末水位),正常蓄水位为 17.5 m 作为基本分配方案,该方案下除 97％,95％典型年份以外的其他典型年份能满足用户的用水需求,而这两个典型年份均不同程度地出现用水缺口,用水缺口出现在农业、河道外生态、第三产业及建筑业以及一般工业用水方面,95％典型年缺水 0.94 亿 m³,而 97％典型年份缺水更为严重,缺水量达 2.12 亿 m³。50％,75％,90％,95％,97％及多年平均保证率典型年的可供分配的水量分别为 10.35 亿 m³,11.52 亿 m³,12.44 亿 m³,11.79 亿 m³,10.88 亿 m³ 和 10.93 亿 m³。其中淮南市各典型年可供配置的水量分别为 6.99 亿 m³,7.74 亿 m³,8.27 亿 m³,7.90 亿 m³,7.38 亿 m³ 和 7.41亿 m³;蚌埠市可供配置的水量分别为 3.35 亿 m³,3.80 亿 m³,4.17 亿 m³,3.90亿 m³,3.51 亿 m³ 和 3.53 亿 m³,详见表 7.3.1,其他比较方案在此不再列表赘述。

表 7.3.1　2012 年两市可供水量配置成果　　　　单位:亿 m³

典型年份		97%	95%	90%	75%	50%	多年平均
淮南市	居民生活	0.67	0.67	0.67	0.67	0.67	0.67
	第三产业及建筑业	0.35	0.43	0.44	0.44	0.44	0.44
	一般工业	1.82	2.41	2.47	2.47	2.47	2.47
	火　电	2.12	2.12	2.12	2.12	2.12	2.12
	农　业	1.99	2.08	2.53	2.17	1.66	1.68
	河道外生态	0.04	0.03	0.04	0.03	0.02	0.03
	合　计	6.99	7.74	8.27	7.90	7.38	7.41
蚌埠市	居民生活	0.45	0.45	0.45	0.45	0.45	0.45
	第三产业及建筑业	0.28	0.34	0.35	0.35	0.35	0.35
	一般工业	0.9	1.18	1.23	1.23	1.23	1.23
	火　电	0.21	0.21	0.21	0.21	0.21	0.21
	农　业	1.47	1.54	1.88	1.61	1.23	1.25
	河道外生态	0.04	0.05	0.05	0.05	0.04	0.04
	合　计	3.35	3.80	4.17	3.90	3.51	3.53

注:该配置方案成果表中农业用水不包括上桥翻水 2.2 亿 m³,方案计算中正常蓄水位为
　　17.5 m,起调水位为 17.21 m(多年平均汛末水位)。

2. 规划水平年 2020 年

　　规划水平年 2020 年,起调水位为 17.21 m(多年平均汛末水位),正常蓄水位为 17.5 m 作为基本分配方案,在该方案下,主要是 90%,95% 和 97% 典型年存在用水缺口,90% 典型年缺水 0.49 亿 m³,主要是农业缺水。95% 典型年主要是农业缺水 0.78 亿 m³,河道外生态缺水 0.04 亿 m³、第三产业及建筑业缺水 0.29 亿 m³、一般工业缺水 0.87 亿 m³,97% 典型年缺水情况更为严重,农业缺水 0.96 亿 m³、河道外生态缺水 0.06 亿 m³、第三产业及建筑业缺水 0.50 亿 m³、一般工业缺水 1.56 亿 m³,共缺水 3.08 亿 m³。50%,75%,90%,95%,97% 及多年平均保证率典型年的可供分配的水量分别为 11.85 亿 m³,12.94 亿 m³,14.39 亿 m³,14.26 亿 m³,13.39 亿 m³ 和 13.43 亿 m³。其中淮南市各典型年可供配置的水量分别为 8.18 亿 m³,8.88 亿 m³,9.78 亿 m³,9.70 亿 m³,9.20 亿 m³ 和 9.23 亿 m³;蚌埠市可供配置的水量分别为 3.67 亿 m³,4.06 亿 m³,4.61 亿 m³,4.56 亿 m³,4.18 亿 m³ 和 4.20 亿 m³,详见表 7.3.2,其他比较方案在此不再列表赘述。

表 7.3.2　2020 年两市可供水量配置成果　　　　　　　单位:亿 m³

典型年份		97%	95%	90%	75%	50%	多年平均
淮南市	居民生活	0.88	0.88	0.88	0.88	0.88	0.88
	第三产业及建筑业	0.47	0.59	0.75	0.75	0.75	0.75
	一般工业	1.70	2.16	2.74	2.74	2.74	2.74
	火　电	3.22	3.22	3.22	3.22	3.22	3.22
	农　业	1.89	2.00	2.15	2.08	1.59	1.61
	河道外生态	0.02	0.03	0.04	0.03	0.02	0.03
	合　计	8.18	8.88	9.78	9.70	9.20	9.23
蚌埠市	居民生活	0.62	0.62	0.62	0.62	0.62	0.62
	第三产业及建筑业	0.35	0.44	0.57	0.57	0.57	0.57
	一般工业	0.85	1.08	1.37	1.37	1.37	1.37
	火　电	0.40	0.40	0.40	0.40	0.40	0.40
	农　业	1.41	1.48	1.60	1.55	1.18	1.2
	河道外生态	0.04	0.04	0.05	0.05	0.04	0.04
	合　计	3.67	4.06	4.61	4.56	4.18	4.20

注:该配置方案成果表中农业用水不包括上桥翻水 2.2 亿 m³,方案计算中正常蓄水位为
17.5 m,起调水位为 17.21 m(多年平均汛末水位)。

8 枯水期水资源调度技术研究

8.1 水资源调度模型研制

8.1.1 模型研制技术路线

正阳关—洪泽湖段水量调度模型系统研制技术路线如下：

8.1.1.1 系统范围的界定

这里的研究范围为淮河干流的正阳关—洪泽湖段，全长 300 多千米，涉及 4 个水资源三级区（即王蚌区间北岸、王蚌区间南岸、蚌洪区间北岸、蚌洪区间南岸）。主要分为蚌埠闸上、蚌埠闸下以及洪泽湖区间进行研究，考虑到各区间的用水户数量、重要程度等因素，着重研究蚌埠闸上区间。

8.1.1.2 系统任务分析

主要包括确定所研究枯水期的水量分配原则、水量分配方案及定量的分配结果。针对配置运用中存在的问题，充分利用现代水文信息收集、水情预报技术进行不同情景下来水量的预测以及正阳关—洪泽湖供水区在枯水期的用水特点，进一步优化配置运用方案、挖掘水利工程除害兴利的潜力，提出在特枯水期正阳关—洪泽湖配置运用的方案建议。

8.1.1.3 系统要素(元素)的识别与系统概化

该系统基本由 3 个子系统组成，即蚌埠闸上子系统、蚌埠闸下子系统及洪泽湖周边子系统。

1. 水源

包括蚌埠闸上蓄水、闸下河道可利用水、上游河道来水及支流汇入、周边湖泊洼地的蓄水、地下水、外调水源等。

2. 用户

包括系统范围内各地区生活、重要工业、农业、一般工业、航运、生态等用户。

3. 输供水工程系统

包括该系统内联通水源与水源、水源与用户的各个河段、渠道、闸门、泵站等。

4. 系统目标确定

该系统的总体目标是系统整体的满意度最高，各个部门、用户都有各自的具体目标，需具体分析确定，再综合集成为子系统的目标，再通过系统协调，达到整体满意度最高的系统目标。

5. 系统约束确定

约束即为实现系统目标所受的各种限制条件，将在下一节进行详细说明。

6. 系统模型建立

在系统概化、目标分析、约束分析的基础上，形成系统三层优化协调配置模型。

7. 系统模型的求解

系统模型建立起来以后，需要寻找合适的算法，进而编制程序和界面系统。

8. 系统方案的生成

运用软件系统进行优化协调，得到系统最终合理的配置方案。

9. 结果展示

研究区域取水口、泵站等基本信息及技术方案的可视化展示。

具体技术路线如图 8.1.1 所示。

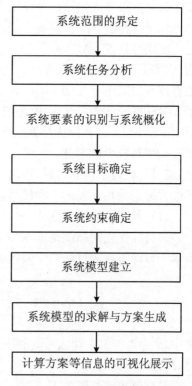

图 8.1.1　水量调度与管理系统研制思路

8.1.2　水资源调度模型

8.1.2.1　时间延迟的 MOSCEM-UA 算法原理

1. 多目标优化算法

在许多研究领域的建模过程中，模型参数估计和优化是一个普遍存在的问题，例如，洪水的在线实时预报以及水文模型参数的确定等。参数率定的重要作用是对一个或多个目标（如模型模拟值与实测值的均方误等）搜索确定最适合该目标的最优参数。通常情况下，优化模型的结构比较复杂，各有侧重点，且大多是以非线性形式存在的。多目标优化问题中多个目标之间通常相互制约，如果对其中一个目标进行优化，则可能会以牺牲其他目标为代价。因此，很难正确评价多目标问题解的优劣性。同时，水资源模拟模型对流域下垫面特征的考虑较少，即，不能直接利用空间信息差异计算获得真实的降水产流情况。因此，优化模型的参数值优选是决定模拟效果的重要因素。在率定模型时，一般可以通过手动调节参数以获得理想的目标值，但是手动参数率定消耗大量的人力,工作重复性、复杂度极高。近年来,伴随计算机技术高速发展,搜索合理参数的自动优选方法,并利用计算机高速迭代来实现参数优选则是理想的优化方案。目前有很多优化算法可以用于水文模型多目标优化,如:NSGA 及 NSGA-Ⅱ、多目标粒子群算法 MOPSO 等。引入 MOSCEM-UA 方法,该方法具有迭代效率高,逼近速度快等特点。MOSCEM-UA 是由 SCE-UA 单目标算法改进的多目标启发式算法,SCE-UA 单目标率定在国内外的应用领域颇为广泛,例如,马海波和董增川成功地将该算法运用于 TOPMODEL 的半分布式水文模型参数率定;同时,张文明等采用了 MOSPO 算法对新安江模型进行的多目标率定也取得了一定的效果。然而,用 MOSCEM-UA 多目标优化算法来同时考虑两个对立目标的参数优化在国内的应用研究则相对较少。因此,将 MOSCEM-UA 应用于水资源模拟模型的参数优化过程中,通过优化两个对立目标,得出一组 Pareto 非劣解,以此来讨论多目标参数优化过程中目标间的相互制约性和模型具有异参同效性。

(1) 多目标优化问题

多目标优化问题就是求在多个可变参数存在的情况下,期望得到一组合理参数使得多个目标组成的目标向量值达到最小(最大),其形式可表述如下:

$$\begin{cases} x = [x_1, x_2, x_3, \cdots, x_n]^T \\ \min y = f(x) = \{f_1(x), f_2(x), \cdots, f_n(x)\} \end{cases} \qquad (8.1.1)$$

$$x \in S = \{x \mid g_i(x) \leqslant 0, j = 1, 2, \cdots, p\} \qquad (8.1.2)$$

式中,x 为对应多个输入参数的决策变量;y 为对应多个目标的向量;为第 j 个约束条件;S 为可行解域。

其具体求解步骤如下:

① 在模型中,设两个模型参数 u, v 且。若 $\{f_i(x) \leqslant f_i(v), i = 1, 2, \cdots, m\}$,其中至少有一个不等式成立,则 u 优于 v。

② 若在 x 集中找不到最优解,则为多目标的 Pareto 最优解。Pareto 最优解就是不存在比其中至少一个目标好,且比其他目标也不劣的更好解。

③ 对于给定的一个多目标问题 $f(x)$,所有 Pareto 最优解组成 Pareto 最优解集,若记为 S_0,则

$$S_0 = \{x \in S \mid (g), \exists x' \in S, f(x') \leqslant f(x)\}$$

④ 对一个给定的模型多目标优化问题 $f(x)$,所有的 Pareto 最优解对应目标向量构成的多目标问题的 Pareto 前沿,可记为 MSO,即

$$MSO = \{f = (f_1(x), f_2(x), \cdots, f_m(x)) \mid x \in S_0\}$$

(2) MOSCEM-UA 优化算法

由于优化模型具有非线性、输入参数多且多为经验函数表达式等特点,1993 年 Q. Duan 等提出了 SCE-UA 算法,目前已经得到了较好的应用。该算法用于解决非线性约束优化问题时较为有效,能够找到全局最优解。

SCEM-UA(Shuffled Complex Evolution Metropolis)算法是 SCE-UA 的改进算法。该法应用 Metropolis 抽样理论作为改进,为单目标优化方法。MOSCEM-UA 则在其基础上应用 Pareto 支配解进化初始种群点向稳定分布移动,实现了多目标优化。

MOSCEM-UA 算法和 SCEM-UA 算法的不同在于 MOSCEM-UA 能同时优化几个目标,最终逼近 Pareto 解集。该方法使用了 MH(Metropolis Hastings)策略来替代爬山法的种群进化方法,因此,它能同时指示较优参数组及其后验概率分布。MOSCEM-UA 算法的计算流程见图 8.1.2。

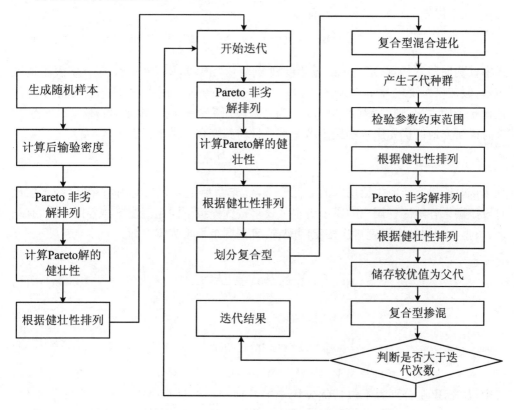

图 8.1.2　MOSCEM-UA 算法流程示意图

8.1.2.2　建模思路

根据研究河段的可供水量与该时段系统各用户的最小需水量之间的关系,得到如下建模思路。

① 如果某时段研究河段的实际总可供水量小于该时段该区域最优级(生活和火电用水)用户最小需水量,即

$$V_i \leqslant \frac{B_{i优}}{1-\beta_{i优}} \tag{8.1.3}$$

则启动应急水源进行调水,调水量为 $+\Delta V_i$,然后按各地区优先用水户的最低净需水量比例全部供给最优级用户,其余用户供水量为零,时段末剩余可供水量为零。即

$$W_{ij优} = (1-B_{i优})\frac{V_i B_{ij优}}{B_{i优}} \tag{8.1.4}$$

$$W_{ijk'} = 0 \tag{8.1.5}$$

$$\sum_{j=1}^{m} \frac{W_{ij优}}{1-\beta_{ij优}} = V_i + \Delta V_i \tag{8.1.6}$$

$$WV_1 = V_i + \Delta V_i - W_i = 0 \tag{8.1.7}$$

② 如果某时段研究河段的实际总可供水量小于该时段该湖系各用户理想需水量之和,大于优先用户最小需水量,即

$$\frac{B_{i优}}{1-\beta_{i优}} \leqslant V_i \leqslant \sum_{j=1}^{m} \sum_{k=1}^{n} \frac{G_{ijk}}{1-\beta_{ijk}} \tag{8.1.8}$$

式中,i 为时段序号,假定一个配置年度划分为 n 个时段,则 $i=1,2,\cdots,n$;j 表示地区序号,假定该系统包含 m 个地区,则 $j=1,2,\cdots,m$;k 表示用水户序号,假定第 j 地区包含 n 个用水户,则 $k=1,2,\cdots,n$;V_i 为 i 时段研究河段的可供水量;$B_{i优}$,$\beta_{i优}$ 分别为该时段研究地区优先用水的最小净需水总量与其综合输供水损失系数(率)

$$\frac{B_{i优}}{1-\beta_{i优}} = \sum_{j=1}^{m} \frac{B_{ijk}}{1-\beta_{ij优}} \tag{8.1.9}$$

则按该时段研究河段生活用水的最低要求,优先满足生活和火电用水;剩余的水按该时段该湖系各地区各用户的最小需水量要求按优先级不同比例配置给各用户,如有剩余,根据各用户缺水程度再次按比例配置,直到剩余水量为零。即

$$W_{ij优} = B_{ij优} \tag{8.1.10}$$

$$W_{ij其} = \frac{V_i - B_{ij优}}{1-\beta_{ij优}} \cdot \frac{B_{ij其}}{B_i - B_{i优}} \tag{8.1.11}$$

$$W_{ij优'} = G_{ij优} - B_{ij优} \tag{8.1.12}$$

$$W_{ij其'} = (V_i - W_i - G_{ij优}) \cdot \frac{L_{ijk'}}{L_{i其}} \tag{8.1.13}$$

$$WV_1 = V_i - W_i = 0 \tag{8.1.14}$$

式中,$B_{ij其}$,$W_{ij其}$ 分别为不包括优先用户的其他用户的最小净需水量与实际供水量;W_i 为该时段水源毛供水总量;$W_{ij优'}$,$W_{ij其'}$ 分别为优先用水户和其他用户二次分配的水量;$L_{ijk'}$,$L_{i总}$ 分别为其他用户一次配置后的缺水量和缺水总量;WV_i 为时段末该湖水系剩余可供水量。

③ 如果某时段湖系的实际总可供水量大于该时段该湖系所以用户理想需水量之和,即

$$V_i \geqslant \sum_{j=1}^{m} \sum_{k=1}^{n} \frac{B_{ijk}}{1-\beta_{ijk}} \tag{8.1.15}$$

则各用户都 100% 满足,剩余可供水量等于可供水量减去各用户理想毛供水量之和,大于零。即

$$W_{ijk} = G_{ijk} \tag{8.1.16}$$

$$WV_i = V_i - W_i > 0 \tag{8.1.17}$$

注:以上各关系式都是以水量作为因子,实际中,一般是以水位为控制因子,所以,程序编制时,输入现状水位及各种特征水位,查水位—库容关系曲线,换算成水量,计算输出结果再换算成水位。

水资源调度运算流程如图 8.1.3 所示：

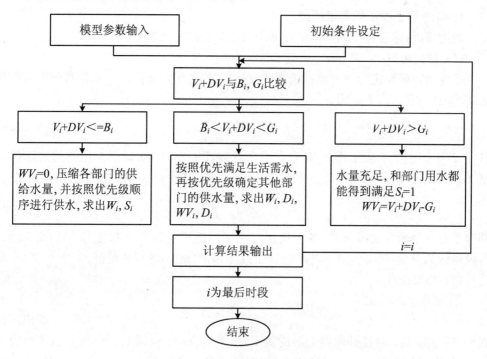

图 8.1.3 水资源调度运算流程

8.1.2.3 基于 MOSCEM-UA 优化方法模型

淮河干流正阳关—洪泽湖河段的水系概化图，如图 8.1.4 所示。

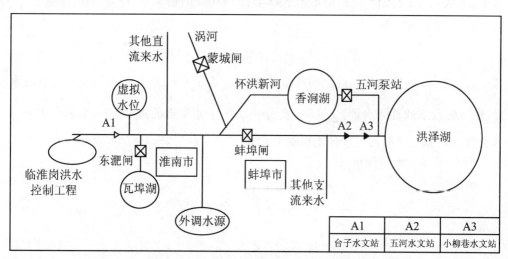

图 8.1.4 正阳关—洪泽湖河段水系概化图

以蚌埠闸为界，将淮河干流正阳关—洪泽湖水量调度模型分为闸上段水量调度模型（淮河干流正阳关—蚌埠闸段）、闸下段水量调度模型（淮河干流蚌埠闸—洪泽湖段)、洪泽湖水量调度模型。

1. 蚌埠闸上段水量调度模型

通过分析,建立蚌埠闸上游研究河段的水量调度模型如下:

(1) 目标函数

系统的目标设定为该时段系统满意度最高,即各用户实际净供水量与理想需水量之比的加权和最大,表示为

$$\max S_i = \sum_{j=1}^{n} \frac{W_{ij}}{G_{ij}} \alpha_{ij} \tag{8.1.18}$$

其中,i 表示时段,j 表示用户,n 表示用户总数,W_{ij} 表示在 i 时段 j 用户的实际供水量,G_{ij} 表示在 i 时段 j 用户理想需水量,α_{ij} 表示在 i 时段 j 用户的权重系数,其中

$$\alpha_{ij} = \sum_{j=1}^{n} \alpha_{ij} = 1.0$$

即对于每一个研究时段来说,各个用水户在总目标中的权重系数之和为 1,S_i 表示 i 时段系统满意度,$0 \leqslant S_i \leqslant 1.0$,作为系统的目标函数指标,$S_i$ 越大越好。

(2) 约束条件

① 水量平衡约束

$$W_i \leqslant V_i + \Delta V_i \tag{8.1.19}$$

式中,V_i 表示第 i 时段蚌埠闸上游的蓄水量,ΔV_i 表示 i 时段研究河段的出入水量总和,包括上游河道及周边支流的来水量,该时段降水产流汇入水量,水面蒸发,水体渗漏等,W_i 为该时段水源毛供水总量,等于各用水户的毛供水量之和。

② 用户需水的上下限约束

$$B_{ij} \leqslant W_{ij} \leqslant G_{ij} \tag{8.1.20}$$

其中,B_{ij} 表示在 i 时段 j 用户需水量下限,G_{ij} 表示在 i 时段 j 用户的理想需水量。

③ 时段水量平衡约束

$$V_{i+1} \leqslant V_i + \sum_{k=1}^{m} LV_{ki} - SV_i - QV_i \tag{8.1.21}$$

其中,V_i 表示 i 时段初蚌埠闸上的蓄滞水量,V_{i+1} 表示 $i+1$ 时段初蚌埠闸上的蓄滞水量,即 i 时段末的蓄滞水量,$\sum_{k=1}^{m} LV_{ki}$ 表示 i 时段 k 来水渠道的来水量,m 表示来水渠道的总数,SV_i 表示 i 时段河段的水量损失,QV_i 表示 i 时段蚌埠闸的弃水量。

④ 蚌埠闸上水位约束

汛期

$$Z_{死} \leqslant Z \leqslant Z_{限} \tag{8.1.22}$$

非汛期

$$Z_{死} \leqslant Z \leqslant Z_{兴} \tag{8.1.23}$$

其中,$Z_{死}$ 为蚌埠闸上的死水位,$Z_{死限}$ 为蚌埠闸上汛期限制水位,$Z_{兴}$ 为蚌埠闸上兴利水位。

⑤ 渠道和引水管道的输水能力约束

输水渠道和引水管道的过水流量应小于或等于其设计流量。

$$W_{ip} \leqslant Q_{ip} \tag{8.1.24}$$

式中，W_{ip}表示该河段第 i 时段，需由(通过)该(p)水利工程设施供水到用水户端的毛总水量，Q_{ip}表示第 i 时段，第 p 个(段)水利工程设施的供水能力。例如，第 p 个(段、处)闸或河道(渠道)的过水能力，或者泵站的抽水能力。

⑥ 政策约束

根据《中华人民共和国水法》第二十一条规定：开发、利用水资源，应当首先满足城乡居民生活用水，并兼顾农业、工业、生态环境用水以及航运等需要。蚌埠闸上水量配置的研究中各个行业需水满足顺序为：首先满足淮南和蚌埠两市的居民生活用水，其次应保证两市重要工业如火电用水的基础，然后满足河道内生态环境及船闸用水、一般工业用水、第三产业及建筑业用水、河道外生态环境用水、农业用水要求。

当可供水量非常缺乏的时段，可以完全停止农业供水，除保证居民生活以及影响两市经济发展的重要工业的用水之外，其他行业的需水满足程度可维持在 50%～60%。

⑦ 其他关系约束

$$SV_i = b \cdot V_i \tag{8.1.25}$$

$$B_{ij} = c \cdot G_{ij} \tag{8.1.26}$$

$$B_i = \sum_{i=1}^{n} B_{ij} \tag{8.1.27}$$

$$G_i = \sum_{i=1}^{n} G_{ij} \tag{8.1.28}$$

$$KV_i = V_i - V_{死} + \sum_{k=1}^{m} LV_{ki} - SV_i \tag{8.1.29}$$

$$XB_i = \sum_{e=1}^{E} SB_{ei} + \sum_{f=1}^{F} GB_{fi} \tag{8.1.30}$$

其中，b 表示水量损失系数，$0 \leqslant b \leqslant 1$；$c$ 表示用户最低需水量所占理想需水量百分比，$0 \leqslant c \leqslant 1$；$B_i$ 表示 i 时段系统所有用户需水量下限之和；G_i 表示 i 时段系统所有用户需水量上限之和；KV_i 表示 i 时段可进行水资源配置利用的水量；$V_{死}$ 表示蚌埠闸上的死水位对应的库容；XB_i 表示 i 时段系统最重要用户需水的下限水量和；SB_{ei} 表示 e 生活用户在 i 时段需水的下限；E 表示系统生活用户的总数；GB_{fi}表示 f 重要工业用户在 i 时段需水的下限；F 表示系统重要工业用户的总数。

2. 蚌埠闸下段水量调度模型

(1) 目标函数

目标函数参见式(8.1.18)。

(2) 约束条件

① 水量平衡约束

闸下段水资源配置模型和闸上段水资源配置模型在组成、层次和结构是一致的，其来水过程有区别。蚌埠闸的船闸用水、发电用水、河道内生态用水、弃水将成为闸下段的来水量；考虑到船闸用水、发电用水对河道内生态用水的重叠效果，闸下段系统来

水为

$$W_i = \max\{CQ_i, DQ_i, SQ_i, FQ_i\} + \sum_{j=1}^{N} LQ_{ij} \qquad (8.1.31)$$

其中,W_i 为闸下段在 i 时段的来水量;CQ_i,DQ_i,SQ_i,FQ_i 分别表示第 i 时段蚌埠闸保持通航要求的水量、蚌埠闸电站发电用水量、最小生态需水量、河道维持水功能要求的需水量及自净需水量;LQ_{ij} 表示闸下段其他来水渠道来水量;N 表示闸下段其他来水渠道的总数。

水量平衡约束条件参见式(8.1.19)。

② 用户需水的上下限约束

参见式(8.1.20)。

③ 时段水量平衡约束

$$V_{i+1} \leqslant V_i + \sum_{k=1}^{m} LV_{ki} - SV_i \qquad (8.1.32)$$

其中,V_i 表示 i 时段初蚌埠闸下河道可利用水量;V_{i+1} 表示 $i+1$ 时段初蚌埠闸下河道可利用水量,即,i 时段末河道的可利用水量;$\sum_{k=1}^{m} LV_{ki}$ 表示 i 时段 k 来水渠道的来水量;m 表示来水渠道的总数;SV_i 表示 i 时段河段的水量损失。

④ 渠道和引水管道的输水能力约束

参见蚌埠闸上段渠道和引水管道的输水能力约束。

⑤ 政策约束

前文已述及这里不再赘述。

⑥ 非负约束

$$V_i \geqslant 0 \qquad (8.1.33)$$

$$B_{ij} \geqslant 0 \qquad (8.1.34)$$

$$Q_{ip} \geqslant 0 \qquad (8.1.35)$$

$$WV_i \geqslant 0 \qquad (8.1.36)$$

3. 洪泽湖水量调度模型

通过分析,可建立子系统水资源优化模型如下:

(1) 目标函数

洪泽湖水资源配置模型系统的目标设定为该时段系统满意度最高,即各用户实际净供水量与理想需水量之比的加权和最大,表示为

$$\max S_i = \sum_{j=1}^{m} \sum_{k=1}^{l_j} \frac{W_{ijk}}{G_{ijk}} \alpha_{ijk} \qquad (8.1.37)$$

令 $\gamma_{ijk} = \dfrac{w_{ijk}}{G_{ijk}}$,则上式可表示为

$$\max S_i = \sum_{j=1}^{m} \sum_{k=1}^{l_j} \gamma_{ijk} \alpha_{ijk} \qquad (8.1.38)$$

式中,G_{ijk},W_{ijk},γ_{ijk},α_{ijk} 分别表示该系统第 i 时段、j 地区、k 用水户的理想净需水量、实际净供给量、供水满足度及其在总目标中的权重系数,其中

$$\alpha_i = \sum_{j=1}^{m} \sum_{k=1}^{l_j} \alpha_{ij} = 1.0$$

i 为时段序号,假定一个配置年度划分为 n 个时段,则 $i=1,2,\cdots,n,j$ 表示地区序号,假定该系统包含 m 个地区,则 $j=1,2,\cdots,m,k$ 表示用水户序号,假定第 j 地区包含 l_j 个用水户,则 $k=1,2,\cdots,l_j$,$0 \leqslant S_i \leqslant 1.0$,作为系统的目标函数指标,$S_i$ 越大越好。

(2)约束条件

考虑以下几方面约束:

① 水源水量平衡约束

参见式(8.1.19),式中,V_i 为第 i 时段该湖系毛可供水量(可利用水量),是指第 i 时段该湖系水资源总量减去该湖系河湖生态需水量,可为生活、工农业生产利用的水量上限。该时段该湖系总来水量,加上时段初系统蓄存水量,减去各种损失量,减去河湖基本生态需水量,即为该时段该湖系统可利用水量。可利用水量一部分为本湖系统利用,一部分调剂到外湖系统(可能的话),另一部分存贮起来(可能的话),为后续时段利用,再多余的就排走。

ΔV_i 表示其他湖系补供给该湖系的毛水量。如果该湖系补给其他湖系,则 ΔV_i 为负,否则为正。每时段初始优化时,$\Delta V = 0$,随后由系统协调层配置调拨;W_i 为该时段水源毛供水总量,等于各用水户的毛供水量之和,即

$$W_i = \sum_{j=1}^{m} \sum_{k=1}^{l_i} \left(\frac{W_{ijk}}{1 - \beta_{ijk}} \right) \tag{8.1.39}$$

式中,β_{ijk} 表示该湖系输供水时,第 i 时段、j 地区、k 用水户的总水量损失系数。

② 用水户上下限约束

$$\beta_{ijk} \leqslant W_{ijk} \leqslant G_{ijk} \tag{8.1.40}$$

式中,β_{ijk} 表示该水系第 i 时段、j 地区、k 用水户的净需水量下限。

③ 工程供水能力约束

$$W_{ip} \leqslant Q_{ip} \tag{8.1.41}$$

式中,$W_{ip} = \sum_{j=1}^{m_p} \sum_{k=1}^{i_p} \left(\frac{W_{ijk}}{1 - \beta'_{ijk}} \right)$,表示该湖系第 i 时段,需由(通过)该(p)水利工程设施供水的从该处(p 处)到用水户端的毛总水量,Q_{ip} 表示第 i 时段,第 p 个(段)水利工程设施的供水能力,例如,第 p 个(段、处)闸或河道(渠道)的过水能力,或者泵站的抽水能力,β'_{ijk} 表示该湖系第 i 时段,需由(通过)该(p)水利工程设施供水的第 j 地区、k 用水户的从该处(p 处)到用水户端的水量损失系数,m_p,l_p 分别表示所有需要由(通过)该(p)水利工程设施供水的地区总数与各地区的用水户总数,$1 \leqslant m_p \leqslant m,1 \leqslant l_p \leqslant l_j$,当 $m_p = 1,l_p = 1$ 时,表示针对最末端的用户;当 $m_p = m,p_l = l_j$ 时,表示最上端(总)水源。该式表示第 i 时段所有需要通过该(个、段、处)水利工程设施供水的用水户在该处的毛供水量之和不超过其供水能力。如果供水能力单位为流量单位,则乘以时间换算成水量单位。

④ 时段水量平衡约束

$$WV_i = V_i + \Delta V_i - W_i \qquad (8.1.42)$$

式中，WV_i 为该时段可供水量与实际总供水量之差，为时段末该湖水系剩余可供水量。如果 $WV_i > 0$，WV_i 中一部分蓄存到该湖系统，可供后续时段利用，多余部分以洪水形式排走。

⑤ 非负约束

$$V_i \geqslant 0 \qquad (8.1.43)$$
$$B_{ijk} \geqslant 0 \qquad (8.1.44)$$
$$Q_{ip} \geqslant 0 \qquad (8.1.45)$$
$$F_i \geqslant 0 \qquad (8.1.46)$$
$$WV_i \geqslant 0 \qquad (8.1.47)$$

8.1.2.4　基于分行业用户满意度的水资源调度成果

根据模型计算分析可知，在各种工况下蚌埠闸下游以及蚌埠闸上游在 75% 来水保证率下都能满足用户需水要求，洪泽湖水量分配比较复杂这里也不再赘述，下面对蚌埠闸上游研究区域在不能满足用户需水要求的，不同水平年不同来水保证率情况下的水量分配问题进行研究，对蚌埠闸上上游不同方案的计算结果进行分析。

1. 现状水平年(2012 年)水量调度

利用所建立的模型，对不同典型年进行供需平衡模拟计算，得到现状水平年的可供水量的配置情况。

(1) 90%典型年情况

在 90%典型年份实际来水情况下，蚌埠闸上正常蓄水位设定为 18.0 m，下限水位设定为 16.0 m，各时段城镇生活、重点工业、一般工业、农业灌溉等各用水户的满意度均为 1，蚌埠闸上非农业取水口可以按照取水设计流量进行取水，各取水口旬取水量见表 8.1.1。

表 8.1.1　90%典型年蚌埠闸上非农业取水口旬取水量　　单位:万 m³

取水口名称	旬取水量
凤台水厂	12
凤台工业	207
潘集、凤台田集电厂	173
李嘴子水厂	19
平圩电厂	114
望峰岗水厂	10
望峰岗煤矸石电厂	10
淮化集团	291
淮南四水厂	50

续表

取水口名称	旬取水量
淮南三水厂	50
田家庵电厂	95
淮南工业	114
淮南一水厂	29
洛河电厂	67
蚌埠电厂	33
怀远水厂	8
蚌埠三水厂	203
丰原集团	105

(2) 95%典型年情况

在95%典型年份来水情况下,蚌埠闸上正常蓄水位设定为18.0 m,下限水位设定为16.0 m,蚌埠闸上游出现用水缺口,缺水月份集中在当年的10月至次年2月,根据来水与用水的实际情况,对蚌埠闸上水位进行调整,得出了在缺水情况下整体满意度最高的水资源配置方案。计算后的系统满意度、各用户的满意度和用水量见表8.1.2,蚌埠闸上非农业取水口的旬取水量低于其理想取水量,取水量详见表8.1.3。

(3) 97%典型年情况

在97%典型年份来水情况下,蚌埠闸上正常蓄水位设定为18.0 m,下限水位设定为16.0 m,蚌埠闸上游出现用水缺口,缺水月份集中在当年10月至次年4月。根据来水与用水的实际情况,对蚌埠闸上水位进行调整,得出了在缺水情况下整体满意度最高的水资源配置方案。计算后,在不同蚌埠闸上水位情况下系统水位整体满意度、各用户的满意度及用水量见表8.1.4,蚌埠闸上非农业取水口的旬取水量低于其理想取水量,见表8.1.5。缺水严重的月份进行了调水,枯水期各可利用水源的调度水量见表8.1.6。

表 8.1.2　现状年 95%典型年缺水期满意度及用户供水量

句		10月上旬	10月中旬	10月下旬	11月上旬	11月中旬	11月下旬	12月上旬	12月中旬	12月下旬	1月上旬	1月中旬	1月下旬	2月上旬	2月中旬
蚌埠闸上旬末水位(m)		16.8	16.4	15.9	15.7	15.7	15.8	15.8	15.6	15.7	15.7	15.8	16	16	16
满意度	系统	0.98	0.78	0.75	0.67	0.67	0.75	0.703	0.75	0.691	0.69	0.60	0.71	0.93	0.76
	城镇生活	1	0.9	0.9	0.9	0.9	0.9	0.9	0.9	0.9	0.9	0.9	0.9	1	0.9
	重点工业	1	0.9	0.9	0.9	0.9	0.9	0.9	0.9	0.9	0.9	0.9	0.9	1	0.9
	第三产业及建筑业	1	0.73	0.66	0.49	0.495	0.68	0.612	0.73	0.58	0.58	0.37	0.63	1	0.76
	一般工业	1	0.73	0.66	0.49	0.495	0.68	0.612	0.73	0.58	0.58	0.37	0.63	0.82	0.76
	农业灌溉	0.68	0.55	0.49	0.37	0.37	0.51	1	1	1	1	1	1	1	1
	河道外生态	1	0.55	0.49	0.37	0.37	0.51	0.459	0.55	0.44	0.44	0.28	0.47	1	0.57
蚌埠闸综合下泄水		1	0.55	0.49	0.37	0.371	0.507	0.459	0.55	0.44	0.44	0.28	0.473	0.6	0.57
各用户旬供水量(万m³)	城镇生活	243	219	219	219	219	219	219	219	219	219	219	219	243	219
	重点工业	602	542	542	542	542	542	542	542	542	542	542	542	602	542
	第三产业及建筑业	143	104	94	71	71	96	87	104	83	83	53	90	143	109
	一般工业	613	446	401	303	303	414	375	445	358	356	227	387	503	467
	农业灌溉	2 124	2 210	3 217	576	268	450	0	0	0	0	0	0	0	0
	河道外生态	24	13	12	9	9	12	11	13	11	10	7	11	24	14
	蚌埠闸下泄水量	1 384	755	680	513	5 134	701	635	754	607	603	384	656	831	792

表 8.1.3　现状年 95%典型年缺水期取水口旬取水量

单位:万 m³

取水口名称\旬	10月上旬	10月中旬	10月下旬	11月上旬	11月中旬	11月下旬	12月上旬	12月中旬	12月下旬	1月上旬	1月中旬	1月下旬	2月上旬	2月中旬
凤台水厂	13	11	10	10	10	10	10	11	10	10	9	10	13	11
凤台工业取水口(3个)	208	151	136	103	103	140	127	151	121	121	77	131	170	158
潘集、凤台田集电厂	174	157	157	157	157	157	157	157	157	157	157	157	174	157
李嘴子水厂	20	16	16	15	15	16	16	16	15	15	14	16	20	17
平圩电厂	115	103	103	103	103	103	103	103	103	103	103	103	115	103
望峰岗水厂	10	8	8	8	8	8	8	8	8	8	7	8	10	9
望峰岗煤矿矸石电厂	11	10	10	10	10	10	10	10	10	10	10	10	11	10
淮化集团	291	212	191	144	144	197	178	211	170	169	108	184	239	222
淮南四水厂	51	43	41	38	38	42	40	43	40	40	36	41	51	43
淮南三水厂	51	43	41	38	38	42	40	43	40	40	36	41	51	43
田家庵电厂	96	86	86	86	86	86	86	86	86	86	86	86	96	86
淮南工业取水口(6个)	114	83	75	56	56	77	70	83	67	66	42	72	93	87
淮南一水厂	30	25	24	22	22	24	24	25	23	23	21	24	30	25
洛河电厂	67	61	61	61	61	61	61	61	61	61	61	61	67	61
蚌埠电厂	33	30	30	30	30	30	30	30	30	30	30	30	33	30
怀远水厂	8	7	7	6	6	7	7	7	7	7	6	7	8	7
蚌埠三水厂	203	170	164	152	152	166	161	170	159	159	143	163	203	172
丰原集团	105	95	95	95	95	95	95	95	95	95	95	95	105	95

表 8.1.4　现状年 97%典型年枯水期缺水满意度及需水量

	旬	10月上旬	10月中旬	10月下旬	11月上旬	11月中旬	11月下旬	12月上旬	12月中旬	12月下旬	1月上旬	1月中旬	1月下旬	2月上旬	2月中旬	2月下旬	3月上旬	3月中旬	3月下旬	4月上旬	4月中旬
	蚌埠闸上旬末水位(m)	17	16.5	16	15.5	16	16.1	16.2	16.3	16.4	16.2	16	15.8	15.8	15.5	15.3	15.3	15.8	15.6	15.5	16
满意度	系统	0.86	0.94	0.68	0.99	0.87	0.78	0.67	0.67	0.78	0.56	0.74	0.66	0.62	0.64	0.59	0.4	0.60	0.61	0.50	0.70
	城镇生活	0.9	1	0.9	1	0.93	0.90	0.90	0.90	0.90	0.90	0.9	0.90	0.90	0.90	0.80	0.9	0.90	0.90	0.90	0.90
	重点工业	0.9	1	0.9	1	0.9	0.90	0.90	0.90	0.90	0.90	0.9	0.90	0.90	0.90	0.80	0.9	0.90	0.90	0.90	0.90
	第三产业及建筑业	1	1	0.52	1.00	1.00	0.74	0.53	0.52	0.80	0.26	0.71	0.52	0.41	0.46	0	0	0.33	0.35	0.12	0.56
	一般工业	0.8	1	0.52	1.00	0.80	0.74	0.53	0.52	0.80	0.26	0.71	0.52	0.41	0.46	0	0	0.33	0.35	0.12	0.56
	农业灌溉	0.6	0.6	0.39	0.8	0.60	0.55	1.00	1.00	1.00	1	1	1	1	1	1	0	0.25	0.26	0.09	0.42
	河道外生态	1	1	0.39	1	1.00	0.55	0.40	0.39	0.60	0.19	0.53	0.39	0.31	0.35	0	0	0.25	0.26	0.09	0.42
	蚌埠闸综合下泄水	0.6	0.61	0.39	1	0.60	0.55	0.40	0.39	0.60	0.19	0.53	0.39	0.31	0.35	0	0	0.25	0.26	0.09	0.42
各用户旬供水量(万m³)	城镇生活	219	243	219	243	226	219	219	219	219	219	219	219	219	219	194	219	219	219	218	218
	重点工业	542	602	542	602	542	542	542	542	542	542	542	542	542	542	479	542	542	542	542	542
	第三产业及建筑业	143	143	74	143	143	105	76	75	114	37	102	74	59	66	0	0	47	50	17	79
	一般工业	490	613	317	613	490	451	327	320	490	157	436	317	252	284	0	0	201	216	73	340
	农业灌溉	1865	2431	2541	1237	433	490	0	0	0	0	0	0	0	0	0	0	191	227	87	451
	河道外生态	24	24	9	24	24	13	10	9	14	5	13	9	7	8	0	0	6	6	2	10
	蚌埠闸下泄水量	830	843	537	1384	830	764	554	542	830	267	738	536	426	482	0	0	340	366	124	577

表 8.1.5　现状年 97%典型年缺水期取水口旬取水量

单位:万 m³

取水口名称 \ 旬	10月上旬	10月中旬	10月下旬	11月上旬	11月中旬	11月下旬	12月上旬	12月中旬	12月下旬	1月上旬	1月中旬	1月下旬	2月上旬	2月中旬	2月下旬	3月上旬	3月中旬	3月下旬	4月上旬	4月中旬
凤台水厂	12	13	10	13	12	11	10	10	11	8	11	10	9	9	9	7	9	9	8	10
凤台工业取水口(3个)	166	208	107	208	166	153	111	108	166	53	148	107	85	96	0	0	68	73	25	115
潘集、凤台田集电厂	157	174	157	174	157	157	157	157	157	157	157	157	157	157	139	157	157	157	157	157
李嘴子水厂	18	20	15	20	19	17	15	15	17	13	16	15	14	15	10	11	14	14	12	15
平圩电厂	103	115	103	115	103	103	103	103	103	103	103	103	103	103	92	103	103	103	103	103
望峰岗水厂	9	10	8	10	10	8	8	8	9	7	8	8	7	7	5	6	7	7	6	8
望峰岗煤矸石电厂	10	11	10	11	10	10	10	10	10	10	10	10	10	10	9	10	10	10	10	10
淮化集团	233	291	151	291	233	214	155	152	233	75	207	150	120	135	0	0	95	103	35	162
淮南四水厂	48	51	39	51	49	43	39	39	44	34	42	39	37	38	26	29	35	36	31	39
淮南三水厂	48	51	39	51	49	43	39	39	44	34	42	39	37	38	26	29	35	36	31	39
田家庵电厂	86	96	86	96	86	86	86	86	86	86	86	86	86	86	76	86	86	86	86	86
淮南工业取水口(6个)	91	114	59	114	91	84	61	60	91	29	81	59	47	53	0	0	37	40	14	63
淮南一水厂	28	30	23	30	28	25	23	23	26	20	25	23	21	22	15	17	20	21	18	23
洛河电厂	61	67	61	67	61	61	61	61	61	61	61	61	61	61	54	61	61	61	61	61
蚌埠电厂	30	33	30	33	30	30	30	30	30	30	30	30	30	30	26	30	30	30	30	30
怀远水厂	8	8	6	8	8	7	6	7	7	6	7	6	6	6	4	5	6	6	5	7
蚌埠三水厂	190	203	154	203	194	170	155	154	175	134	169	154	146	150	102	115	140	142	124	156
丰原集团	95	105	95	105	95	95	95	95	95	95	95	95	95	95	84	95	95	95	95	95

表 8.1.6　现状年 97％典型年缺水期可利用水源旬取水量　　　　单位:万 m³

可利用水源	1月上旬	1月下旬	2月中旬	2月下旬	3月上旬	3月下旬	4月上旬
采煤沉陷区	56	17	56	56	56	25	38
瓦埠湖	101	30	101	101	101	45	68
茨河	50	15	50	50	50	22	34
天河	42	12	42	42	42	19	28

2. 近期规划水平年(2020 年)水量调度

(1) 90％典型年情况

在 90％典型年份实际来水情况下,蚌埠闸上正常蓄水位设定为 18.0 m,下限水位设定为 16.0 m,在 5 月下旬以及 9 月系统整体满意度较低,其他时段整体满意度及城镇生活、重点工业、一般工业、农业灌溉等各用水户的满意度均为 1,经过调整满意度较低的四个旬的整体满意度均能达到 90％以上,蚌埠闸上非农业取水口可以按照取水设计流量进行取水,各取水口旬取水量见表 8.1.7。

表 8.1.7　90％典型年下蚌埠闸上非农业取水口旬取水量　　　单位:万 m³

取水口名称	凤台水厂	凤台工业	潘集、凤台田集电厂	李嘴子水厂	平圩电厂	望峰岗水厂	望峰岗煤矿石电厂	淮化集团	淮南四水厂
旬取水量	16	384	288	24	191	12	18	538	62
取水口名称	淮南三水厂	田家庵电厂	淮南工业	淮南一水厂	洛河电厂	蚌埠电厂	怀远水厂	蚌埠三水厂	丰原集团
旬取水量	62	159	211	36	112	55	10	247	175

(2) 95％典型年情况

在 95％典型年份来水情况下,蚌埠闸上正常蓄水位设定为 18.0 m,下限水位设定为 16.0 m,蚌埠闸上游出现用水缺口,缺水月份集中在当年 10 月上旬至次年 3 月中旬,根据来水与用水的实际情况,对蚌埠闸上水位进行调整,得出了在缺水情况下整体满意度最高的水资源配置方案。计算后,系统的整体满意度、各用户的满意度及用水量见表 8.1.8,蚌埠闸上非农业取水口的旬取水量低于其理想取水量,取水量详见表 8.1.9。

(3) 97％典型年情况

在 97％典型年份来水情况下,蚌埠闸上正常蓄水位设定为 18.0 m,下限水位设定为 15.5 m,蚌埠闸上游出现用水缺口,缺水月份集中在当年 10 月上旬至次年 4 月中旬。根据来水与用水的实际情况,对蚌埠闸上水位进行调整,得出了在缺水情况下整体满意度最高的水资源配置方案。经计算后,在不同蚌埠闸上水位情况下系统水位整体满意度、各用户的满意度及用水量见表 8.1.10,蚌埠闸上非农业取水口的旬取水量低于其理想取水量,见表 8.1.11。在枯水严重的月份需进行调水,枯水期各可利用水源的调度水量见表 8.1.12。

表 8.1.8　近期规划年 95%典型年缺水期满意度及需水量

旬		10月上旬	10月中旬	10月下旬	11月上旬	11月中旬	11月下旬	12月上旬	12月中旬	12月下旬	1月上旬	1月中旬	1月下旬	2月上旬	2月中旬	2月下旬	3月上旬	3月中旬
蚌埠闸上旬末水位(m)		16.6	16	15.8	15.7	15.8	15.8	15.8	15.7	15.7	15.7	15.8	16	16	16	16	16.2	16
满意度	系统	0.89	0.69	0.54	0.51	0.48	0.65	0.57	0.54	0.65	0.56	0.49	0.56	0.64	0.61	0.73	0.78	0.94
	城镇生活	0.99	0.9	0.9	0.9	0.9	0.9	0.9	0.9	0.9	0.9	0.9	0.9	0.9	0.9	0.9	0.9	1
	重点工业	0.9	0.9	0.9	0.9	0.9	0.9	0.9	0.9	0.9	0.9	0.9	0.9	0.9	0.9	0.9	0.9	1
	第三产业及建筑业	1	0.53	0.2	0.13	0.08	0.45	0.28	0.212	0.47	0.26	0.09	0.26	0.47	0.38	0.69	0.72	1
	一般工业	0.8	0.53	0.2	0.13	0.08	0.45	0.28	0.21	0.47	0.26	0.09	0.26	0.47	0.38	0.69	0.72	0.6
	农业灌溉	0.6	0.4	0.15	0.1	0.06	0.34	1	1	1	1	1	1	1	1	1	0.54	1
	河道外生态	1	1	1	1	1	0.34	0.21	0.16	0.36	0.2	0.07	0.2	0.35	0.29	0.52	0.54	0.62
	蚌埠闸综合下泄水	0.6	0.4	0.15	0.1	0.06	0.34	0.21	0.16	0.36	0.19	0.07	0.2	0.35	0.29	0.52	0.54	0.62
各用户旬供水量(万 m³)	城镇生活	296	266	266	266	266	266	266	266	266	266	266	266	266	266	266	266	296
	重点工业	898	898	898	898	898	898	898	898	898	898	898	898	898	898	898	898	898
	第三产业及建筑业	174	92	34	23	13	79	48	37	82	45	17	45	81	66	120	126	174
	一般工业	906	597	224	149	86	513	315	240	536	291	110	296	527	430	779	818	1133
	农业灌溉	3291	2827	1717	271	73	532	0	0	0	0	0	0	0	0	0	663	823
	河道外生态	26	10	4	3	1	9	5	4	9	5	2	5	9	7	13	14	26
	蚌埠闸下泄水量	830	547	206	137	79	470	288	220	492	266	101	272	483	395	715	750	855

表 8.1.9　近期规划年 95%典型年缺水期取水口旬取水量

单位:万 m³

取水口名称＼旬	10月上旬	10月中旬	10月下旬	11月上旬	11月中旬	11月下旬	12月上旬	12月中旬	12月下旬	1月上旬	1月中旬	1月下旬	2月上旬	2月中旬	2月下旬	3月上旬	3月中旬
凤台水厂	15	12	10	10	9	11	10	10	12	10	9	10	11	11	13	13	16
凤台工业取水口(3个)	307	202	76	51	29	174	107	81	182	99	37	100	179	146	264	277	384
潘集、凤台田集电厂	260	260	260	260	260	260	260	260	260	260	260	260	260	260	260	260	288
李嘴孜水厂	24	18	15	15	14	18	16	15	18	16	14	16	18	17	20	20	24
平圩电厂	172	172	172	172	172	172	172	172	172	172	172	172	172	172	172	172	191
望峰岗水厂	12	9	8	8	7	9	8	8	9	8	7	8	9	9	10	10	12
望峰岗煤矸石电厂	16	16	16	16	16	16	16	16	16	16	16	16	16	16	16	16	18
淮化集团	431	284	107	71	41	244	150	114	255	138	52	141	250	204	370	388	538
淮南四水厂	62	47	40	38	37	46	42	40	46	41	37	41	46	44	51	52	62
淮南三水厂	62	47	40	38	37	46	42	40	46	41	37	41	46	44	51	52	62
田家庵电厂	143	143	143	143	143	143	143	143	143	143	143	143	143	143	143	143	159
淮南工业取水口(6个)	169	111	42	28	16	95	59	45	100	54	20	55	98	80	145	152	211
淮南一水厂	36	28	23	22	22	27	24	23	27	24	22	24	27	26	30	30	36
洛河电厂	101	101	101	101	101	101	101	101	101	101	101	101	101	101	101	101	112
蚌埠电厂	49	49	49	49	49	49	49	49	49	49	49	49	49	49	49	49	55
怀远水厂	10	8	7	6	6	8	7	7	8	6	6	7	8	7	8	9	10
蚌埠三水厂	247	188	158	152	147	182	166	160	183	164	149	164	183	175	203	206	247
丰原集团	157	157	157	157	157	157	157	157	157	157	157	157	157	157	157	157	175

表 8.1.10 近期规划年 97%典型年缺水期满意度及需水量

		10月上旬	10月中旬	10月下旬	11月上旬	11月中旬	11月下旬	12月上旬	12月中旬	12月下旬	1月上旬	1月中旬	1月下旬	2月上旬	2月中旬	2月下旬	3月上旬	3月中旬	3月下旬	4月上旬	4月中旬
蚌埠闸上旬末水位(m)		16.5	15.8	15.5	15.5	15.9	15.7	15.7	15.7	15.8	15.5	15.5	15.5	15.6	15.5	15.5	15.5	15.5	15.5	15.5	15.5
满意度	系统	0.98	0.70	0.52	0.51	0.68	0.81	0.64	0.64	0.64	0.55	0.45	0.40	0.45	0.39	0.33	0.23	0.68	0.40	0.38	0.92
	城镇生活	1	0.9	0.9	0.9	0.9	0.9	0.9	0.9	0.9	0.9	0.9	0.81	0.90	0.78	0.65	0.53	0.9	0.79	0.75	1
	重点工业	1	0.9	0.9	0.9	0.9	0.9	0.9	0.9	0.9	0.9	0.9	0.81	0.90	0.78	0.65	0.53	0.9	0.79	0.75	1
	第三产业及建筑业	1	0.56	0.15	0.14	0.52	0.8	0.47	0.46	0.46	0.23	0	0	0	0	0	0	0.51	0	0	1
	一般工业	1	0.56	0.15	0.14	0.52	0.8	0.47	0.46	0.46	0.23	0	0	0	0	0	0	0.51	0	0	0.86
	农业灌溉	0.63	0.42	0.12	0.10	0.39	0.6	1	1	1	1	1	1	1	1	1	0	0.38	0	0	0.6
	河道外生态	1	0.42	0.12	0.10	0.39	0.6	0.35	0.35	0.34	0.18	0	0	0	0	0	0	0.38	0	0	1
	蚌埠闸综合下泄水	1	0.42	0.12	0.10	0.39	0.6	0.35	0.35	0.34	0.18	0	0	0	0	0	0	0.38	0	0	0.6
各用户旬供水量(万m³)	城镇生活	296	266	266	266	266	266	266	266	266	266	266	239	266	231	192	172	266	235	222	296
	重点工业	998	898	898	898	898	898	898	898	898	898	898	807	898	780	648	580	898	793	748	998
	第三产业及建筑业	174	98	27	24	90	139	81	80	79	41	0	0	0	0	0	0	89	0	0	174
	一般工业	1133	636	173	156	589	906	529	523	515	264	0	0	0	0	0	0	576	0	0	971
	农业灌溉	3461	3012	1325	283	496	940	0	0	0	5	0	0	0	0	0	0	523	0	0	1146
	河道外生态	26	11	3	3	10	16	9	9	9	5	0	0	0	0	0	0	10	0	0	25
	蚌埠闸下泄水量	1384	583	159	143	539	830	485	479	472	242	0	0	0	0	0	0	528	0	0	831

表 8.1.11　近期规划年 97%典型年枯水期取水口旬取水量

单位:万 m³

取水口名称 \ 旬	10月上旬	10月中旬	10月下旬	11月上旬	11月中旬	11月下旬	12月上旬	12月中旬	12月下旬	1月上旬	1月中旬	1月下旬	2月上旬	2月中旬	2月下旬	3月上旬	3月中旬	3月下旬	4月上旬	4月中旬
凤台水厂	16	12	10	10	12	13	11	11	11	10	9	8	9	8	6	6	12	8	7	16
凤台工业取水口(3个)	384	216	59	53	200	307	179	177	175	90	0	0	0	0	0	90	195	0	0	329
潘集、凤台田集电厂	288	260	260	260	260	260	260	260	260	260	260	233	260	226	187	168	260	229	216	288
李嘴孜水厂	24	19	15	15	18	21	18	18	18	16	14	12	14	12	10	9	18	12	11	24
平圩电厂	191	172	172	172	172	172	172	172	172	172	172	154	172	149	124	111	172	151	143	191
望峰岗水厂	12	9	8	8	9	11	9	9	9	8	7	6	7	6	5	4	9	6	6	12
望峰岗煤矸石电厂	18	16	16	16	16	16	16	16	16	16	16	15	16	14	12	10	16	14	13	18
淮化集团	538	302	82	74	280	430	251	248	245	126	0	0	0	0	0	0	274	0	0	461
淮南四水厂	62	48	39	38	47	54	46	46	46	41	35	32	35	31	25	23	47	31	29	62
淮南三水厂	62	48	39	38	47	54	46	46	46	41	35	32	35	31	25	23	47	31	29	62
田家庵电厂	159	143	143	143	143	143	143	143	143	143	143	128	143	124	103	92	143	126	119	159
淮南工业取水口(6个)	211	118	32	29	110	169	98	97	96	49	0	0	0	0	0	0	107	0	0	181
淮南一水厂	36	28	23	22	27	31	27	27	27	24	21	18	21	18	15	13	27	18	17	36
洛河电厂	112	101	101	101	101	101	101	101	101	101	101	90	101	87	73	65	101	89	84	112
蚌埠电厂	55	49	49	49	49	49	49	49	49	49	49	44	49	43	36	32	49	44	41	55
怀远水厂	10	8	6	6	8	9	8	8	8	7	6	5	6	5	4	4	8	5	5	10
蚌埠三水厂	247	192	154	153	188	213	183	182	182	161	140	126	140	122	101	90	187	124	117	247
丰原集团	175	157	157	157	157	157	157	157	157	157	157	141	157	137	113	101	157	139	131	175

表 8.1.12　近期规划年 97% 典型年缺水期可利用水源旬取水量　　　单位:万 m³

旬 可利用水源	1月 中旬	1月 下旬	2月 上旬	2月 中旬	2月 下旬	3月 上旬	3月 下旬	4月 上旬
采煤沉陷区	26	56	22	56	56	56	56	56
瓦埠湖	46	101	40	101	101	101	101	101
茨河	23	50	20	50	50	50	50	50
天河	19	42	17	42	42	42	42	42

3. 远期规划水平年(2030 年)水量调度

(1) 90% 典型年情况

在 90% 典型年份实际来水情况下,蚌埠闸上正常蓄水位设定为 18.0 m,下限水位设定为 16.0 m,在 5 月下旬以及 9 月系统整体满意度较低,其他时段整体满意度及城镇生活、重点工业、一般工业、农业灌溉等各用水户的满意度均为 1,考虑到可持续利用原则,将枯水旬的供水方案进行调整,经过调整满意度较低的 4 个旬的整体满意度有所提升,整体供水有所优化,调整前后满意度见表 8.1.13。蚌埠闸上非农业取水口可以按照取水设计流量进行取水,各取水口旬取水量见表 8.1.14。

表 8.1.13　90% 典型年枯水旬蚌埠闸上调整前后满意度

旬 满意度	调 整 前				调 整 后					
	5月 下旬	9月 上旬	9月 中旬	9月 下旬	5月 中旬	5月 下旬	8月 下旬	9月 上旬	9月 中旬	9月 下旬
系统	0.65	0.96	0.698	0.664	0.953	0.781	0.997	0.782	0.792	0.664
城镇生活	0.9	1	0.9	0.9	1	0.9	1	0.9	0.9	0.9
重点工业	0.9	1	0.9	0.9	1	0.9	1	0.9	0.9	0.9
第三产业及 建筑业	0.44	1	0.551	0.476	1	0.736	1	0.737	0.759	0.476
一般工业	0.44	1	0.551	0.476	1	0.736	1	0.737	0.759	0.476
农业灌溉	0.33	0.6	0.413	0.357	0.6	0.552	0.933	0.553	0.569	0.357
河道外生态	0.33	1	0.413	0.357	1	0.552	1	0.553	0.569	0.357
蚌埠闸综合 下泄水	0.33	0.8	0.413	0.357	0.728	0.552	1	0.553	0.569	0.357

表 8.1.14　90%典型年下蚌埠闸上非农业取水口旬取水量　　单位:万 m³

取水口名称	凤台水厂	凤台工业	潘集、凤台田集电厂	李嘴子水厂	平圩电厂	望峰岗水厂	望峰岗煤矿石电厂	淮化集团	淮南四水厂
旬取水量	16	384	288	24	191	12	18	538	62
取水口名称	淮南三水厂	田家庵电厂	淮南工业	淮南一水厂	洛河电厂	蚌埠电厂	怀远水厂	蚌三水厂	丰原集团
旬取水量	62	159	211	36	112	55	10	247	175

(2) 95%典型年情况

在 95%典型年份来水情况下,蚌埠闸上正常蓄水位设定为 18.0 m,下限水位设定为 15.5 m,蚌埠闸上游出现用水缺口,缺水月份集中在当年 10 月上旬到至次年 3 月中旬,根据来水与用水的实际情况,对蚌埠闸上水位进行调整,得出了在缺水情况下整体满意度最高的水资源配置方案。计算后,系统的整体满意度、各用户的满意度及用水量见表 8.1.15,蚌埠闸上非农业取水口的旬取水量低于其理想取水量,取水量详见表 8.1.16。在枯水严重的 11 月上旬和 12 月中旬需进行调水,瓦埠湖、淮北地下水、茨河和天河的调水量分别为 101 万 m³,56 万 m³,50 万 m³ 和 42 万 m³。

(3) 97%典型年情况

在 97%典型年份来水情况下,蚌埠闸上正常蓄水位设定为 18.0 m,下限水位设定为 15.5 m,蚌埠闸上游出现用水缺口,缺水月份集中在当年 10 月上旬至次年 4 月中旬。根据来水与用水的实际情况,对蚌埠闸上水位进行调整,得出了在缺水情况下整体满意度最高的水资源配置方案。经计算后,在不同蚌埠闸上水位情况下系统水位整体满意度、各用户的满意度及用水量见表 8.1.17,蚌埠闸上非农业取水口的旬取水量低于其理想取水量,见表 8.1.18。在枯水严重的月份需进行调水,枯水期各可利用水源的调度水量见表 8.1.19。

表 8.1.15　远期规划年 95%典型年缺水期满意度及需水量

	旬	10月上旬	10月中旬	10月下旬	11月上旬	11月中旬	11月下旬	12月上旬	12月中旬	12月下旬	1月上旬	1月中旬	1月下旬	2月上旬	2月中旬	2月下旬	3月上旬	3月中旬
	蚌埠闸上旬末水位(m)	16.5	15.8	15.5	15.5	15.5	15.5	15.5	15.5	15.5	15.5	15.5	15.5	15.5	15.5	15.5	15.5	15.5
满意度	系统	0.68	0.53	0.41	0.48	0.57	0.48	0.39	0.54	0.47	0.49	0.62	0.54	0.51	0.62	0.80	0.62	0.79
	城镇生活	0.9	0.9	0.83	0.9	0.9	0.9	0.78	0.9	0.9	0.9	0.9	0.9	0.9	0.9	0.9	0.9	0.9
	重点工业	0.9	0.9	0.83	0.9	0.9	0.9	0.78	0.9	0.9	0.9	0.9	0.9	0.9	0.9	0.9	0.9	0.9
	第三产业及建筑业	0.50	0.18	0	0.07	0.27	0.06	0	0.22	0.04	0.09	0.41	0.22	0.16	0.41	0.78	0.38	0.76
	一般工业	0.50	0.18	0	0.07	0.27	0.06	0	0.22	0.04	0.09	0.41	0.22	0.16	0.41	0.78	0.38	0.76
	农业灌溉	0.37	0.14		0.05	0.2	1	1	1	1	1	1	1	1	1	0.58	0.29	0.57
	河道外生态	0.37	0.14	0	0.05	0.2	0.05	0	0.16	0.03	0.06	0.31	0.17	0.12	0.31	0.58	0.29	0.57
	蚌埠闸综合下泄水	0.37	0.14	0	0.05	0.2	0.046	0	0.16	0.03	0.06	0.31	0.17	0.12	0.31	0.58	0.29	0.57
各用户旬供水量(万m³)	城镇生活	325	325	298	325	325	325	281	325	325	325	325	325	325	325	325	325	266
	重点工业	959	959	880	959	959	959	830	959	959	959	959	959	959	959	959	959	898
	第三产业及建筑业	106	38	0	15	57	13	0	46	8	18	86	47	33	88	165	81	132
	一般工业	647	233	0	94	346	79	0	281	50	110	529	289	202	535	1007	496	857
	农业灌溉	2676	1559	0	69	314	0	0	0	0	0	0	0	0	0	713	393	778
	河道外生态	10	4	0	1	5	1	1	4	1	2	8	5	3	8	16	8	15
	蚌埠闸综合下泄水	518	187	0	75	277	63	0	226	40	88	424	232	162	429	807	397	786

表 8.1.16　远期规划年 95%典型年缺水期取水口旬取水量

单位:万 m³

取水口名称	10月上旬	10月中旬	10月下旬	11月上旬	11月中旬	11月下旬	12月上旬	12月中旬	12月下旬	1月上旬	1月中旬	1月下旬	2月上旬	2月中旬	2月下旬	3月上旬	3月中旬
凤台水厂	16	14	12	10	11	13	11	9	12	11	11	14	12	12	14	16	13
凤台工业取水口(3个)	351	219	79	0	32	117	27	0	95	17	37	179	98	68	181	341	168
潘集、凤台田集电厂	277	277	277	254	277	277	277	240	277	277	277	277	277	277	277	277	277
李嘴子水厂	25	22	19	15	17	19	17	14	19	17	17	21	19	18	21	25	21
平圩电厂	183	183	183	168	183	183	183	159	183	183	183	183	183	183	183	183	183
望峰岗水厂	13	11	9	8	9	10	9	7	10	9	9	11	10	9	11	13	11
望峰岗煤矸石电厂	17	17	17	16	17	17	17	15	17	17	17	17	17	17	17	17	17
淮化集团	492	307	111	0	44	164	37	0	134	24	52	251	137	96	254	478	235
淮南四水厂	65	57	48	39	45	50	45	37	49	44	45	54	49	47	54	65	54
淮南三水厂	65	57	48	39	45	50	45	37	49	44	45	54	49	47	54	65	54
田家庵电厂	153	153	153	140	153	153	153	132	153	153	153	153	153	153	153	153	153
淮南工业取水口(6个)	193	120	43	0	17	64	15	0	52	9	20	98	54	38	100	187	92
淮南一水厂	38	33	28	23	26	29	26	22	29	26	26	32	29	28	32	38	31
洛河电厂	107	107	107	99	107	107	107	93	107	107	107	107	107	107	107	107	107
蚌埠电厂	53	53	53	48	53	53	53	46	53	53	53	53	53	53	53	53	53
怀远水厂	11	9	8	7	7	8	7	6	8	7	8	9	8	8	9	11	9
蚌埠三水厂	260	227	191	157	179	201	178	148	195	175	180	216	196	188	217	258	214
丰原集团	168	168	168	154	168	168	168	145	168	168	168	168	168	168	168	168	168

表 8.1.17　远期规划年 97%典型年缺水期满意度及需水量

		10月上旬	10月中旬	10月下旬	11月上旬	11月中旬	11月下旬	12月上旬	12月中旬	12月下旬	1月上旬	1月中旬	1月下旬	2月上旬	2月中旬	2月下旬	3月上旬	3月中旬	3月下旬	4月上旬	4月中旬
蚌埠闸上旬末水位(m)		16.6	15.8	15.5	15.5	15.8	15.5	15.5	15.5	15.5	15.5	15.4	15.3	15.3	15.1	15	14.8	15.2	15.1	15	15.5
满意度	系统	0.70	0.50	0.46	0.63	0.76	0.54	0.54	0.45	0.43	0.45	0.42	0.45	0.41	0.37	0.45	0.38	0.41	0.39	0.49	0.92
	城镇生活	0.9	0.9	0.9	0.9	0.9	0.9	0.9	0.9	0.86	0.9	0.83	0.9	0.82	0.73	0.9	0.75	0.82	0.79	0.9	1
	重点工业	0.9	0.9	0.9	0.9	0.9	0.9	0.9	0.9	0.86	0.9	0.83	0.9	0.82	0.73	0.9	0.75	0.82	0.79	0.9	1
	第三产业及建筑业	0.56	0.11	0.02	0.40	0.70	0.21	0.21	0.00	0	0	0	0	0	0	0	0	0	0	0.09	1
	一般工业	0.56	0.11	0.02	0.40	0.70	0.21	0.21	0.00	0	0	1	1	1	1	0	0	0	0	0.09	0.86
	农业灌溉	0.42	0.08	0.01	0.30	0.52	1	1	1	1	1	1	1	1	1	0	0	0	0	0.07	0.6
	河道外生态	0.42	0.08	0.01	0.30	0.52	0.16	0.16	0.00	0	0	0	0	0	0	0	0	0	0	0.07	1
	蚌埠闸综合下泄水	0.42	0.08	0.01	0.30	0.52	0.16	0.16	0.00	0	0	0	0	0	0	0	0	0	0	0.07	0.6
各用户旬供水量(万m³)	城镇生活	325	325	325	325	325	325	325	325	310	325	301	325	297	263	325	271	295	284	325	296
	重点工业	959	959	959	959	959	959	959	959	914	959	889	959	877	777	959	801	870	838	959	998
	第三产业及建筑业	119	23	3	85	148	45	45	1	0	0	0	0	0	0	0	0	0	0	19	174
	一般工业	727	140	21	521	905	273	278	3	0	0	0	0	0	0	0	0	0	0	117	971
	农业灌溉	3 008	934	34	384	821	0	0	0	0	0	0	0	0	0	0	0	0	0	130	1146
	河道外生态	11	2	0	8	14	4	4	0	0	0	0	0	0	0	0	0	0	0	2	25
	蚌埠闸综合下泄水	582	112	17	417	725	218	223	3	3	0	0	0	0	0	0	0	0	0	94	831

表 8.1.18　远期规划年 97%典型年缺水期取水口旬取水量

取水口名称 \ 旬	10月上旬	10月中旬	10月下旬	11月上旬	11月中旬	11月下旬	12月上旬	12月中旬	12月下旬	1月上旬	1月中旬	1月下旬	2月上旬	2月中旬	2月下旬	3月上旬	3月中旬	3月下旬	4月上旬	4月中旬
凤台水厂	16	15	11	11	14	16	12	12	11	10	11	10	11	10	9	11	9	10	9	11
凤台工业取水口(3个)	332	246	47	7	177	307	92	94	1	0	0	0	0	0	0	0	0	0	0	40
潘集、凤台田集电厂	277	277	277	277	277	277	277	277	277	264	277	257	277	253	225	277	232	252	242	277
李嘴子水厂	25	23	18	17	21	24	19	19	17	16	17	15	17	15	13	17	14	15	14	18
平圩电厂	183	183	183	183	183	183	183	183	183	175	183	170	183	167	148	183	153	166	160	183
望峰岗水厂	13	12	9	9	11	11	10	10	8	8	8	8	8	8	7	8	7	8	7	9
望峰岗煤矸石电厂	17	17	17	17	17	17	17	17	17	16	17	16	17	16	14	17	14	16	15	17
淮化集团	466	345	66	10	247	430	129	132	2	0	0	0	0	0	0	0	0	0	0	56
淮南四水厂	64	59	46	43	54	62	49	49	43	41	43	40	43	39	35	43	36	39	37	45
淮南三水厂	64	59	46	43	54	62	49	49	43	41	43	40	43	39	35	43	36	39	37	45
田家庵电厂	153	153	153	153	153	153	153	153	153	145	153	141	153	139	124	153	127	138	133	153
淮南工业取水口(6个)	182	135	26	4	97	168	51	52	1	0	0	0	0	0	0	0	0	0	0	22
淮南一水厂	37	34	27	25	32	36	28	29	25	24	25	23	25	23	20	25	21	23	22	26
洛河电厂	107	107	107	107	1C7	107	107	107	107	102	107	100	107	98	87	107	90	97	94	107
蚌埠电厂	53	53	53	53	53	53	53	53	53	50	53	49	53	48	43	53	44	48	46	53
怀远水厂	11	10	8	7	9	10	8	8	7	7	8	7	7	7	6	7	6	6	6	8
蚌埠三水厂	255	233	183	173	216	249	194	195	171	163	171	158	171	156	138	171	143	155	149	181
丰原集团	168	168	168	168	168	168	168	168	168	160	168	155	168	153	136	168	140	152	147	168

表 8.1.19　远期规划年 97%典型年缺水期可利用水源旬取水量　单位:万 m³

旬　可利用水源	1月上旬	1月中旬	1月下旬	2月上旬	2月中旬	2月下旬	3月上旬	3月中旬	3月下旬	4月上旬
采煤沉陷区	56	21	56	23	56	56	51	56	56	56
瓦埠湖	101	39	101	41	101	101	92	101	101	101
茨河	50	19	50	20	50	50	45	50	50	50
天河	42	16	42	17	42	42	38	42	42	42

8.2　调度方案编制及实施技术研究

8.2.1　一般枯水期多维临界调度

8.2.1.1　调度目标

根据总量控制方案及水量分配方案成果、流域工程布局及用水需求等信息,综合考虑社会经济与生态环境协调发展,确定淮河水系的水量调度目标。

淮河水系枯水期水量调度目标主要是供水目标、航运目标、生态目标、环境目标、其他目标等。本研究所考虑的各类调度目标具体描述如下:

(1) 供水目标

包括枯季供水量最大。

(2) 航运目标

包括航运流量保证率最高、航运水深保证率最高。

(3) 生态目标

包括适宜生态流量保证率最高、最小生态流量保证率最高。

(4) 环境目标

环境目标包括水质达标率最高、富营养化率最小。

8.2.1.2　调度原则

根据淮河水系水量调度的目标,确定淮河水系水量调度的主要原则。

水量调度应统筹兼顾调出区和调入区的用水需求,调度水量实行总量控制,调入水量应合理安排使用,优先保障城乡居民生活用水安全,合理安排农业、工业、生态环境用水安全等。

1. 按比例丰增枯减原则

根据年度来水量,依据批准的可供水量各地所占比重进行分配,枯水年同比例压缩。

2. 断面控制原则

干流各河段用水量按断面进行控制,实时调度。

3. 坚持统一调度,分级管理,分级负责的原则

要实施干旱期水资源可持续利用战略,必须保证水量调度的统一管理,严格控制干旱期沿淮城市取水总量,干流各河段用水量按断面进行控制,实时调度。将供应导向的水资源管理策略,转向需求导向的水资源管理策略,实行需求管理。流域机构和地方政府应严格管理权限,明确职责,各负其责。

4. 统筹兼顾,高效利用的原则

在保证基本生活用水和基本生态用水的情况下,水资源的调度应尽量向高效利用转移,统筹兼顾各行业、各用户的用水要求,使水资源发挥其应有的价值。实施淮河干流水量调度,坚持"优先淮南、蚌埠等城市生活、重要工业生产用水,再考虑农业用水、并兼顾生态用水"的用水原则。

5. 优先级原则

坚持"先节水、充分利用当地地表、地下水后,再考虑调水""局部利益服从全局利益"的水资源调配原则,正常情况下应当优先满足水资源调出地区用水需求,调入水量应合理安排使用,确保调入区生态用水及城乡居民生活用水安全,兼顾农业、工业用水。不同河段在同一水源工程应急调水情况下,经相关协商一致,保证优先级别应急河段需水取水流量。

6. 坚持共同但有区别责任原则

妥善处理受水区的用水需求,不损害水源区原有的用水利益,优先使用当地水、淮河水,合理利用长江水等外调水,对供水水源实行统一调度、优化配置。各水源工程(单位或企业)对流域用水安全承担共同但有区别责任,在抗旱应急调水期间,须执行应急调水指令,合理调整生产调度。

8.2.1.3　供水秩序

淮河水系枯水期水量调度主要目的是为干旱期蚌埠闸上和洪泽湖两个重要水源地进行应急调水,保障城乡居民生活用水,兼顾工业、农业用水和生态环境用水。水量应急调度供水对象为当蚌埠闸上或洪泽湖发生干旱缺水时淮南市、蚌埠市和淮安市等沿淮城市受旱区各类用水户。根据调水目的,分析淮河水系内调出区水库、湖泊等调度水源工程可供水量和调入区的居民生活用水、重点工业用水、生态用水、第三产业用水、一般工业用水、建筑业用水、城镇环境用水、农业灌溉用水等用水需求,保障城乡居民生活、生产用水需求量,根据调出区可供水量和调入区用水需求,进行水量应急调度供需平衡分析,为编制水量调度方案提供依据。在水量应急调度供需平衡分析的基础上,根据《水法》等法律法规,枯水期的用水先后次序拟定如下:

首先,优先确保枯水期间蚌埠市、淮南市和淮安市等沿淮城市居民生活用水,保证机关、学校、军队、医院、交通、邮电、旅馆、饭店、百货商店、消防、城市环卫业公共用水,限制空调、浴池、公园娱乐、洗车等非生产性用水大户的用水。

其次,要制定蚌埠、淮南和淮安等沿淮城市在枯水期一般工业供水压缩方案,在限额供水的条件下,尽量保证市区电力工业、重点企业(与国计民生有直接关系的工业行业用水,如食品等)的用水要求,兼顾其他行业用水,停止耗水大的用水企业(如洗车业、洗浴业等),对于某些用水量大且在一定时期内不致影响整个国计民生的工业行业(如化工、造纸等)要以供定需。

最后,在蚌埠闸上和洪泽湖干旱缺水时期要根据具体干旱实际情况部分限制或全面停止沿淮农业灌溉用水,并应减少或放弃交通航运用水和生态环境用水。

8.2.1.4 枯水期缺水对策

1. 应急水源储备

为确保淮河干流沿淮城市生活用水安全,兼顾生产、生态用水,根据淮河干流实际情况,划定淮河干流一些水库和湖泊为蚌埠闸和洪泽湖应急供水水源地,建立淮河干流抗旱应急水源保障体系。淮河干流蚌埠闸和洪泽湖发生干旱缺水,受当年淮干上游来水小、水位低和蓄水少的影响,沿淮湖泊等新增供水量甚微,继续增大沿淮湖泊洼地调蓄库容的作用也逐步减小。为确保居民生活和重点行业的正常用水,当发生严重干旱或特大干旱时,对流域内水资源的数量、质量、时空分布特征及发展趋势做出分析评估,严格限制沿淮城市一般工业、农业灌溉、交通航运和生态环境等非生活用水,储备必要的应急供水水源,建立应急调水机制,为淮河干流水量应急调度做好来水数据的准备工作,根据干旱频率和风险大小,多方筹集资金,建设适当规模的应急或备用水源,做好淮河干流骨干水库、湖泊蓄水工作,为淮河干流蚌埠闸上和洪泽湖抗旱水量应急调度提供水源保障,提高淮河干流城市抗旱能力。

根据各水源多年平均来水量、多年平均同期蓄水量和历年淮河干流的抗旱用水需求实际情况,进行各水源预留抗旱应急调水水量的潜力分析,组织研究各水源应急调度储备水量,为淮河水量应急调度预留一定的抗旱应急调水预留水量(预留储备水量约占多年平均蓄水量的百分比)和抗旱应急调水水量的可行性,经分析,蚌埠闸上储备水源为城东湖、瓦埠湖和洪泽湖,预留储备水量约为 1.49 亿 m^3,洪泽湖储备水源为骆马湖、高邮湖和蚌埠闸上蓄水,预留储备水量约为 5.23 亿 m^3,动用该水量须经淮河防总批准,各水源储备情况见表 8.2.1。

表 8.2.1　6 座大型水库预留应急调度水量　　　　　　　　　单位:亿 m^3

供水对象	储备水源	多年平均蓄水量	预留水量	供水对象	储备水源	多年平均蓄水量	预留水量
蚌埠闸	城东湖	1.68	0.09	洪泽湖	骆马湖	7.24	1.448
	瓦埠湖	1.53	0.08		高邮湖	17.18	3.436
	洪泽湖	22.38	1.12		蚌埠闸上	1.72	0.344
合　计			1.19	合　计			5.23

2. 雨洪资源利用

淮河干流蚌埠闸上和洪泽湖区域沿淮湖泊洼地较多,大部分库容承担着为淮河干流蓄洪的任务,由于存在蓄水与防洪、排涝与耕作的矛盾,利用湖泊洼地增加蓄水的条件受到诸多限制,过境或当地的洪水资源一直难以得到有效开发利用。为缓解淮干蚌埠闸上和洪泽湖发生干旱缺水时,沿淮地区城市供水水源不足,引发供水危机,应积极开展淮河干流洪水资源利用研究工作,为干旱期蚌埠闸上和洪泽湖应急调水做好准备。沿淮洪水资源利用工程的供水目标主要为增加枯水期蚌埠闸上和洪泽湖区域城市生活和工农业用水,通过储备的应急水量,缓解特别枯水期缺水,同时兼有生态环境改善作用。

洪水资源的充分利用,关键是扩大河道及沿淮湖泊的调节库容。淮河干流洪水资源利用的工程措施是利用蚌埠闸上的淮河干流河道、沿淮湖泊及部分洼地拦蓄境外来水。经研究,蚌埠闸上和洪泽湖周围湖泊较多,从可利用的拦蓄条件和增供的水量上看,近期洪水资源利用潜力较大的湖泊洼地主要包括瓦埠湖、城东湖、蚌埠闸上河道及骆马湖等。通过抬高河道和湖泊蓄水位、扩大常年蓄水面积等途径,提高当地雨洪资源利用程度。根据气象部门的气象预报及各个供水区域的实际干旱情况,经防汛与抗旱综合分析,适当提高蚌埠闸上或洪泽湖的蓄水位,可以增加蓄水库容,充分利用汛期洪水资源。经分析,蚌埠闸上正常蓄水位由 17.50 m 抬高到 18.00 m 或 18.50 m,增加的蓄水库容分别为 0.5 亿 m^3,1.0 亿 m^3;洪泽湖正常蓄水位由 13.0 m 抬高到 14.0 m 或 14.5 m,增加的蓄水库容分别为 16.74 亿 m^3,25.4 亿 m^3。可见,蚌埠闸上和洪泽湖的蓄水位的抬高进一步提高了沿淮城市现状和规划用水户取水的保证程度,开展洪水资源利用的工程规模、工程位置、洪水资源利用效果与来水的关系、沿淮湖泊蓄水位提高对当地的居民生活影响、洪水资源利用工程的调度控制问题进行研究十分必要,是现状工程情况下提高供水保证程度的有效措施。

雨洪资源化对解决蚌埠闸上和洪泽湖在干旱年份水资源短缺问题的作用有待研究,但过多抬高蓄水位还会产生一些负面影响,给防汛任务带来压力。随着蚌埠闸上和洪泽湖周围区域内水资源工程的兴建、用水的增加,枯水期的径流可能会锐减,而且枯水时段内径流分配也不均匀,会发生某些枯水时段,会出现无来水可蓄的现象。所以,在远期尽管实施了洪水资源利用的措施,蚌埠闸上和洪泽湖的缺水矛盾在某些时段还是十分突出的,另外洪水资源化更多只是缓解河道外用水户的缺水矛盾,提高了河道外用水户的供水保证程度。已没有潜力来满足河道内的用水需求,尤其是在枯水季节。故蚌埠闸上和洪泽湖远期水资源开发战略,应是在充分利用好当地水资源和洪水资源利用的基础上,要利用南水北调东线调水工程,以进一步提高闸上河道外用水户的供水保证程度以及满足淮河干流河道内日益增长的河道内用水需求。

8.2.1.5　枯水期节约用水方案

① 根据调节计算结果,制定应急期蚌埠市、淮南市区限制供水方案。市民人均用水量比正常时期减少 20%,必要的城市公共生活供水量减少 30% 左右,必要的工业按上文压缩削减供用水量的原则,逐户落实。

② 推广节水器具和节水技术,分户装表(计量)率达到 100%。

③ 制定应急期水价价格体系,如孔隙型地下水比正常期上浮 20%,地表水源上浮

15％。在应急期按上浮价格收费,超计划部分实行累进加价收费的办法。

8.2.1.6 调度措施

在特枯期分析向蚌埠闸上或洪泽湖供水的水源实际蓄水情况,根据各水源在特枯年的可供水量、工程(取水工程、输水工程)条件、取水与当地已有其他用水户的用水矛盾及供水保证率等情况,根据蚌埠闸上和洪泽湖预警指标达到的级别,结合调度原则、枯水期供水秩序和节约用水方案,拟定现状水资源条件、工程条件下枯水期蚌埠市、淮南市和淮安市等沿淮城市限制供水方案,不同干旱等级的特枯期各城市节约用水的具体措施见表8.2.2和表8.2.3。

表8.2.2 蚌埠闸上枯水期节约(压缩)用水具体措施

蚌埠闸水位 (m)	具 体 措 施
16.5	各用水户供水满意度均为1,研究河段工、农业生产基本不受影响,各取水口可以正常取水。可保证研究河段境内两市城镇生活、重点工业、第三产业及建筑业、一般工业、农业灌溉、河道外生态和蚌埠闸综合下泄水量
16.3	① 在确保城市居民生活用水,保证机关、学校、军队、医院、交通、邮电、旅馆、饭店、百货商店、消防、城市环卫业公共用水的情况下,适当限制当年10月至来年4月的水空调、浴池、公园娱乐、洗车等非生产性用水大户的用水,采用限额供水或定时供水,利用价格杠杆,累计进加水费; ② 压缩淮南、蚌埠市的一般工业用水,制定一般工业供水压缩方案; ③ 改善农业灌溉方式,改用沟灌、畦灌、喷灌、滴灌、渗灌、微灌等节水灌溉措施,取代大水漫灌,同时在农艺方面,推广深耕改土、蓄水保墒、地膜覆盖等技术
16.0	① 号召全市节约用水,并采取措施按用水定额限制用水,城区居民综合用水定额为每人每天120升; ② 城市公共服务业,采取控制用水措施,必要的城市公共生活供水量减少20％左右; ③ 在限额供水条件下,尽量保证两市区电力工业和重点企业的用水要求,鼓励工业企业采用先进技术、工艺和设备,增加循环用水次数,提高水的重复利用率; ④ 推广使用旱地龙延长作物抗旱期,并且在秋季缺水比较严重的区域,适当减少水稻的种植面积,改种耗水量相对较少的作物,在水资源缺乏的地区农作物种植以芝麻、红薯等耐旱作物为主; ⑤ 推广节水型生活用水器具,降低城市供水管网漏失率,提高生活污水集中处理,鼓励使用再生水,提高污水再生利用率
15.8	① 适当限制当年10月至来年2月的生活用水,市民人均用水量比正常时期减少20％,采用限额供水或定时供水,利用价格杠杆,累计进加水费; ② 压缩削减工业用水,逐户落实。推广节水器具和节水技术,分户装表(计量)率达100％;

蚌埠闸水位 （m）	具 体 措 施
15.8	③ 推广使用旱地龙延长作物抗旱期,并且在秋季缺水比较严重的区域,适当减少水稻的种植面积,改种耗水量相对较少的作物,在水资源缺乏的地区农作物种植以芝麻、红薯等耐旱作物为主; ④ 严格控制区域内城市污水排放量,严格控制达标排放,逐步关闭污水排放量较大、不影响国计民生且效益较低的企业
15.5	① 号召居民节约用水,并采取措施按用水定额限制用水,城区居民综合用水定额为每人每天 110 升,对企业和居民超量用水实施超价收费; ② 限制公用服务性用水,公共事业市政用水可采取中水,逐步关闭桑拿、浴池、游泳池、洗车场,限制宾馆、饭店和酒店等非生产性用水; ③ 一般工业企业实行计划限量用水; ④ 蚌埠、淮南两市应全面停止农业灌溉用水,推广使用旱地龙延长作物抗旱期,同时可适当调整农业种植结构,组织农民做好以副补农,以秋补夏等工作; ⑤ 严格控制区域内城市污水排放量,严格控制达标排放,逐步关闭污水排放量较大、不影响国计民生且效益较低的企业
15.3	① 停止农业灌溉用水,推广使用旱地龙延长作物抗旱期,分散打小井抽取浅层地下水灌溉农作物; ② 停止城市服务性用水,停止一般工业用水,强化居民计划用水,市供水公司、矿业集团公用事业公司要制定停水的具体措施; ③ 制定枯水期水价格体系,如孔隙地下水价格比正常期上浮 20%,地表水源价格上浮 15%,超计划部分实行累进加价收费
15.0	① 城市居民实施限额定时供水,综合定额每人每天 70 升; ② 两市停止使用自来水的公用服务性用水;对大部分一般工业企业停止供水,尤其停止低效益高耗水企业供水,以最大限度保证城区居民生活用水以及平圩电厂、洛河电厂、田集、凤台、蚌埠等电厂用水、淮南化工总厂、丰原集团、沿淮煤矿等较大的企业用水; ③ 全面停止农业灌溉用水,可分散打小井抽取浅层地下水灌溉农作物; ④ 集中利用城区分散的深井,作为居民生活用水主要水源之一统一调配;淮南市现有深井可取地下水量为 2.0 万 m^3/d,蚌埠市淮河以南以及小蚌埠中深层地下水可供水量可适度开采 10 万 m^3/d,以供城市居民生活用水; ⑤ 在允许使用的取水口因地制宜建立多种形式喂水站,针对各取水口的具体情况,因地制宜地实施降低自来水厂取水口高程、建喂水站、取水口清淤、开挖引水渠等工程措施,以保证取水通畅;建临时泵站,着重做好淮南一、三、四水厂、望峰岗水厂和蚌埠三水厂等自来水厂的喂水工作,保证各取水口能取到足够的水量
低于 15	当水位低于 15 m 时,除了采取以上措施,拟从瓦埠湖、淮北地下水、茨河和天河进行调水

表 8.2.3 洪泽湖特枯期节约(压缩)用水具体措施

洪泽湖水位 (m)	具 体 措 施
11.8	淮安等城市工农业生产基本不受影响,自来水厂、工业和农业灌溉等取水口可以正常取水,保证洪泽湖区域内城市的骨干企业及居民生活的供水安全,可适当限制洪泽湖周围的农业灌溉取水
11.2	① 号召市民节约用水,推广使用节水器具和节水技术,分户装表率达100%; ② 鼓励工业企业采用先进技术、工艺和设备,增加循环用水次数,提高水的重复利用率,加强城市污水集中处理,鼓励使用再生水,提高污水再生利用率,制定枯水期水价格体系,如地下水比正常期上浮20%,地表水源上浮15%,超计划部分实行累进加价收费; ③ 应适当限制农业灌溉用水,推广使用旱地龙延长作物抗旱期
11.0	① 全市节约用水,并采取措施按用水定额限制用水,城区居民综合用水定额为每人每天120升,限制公用服务性用水,公共事业市政用水可采取中水,逐步关闭桑拿、浴池、游泳池、洗车场,限制宾馆、饭店和酒店等非生产性用水; ② 一般工业企业实行计划限量用水,同时实施居民用水节约用水,并采取措施按用水定额限制用水,对企业和居民超量用水实施超价收费;制定服务性用水的具体限制用水措施,严格控制区域内城市污水排放量,严格控制达标排放,逐步关闭污水排放量较大、不影响国计民生且效益较低的企业; ③ 淮安市等沿淮城市应停止农业灌溉用水,适当采用当地浅层地下水抗旱;推行节水灌溉方式和节水技术,对农业蓄水、输水工程采取必要的防渗漏措施,提高农业用水效率
10.6	① 城市居民实施限额定时供水,综合定额每人每天100升;集中利用城区分散的深井,作为居民生活用水主要水源之一统一调配,以供城市居民生活用水。停止使用自来水的公用服务性用水;对大部分一般工业企业停止供水,尤其停止低效益高耗水企业用水,以最大限度保证城区居民生活用水以及重点企业用水; ② 号召工业企业制订节水措施方案,配套建设节水设施。节水设施应当与主体工程同时设计、同时施工、同时投产,供水企业和自建供水设施的单位应当加强供水设施的维护管理,减少水的渗漏损失; ③ 全面停止农业灌溉用水,可分散打小井抽取浅层地下水灌溉农作物。在允许使用的取水口因地制宜建立多种形式引水站,针对各取水口的具体情况,因地制宜地实施降低取水口高程、建取水口清淤、开挖引水渠等工程措施,以保证取水通畅;建临时泵站,着重做好城市自来水厂的喂水工作,保证各取水口能取到足够的水量

8.2.1.7 调水规模

根据干旱期淮河干流水情、工情、旱情及中长期水文气象预报,抗旱应急调水规模以水库或湖泊等水源实时可调水量为基础,统一调度淮河干流骨干水库、湖泊等水源,调水规模按照保障蚌埠闸上和洪泽湖区域沿淮城市按优先次序依次达到城镇用水、农业灌溉用水和生态用水需要。干旱严重期,每个河段的区间入流量很小,可忽略不计,入口水量近似等于河段总来水量。根据抗旱目标区域居民生活用水、城市用水、工业用水和农业灌溉用水需求的分析,结合调入区当时的干旱程度,确定调水目的,计算需水量;分析流域内调出区主要水库、湖泊等可供水量和调入区居民生活用水、第三产业用水、工业用水、建筑业用水、城镇环境用水、农业灌溉、航运用水和生态需水等各类用水需求,根据水源工程蓄水情况,进行水量应急调度供需平衡分析,确定调水量;同时分析调水线路的输水能力以及输水沿程损失等其他影响因素,确定水量调出区的调水流量、调水量以及水量调入区的收水流量、收水量,按保障供水优先次序,分别确定了三个级别的调水规模,具体如下:

1. Ⅰ级调水规模

满足蚌埠市、淮南市和淮安市等沿淮城市居民生活用水取水口取水要求。

2. Ⅱ级调水规模

满足蚌埠市、淮南市和淮安市等沿淮城市用水(城市居民生活和工业用水)取水口取水要求。

3. Ⅲ级调水规模

保障蚌埠市、淮南市和淮安市等沿淮城市用水取水口取水要求,兼顾农业区提水工程取水口取水灌溉、河道生态流量和最小通航流量要求。

调水规模根据上游水库或湖泊实际蓄水量确定,据蚌埠闸上或洪泽湖各不同干旱等级下水位的缺水量来确定水量应急调度的调水规模,结合水量应急调度供需分析确定调水量,蚌埠闸上Ⅰ级调水规模为 0.68 亿 m³,Ⅱ级调水规模为 0.53 亿 m³,Ⅲ级调水规模为 0.37 亿 m³,洪泽湖Ⅰ级调水规模为 10.29 亿 m³,Ⅱ级调水规模为 7.5 亿 m³,Ⅲ级调水规模为 6.03 亿 m³,各等级调水规模如表 8.2.4 所示。

表 8.2.4　蚌埠闸上和洪泽湖水量应急调度调水规模

调水规模	蚌 埠 闸		洪 泽 湖	
	水位(m)	调水规模(亿 m³)	水位(m)	调水规模(亿 m³)
Ⅰ级	15.5	0.68	10.6	10.29
Ⅱ级	15.8	0.53	11.0	7.5
Ⅲ级	16.1	0.37	11.2	6.03

8.2.1.8　调水路线

淮河干流蚌埠闸上河段和洪泽湖等重要水源地具备跨流域和跨省水量应急调度的工程条件。当蚌埠闸上或洪泽湖发生干旱缺水时,按照淮河流域各地区内水库、湖泊等水源工程对抗旱承担共同但有区别责任原则,根据流域抗旱保障目标区域划分、水库或湖泊等水源工程地理分布、工程特性和径流传播时间,结合干旱范围、缺水程度和水库、湖泊等各水源实际蓄水情况等因素,确定枯水期各水源可向蚌埠闸上和洪泽湖调水的水源工程,科学确定可调水路线,为蚌埠闸上和洪泽湖与各水源在丰枯不同步年份进行水量应急调度提供科学依据。通过对淮河干流各水库、湖泊等水源多年平均蓄水情况进行分析,总体来说,蚌埠闸上和洪泽湖与上游水库、湖泊等各水源出现"同丰同枯"的情况较为多见,"丰枯不同步"的情况较为少见,在蚌埠闸上和洪泽湖同时发生干旱缺水时,调水水源主要依靠沂沭泗水系和长江水系等水源。通过实施淮河水系水量应急调度,可以充分利用淮河、沂沭泗和长江三大水系水资源,进行跨水系跨流域调水,缓解蚌埠闸上和洪泽湖枯水期缺水状况,提高蚌埠闸上和洪泽湖区域抗旱减灾能力,维护沿淮城市社会稳定。

当蚌埠闸上或洪泽湖发生干旱缺水时,根据蚌埠闸上水位或洪泽湖水位与干旱预警等级划分标准,针对枯水期情况确定 3 条调水路线,遵循科学、简便、实用的原则,蚌埠闸上和洪泽湖在不同条件下水量应急调度路线具体如下:

1. 蚌埠闸上

枯水期可向蚌埠闸上调水的水源主要为安徽省境内的城东湖、瓦埠湖、芡河等上游沿淮湖泊洼地,蚌埠闸下河道蓄水以及梅山水库、响洪甸水库和佛子岭水库;河南省境内的宿鸭湖水库、南湾水库和鲇鱼山水库等重点大型水库;江苏省境内的洪泽湖、高邮湖和骆马湖;跨流域调水为南水北调东线工程等水源。当蚌埠闸上发生干旱缺水时,应首先从安徽省内水库或沿淮湖泊洼地等水源进行调水,其次从河南省和江苏省境内水库或湖泊进行调水,最后进行跨流域调水从长江引水调入蚌埠闸上。蚌埠闸上各水源分布概化图如图 8.2.1 所示。

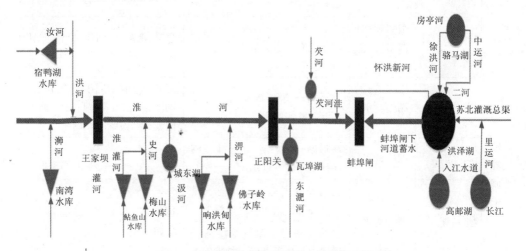

图 8.2.1 蚌埠闸上各水源调水路线概化图

2. 洪泽湖

干旱期可向洪泽湖调水的水源主要为江苏省境内骆马湖、高邮湖等湖泊蓄水,安徽省境内的蚌埠闸上蓄水,跨流域调水为南水北调东线工程等水源。当洪泽湖发生干旱缺水时,应首先从江苏省境内湖泊蓄水进行调水,其次从安徽省境内水库或湖泊进行调水,最后进行跨流域调水从长江引水调入洪泽湖。

蚌埠闸上水域具备从上游沿淮湖泊和水库、洪泽湖、高邮湖、骆马湖和长江等水源地进行水量应急调度的工程条件；洪泽湖具备从长江、骆马湖及蚌埠闸上等水源地进行水量应急调度的工程条件。具体调水路线和沿线工程见图8.2.2和表8.2.5。

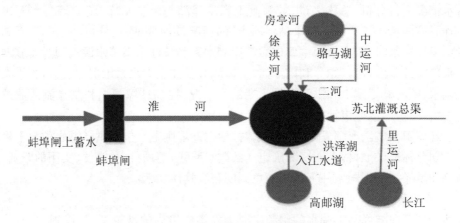

图 8.2.2　洪泽湖各水源调水路线概化图

表 8.2.5　蚌埠闸上和洪泽湖抗旱应急调水路线表

受水区	供水水源地		调水路线	主要控制断面、闸坝和泵站
蚌埠闸上	南水北调东线	长江	长江→里运河→苏北灌溉总渠→洪泽湖→怀洪新河→蚌埠闸上	江都站、淮安站、淮阴站、新集站、高良涧闸、何巷闸
	重点大型水库	宿鸭湖、南湾和鲇鱼山水库	利用现有河道向蚌埠闸上调水	息县、淮滨、润河集、鲁台子、正阳关
	洪泽湖	湖泊蓄水	洪泽湖→五河新集站→怀洪新河→蚌埠闸上	何巷闸、西坝口闸、新集站、新湖洼闸（需在新湖洼闸、何巷闸架设两级临时泵站）
	高邮湖	湖泊蓄水	高邮湖→入江水道→洪泽湖→怀洪新河→蚌埠闸上	三河闸
	骆马湖	湖泊蓄水	骆马湖→中运河→二河→洪泽湖→怀洪新河→蚌埠闸上	宿迁闸、泗阳闸、二河闸、新集站
			骆马湖→房亭河→徐洪河→洪泽湖→怀洪新河→蚌埠闸上	
	上游沿淮湖泊洼地	城东湖、瓦埠湖、茨河	利用现有河道向蚌埠闸上调水	城东湖闸、东淝河闸、茨河闸
	重点大型水库	梅山、响洪甸和佛子岭水库	利用现有河道向蚌埠闸上调水	润河集、临淮岗、鲁台子、正阳关
	蚌埠闸下	河道蓄水	蚌埠闸抽水站向蚌埠闸上翻水	蚌埠闸

续表

受水区	供水水源地		调水路线	主要控制断面、闸坝和泵站
洪泽湖	南水北调东线	长江	长江→里运河→苏北灌溉总渠→洪泽湖	江都站、淮安站、淮阴站、高良涧闸
	蚌埠闸上	蚌埠闸上蓄水	从淮河直接向洪泽湖调水	蚌埠闸
	高邮湖	湖泊蓄水	高邮湖→入江水道→洪泽湖	三河闸
	骆马湖	湖泊蓄水	骆马湖→宿迁闸→中运河→二河闸→洪泽湖	宿迁闸、二河闸、韩庄闸
			骆马湖→房亭河→徐洪河→洪泽湖	

8.2.2 调度方案实施

本方案为淮河水系枯水期水量调度方案重点,研究了淮河干流枯水期的水量调度。调度要求由安徽省防汛抗旱办公室提出,经省水行政主管部门同意,报水利部淮河水利委员会批准后,由省水行政主管部门组织相应工程管理单位实施。

当达到方案启动条件时,淮河防总应组织相关省(市)防汛抗旱指挥机构和有关部门编制淮河水系枯水期水量应急调度年度实施方案。

8.2.2.1 组织管理体系及职责

1. 组织体系

本方案组织体系由批准及监督实施机构、组织实施机构、配合实施部门和单位组成。

2. 批准及监督实施机构

本方案批准及监督实施机构为国家防汛抗旱总指挥部(以下简称国家防总),负责淮河抗旱水量应急调度方案的审批、管理和监督。

3. 组织实施机构

本方案组织实施机构为淮河防汛抗旱总指挥部(以下简称淮河防总)。主要职责如下:

① 贯彻国家抗旱法律法规和政策,执行国家防总指令,开展淮河枯水期水量应急调度工作。

② 组织编制淮河枯水期水量应急调度方案和实施方案,并报国家防总审批。

③ 依据批准的实施方案进行淮河枯水期抗旱水量应急调度工作的组织实施。

④ 负责发布淮河枯水期抗旱水量应急调度实施过程中的实时水情、供水情况、工程调度和来水预测情况等相关信息。

⑤ 协调淮河枯水期抗旱水量应急调度所涉及的省级防汛抗旱指挥机构及相关部门在水量调度工作中的有关事宜。

⑥ 淮河枯水期抗旱水量应急调度工作结束后,组织有关部门及专家对水量应急调度情况进行评估总结,并上报国家防总。

⑦ 完成国家防总交办的其他工作。

4. 配合实施部门和单位

本方案的配合实施部门和单位为安徽省、江苏省各级防汛抗旱指挥机构以及其他相关的水利、电力、交通、水源工程管理部门和单位。主要职责如下:

① 调水区部门和单位的职责:

做好辖区内工程调度管理和用水秩序维护工作,合理安排调度实施期间生活、生产用水,保障交通、航运、旅游等安全。电力部门根据水量调度实施方案和调度指令合理安排电力生产和电网调度。各水库、水电站、航电枢纽等工程管理单位严格执行调度指令,记录水情、工情等信息,及时报送方案至组织实施机构和监督实施机构。

② 受水区部门和单位的职责:

根据调水目的和水量调入区的范围,按照突出重点、统筹兼顾的原则,科学合理配置调入水量。全面落实节水措施,科学制订用水计划,优化当地水量调度方案,优先保证生活用水。

③ 水量通过区部门和单位的职责:

水量通过区有关部门和单位做好引水涵、闸、泵站的封堵巡查,防止跑水、漏水,严禁截留和超额取水;强化水质监督、管理,严禁向输水河(渠)道内排放废污水。

④ 水量应急调度所涉及的县级以上人民政府防汛抗旱指挥机构的职责:

在上级防汛抗旱指挥机构和当地人民政府领导下,负责组织和指挥本行政区域水量应急调度及突发事件的应对工作。

⑤ 水量应急调度所涉及的各级水利部门和水库、水电站、航电枢纽工程管理单位应配合做好水量应急调度过程中本区域突发事件的应对工作。

⑥ 交通部门的职责:

根据调度指令,统筹协调水量应急调度所涉及区域的航运管理,保障水上交通安全。

8.2.2.2　实施方案

1. 供水对象

水量应急调度供水对象为受旱区用水户,供水优先次序依次为居民生活用水、第三产业(含机关、医院、学校、科研院所、零售服务等)用水、工业用水、建筑业用水、城镇环境用水、农业灌溉用水、河道内生态环境用水、航运用水。

2. 水量应急调度供需分析

① 分析流域内调出区地表水工程、地下水工程和其他水源工程可供水量和调入区居民生活用水、第三产业用水、工业用水、建筑业用水、城镇环境用水、农业灌溉用水等用水需求。

② 根据调出区可供水量和调入区用水需求,进行水量应急调度供需平衡分析。

8.2.2.3 组织实施

1. 调度实施

① 淮河防总组织召开气象、水文部门专题会议,在了解和掌握雨、水、灾情信息基础上,滚动分析水量调度形势,向防汛抗旱指挥机构、主要水源单位下达水量应急调度令,并在水量应急调度过程中对调度方案进行完善。

② 组织召开流域内地方政府和水利部门参加的水量调度协调会议,通报水量调度执行情况,研究解决调度过程中出现的问题;根据气象、水文形势分析,结合墒情,不断优化水量调度计划,提高水量调度的合理性和可操作性。

2. 运行管理

① 淮河防总和调入区、调出区、过水区县级以上防汛抗旱指挥机构及地方人民政府水行政主管部门对所辖范围内水量应急调度执行情况进行监督检查。

② 水量应急调度期间,调入区、调出区及过水区省(市)人民政府防汛抗旱指挥机构,应当按照实时应急调度方案中规定的时间,向淮河防总报送所辖范围内取(退)水量报表。

③ 淮河防总适时将水量应急调度执行情况向调入区、调出区及过水区省(市)人民政府防汛抗旱指挥机构以及相关水库主管单位通报,并及时向社会公告。

④ 淮河防总以及调入区、调出区及过水区县级以上防汛抗旱指挥机构及地方人民政府水行政主管部门,在各自的职责范围内实施巡回监督检查,在调水高峰时应对主要取(退)水口实施重点监督检查,应对有关河段、水库、主要取(退)水口进行驻守监督检查。在调水过程中要加强输水管护和水事纠纷协调处理等工作。

⑤ 淮河防总以及调入区、调出区及过水区县级以上防汛抗旱指挥机构及地方人民政府水行政主管部门实施监督检查时,有权采取下列措施:

a. 要求被检查单位提供有关文件和资料,进行查阅或者复制;

b. 要求被检查单位就执行水量应急调度方案的有关问题进行说明;

c. 进入被检查单位生产场所进行现场检查;

d. 对取(退)水量进行现场监测;

e. 责令被检查单位纠正违反水量应急调度方案的行为。

3. 水量和水质监测

水量应急调度期间,调入区、调出区及过水区相关水文、环保部门应对水源区、重要河段、主要控制断面的水量和水质进行监测。调水涉及河道的主要水文测站实行四段四次报汛制,承担调水任务的水库、水电站每 6 小时一次上报水情信息。环保、水文部门加强水质的监测,及时提供监测数据和水质分析材料。

4. 突发事件处理

水量应急调度期间,当有关河段、水库、主要取(退)水口出现水污染、河道壅塞或其他突发事件时,针对事件特点和可能造成的危害,采取下列一项或多项措施:

① 责令组成应急救援队伍,并动员后备人员做好参加应急救援和处置工作的准备。

② 调集应急救援所需物资、设备、工具,迅速投入应急处置工作。

③ 加强对重点单位、重要基础设施的安全保卫,维护社会治安秩序。

④ 及时向社会发布相关情况,正确引导社会舆论。

⑤ 法律、法规、规章规定的其他必要的防范性、保护性措施。

5. 信息报送

调入区、调出区及过水区地方各级防汛抗旱指挥机构要按有关要求,分时段逐级上报所辖范围内取(退)水量、主要控制断面流量与水位和水源工程蓄(泄)水等情况。相关省(直辖市)防汛抗旱指挥机构汇总后及时上报淮河防总。

8.2.2.4 调度结束

当旱区缺水得到有效控制,达到水量应急调度方案目标;或预报后期来水形势明显好转,可以满足水量应急调度方案目标;或水量调入区地方人民政府提出调水终止时,经国家防总同意,淮河防总宣布水量应急调度结束,并通报相关部门和单位。

8.2.3 特殊枯水期预警、应急调度

8.2.3.1 干旱预警指标

淮河干流抗旱应急调水预警控制指标是预测淮河干流蚌埠闸上和洪泽湖重要水域可能发生干旱严重程度,是确定蚌埠闸上和洪泽湖干旱预警等级的重要指标,是确定水量应急调度干旱预警启动条件和响应级别的重要根据,也是提升淮河干流抗应急管理的有效手段。预警控制指标是指淮河干流主要控制断面水位持续偏低或流量持续偏少,影响淮干蚌埠闸上和洪泽湖周围沿淮城乡居民生活、工农业生产、交通航运和生态环境等用水安全,需采取水量应急调度措施进行跨省区抗旱应急调水的水位或流量指标。根据蚌埠市、淮南市和淮安市等沿淮城市用水需求,遵循科学、简便、实用的原则,预警控制指标从高至低依次分为Ⅰ级、Ⅱ级和Ⅲ级,其中,Ⅰ级预警相当于特大干旱,Ⅱ级预警相当于严重干旱,Ⅲ级预警相当于轻度干旱和中度干旱。

根据蚌埠闸上和洪泽湖历年受旱范围、受旱程度及水位下降等实际干旱缺水情况,按照Ⅰ级保城市居民生活用水,Ⅱ级保城市居民生活和重点工业用水,Ⅲ级兼顾农业取水灌溉、河道生态流量和最小通航流量要求的原则,结合各干、支流来水汇流比例确定各控制断面来水流量分级预警控制指标。淮河干流蚌埠闸上和洪泽湖干旱灾害预警等级从高至低依次分为Ⅰ级、Ⅱ级和Ⅲ级,分别代表淮河干流蚌埠闸上和洪泽湖特大干旱缺水、严重干旱缺水和中度干旱缺水。根据相关干旱规章规范中提供的方法,结合河道生态最小流量、取水需求资料和沿淮城市多年用水情况,综合确定满足蚌埠闸上和洪泽湖两个水源地生活、生产和生态取水需求的预警指标参考值,其中,河道生态最小流量采用《淮河流域水资源综合规划》成果,沿淮城市取水需求资料来自于近十年各省区水利厅报送淮委的淮干用水需求计划表,并考虑未来3年淮干主要新增用水量。由于预案的供水保障优先次序为城市居民生活用水、城市工业用水、兼顾农业灌溉用水和生态用水。预案Ⅰ级预警指标只考虑保障沿淮城镇居民生活用水,Ⅱ级预

警指标中综合考虑保障沿淮工业用水,Ⅲ级预警指标中综合考虑保障淮河干流沿淮农业用水和河道生态流量。

干旱预警指标常采用控制断面流量或水位作为控制因子,使预警指标更直观、更易操作,水位或流量均可代表各控制断面的干旱缺水实际情况。考虑到淮河干流上游、中游和下游河道平均比降分别为 0.5‰,0.03‰ 和 0.04‰,各段河道比降较小,特别是在蚌埠闸以下河段,河道平缓。由于上桥、新集和蚌埠闸抽水站翻水,蚌埠闸日平均流量、月平均流量和年最小流量等历史数据经常出现零值或鱼流量,不利于进行频率计算,也不能反映淮河干流蚌埠闸上和洪泽湖实际干旱情况,因此这里不以流量作为主要控制指标。淮河干流蚌埠闸上和洪泽湖干旱期径流历年均能保证沿淮城市自来水公司正常取水,干旱影响主要考虑城市取水口高程、通航保障水位、灌溉用水及环境生态流量对应水位,而且淮河干流河段作为交通航道,必须具备保障一定吨级船舶的安全通航水位。因此,本次研究主要考虑蚌埠闸上水位和洪泽湖蒋坝站水位作为预警控制指标。

对蚌埠闸和洪泽湖控制断面未采取分月分级预警指标,主要原因是由于淮河干流重要河段的农业灌溉保障目标较小,分月提水流量差别不大,与居民生活用水、城市用水、航运用水和生态基流需水的总保障流量相比,占比重较小,因而在保障生活、城市、生态基流用水基础上的分月灌溉用水保障流量差异较小,因此,对选定的控制断面未采取分月分级预警指标,而是进行了按日分级干旱预警指标。

1. 依据资料

收集整理淮河流域水文站网分布、各水文站集水面积及控制站历史水位或流量数据、淮河干支流各水利工程和河道断面资料、骨干水库或湖泊多年平均蓄水量、蚌埠闸上和洪泽湖周边城市社会生活、工业和农业灌溉取水口信息及用水资料、地市抗旱预案等相关资料。为了分析资料的一致性,剔除蚌埠建闸初期水位代表性差的年份以及对淮河干流的影响,蚌埠闸和洪泽湖蒋坝站等水文站、水库等水利工程数据均采用 1970~2012 年共 43 年资料进行统计分析,主要统计分析了控制断面的多年平均水位、历年月最低水位或历史最低水位等数据(表 8.2.6)。

表 8.2.6 采用资料表

资料名称	系 列	站 点	备 注
水位	1970~2012 年	蚌埠闸上、吴家渡、蒋坝	用于分析确定蚌埠闸和洪泽湖干旱预警指标
流量	1970~2012 年	鲁台子、蒙城闸、吴家渡、小柳巷、明光、峰山、宿县闸、泗洪(濉)、泗洪(老)、金锁镇	用于分析确定蚌埠闸和洪泽湖干旱期来水情况
用水资料	2012 年	蚌埠闸以上及洪泽湖周边用水量和取水口信息	用于分析蚌埠闸和洪泽湖水位
地市抗旱预案	2000~2012 年	河南省、安徽省、江苏省、蚌埠市、淮南市和淮安市等抗旱预案	用于分析蚌埠闸和洪泽湖预警指标

2. 干旱预警指标的确定

(1) 蚌埠闸上

蚌埠闸枢纽工程位于淮河干流中游,蚌埠市与怀远县交界处,为淮河上大型水利枢纽工程之一,主要调蓄上游来水。闸址以上淮河干流流域面积 12.02 万 km^2,蚌埠闸枢纽工程主要任务是蓄水灌溉,兼有航运、发电和交通等作用,是淮河上最重要的水资源开发利用工程,承担着向淮南、蚌埠及沿淮工农业生产供水的任务。蚌埠闸上站于 1960 年 1 月设立,位于蚌埠市西郊许庄淮河干流上,蚌埠闸在蚌埠(吴家渡)水文站上游 9 km 处,两岸有堤防,沙壤土河床,稍有冲淤,无水草生长,两岸滩地种有农作物,左岸淮河大堤的堤顶高 25.93 m,右岸淮河大堤的堤顶高 25.63 m。蚌埠闸正常蓄水位为 17.5 m,相应库容 2.76 亿 m^3,死水位 15.5 m,相应库容为 1.43 亿 m^3,兴利库容为 1.29 亿 m^3,现状蓄水位一般在 18.0 m,相应库容为 3.2 亿 m^3,兴利库容为 1.77 亿 m^3,最低控制生态水位为 15.5 m,低于该水位即不再向两岸用户供水,最高控制水位为 17.5 m,高于该水位蚌埠闸要加大下泄。蚌埠闸上水位与容积关系如表 8.2.7 所示。该站实测最高水位 22.50 m(2003 年 7 月 6 日),实测最低水位 14.99 m(1978 年 11 月 9 日)。由于淮河干流来水丰枯变化悬殊并多以洪水形式出现,蓄水与防洪矛盾尖锐,在沿淮缺水的同时,蚌埠闸每年有大量下泄水量直接排入下游并进入洪泽湖,蚌埠闸实测多年平均下泄量 2.0 亿 m^3。规划至 2030 年,蚌埠闸蓄水位抬高至 18.5 m,有效调节库容 2.42 亿 m^3。

表 8.2.7 蚌埠闸上水位与库容关系

水位(m)	13.0	14.0	14.5	15.0	15.5	15.92	16.0	16.5	17.0	17.5	18	18.5
总库容(亿 m^3)	0.65	0.9	1.06	1.24	1.43	1.65	1.7	2.0	2.3	2.72	3.2	3.85
调节库容(亿 m^3)	0	0	0	0	0	0.42	0.27	0.57	0.87	1.29	1.77	2.42

蚌埠闸上的来水主要由淮干上游、鲁台子至蚌埠闸区间来水和区间城市退水组成。鲁台子站位于蚌埠闸上游 116 km 处,集水面积 88 630 km^2,占蚌埠闸以上总面积的 73%,根据 1970～2012 年实测流量资料统计分析,鲁台子站不同频率的平均流量详见表 8.2.8。淮河干流蚌埠闸上游鲁台子站实测多年平均来水量为 216 亿 m^3,95% 保证率来水量为 38.4 亿 m^3,下游吴家渡站实测多年平均径流量为 267 亿 m^3,95% 保证率径流量为 45 亿 m^3,淮河蚌埠闸每年有大量下泄水量直接排入下游并进入洪泽湖。鲁台子和蚌埠(吴家渡)满足不同频率实测径流量计算结果见表 8.2.8 和表 8.2.9。蚌埠闸上和鲁台子的多年同期月均水位过程见图 8.2.3。

表 8.2.8 鲁台子站不同频率的平均流量分析成果表 单位:m^3/s

频 率	50%	75%	95%	97%
日平均流量	284	141	54	37
旬平均流量	303	147	62	44

表 8.2.9　蚌埠闸上和闸下游控制站不同保证率实测径流量表　　单位：亿 m³

控制站	水文站	多年平均	75%	90%	95%	97%
入境站	鲁台子	216	112	74.5	38.4	32.4
出境站	蚌埠(吴家渡)	267	139	76.3	45	27

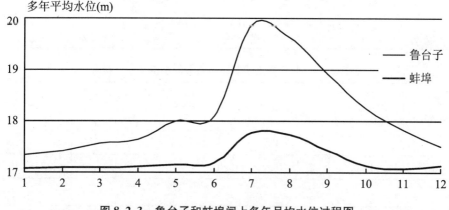

图 8.2.3　鲁台子和蚌埠闸上多年月均水位过程图

根据蚌埠闸上站历年日平均水位和旬平均水位(1970~2012 年)频率分析结果，满足频率 50%，75%，85%，90% 和 95% 的日平均水位分别为 17.29 m，16.68 m，16.43 m，16.19 m 和 15.89m，相应蓄水量分别为 2.58 亿 m³，2.12 亿 m³，1.95 亿 m³，1.81 亿 m³ 和 1.64 亿 m³。满足频率 50%，75%，85%，90% 和 95% 的旬平均水位分别为 17.30 m，16.70 m，16.44 m，16.20 m 和 15.91m，相应蓄水量分别为 2.59 亿 m³，2.13 亿 m³，1.96 亿 m³，1.81 亿 m³ 和 1.65 亿 m³。蚌埠闸上日平均水位和旬平均水位满足不同频率的水位和相应蓄水量见表 8.2.10。

表 8.2.10　蚌埠闸上站年最低水位、日(或旬)平均水位频率计算表

频　率	50%	75%	85%	90%	95%
日平均水位(m)	17.29	.16.68	16.43	16.19	15.89
蓄水量(亿 m³)	2.58	2.12	1.95	1.81	1.64
旬平均水位(m)	17.30	16.70	16.44	16.20	15.91
蓄水量(亿 m³)	2.59	2.13	1.96	1.81	1.65

根据淮河干流蚌埠闸上控制断面(1970~2012 年)年最低水位统计数据作 P-Ⅲ型频率曲线进行频率分析，计算各控制断面分别满足 75%，90%，95%，97% 和 99% 的流量值，可以作为控制断面预警指标参考值。经过频率适线，得出蚌埠闸上站年最低水位满足频率 50%，90%，95%，98% 和 99% 的对应水位分别为 16.23 m，15.61 m，15.44 m，15.25 m 和 15.12 m。蚌埠闸上年最低水位及出现时间排序统计数据，年最低水位频率计算成果及曲线图见表 8.2.11、表 8.2.12 和图 8.2.4。

表 8.2.11　蚌埠闸上控制站年最低水位排序统计表　　　单位：m

排位	最低水位	出现时间
1	14.99	1978
2	15.25	2001
3	15.34	1977
4	15.45	1991
5	15.73	1979

表 8.2.12　蚌埠闸上控制站历年最低水位频率分析表　　　单位：m

控制断面	均值	C_v	C_s/C_v	频率 P/重现期 T（年）						
				50	80	90	95	96	98	99
				2%	5%	10%	20%	25%	50%	100%
蚌埠闸上	16.23	0.03	2	16.23	15.82	15.61	15.44	15.39	15.25	15.12

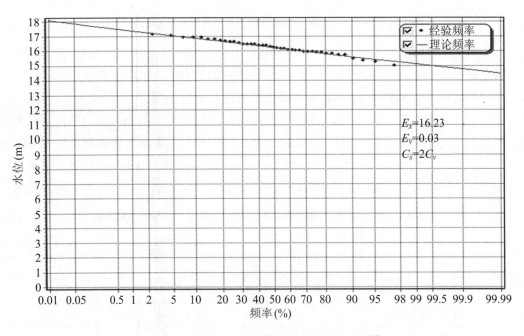

图 8.2.4　蚌埠闸上站历年年最低水位频率计算

　　《安徽省蚌埠市抗旱预案》中以 2004 年作为现状水平年进行蚌埠市城市需水预测，蚌埠市正常日供水量包括生活用水、工业用水、生态用水和其他用水等，采用最近3个正常年份同期日用水量平均值。其中，生活用水是指居民家庭生活用水和公共用水；工业用水是指一般工业用水和电力工业用水；生态用水是指城市中河、湖、园林、绿化等用水；其他用水是指上述3项之外的其他用水。根据需水量预测分析，蚌埠市区正常日需水量 63 万 m³/d。蚌埠市城市抗旱预案中干旱等级是根据《城市干旱指标与等级划分标准》中城市干旱缺水指标 P 值将城市干旱等级划分为 4 级：即Ⅰ级（特大）干旱、Ⅱ级（严重）干旱、Ⅲ级（中旱）干旱和Ⅳ级（轻旱）干旱。蚌埠市城市干旱等级划分，即蚌埠闸上蓄水位具体预警指标见表 8.2.13。

表 8.2.13　蚌埠市城市干旱等级划分

蚌埠闸上水位(m)	干旱等级	城市缺水率	城市预期缺水率	响应等级
16.96	轻度	$5\%<P\leq10\%$	$90\%<T<95\%$	Ⅳ
16.75	中度	$10\%<P\leq20\%$	$80\%<T\leq90\%$	Ⅲ
15.83	严重	$20\%<P\leq30\%$	$70\%<T\leq80\%$	Ⅱ
15.64	特大	$P>30\%$	$T\leq70\%$	Ⅰ

《淮南市抗旱预案中》以 2004 年作为现状水平年进行淮南市需水预测，根据需水量预测分析，淮南市正常日需水量为 104.38 万 m^3/d。淮南市城市区干旱等级划分，即蚌埠闸上蓄水位具体预警指标见表 8.2.14。

表 8.2.14　淮南市城市干旱等级划分

蚌埠闸上水位(m)	17	16.7	15.8	15.6
干旱等级	轻度	中度	严重	极度
响应等级	Ⅳ	Ⅲ	Ⅱ	Ⅰ

根据《淮河干流正阳关洪泽湖枯水期水量调度方案编制与实施》研究成果，根据淮河干流（正阳关—洪泽湖段）水资源调度与优化展示系统模型，得到不同水平年不同调节水位的水量调节计算成果，包括城市自来水厂取水口取水量、工业取水口取水量和农业取水口取水量。根据模型计算得到的不同水平年不同调节水位下的水量调节计算表，以 97% 典型年份来水情况为例，蚌埠闸上正常蓄水位设定为 17.5 m，下限水位设定为 16.0 m，得出蚌埠闸上现状水平年 2012 年及规划水平年 2020 年、2030 年不同水位级的各用水户的缺水状况。蚌埠闸上水位共分了 16.5 m，16.3 m，16.0 m，15.8 m，15.5 m，15.3 m 和 15.0 m 共 7 种情况，其中当蚌埠闸上水位位于 16.5 m 时，基本能够满足蚌埠闸上淮南市和蚌埠市两市的城镇生活、重点工业、第三产业及建筑业、一般工业、农业灌溉等用户的需水量，各类用水均不缺水，当蚌埠闸上水位位于 16.3 m 时，开始限制农业灌溉用水及第三产业用水，各类用水均开始发生了不同程度的缺水，当蚌埠闸上水位位于 16.0 m 时，开始限制重点工业和一般工业用水，各种类别用水均发生了严重缺水，蚌埠闸上水位低于 15.8 m 时开始限制部分生活用水。

根据《安徽省江河湖库重要断面旱限水位（流量）确定技术报告》（2012 年）研究成果，蚌埠闸段为三级通航标准，1 000 t 级左右的货运船舶吃水深达 3.50 m 左右，蚌埠闸上通航最低水位为 16.90 m。生态用水方面，$P=75\%$ 枯水年（1969 年）连续 7 天最小平均水位为 15.65 m。综合蚌埠闸上通航保障水位、城市取水和农业灌溉用水取水口高程和河道环境生态用水对应水位，考虑上下游区域综合情况，蚌埠闸上河段旱限水位采用 16.70 m。

　　根据淮南、蚌埠两市枯水期应急供水预案以及沿淮农业取水、引水工程的高程情况来确定断面控制条件。当蚌埠闸上水位低于 16.0 m 时,根据旱情开始准备限制沿淮农业用水,到达 15.3 m 时停止两市的农业用水;当水位低于 15.3 m 时,则只保证城市生活的自来水厂和重点工业用水。根据现有的城市生活、重要工业取水口的高程,蚌埠闸上现状、规划年最低控制水位为 15.0 m。

　　根据调查,蚌埠闸上站河段附近城乡居民生活及大部分工业生产用水来自自来水厂,蚌埠自来水三厂、四厂是蚌埠闸上站河段附近的两个大水厂,蚌埠三水厂取水口位于蚌埠闸上站右岸,取水口高程 15.00 m,蚌埠四水厂位于蚌埠闸上站右岸,取水口高程 9.80 m;蚌埠市大型企业丰原热电厂用水取水口位于蚌埠闸上站右岸,取水口高程 9.80 m。蚌埠闸闸上约 6.4 万亩耕地用水取自淮河水,取水口高程平均在 16.00 m,另有茨淮新河上桥抽水站从淮河抽水灌溉最低取水高程限定在 16.50 m。根据淮南、蚌埠两市农业取水、引水高程资料分析,淮南、蚌埠两市从淮河取水的主要取水口设计最低取水高程在 9.0~15.7 m 之间,大部分沿淮小型提水泵站的最低取水高程一般在 16.0 m 左右,现状淮南、蚌埠等城市从蚌埠闸上取水的主要用水户调查情况,如表8.2.15 所示。

表 8.2.15　蚌埠闸上取水的主要用水户取水口设计最低水位统计表

用水户		设计最低取水水位(m)	取水能力(万 m³/d)
凤台县城	凤台水厂	13.0	0.8
淮南市	一水厂	15.2	5.0
	三水厂	14.5	10.0
	四水厂	15.0	10.0
	望峰岗水厂	15.7	4.0
	李咀孜水厂	15.0	5.0
	淮化集团有限公司	15.0	15.6
	淮南化工总厂	15.0	16.0
	洛河电厂	12.0	8.3
	平圩电厂	9.0	12.0
	田家庵电厂	13.0	20.0
	新庄孜电厂	13.0	7.4
	田集电厂	13.0	8.0
	淮南煤电基地潘集电厂	13.0	8.0
	淮南煤电基地凤台电厂	13.0	8.0
	孔集矿、望选厂、铁三处、钢铁厂 4 个取水口	13.0	1.8

续表

用水户		设计最低取水水位(m)	取水能力(万 m³/d)
淮南市	中联药业有限公司、江苏德邦兴华化工股份有限公司淮南分公司2个取水口	13.0	4.3
	企业自备水源	14.0	17.3
	其他企事业单位自备水厂	13.0	19.0
	小计	/	116.7
蚌埠市	三水厂	14.7	40.0
	四水厂	14.0	35.0
	企业自备水源	14.0	5.5
	怀远水厂	13.0	0.8
	国电(蚌埠电厂)	13.0	8.0
	丰原集团水厂	14.0	20.0
	其他企事业单位自备水厂	14.0	5.0
	小计	/	65
总　计			223.3

　　根据《蚌埠闸上特枯水期水资源应急调度方案》研究成果,根据特枯期蚌埠闸上地表水调节计算结果,当蚌埠闸上水位位于16.5 m时,研究河段工、农业生产基本不受影响,各取水口可以正常取水,可保证研究河段境内两市居民生活及电厂、煤矿等骨干企业的用水安全,当蚌埠闸上水位位于16.0 m时,开始限制农业灌溉用水及一般工业用水,并采取控制用水措施,当蚌埠闸上水位位于15.5 m时,开始停止农业灌溉用水,限制公用服务性用水,蚌埠闸上水位位于15.0 m时,开始限制部分生活用水。

　　根据《淮河流域跨流域跨省水量应急调度预案》报告,启动条件中有关蚌埠闸上水位确定为15.00 m,即当蚌埠闸上水位小于15.00 m时,可启动应急调水预案,进行淮河流域跨流域跨省水量应急调度。

　　根据《淮河流域水量应急调度预案》报告,启动条件中有关蚌埠闸上水位确定为15.0 m,即蚌埠闸上水位小于15.0 m,以蚌埠闸上回水区间为水源地的城乡居民发生用水危机或关系国计民生的大型工业取水困难时,可启动水量应急调度预案。

　　根据《安徽省人民政府关于印发〈安徽省淮河流域(防洪防旱防污供水)综合治理规划纲要〉的通知》之规定"在发生特大干旱时,城乡居民生活不停水,重要工业生产不中断,主要河流水域不干涸,农业抗旱有应急补给水源",故淮河干流在发生干旱时的供水保证顺序为:首先保证生活,其次保重点工业和火电,在高保证率的干旱年份的枯水期,适当限制一般工业和农业用水,以保证火电用水,再次保障一般工业用水,航运用水和部分灌溉用水。

根据蚌埠闸上历年干旱年份实际调度情况,结合《蚌埠闸调度运用办法(暂行)》(省防办[2008]57号)中规定的,蚌埠闸上水资源的调蓄本着"遇旱有水,遇涝排水"原则,对河段内水资源进行调蓄。蚌埠闸过水能力为 13 080 m³/s,相应水位闸上 23.22 m,闸下 23.10 m。正常情况下控制蚌埠闸水位在 17.5~18.00 m,汛前或遇涝时控制 16 m,短期可降至 15.5 m。蚌埠闸枯水期间闸上水位一般控制在 16.0~17.0 m,干旱期及用水高峰期,经省防汛抗旱指挥部同意,蚌埠闸上水位视情可适当提高,旱情严重可提高到 18 m。干旱年份,上桥枢纽亦从淮河抽水,用于茨淮新河航运及农作物灌溉,是又一用水大户,其他各县、镇、乡除农作物灌溉用淮河水外,生产、生活主要用地下水、水库水或其他内河水。此外,在干旱年份,沿淮有水闸控制的湖泊在有引水条件的情况下引取淮河水进行内湖水量补充。一般来说,每年 10 月到来年的 4 月,蚌埠闸上处于枯水期,由于来水变化不大,蚌埠闸调蓄作用不明显,调蓄量不大。5 月到 6 月初,由于水稻灌田等大量用水以及为满足防汛需求的排水,闸上水位迅速降低,留有一定的防洪库容待用。进入 6 月后,淮河进入汛期,蚌埠闸的库容被逐渐填满,并对蚌埠闸上来水主动进行调蓄。7 月、8 月,蚌埠闸上进入高水位时期,库容基本被填满。9 月左右,蚌埠闸上进入落水期,9 月下旬至 10 月初,蚌埠闸上一般又会提前蓄满库容。

综上所述,蚌埠闸上干旱预警响应保障目标为淮南市和蚌埠市等沿淮城市各类用水,其供水次序:首先保证城镇生活用水,其次保重点工业(火电、重点化工、沿淮煤矿)用水,然后是一般工业和农业用水。确定蚌埠闸上站各级别预警指标分别为如下:

① Ⅰ级预警指标

对应保障蚌埠市和淮南市等沿淮城市居民生活用水需求,取值 15.5 m,设计频率为 93.5%,重现期为 15.3 年一遇,相应蓄水量为 1.44 亿 m³,该水位高于蚌埠市和淮南市等沿淮城市生活取水口高程,低于部分农业灌溉取水口高程,需要限制工业用水和农业灌溉用水,保证城市生活的自来水厂高于各取水口底高程,相当于特大干旱年。

② Ⅱ级预警指标

对应保障蚌埠市和淮南市等沿淮城市居民生活和工业等城市用水,取值 15.8 m,设计频率为 81.1%,重现期为 5.3 年一遇,相应蓄水量为 1.59 亿 m³,该水位高于沿淮生活和部分工业取水口高程,低于部分农业灌溉取水口高程,需要限制一般工业用水和农业灌溉用水,保证城市生活的自来水厂和重点工业用水高于各取水口底高程,相当于严重干旱年。

③ Ⅲ级预警指标

对应保障蚌埠市和淮南市等沿淮城市、城市居民生活和工业用水,兼顾农业取水灌溉、河道生态流量和最小通航流量要求限制沿淮农业用水,取值 16.1 m,设计频率为 60.2%,重现期为 2.5 年一遇,相应蓄水量为 1.75 亿 m³,该水位高于生活和工业各类各取水口底高程,相当于中度干旱年。

确定的干旱预警指标Ⅱ级和Ⅲ级旱限水位相差 0.3 m,蓄水量相差为 0.16 亿 m³,Ⅱ级和Ⅰ级旱限水位相差 0.3 m,蓄水量相差为 0.15 亿 m³,可见,Ⅰ级和Ⅱ级之间相差的水位和蓄水量均小于Ⅱ级和Ⅲ级之间相差的水位和蓄水量,有利于为抗旱应急管理相关部门提供足够的时间和Ⅰ级预警的快速反应,确定蚌埠闸上Ⅰ级、Ⅱ级和Ⅲ级预警指标分别为 15.5 m,15.8 m 和 16.1 m 基本合理,符合淮河干流抗旱水量应急管理的要求。

(2) 洪泽湖

洪泽湖是淮河流域最大的湖泊和重要供水水源地,湖底高程一般在 10～11 m 之间,最低处 7.5 m 左右;洪泽湖湖面面积 1 597 km²,承接上、中游 16 万 km² 的来水,正常蓄水位 13.00 m(蒋坝站,废黄河口基准,下同),相应库容 301.1 亿 m³,死水位 11.30 m,相应库容 7.036 亿 m³,汛限水位 12.50 m,容积为 30.4 亿 m³,设计洪水位 16.00 m,兴利库容 30.11 亿 m³,可利用兴利库容 23.11 亿 m³,最大容积约为 130 亿 m³(图 8.25)。南水北调工程运用后,正常蓄水位将提高到 13.5 m,相应面积为 2 231.9 km²,相应库容 529.5 亿 m³,这将为洪泽湖周边城镇生活和工业用水提供可靠的水源(表 8.2.16)。

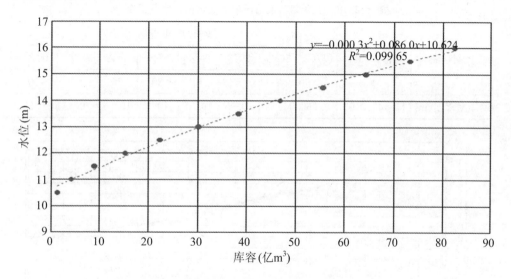

图 8.2.5　洪泽湖水位库容关系(平蓄不破圩(新资料))

表 8.2.16　洪泽湖特征水位统计表　　　　单位:m

控制运用情况	水 位	控制运用情况	水 位
校核洪水位	17.00	最小生态水位	11.00
设计洪水位	16.00	适宜生态水位	11.50
正常蓄水位	13.00	历史最低水位	9.54
死水位	11.30	历史最高水位	15.23
汛期限制水位	12.50	多年平均湖水位	12.37

根据洪泽湖蒋坝站(1970～2012 年)年最低水位统计数据作 P-Ⅲ型频率曲线进行频率分析,计算各控制断面分别满足 75%,90%,95%,97% 和 99% 的流量值,可以作为控制断面预警指标参考值。经过频率适线,得出洪泽湖蒋坝站年最低水位出现频率 50%,90%,95%,98% 和 99% 的对应水位分别为 11.39 m,10.75 m,10.6 m,10.44 m

和 10.35 m。洪泽湖蒋坝站年最低水位及出现时间排序统计数据见表所示,年最低水位频率计算成果及曲线图见表 8.2.17、表 8.2.18 以及图 8.2.6。

表 8.2.17　洪泽湖特征水位统计表　　　　　　　　单位:m

排　位	最低水位	出现时间
1	10.27	1978
2	10.47	2001
3	10.55	1992
4	10.60	1979
5	10.63	1994

表 8.2.18　洪泽湖蒋坝站历年最低水位频率分析表

控制断面	均值	C_v	C_s/C_v	频率 P/重现期 T(年)						
				50%	80%	90%	95%	96%	98%	99%
				2	5	10	20	25	50	100
洪泽湖蒋坝(m)	11.44	0.05	0.56	11.39	10.95	10.75	10.6	10.56	10.44	10.35

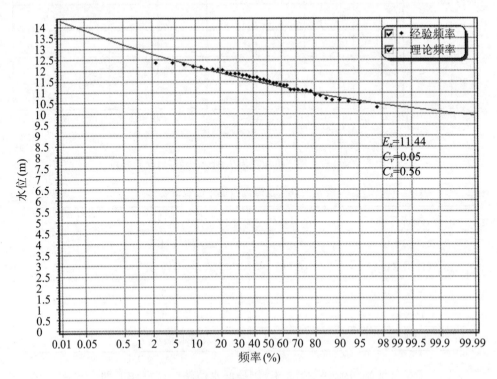

图 8.2.6　洪泽湖蒋坝站历年年最低水位频率计算

　　湖泊水位的高低反映湖泊蓄水量的大小,蓄水量的大小来满足各种用水需求。经调查,洪泽湖周边取水口共有 4 处大型出湖口门,其取水口高程均在 8.00 m 以下,2

处大型灌区取水口高程为 8.50 m 以及其他引水、提水泵站和 3 处船闸的取水口高程均在 8.50 m 以下,以上取水口高程均低于洪泽湖死水位 11.30 m,洪泽湖出湖工程取水口高程和农业灌溉工程取水口高程见表 8.2.19。

表 8.2.19　洪泽湖出湖工程或农业灌溉工程取水口高程表

序号	取水口位置	工程名称	河名或灌区名称	取水方式	取水口高程(m)
出湖工程	洪泽湖大堤	三河闸	入江水道	自流	7.50
	洪泽湖大堤	二河闸	淮沭新河	自流	8.00
	洪泽湖大堤	高良涧闸	灌溉总渠	自流	7.55
	洪泽湖大堤	高良涧电站	灌溉总渠	自流	7.55
农业灌溉工程	洪泽湖大堤	洪金洞	洪金灌区	自流	8.50
	洪泽湖大堤	周桥洞	周桥灌区	自流	8.50

根据《江苏省主要江河湖泊水库旱限水位(流量)确定技术报告》研究成果,洪泽湖旱限水位采用 2011 年 6 月资料作为统计分析,根据入湖 7 条河流各控制口门入湖水量和洪泽湖各控制口门出湖水量统计,洪泽湖沿湖周边 0.63 亿 m³,正常供水量为 8.37 亿 m³,江水北调补供水量为 0.67 亿 m³,沿湖周边供水量为 0.63 亿 m³,除去上游来水量 3.24 亿 m³,供水总量为 6.44 亿 m³,洪泽湖死水位 11.30 m,对应容积 7.04 亿 m³,则应供水量与死容积之和最大值为 13.48 亿 m³,根据水位容积曲线查得对应旱限水位为 11.86 m。报告结合航运、供水、生态、大中型取水设施取水口高程等因素,以及洪泽湖水情调度特点,采用死水位 11.30 m 作为起算水位,预警期为 1 个月,综合分析确定洪泽湖蒋坝站旱限水位为 11.80 m。

洪泽湖是通航湖泊,其南西线航道是淮河出海航道的重要组成部分,现状为 Ⅳ 级航道,正在规划为 Ⅲ 级航道,最低通航水位为 11.50 m,对应容积 8.92 亿 m³。

《淮安市防汛防旱应急预案》中规定当洪泽湖蒋坝站水位低于 11.80 m 为轻度干旱,低于 11.50 m 为中度干旱,低于 11.30 m 为严重干旱,低于 10.50 m 为特大干旱,干旱等级划分见表 8.2.20。

表 8.2.20　淮安市城市干旱等级划分

洪泽湖蒋坝站水位	城市干旱等级	响应等级
11.80	轻度	Ⅳ
11.50	中度	Ⅲ
11.30	严重	Ⅱ
10.50	极度	Ⅰ

根据《淮沂水系水资源调度方案》研究成果,调度方案包括常规调度及应急调度两部分。常规调度是指淮沂两水系其中之一满足本身经济社会、生态用水需求时尚有弃水,而另一水系在此期间缺水的水资源调度。常规调度时调出水资源的水系所有用户

不产生任何影响为前提,剩余水资源用于满足另一水系用户需求;应急调度指淮沂两水系其中之一生活用水发生困难或生态遭遇严重破坏时,与此同时另一水系(湖泊)尚有部分可利用水时的调度,应急调度需在不影响某个水系所有用户最低用水需求的前提下,对另一个水系实施调水,以满足其最低需水要求。常规调度、应急调度涉及三条调度控制线,分别是可调水线,需调水线及生活用水预警线。水位在可调水线以上时可以保证农业用水需求,可调水线可以认为是农业用水预警线;当水位在需调水线以上时可以保证城镇用水需求,需调水线可以认为是城镇用水预警线。

引沂济淮水量常规调度控制原则如下:

① 当骆马湖水位低于可调水位时,水资源量不能完全满足当地用水需求,则不能向淮河水系调水。

② 当洪泽湖水位高于可调水位时,其水资源量能满足当地用水需求,则不需要从骆马湖调水。

③ 当骆马湖水位超过其可调水位,同时洪泽湖水位介于需调水位和可调水位之间时,可由骆马湖通过徐洪河向洪泽湖调水。当骆马湖水位降低至可调水位或洪泽湖水位抬高至可调水位时停止调水。

④ 在汛期控制洪泽湖水位不超过 12.5 m,骆马湖水位不超过 22.5 m。非汛期控制洪泽湖水位不超过 13.0 m,骆马湖水位不超过 23.0 m。洪泽湖、骆马湖调度控制水位见表 8.2.21。

表 8.2.21　洪泽湖、骆马湖调度方案控制水位表

月份	需调水位(m)		可调水位(m)	
	洪泽湖	骆马湖	洪泽湖	骆马湖
1	11.67	21.95	13.00	23.00
2	11.60	21.89	13.00	23.00
3	11.73	21.83	13.00	23.00
4	12.12	22.24	13.00	23.00
5	12.05	22.40	13.00	23.00
6	12.25	22.27	12.50	22.50
7	12.13	22.17	12.50	22.50
8	12.00	22.16	12.50	22.50
9	11.83	22.15	12.50	22.50
10	11.69	22.22	12.82	23.00
11	11.65	22.18	13.00	23.00
12	11.69	22.17	13.00	23.00

引沂济淮水量应急调度调度控制原则如下:

(1) 城镇用水应急调度

当洪泽湖水位低于需调水位时,当地城镇用水需求将得不到保证;此时,若骆马湖水位在需调水位以上,则需向洪泽湖应急调水,以保证当地城镇用水需求。

（2）生活用水应急调度

当洪泽湖水位低于生活用水预警水位时,当地生活用水需求将得不到保证;此时,若骆马湖水位在预警水位以上,则必须向洪泽湖应急调水,以保证当地生活用水需求。洪泽湖水量应急调度控制线见图 8.2.7。

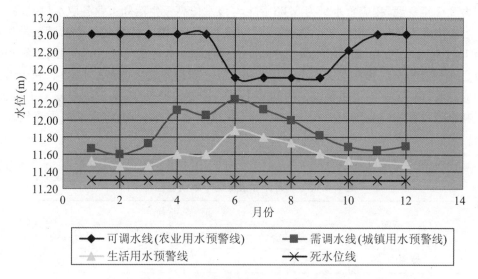

图 8.2.7 洪泽湖水量应急调度控制线

根据《淮河流域跨流域跨省水量应急调度预案》报告,启动条件中有关洪泽湖蒋坝水位确定为 11.30 m,即洪泽湖蒋坝水位小于 11.30 m 时,可启动应急调水预案,进行淮河流域跨流域跨省水量应急调度。

根据《淮河流域水量应急调度预案》报告,启动条件中有关洪泽湖蒋坝水位确定为 11.0 m,即洪泽湖蒋坝水位小于 11.0 m,以洪泽湖为水源地的城乡居民发生用水危机或湖区生态环境恶化时,可启动水量应急调度预案。

综上所述,洪泽湖蒋坝站干旱预警响应保障目标为淮安市等沿淮城市各类用水,其供水次序:首先保证城镇生活用水,其次保重点工业用水,然后是一般工业和农业用水。确定洪泽湖蒋坝站各级别预警指标分别为如下:

（1）Ⅰ级预警指标

对应保障淮安市等沿淮城市居民生活用水需求,取值 10.6 m,设计频率为 94.96%,重现期为 19.8 年一遇,相应蓄水量为 1.42 亿 m³,该水位高于沿淮城市生活取水口高程,低于部分农业灌溉取水口高程,需要限制工业用水和农业灌溉用水,保证城市生活的自来水厂高于各取水口底高程,相当于特大干旱年。

（2）Ⅱ级预警指标

对应保障淮安市等沿淮城市居民生活和工业等城市用水,取值 11.0 m,设计频率为 76.95%,重现期为 4.3 年一遇,相应蓄水量为 4.21 亿 m³,该水位高于沿淮生活和部分工业取水口高程,低于部分农业灌溉取水口高程,需要限制一般工业用水和农业灌溉用水,保证城市生活的自来水厂和重点工业用水高于各取水口底高程,相当于严重干旱年。

(3) Ⅲ级预警指标

对应保障淮安市等沿淮城市居民生活和工业用水,兼顾农业取水灌溉、河道生态流量和最小通航流量要求限制沿淮农业用水,取值 11.2 m,设计频率为 63.41%,重现期为 2.7 年一遇,相应蓄水量为 5.68 亿 m^3,该水位高于生活和工业各取水口底高程,相当于中度干旱年。确定的干旱预警指标Ⅱ级和Ⅲ级旱限水位相差 0.4 m,蓄水量相差为 1.47 亿 m^3,Ⅱ级和Ⅰ级旱限水位相差 0.2 m,蓄水量相差为 2.79 亿 m^3,可见,Ⅰ级和Ⅱ级之间相差的水位和蓄水量均小于Ⅱ级和Ⅲ级之间相差的水位和蓄水量,有利于为抗旱应急管理相关部门提供足够的时间和Ⅰ级预警的快速反应,确定蚌埠闸上Ⅰ级、Ⅱ级和Ⅲ级预警指标分别为 10.6 m,11.0 m 和 11.2 m 基本合理,符合淮河干流抗旱水量应急管理的要求。

综上所述,蚌埠闸上和洪泽湖干旱预警控制指标如表 8.2.22 所示。

表 8.2.22 蚌埠闸和洪泽湖干旱预警控制指标 单位:m

控制断面	预 警 指 标		
	Ⅰ级预警	Ⅱ级预警	Ⅲ级预警
蚌埠闸	15.5	15.8	16.1
洪泽湖	10.6	11.0	11.2

3. 干旱预警指标合理性分析

(1) 日平均水位统计分析

根据蚌埠闸上和洪泽湖(蒋坝)控制站(1970~2012 年)历年日平均水位资料,分别统计出低于相应分级预警水位各月出现次数及年出现次数,分析指标设置的合理性,蚌埠闸上和洪泽湖蒋坝站各月低于预警水位次数见表 8.2.23 所示。

表 8.2.23 各控制站历年日平均水位低于预警水位次数统计表

控制站	分级类别	月 份												年
		1	2	3	4	5	6	7	8	9	10	11	12	
蚌埠闸上	Ⅰ级	0	0	13	0	5	2	10	0	0	10	16	0	56
	Ⅱ级	0	0	23	7	13	3	18	0	3	13	16	0	89
	Ⅲ级	0	0	36	11	27	43	25	0	10	16	46	0	214
洪泽湖	Ⅰ级	0	0	0	0	0	9	0	0	0	0	0	0	16
	Ⅱ级	31	12	0	0	0	29	80	50	16	46	60	33	357
	Ⅲ级	48	22	15	0	14	81	145	102	55	66	60	48	656

根据 2 个控制站历年日平均水位资料,各控制站各月最低水位低于Ⅰ级、Ⅱ级和

Ⅲ级预警水位的情况均有出现,蚌埠闸上各月日平均水位低于预警水位的情况主要出现在 5 月、6 月和 11 月,洪泽湖各月日平均水位低于预警水位的情况主要出现在 7～10 月。从历年日平均水位低于Ⅰ级预警水位的情况来看,蚌埠闸上站统计年份 41 年中共有 56 天日平均水位低于Ⅰ级预警水位 195.5 m,出现频率为 0.37%,符合特大干旱的标准,Ⅰ级预警水位基本合理;共有 89 天日平均水位最低水位低于Ⅱ级预警水位 15.8 m,出现频率为 0.59%,符合严重干旱的标准,Ⅱ级预警水位基本合理;共有 214 天日平均水位低于Ⅲ级预警水位 16.1 m,出现频率为 1.43%,符合一般干旱的标准,Ⅲ级预警水位基本合理。洪泽湖蒋坝站统计年份 41 年中共有 16 天日平均水位低于Ⅰ级预警水位 11.2 m,出现频率为 0.11%,符合特大干旱的标准,Ⅰ级预警水位基本合理;共有 357 天日平均水位低于Ⅱ级预警水位 11.0 m,出现频率为 23.9%,符合严重干旱的标准,Ⅱ级预警水位基本合理;共有 656 天日平均水位低于Ⅲ级预警水位 10.6 m,出现频率为 43.8%,符合一般干旱的标准,Ⅲ级预警水位基本合理。

(2)月最低水位统计分析

根据蚌埠闸上和洪泽湖蒋坝共 2 个控制站历年月、年最低水位资料,分别统计计算出低于相应分级预警水位各月出现次数及年出现次数,并计算其重现期,分析指标设置的合理性,各控制站各月低于预警水位出现次数及重现期见表 8.2.24 所示。

表 8.2.24　各控制站月最低水位低于预警水位出现次数及重现期统计表

控制站	分级类别		1	2	3	4	5	6	7	8	9	10	11	12	年
蚌埠闸上	Ⅰ级	次数	0	0	1	0	1	0	1	0	0	1	1	0	3
		重现期	/	/	41	/	41	/	41	/	/	41	41	/	13.7
	Ⅱ级	次数	0	0	1	1	1	0	1	0	1	1	1	0	4
		重现期	/	/	41	41	41	/	41	/	41	41	41	/	10.3
	Ⅲ级	次数	0	0	2	2	2	5	1	0	2	1	3	0	9
		重现期	/	/	20.5	20.5	20.3	8.2	41	/	20.5	41	13.7	/	4.6
洪泽湖	Ⅰ级	次数	0	0	0	0	0	1	1	0	/	0	0	0	2
		重现期	/	/	/	/	/	41	41	/	0	/	/	/	20.5
	Ⅱ级	次数	1	1	0	0	0	2	2	5	2	2	1	1	6
		重现期	41	41	/	/	/	20.5	20.5	8.2	20.5	20.5	41	41	6.8
	Ⅲ级	次数	2	1	1	1	3	5	4	6	5	3	1	1	11
		重现期	20.5	41	41	41	13.7	8.2	10.5	6.8	8.2	13.7	41	41	3.7

由上表看出,根据蚌埠闸上和洪泽湖历年月、年最低水位资料,各控制站各月最低水位低于Ⅰ级、Ⅱ级和Ⅲ级预警水位的情况均有出现,主要出现在 8～10 月,其中 3～5 月为春季灌溉供水期,3 月、4 月、5 月出现频率较其他月份要大;6～8 月为淮河主汛期,主要为防汛需要预泄洪水而腾空部分库容,而出现较多低于预警水位情况,出现频

率也大;10～11月为秋季灌溉供水期,出现频率也较大。从年最低水位低于Ⅰ级预警水位的情况来看,蚌埠闸上站统计年份41年中共有3年最低水位低于Ⅰ级预警水位15.5 m,出现频率为7.3%,并结合年内各月低于Ⅰ级预警水位出现的频率和重现期的情况,综合确定低于Ⅰ级预警水位的重现期为10～20年一遇,符合特大干旱的标准,Ⅰ级预警水位基本合理;共有4年最低水位低于Ⅱ级预警水位15.8 m,出现频率为9.8%,并结合年内各月低于Ⅱ级预警水位出现的频率和重现期的情况,综合确定低于Ⅱ级预警水位的重现期为5～10年一遇,符合严重干旱的标准,Ⅱ级预警水位基本合理;共有9年最低水位低于Ⅲ级预警水位16.1 m,出现频率为22.0%,并结合年内各月低于Ⅲ级预警水位出现的频率和重现期的情况,综合确定低于Ⅲ级预警水位的重现期为2～5年一遇,符合一般干旱的标准,Ⅲ级预警水位基本合理。洪泽湖蒋坝站统计年份41年中共有2年最低水位低于Ⅰ级预警水位10.6 m,出现频率为4.9%,并结合年内各月低于Ⅰ级预警水位出现的频率和重现期的情况,综合确定低于Ⅰ级预警水位的重现期为10～20年一遇,符合特大干旱的标准,Ⅰ级预警水位基本合理;共有6年最低水位低于Ⅱ级预警水位11.0 m,出现频率为14.6%,并结合年内各月低于Ⅱ级预警水位出现的频率和重现期的情况,综合确定低于Ⅱ级预警水位的重现期为5～10年一遇,符合严重干旱的标准,Ⅱ级预警水位基本合理;共有11年最低水位低于Ⅲ级预警水位11.2 m,出现频率为26.8%,并结合年内各月低于Ⅲ级预警水位出现的频率和重现期的情况,综合确定低于Ⅲ级预警水位的重现期为2～5年一遇,符合一般干旱的标准,Ⅲ级预警水位基本合理。

8.2.3.2　预警、应急启动条件

淮河干流抗旱应急调水是应急手段,不能常态化。为尽可能减少对水库、湖泊和闸坝等调水工程正常运用的不利影响,要严格控制应急调度的启用频次。预警启动条件一般按照从低到高的等级逐级启动,当旱情发展达到本级预警指标的上限或接近高一级预警指标的下限并呈持续发展趋势时,应实时启动高一级的干旱预警,但在某些特殊情况下,可直接启动更高干旱等级。启动跨流域、跨省区(区域)水量应急调度的事件类别,主要包括发生严重及以上干旱缺水、突发事件(例如突发性水利设施损毁)等危及一个或多个省区(区域)供水安全的事件以及其他适用于水量应急调度的情况。预警启动条件需要根据预警等级标准,综合考虑区域内城市干旱缺水情况及农业干旱缺水情况,按照科学合理、具体明确、可操作性强的原则,进行综合确定。鉴于淮河干流干旱时,农业干旱和城市干旱几乎同时发生,两者联系紧密,将农业干旱等级和城市干旱等级合并考虑。城市干旱预警指标参照《城市干旱指标及等级划分标准》确定城市供水预期缺水率来反映城市受旱情况,农业干旱预警指标根据《农业旱情旱灾评估标准》确定受旱面积占耕地面积的百分比来反映地区农业干旱情况。

首先设置淮干蚌埠闸上和洪泽湖蒋坝站两个主要控制断面水位满足相应级别干旱预警控制指标条件。预案启动指标主要考虑淮河干流来水和可调度水量情况以及受干旱影响地区的供水安全保障程度。考虑到沿淮部分城市遇大旱时,可能部分供水水库或湖泊水源枯竭,需从淮河干流应急取水,这样可能出现主要控制断面水位未达

到相应级别干旱预警控制指标,但仍需进行应急调水情况,故本预案结合沿淮各城市已有的城市抗旱预案或者农业抗旱预案,在各级别启动条件中增设了城市供水条件和农业干旱条件,即Ⅰ级响应增设了"蚌埠市、淮南市和淮安市等沿淮城市有1个及以上城市(城区)发生特大干旱(城市供水预期缺水率超30%)"条件;Ⅱ级响应增设了"蚌埠市、淮南市和淮安市等沿淮城市有1个及以上城市(城区)发生严重干旱(城市供水预期缺水率达20%~30%)"条件;Ⅲ级响应增设了"蚌埠市、淮南市和淮安市等沿淮城市有1个及以上城市(城区)发生中度干旱(城市供水预期缺水率达10%~20%)"及"蚌埠市、淮南市和淮安市等沿淮城市区域农作物受旱面积占播种面积的比例在30%以上"条件(因Ⅰ级、Ⅱ级响应不考虑农业灌溉要求)。

1. 启动条件和启用门槛

淮河干流蚌埠闸上和洪泽湖干旱预警启动条件从高至低依次分为Ⅰ级、Ⅱ级和Ⅲ级启动条件。本书启动条件设置了较高的启用门槛,根据干旱的具体类型、影响范围、危害程度等综合因素共设置了4个条件,只要满足其一,就启动抗旱水量应急调度程序。

(1) 蚌埠闸上和洪泽湖控制断面预警指标条件

必须满足淮干蚌埠闸上或洪泽湖主要控制断面水位小于相应级别干旱预警控制指标,从来水与沿淮城市用水需求总量的比较上判断蚌埠闸上和洪泽湖水源地相应水位指标是否能达到干旱预警指标。当蚌埠闸上和洪泽湖水位降至相应级别干旱预警控制指标时,各级防汛抗旱指挥机构应按照分级负责原则,根据干旱可能造成的影响,分析预警范围,按前文所述的预警控制指标确定启动条件级别,并按照权限向社会发布,因地制宜采取预警防范措施。

(2) 河道来水量距平百分率指标条件

河道来水量距平百分率用来判断蚌埠闸上和洪泽湖上游来水的情况,是预测蚌埠闸上和洪泽湖干旱缺水程度的重要参照指标,河道来水量距平百分率各指标代表含义如下:

根据《抗旱预案编制导则》附件1《干旱指标确定与等级划分》,淮河干流控制断面来水量距平百分率可以作为蚌埠闸上和洪泽湖预警指标的判定标准来反映淮河干流干旱缺水时期水源地来水情况。蚌埠闸上来水主要包括3部分:淮干上游来水(鲁台子)、鲁台子—蚌埠闸区间来水、涡河来水(蒙城)和区间退水。蚌埠闸上游控制断面主要有鲁台子、蒙城和上桥闸,鲁台子多年平均来水量占蚌埠闸上的78%,特别是在干旱年份,蚌埠闸上游来水主要依靠鲁台子来水。洪泽湖上游控制站主要有小柳巷、明光、峰山、宿县闸、泗洪(濉)、泗洪(老)和金锁镇,其中小柳巷多年平均来水量占洪泽湖来水量的80%,特别是在干旱年份,洪泽湖上游来水主要依靠小柳巷来水。蚌埠闸上水源地选择上游的鲁台子作为淮干来水量控制站,洪泽湖选择上游的小柳巷作为淮干来水量控制站。鲁台子和小柳巷均选择流量作为预警指标,从高至低依次分为Ⅰ级、Ⅱ级和Ⅲ级,分别表示蚌埠闸上和洪泽湖淮干上游来水情况。

河道来水量距平百分率计算公式和干旱等级划分如下:

$$I_r = \frac{R_w - R_0}{R_0} \times 100\%$$

式中，R_w 为当前江河流量($\mathrm{m^3/s}$)；R_0 为常年同期平均流量($\mathrm{m^3/s}$)。

河道来水量距平百分率与干旱等级如表 8.2.25 所示。

表 8.2.25　河道来水量距平百分率与干旱等级

干旱等级	轻度干旱	中度干旱	严重干旱	特大干旱
河道来水量距平百分率(I_r)	$-30\%\sim-10\%$	$-50\%\sim-31\%$	$-80\%\sim-51\%$	$<-80\%$

根据淮河干流水量应急调度预警控制指标等级划分的实际情况，结合上述河道来水量距平百分率与干旱等级划分标准，本预案选择中度干旱、严重干旱和特大干旱三级标准作为鲁台子和小柳巷控制站的预警启动指标参考值。

(3) 城市干旱和农业干旱指标条件

城市干旱严重程度用城市干旱缺水率指标来判别，城市干旱缺水率是指城市发生干旱时日缺水量与正常日供水量之比。淮南市、蚌埠市及淮安市等沿淮城市等有一个及以上城市(城区)供水预期缺水率超过相应级别值(分 30%以上、20%～30%和 10%～20%，分别对应城市特大干旱、严重干旱和中度干旱)；淮南市、蚌埠市以及淮安市等沿淮城市等有一个及以上干流灌溉区域农作物受旱面积占播种面积的比例在 30%以上，灌溉区域农作物受旱面积占播种面积的比例超过一定值。Ⅰ、Ⅱ级干旱预警启动条件不考虑农业干旱指标，仅Ⅲ级干旱考虑。

(4) 国家防总或者相关省防指提出跨省级行政区水量应急调度申请条件

淮河干流蚌埠闸上或洪泽湖发生严重干旱缺水，旱情有继续加重的趋势，根据当前旱情严重程度和影响范围，主要受旱省防指正式提出跨省级行政区抗旱应急调水申请，或涉及跨领域调水时，淮河防总实时启动跨省跨领域调水，其他调水事件由各省自行调度，这给相关省预留了较大的空间，如果达到了相应级别预警指标，但不是迫切需要，也可不启动预案。同时，条件(4)也包含了应对突发性水安全事件等其他需要启动预案的情况。

淮河干流蚌埠闸上或洪泽湖重点区域满足上述 4 个条件之一，且安徽省或江苏省提出跨省级行政区水量应急调度申请时，按干旱灾害的严重程度和范围，将应急响应分为三级。淮河干流水量应急响应和应急措施从Ⅲ级开始，上级涵盖下级所有内容。其中各级启动条件中第(4)条应对突发事件等其他需要启动预案的情况主要是指：

① 淮河干流发生水污染事件，影响或可能影响沿淮城市安全供水和社会安定，造成供水危机；

② 淮河干流水利工程在运行过程中突发安全事故，影响或可能影响沿淮城市安全供水，造成供水危机；

③ 淮河干流沿线遭遇特枯年份，出现严重干旱，蚌埠闸上河段面临断流危险，洪泽湖出现重大水生态问题，沿线城市用水出现危机；

④ 沿淮城市由于其他原因发生供水危机和重大水生态问题，需要工程应急调水；

⑤ 发生其他可能危及水利工程安全或城市供水安全的突发事件，需要采取淮河干流应急调水措施的。

2. 各等级启动条件

当蚌埠闸上或洪泽湖重要水源地发生严重干旱缺水,严重危及沿淮城市居民生活用水安全及生态环境,即可启动水量应急调度预案,各类等级启动条件如下:

(1) Ⅰ级启动条件

出现下列情况之一者,为Ⅰ级抗旱应急调水响应启动条件。

① 蚌埠闸上和洪泽湖蒋坝水位低于Ⅰ级干旱预警控制指标;

② 鲁台子和小柳巷控制站来水量距平百分率<-80%;

③ 淮河干流沿淮城市蚌埠市、淮南市和淮安市等有1个及以上城市(城区)发生特大干旱(城市供水预期缺水率超30%,出现极为严重的缺水局面或严重供水危机,城市生活、生产用水受到极大影响);

④ 应对突发事件等其他需要启动预案的情况。

(2) Ⅱ级启动条件

出现下列情况之一者,为Ⅱ级水量应急调度响应启动条件。

① 蚌埠闸上和洪泽湖(蒋坝)水位低于Ⅱ级干旱预警控制指标;

② 鲁台子和小柳巷控制站来水量距平百分率-50%~-31%;

③ 淮河干流沿淮城市蚌埠市、淮南市和淮安市等有一个及以上城市(城区)发生特大干旱(城市供水预期缺水率超20%~30%,出现较大缺水现象,城市生活、生产用水受到严重影响);

④ 应对突发事件等其他需要启动该级别响应的情况。

(3) Ⅲ级启动条件

出现下列情况之一者,为Ⅲ级水量应急调度响应启动条件。

① 蚌埠闸上和洪泽湖(蒋坝)水位低于Ⅲ级干旱预警控制指标;

② 鲁台子和小柳巷控制站来水量距平百分率-50%~-31%;

③ 淮河干流沿淮城市蚌埠市、淮南市和淮安市等有一个及以上城市(城区)发生特大干旱(城市供水预期缺水率为10%~20%,出现明显的缺水现象,居民生活、生产用水受到较大影响或灌溉区域农作物受旱面积占播种面积的比例在30%以上,当农业干旱等级为特大干旱时,发布Ⅰ级农业干旱预警,即启动Ⅰ级农业应急响应;

④ 应对突发事件等其他需要启动该级别响应的情况。

8.2.3.3 应急调度启动程序

① 当蚌埠闸上或洪泽湖发生干旱缺水时,安徽省或江苏省防汛抗旱指挥部向淮河防总提出调水申请,申请内容主要包括申请原因、调水总量、调水流量过程、调水开始、结束时间等。

② 淮河防总根据旱情发展态势,研究向蚌埠闸上或洪泽湖调水需求的合理性和可行性,包括核实干旱情况,与相关省市协商调水需求,与有关水利管理单位沟通了解水库、湖泊或闸坝近期供水计划等,经与各单位会商同意后,启动抗旱应急调水预案。

③ 当出现符合预案启动条件的情况时,视实际旱情状况启动相应响应。启动响

应后,各级防汛抗旱指挥机构应实行 24 小时值班制度,全程跟踪水情、工情、旱情、灾情。淮河防总及时组织会商,核定当前流域来水、骨干水库或湖泊蓄水情况和供水安全指标,组织相关单位和部门编制淮河干流抗旱水量应急调度实施方案,并征求受水区和调水区等有关各方对调水实施方案的意见,报国家防总批准后实施。

④ 依据国家防总批准的实施方案,淮河防总发布调度命令,具体组织实施淮河干流抗旱应急调水措施,向蚌埠闸上或洪泽湖进行应急调水。

⑤ 调水结束时,由淮河防总发布调水结束命令,通知河南省、安徽省和江苏省等有关省和部门调水结束淮河干流抗旱应紧调水启动系统程序如图 8.2.8 所示。

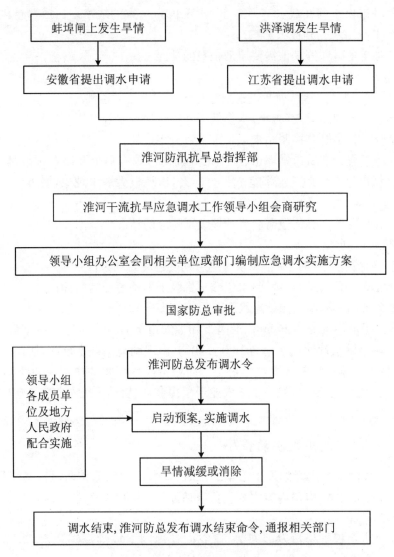

图 8.2.8　淮河干流抗旱应急调水启动程序

8.3 本章小结

本章基于第 7 章中提出的 Mike Basin 模型,同时结合 MOSCEM-UA 优化方法实现水量配置,建立枯水期水量调度模型,提出枯水期不同水平年、不同保证率的水资源调度方案。根据淮河干流水量配置情况,拟定一般枯水期多维临界调度与特殊枯水期预警、应急调度实施方案。

水量调度模型是在采用 Mike Basin 模型模拟不同情景下的水量配置方案基础上,将水资源系统中各类控制要素作为水量调度系统模拟分析的控制边界和条件,建立了水资源量和水资源应用的逻辑关系;根据水资源量和现有水量配置方案,充分考虑河道蓄水、湖泊洼地蓄水和洪泽湖调水情况,采用线性优化计算方法,研发淮河干流(正阳关—洪泽湖)水资源优化调度模型系统。

水量调度方案根据淮河流域水资源特性及国民经济各部门对水的需求特点,结合淮干水资源调度与展示模型优化计算成果,研究制定一般枯水期多维临界调度与特殊枯水期预警、应急调度实施方案,为枯水期水资源调度提供依据。

9　枯水期水资源配置与调度管理系统

9.1　水资源调度管理系统研制

9.1.1　方案设定

9.1.1.1　蚌埠闸上计算方案

本研究方案设置主要依据三方面的条件来设置：一是蚌埠闸上的来水条件；二是蚌埠闸上正常蓄水位条件；三是蚌埠闸上起调水位。上述三类措施共同组成方案生成的条件因子集，根据流域水资源配置现状，结合不同水平年的相关规划，对上述主要影响因子进行可能的组合，得到不同水资源配置方案。

现状水平年（2012 年）按蚌埠闸上实际来水量计算。近期规划水平年（2020 年）上游水资源开发利用程度加大，同时考虑到水资源配置水平进一步提高，来水方案按现状实际来水量扣减 10％进行计算。远期规划水平年（2030 年）上游水资源开发利用程度进一步加大，根据水资源配置水平的高低，来水方案按现状实际来水量扣减 20％进行计算。

现状水平年（2012 年）蚌埠闸上正常蓄水位为 18.0 m 来考虑；规划水平年（2020 年、2030 年）正常蓄水位分别按 18.0 m 和 18.5 m 两种情况考虑，经计算可知正常蓄水位增加 0.5 m，对计算结果没影响，因此规划年的正常蓄水位也按照 18.0 m 来计算即可。现状水平年和规划水平年的起调水位均按照多年平均汛末水位（9 月 30 日平均水位）17.25 m（1950～2012 年）来考虑，各年的来水情况按照 75％，90％，95％和 97％来水年考虑。

根据以上内容，按照蚌埠闸上不同来水情况，起调水位以及蚌埠闸正常蓄水位，对各种情况进行组合形成不同的方案。现状水平年（2012 年）、近期规划水平年（2020 年）和远期规划水平年（2030 年）均为 3 个方案，具体方案设置见表 9.1.1。

表 9.1.1 模拟计算方案设置

水平年	来水典型年	正常蓄水位 18.0 m+起调水位 17.25 m	备 注
现状水平年 (2012年)	75%	√	现状年来水量按蚌埠闸上实际来水量设定,蚌埠闸上的下限水位定为 16.0 m,根据来水与用水的情况来确定枯水期,根据实际情况对下限水位进行调整,最终得到最优配置方案
	90%	√	
	95%	√	
	97%	√	
近期规划水平年 (2020年)	75%	√	近期规划水平年来水按现状年衰减 10%考虑。蚌埠闸上的下限水位定为 15.5 m,根据来水与用水的情况来确定枯水期,根据实际情况对下限水位进行调整,最终得到最优配置方案
	90%	√	
	95%	√	
	97%	√	
远期规划水平年 (2030年)	75%	√	远期规划水平年来水按现状年衰减 20%考虑。蚌埠闸上的下限水位定为 15.5 m,根据来水与用水的情况来确定枯水期,根据实际情况对下限水位进行调整,最终得到最优配置方案
	90%	√	
	95%	√	
	97%	√	

9.1.1.2 蚌埠闸下计算方案

现状水平年以及规划水平年蚌埠闸下泄水量由模型计算得出。各水平年蚌埠闸下河道正常蓄水位按 13.0 m 来考虑。现状水平年和规划水平年的起调水位均按照各个典型年份汛末实测水位(见表 9.1.2)和吴家渡测站 1960~2012 年的多年平均汛末水位 14.2m 两种情况考虑。

表 9.1.2 各典型年份蚌埠闸下河道汛末实测水位

汛末实测水位(m)	75%典型年 (1969年)	90%典型年 (1978年)	95%典型年 (1962年)	97%典型年 (1965年)	多年平均
	15.35	11.25	15.46	12.85	14.2

根据以上内容,按照蚌埠闸上不同来水情况,不同起调水位以及蚌埠闸正常蓄水位的调整,对各种情况进行组合形成不同的方案。现状水平年(2012年)有 2 个方案,近期规划水平年(2020年)和远期规划水平年(2030年)均为 2 个方案,具体方案设置见表 9.1.3。

表 9.1.3 模拟计算方案设置

水 平 年	方案代码	正常蓄水位 13.00 m	备 注
现状水平年 (2012年)	A_0B_0	√	A_0,A_1,A_2 分别为 2012 年,2020 年,2030 年蚌埠闸下泄水量,
	A_0B_1	√	

续表

水平年	方案代码	正常蓄水位 13.00 m	备注
近期规划水平年 （2020 年）	A_1B_0	√	B_0,B_1 分别为典型年蚌埠闸下游河道实测汛末水位和多年平均汛末起调水位
	A_1B_1	√	
远期规划水平年 （2030 年）	A_2B_0	√	
	A_2B_1	√	

9.1.1.3　洪泽湖周边计算方案

洪泽湖周边,由于涉及的行政区域较多,水资源配置受的影响因素较多,本书只对洪泽湖做简要的水量供需平衡计算。选择现状年(2012 年)以及近期规划水平年(2020 年)、远期规划水平年(2030 年)97%来水年。洪泽湖汛限水位 12.5 m(蒋坝站水位,下同)。当洪泽湖水位达到 13.5 m 时,充分利用入江水道、苏北灌溉总渠及废黄河泄洪;淮、沂洪水不遭遇时,利用淮沭河分洪。本次调算中,设定洪泽湖水位最低控制水位为死水位 11.3 m,即洪泽湖水位达到 11.3 m,停止所有用水。非汛期的弃水位为 13.5 m,汛期的弃水位为 12.5 m。

9.1.2　可视化系统框架

根据上述理论,寻找适宜的求解方法,开发其优化计算程序,重点研究淮河干流(正阳关—洪泽湖)河段,建立了淮河干流(正阳关—洪泽湖段)枯水期的水量调度与展示系统模型,来解决研究区枯水期的水量配置调度问题。水量配置系统模型将与系统展示界面融合为一体,系统展示界面为前台,系统模型为后台,通过系统展示界面的调用来执行后台的模型,实现该系统水量配置的优化计算与展示。该系统是基于 VB 平台,结合 ArcGIS,开发淮河干流(正阳关—洪泽湖段)水资源展示平台,便于水资源管理和枯水时段用水决策。将水资源优化配置模型程序嵌入到水资源可视化展示平台中,完成淮河干流(正阳关—洪泽湖段)水量调度与展示系统。系统整体框架结构见图 9.1.1。

9.1.3　系统性能需求

本项目系统具有信息化系统的常规性能要求,包括以下几点:

1. 系统稳定性

要求系统整体及其功能模块具有稳定性,在各种情况下不会出现死机现象,更不能出现系统崩溃现象。

2. 系统可靠性

要求系统数据维护、查询、分析、计算准确性。

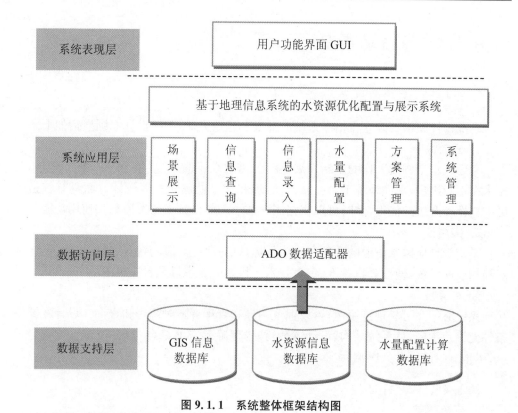

图 9.1.1　系统整体框架结构图

3. 容错和自适应性能

对使用人员操作过程中出现的局部错序或可能导致信息丢失的操作能推理纠正或给予正确的操作提示。对于关联信息采用自动套接方式按使用频度为用户预置缺省值。

4. 易于维护性

要求系统的数据、业务以及涉及电子地图的维护方便、快捷。

5. 安全性

要求保障系统数据安全、不易被侵入、干扰、窃取信息或破坏。

6. 数据精确度

水资源调度管理系统涉及不同类型的数据,数据从采集、检验、录入、上报到入库,经过多种工序,要保证数据精度需要。

7. 时间特性

水资源调度业务,对系统的响应时间、更新处理时间、数据转换与传输时间及运行效率都有一定的要求,因此,在系统设计、模型算法等方面要有所考虑,采用高效合理的方法和算法,以提高系统运行效率。

9.1.4　系统功能设计

9.1.4.1　设计原则及数据流程

系统设计原则的确立将指导系统的开发和建设方向,系统设计原则概括如下。

1. 开放性

考虑到水量调度工作的不断发展、变化,需求在不断调整,信息在不断扩充,相关技术在不断进步,因此系统平台在结构、管理和信息处理能力等设计方面具有较强的可扩充性和升级的能力,随时可以根据用户需求和软件技术的发展添加使用功能。

2. 实用性

系统设计应以水资源的合理利用为目标,针对研究河段的特点,具体分析、设计并规划相应的系统,使计算机技术、信息技术有机地融入水量配置决策中。

3. 可靠性

系统必须高可靠地连续运行,以保证领导和管理者随时调用和查询。设计在经济条件允许范围内,从系统结构、设计方案、技术保障等方面综合考虑,使得系统稳定可靠,尽量减少故障及其影响面。

9.1.4.2　运行环境

本系统基于 Microsoft Visual Basic 6.0 平台,结合 ArcGIS 9.3 组件,利用 VB 语言编制,生成 exe 可执行程序。鉴于方便性、兼容性考虑,存储采用 txt 文本数据库以及 Microsoft Windows Access 2003 的 MDB 数据库。其水资源的配置计算结果可以直接显示在系统可视化界面,也可生成相应的 Excel 文件。

采用 Microsoft 系列及其兼容的操作系统和开发工具。操作系统可选用 Microsoft Windows 2000 Professional,Windows XP Professional,Windows Server 2003 等;开发工具采用 Microsoft 开发工具集以及其兼容产品,包括 Visual Studio. Net 等。

9.1.4.3　菜单结构

淮河干流正阳关—洪泽湖段水资源调度与展示及配置系统菜单结构如表 9.1.4,表 9.1.5 所示。

表 9.1.4　淮河干流(正阳关—洪泽湖段)水资源调度与展示系统菜单结构

一级菜单	二级菜单	三级菜单	备　注
水资源相关信息	水系概况信息		介绍淮河南岸支流、北岸支流及沿程湖泊的信息
	主要测站信息		主要介绍研究区域的测站的相关信息,分为蚌埠闸上、蚌埠闸下以及洪泽湖周边,在窗口中展示
		临淮岗洪水控制工程	枯水时段,可优先考虑使用临淮岗洪水控制工程在汛期的蓄滞水量,充分利用雨洪资源

续表

一级菜单	二级菜单	三级菜单	备　注
水资源相关信息	水资源工程	蚌埠闸	枯水年份,可以从五河泵站抽洪泽湖水引至香涧湖,香涧湖水资源翻水至蚌埠闸,补充闸上供水
		翻水站	干旱年份该站可抽蚌埠闸下河槽蓄水及倒引的洪泽湖水通过张家沟进入香涧湖,沿怀洪新河逐级翻到蚌埠闸上
		南水北调东线安徽配套工程	近期推荐方案为中线方案,即五河站—香涧湖—浍河固镇闸下—二铺闸上。蚌埠闸上特枯期应急补水线路可以利用淮水北调中线线路一部分,即通过怀洪新河引香涧湖水,在胡洼闸设临时站可以抽水补充至蚌埠闸上
		引江济淮调水	该工程不但可以提高蚌埠闸上河道外城市、工业用水的供水保证度,更重要的是可以提高较为丰沛的河道内供水水源,缓解沿淮及淮北城市用水现状
	主要水源		分为正阳关到蚌埠闸、蚌埠闸到洪泽湖来介绍
	用水户信息		分三部分:正阳关到蚌埠闸、蚌埠闸到洪泽湖以及洪泽湖周边
信息查询	非农业取水口		主要包括火电工业取水口、一般工业取水口取、各自来水厂取水口取水位置、取用水量及取水能力展示
	农业取水口		
	水闸		
	水文站		
水资源配置计算	蚌埠闸上		各个时段的计算模块
	蚌埠闸下		
	洪泽湖		
帮助	用户管理		系统用户的添加、删除、密码修改功能
	操作说明		
	软件信息		
调度方案展示	2012 年 95%		展示各枯水旬,系统满意度介绍,理想取水量,闸上农业取水口的取水总量,各非农业取水口的取水量等
	2012 年 97%		
	2020 年 95%		
	2020 年 97%		
	2030 年 95%		
	2030 年 97%		

表 9.1.5　淮河干流(正阳关—洪泽湖段)水资源配置系统菜单结构

一级菜单	二级菜单	备 注
条件设置	用水户设置	设置各用水户(主要有城市生活、重点工业、一般工业、农业等)的理想、最低需水量,城镇生活用水。用水户用水设置和其他设置中的各用户权重、水量损失系数、输水损失系数设置都分为蚌埠闸上段和蚌埠闸下段两部分
	来水量设置	设置不同保证年蚌埠闸上的来水情况以及枯水期的可利用水量,可以直接调用水文信息数据中典型年份的来水资料,也可以直接输入数据
	取水口信息	
	河道条件设置	
	其他设置	包括各用户权重、水量损失系数、输水损失系数;计算设定内包括计算时段单位、闸上水位、闸下水位、起始时段、终止时段设定
调度结果	各时段系统满意度	
	各用户供水满意度	
	各用户供水量	
	月末水位	
	月末库容	
	蚌埠闸各时段下泄水量	
	系统余缺水量	
	系统毛理想需水量	
	枯水情况水资源调度	闸上段包括瓦埠湖可利用水、香涧湖可利用水、虚拟水库水及其外调度对用户的水资源调度;闸下段包括洪泽湖可利用水、虚拟水库水及其外调度对用户的水资源调度
方案管理	方案输出	将方案以 txt 文本或 Excel 格式输入到指定位置;将方案保存至数据库,供后期查看、展示、再计算
	方案入档	

洪泽湖水资源配置系统菜单结构如表 9.1.6 所示。

表 9.1.6　洪泽湖水资源配置系统菜单结构

一级菜单	二级菜单	三级菜单	功 能
打开方案	方案管理		方案的保存、删除、载入功能
	方案保存		

续表

一级菜单	二级菜单	三级菜单	功　能
配置模型参数	用户最低净需水量		设定系统的模型参数；洪泽湖水位库容互查功能
	用户理想净需水量		
	输水损失系数		
	出湖河流生态需水量		
	湖水位限制及水量损失		
	水位库容关系曲线		
	用户权重系数		
可用水量	预报入湖水量		预报系统来水量,显示当前蓄水情况,设定计算初始条件,并进行优化配置计算
	起始年月		
	终止年月		
	起始水位		
配置结果	总体满意度		显示优化计算结果,并实现方案以 Excel 格式的保存
	实际毛供给量		
	月末库容		
	供水毛总差值		
	余缺水量		
	蓄存可利用水量		
	弃水量		
	月末水位		
	湖系蓄水能力		
	配置详情		点击可查看各用户实际净供给量、供水净差值
配置展示			展示水量配置结果、输水相关的水利工程设施和输水路径

9.1.4.4　系统界面介绍

淮河干流(正阳关—洪泽湖段)水资源管理系统的登录界面,输入正确的用户名和密码,点击登录按钮,进入系统主界面,如图9.1.2所示。

淮河干流(正阳关—洪泽湖段)水资源优化调度与展示系统主界面(图9.1.3)分为5部分:菜单栏、GIS展示工具栏、GIS图层管理和工程管理窗口、GIS展示窗口和系统状态栏。其中系统菜单条包括5个菜单:水资源相关信息、信息查询、调度方案展示、水量配置计算、系统管理。一级菜单"水资源相关信息"下包括5个二级菜单:水系概况信息(图 9.1.4)、主要测站信息(图 9.1.5)、水资源工程、主要水源、用水户信息。一级菜单(图 9.1.6)"水量配置计算"下包括 3 个二级菜单:蚌埠闸上段水量调度模型系统、蚌埠闸下段水量调度模型系统、洪泽湖水量配置。点击进入相应河段的水量配置模型计算系统。一级菜单"系统管理"下包括 3 个二级菜单:用户管理、操作说明、软件信息。点击进入相应的系统管理功能模块。用户管理:实现用户的添加、删除、密码修改功能;操作说明:介绍软件的使用操作流程、使用事项等;软件信息:显示软件版本信息。

图 9.1.2　水量调度管理系统登录界面

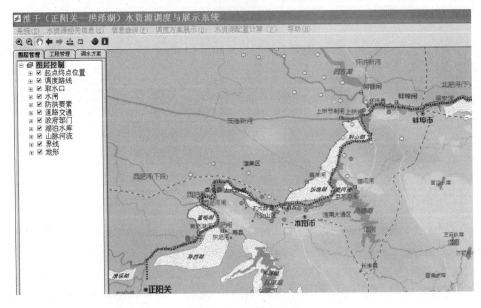

图 9.1.3　系统主界面

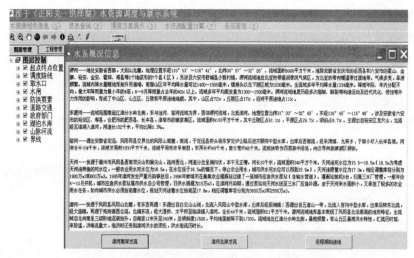

图 9.1.4　水资源相关信息下的水系概况信息界面

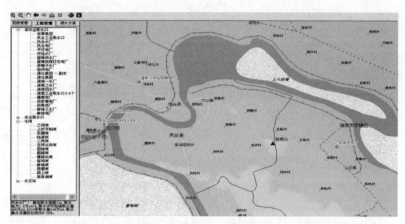

图 9.1.5　信息查询菜单下的取水口、闸、水文站

图 9.1.6　一级菜单调度方案展示对应的界面

1. 蚌埠闸上模型界面

蚌埠闸上水量配置模型系统主界面,包括 3 个二级菜单:条件设置、调度结果、计算方案管理。其中一级菜单"条件设置"下包括 5 个二级菜单:用水户设置(图9.1.7)、来水量设置、河道条件、其他设置。点击进入相应的设置。其中用水户用水设置:对蚌埠闸上、河段中城镇生活用水、重点工业用水、第三产业及建筑业用水、一般工业用水、农业灌溉用水、综合下泄水量、河道外生态用水 7 个用水户进行了设置,可以载入用水户用水信息数据库中基准年和规划水平年的用水量信息,也可以在表单上直接输入水量。

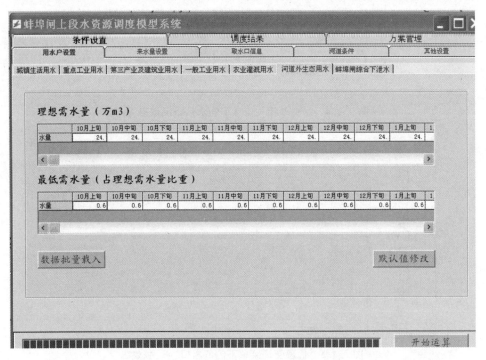

图 9.1.7　闸上计算模块——用水户设置

蚌埠闸上段水量调度模型系统的一级菜单"条件设置"对应的二级菜单"来水量设置"对应的界面(图 9.1.8)。对鲁台子、蒙城等上游水文站来水以及枯水期可利用水源瓦埠湖、淮北地下水、茨河等在计算时段的可利用水量进行设置,可以载入重点测站水文信息数据库中的历史来水过程,也可以在表单上直接输入水量。

蚌埠闸上模型系统的一级菜单"条件设置"对应的二级菜单"取水口信息"(图 9.1.9)对应的界面对蚌埠闸上河段的农业和非农业取水口的取水高程、取水能力、配置给各用户的用水比例进行了介绍。

蚌埠闸上模型系统的一级菜单"条件设置"对应的二级菜单"河道条件"(图 9.1.10)对应的界面。对蚌埠闸上河段的上限和下限制水位进行设置。

蚌埠闸上模型系统的一级菜单"条件设置"下面的菜单"其他设置"(图 9.1.11)对应的界面。对水量调度模型计算所需的参数设置,包括对各用户权重、水量损失系数、输水损失系数、初始水位、计算时间的设置,以直接输入的方式。设置完所有模型参数后,点击"开始运算"按钮进行后台水量配置计算。

蚌埠闸上段水资源调度模型系统

条件设置　　调度结果　　方案管理

用水户设置　来水量设置　取水口信息　河道条件　其他设置

正阳关—蚌埠闸来水（万m3）

	10月上旬	10月中旬	10月下旬	11月上旬	11月中旬	11月下旬	12月上旬	12月中旬	12月下旬	1月上旬
蒙城闸下泄水量	3629	1919	659	3759	4934	3461	2745	1012	0	0
鲁台子下泄水量	57545	64945	27017	37338	84316	27028	15749	16811	19984	20263
城市排入废水	600	600	660	600	600	600	600	600	660	600
合计	61774	67464	28336	41697	89850	31089	19094	18423	20644	20863

2010年90%来水　　数据库载入　　来水预报　　数据批量载入　　默认值修改

枯水期可利用水源水量（万m3）

	10月上旬	10月中旬	10月下旬	11月上旬	11月中旬	11月下旬	12月上旬	12月中旬	12月下旬	1月上旬	1月中
瓦埠湖	101	101	101	101	101	101	101	101	101	101	
淮北地下水	56	56	56	56	56	56	56	56	56	56	
茨河	50	50	50	50	50	50	50	50	50	50	
翻水	42	42	42	42	42	42	42	42	42	42	

图 9.1.8　闸上计算模块——来水设置

蚌埠闸上段水资源调度模型系统

条件设置　　调度结果　　方案管理

用水户设置　来水量设置　取水口信息　河道条件　其他设置

取水口编号	名称	水高程(m)	力(万m3/d)	K量(万m3)	K量(万m3)	总量的比例	城镇生活	重点工业	第三产业	一般工业	河道外生态
1	凤台水厂	13.	1.2	450.	438.	0.009	0.63		0.37		
2	凤台工业取	15.	11.2	800.	4088.	0.08				1.	
3	潘集、凤台	13.	23.5	7490.	7250.	0.142		1.			
4	李嘴子水厂	15.	5.	1350.	730.	0.014	0.63		0.37		
5	平圩电厂	9.	30.	55000.	4803.	0.094		1.			
6	望峰岗厂	16.	3.	365.	365.	0.007	0.63		0.37		
7	望峰岗煤矸	13.	2.	480.	480.	0.009		1.			
8	淮化集团	15.		4158.	5694.	0.112				1.	
9	淮南四水厂	15.	10.	2200.	1825.	0.036	0.63		0.37		
10	淮南三水厂	15.	10.	2200.	1825.	0.036	0.63		0.37		
11	田家庵厂	13.	20.	33400.	4000.	0.078		1.			
12	淮南工业取	14.	6.1	2500.	2227.	0.044				1.	
13	淮南一水厂	15.	5.	1100.	1095.	0.021	0.63		0.37		
14	洛河电厂	12.	8.3	3000.	2800.	0.055		1.			
15	蚌埠电厂	12.	5.2	1900.	1400.	0.027		1.			
16	怀远水厂	13.	0.8	365.	292.	0.006	0.63		0.37		
17	蚌埠三水厂	15.	40.	8800.	7300.	0.143	0.63		0.37		
18	丰原集团	14.	12.	7300.	4380.	0.086		1.			

非农业取水口　　农业取水口

图 9.1.9　闸上计算模块——取水口信息

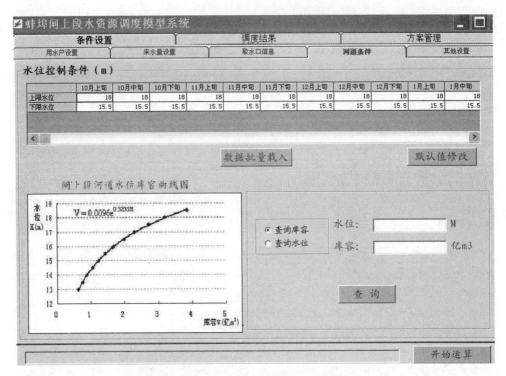

图 9.1.10　闸上计算模块——河道条件

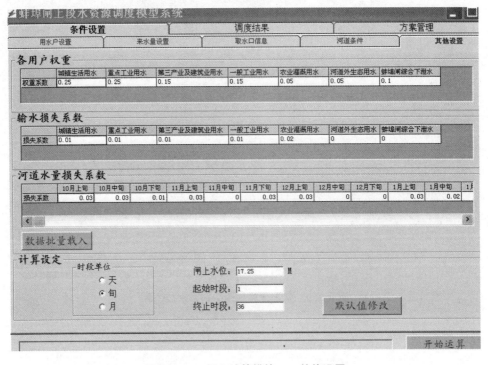

图 9.1.11　闸上计算模块——其他设置

蚌埠闸上模型系统的一级菜单"调度结果"(图 9.1.12)对应的界面展示蚌埠闸上各时段系统满意度、各用户供水满意度、各用户供水量、月末水位、月末库容、蚌埠闸各时段下泄水量、系统余缺水量、系统理想需水量、枯水情况下各个水源的调度情况。

单位:万 m3	10月上旬	10月中旬	10月下旬	11月上旬	11月中旬	11月下旬	12月上旬	12月中旬	12月下旬	1月上旬
城镇生活	243.18	243.18	243.18	243.18	243.18	243.18	243.18	243.18	243.18	243.18
重点工业	602.	602.	602.	602.	602.	602.	602.	602.	602.	602.
第三产业及建筑业	142.82	142.82	142.82	142.82	142.82	142.82	142.82	142.82	142.82	142.82
一般工业	613.	613.	613.	613.	613.	613.	613.	613.	613.	613.
农业灌溉	3109.	4052.	6550.	1554.	722.	888.	0.	0.	0.	0.
河道外生态	24.	24.	24.	24.	24.	24.	24.	24.	24.	24.
蚌埠闸综合下泄水	1384.	1384.	1384.	1384.	1384.	1384.	1384.	1384.	1385.	1385.

图 9.1.12 闸上计算模块——调度结果

蚌埠闸上模型系统的一级菜单"计算方案管理"(图 9.1.13)对应的界面。实现计算方案的保存、载入、重命名、删除、输出功能。方案保存:将计算方案保存至数据库,供后期查看、展示、再计算;方案输出:将方案以 txt 文本或 Excel 格式输入到计算机指定位置。

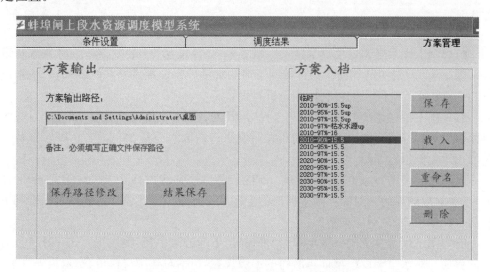

图 9.1.13 闸上计算模块——方案管理

2. 蚌埠闸下模型界面

蚌埠闸下水量配置模型系统主界面,包括 3 个二级菜单:条件设置、调度结果、计算方案管理。其中一级菜单"条件设置"下包括 5 个二级菜单:用水户设置(图 9.1.14)、来水量设置、河道条件、其他设置。点击进入相应的设置。其中用水户用水设置:对蚌埠闸下、河段中城镇生活用水、重点工业用水、第三产业及建筑业用水、一般工业用水、农业灌溉用水、综合下泄水量、河道外生态用水 7 个用水户进行了设置,可以载入用水户用水信息数据库中基准年和规划水平年的用水量信息,也可以在表单上直接输入水量。

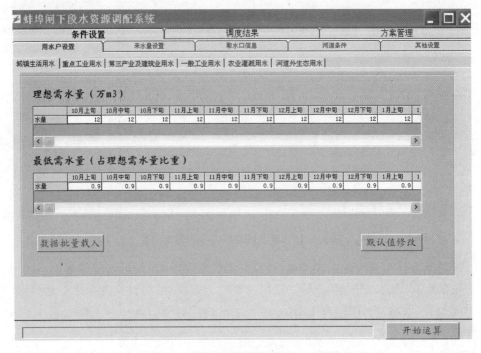

图 9.1.14　闸下计算模块——用水户设置

　　蚌埠闸下段水量调度模型系统的一级菜单"条件设置"对应的二级菜单"来水量设置"(图 9.1.15)对应的界面。对蚌埠闸下泄的水量进行设置或方案的载入,对枯水期可利用水源在计算时段的可利用水量进行设置。

　　蚌埠闸下模型系统的一级菜单"条件设置"对应的二级菜单"取水口信息"对应的界面可以对蚌埠闸下河段的农业和非农业取水口的取水高程、取水能力、配置给各用户的用水比例进行介绍。

　　蚌埠闸下模型系统的一级菜单"条件设置"对应的二级菜单"河道条件"(图 9.1.16)对应的界面。对蚌埠闸下河段的上限和下限水位进行设置。同时可以查询下游河道的水位、水量对应关系。

　　蚌埠闸下模型系统的一级菜单"条件设置"下面的菜单"其他设置"(图 9.1.17)对应的界面。对水量调度模型计算所需的参数设置,包括对各用户权重、水量损失系数、输水损失系数、初始水位、计算时间的设置,以直接输入的方式。设置完所有模型参数后,点击"开始运算"按钮进行后台水量配置计算。

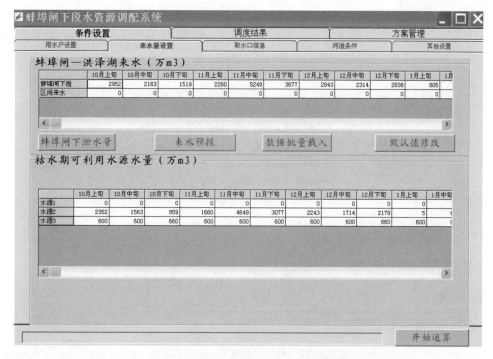

图 9.1.15 闸下计算模块——来水量设置

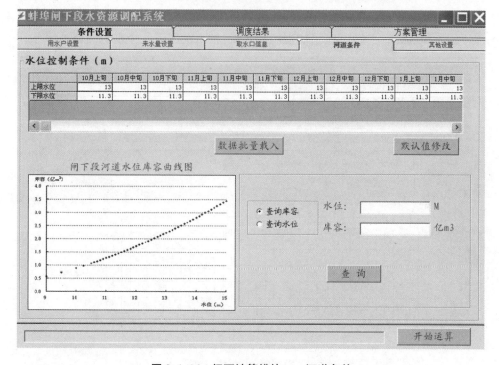

图 9.1.16 闸下计算模块——河道条件

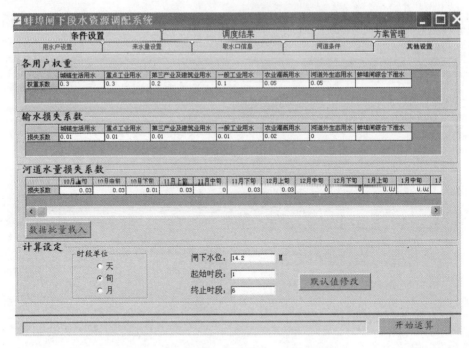

图 9.1.17　闸下计算模块——其他设置

蚌埠闸下模型系统的一级菜单"调度结果"(图 9.1.18)对应的界面展示蚌埠闸下各时段系统满意度、各用户供水满意度、各用户供水量、月末水位、月末库容、蚌埠闸各时段下泄水量、系统余缺水量、系统理想需水量,枯水情况下各个水源的调度情况。

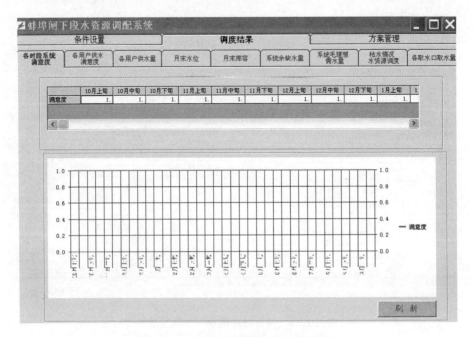

图 9.1.18　闸下计算模块——调度结果

蚌埠闸下模型系统的一级菜单"计算方案管理"对应的界面(图 9.1.19)。实现计算方案的保存、载入、重命名、删除、输出功能。方案保存:将计算方案保存至数据库,供后期查看、展示、再计算;方案输出:将方案以 txt 文本或 Excel 格式输入到计算机指定位置。

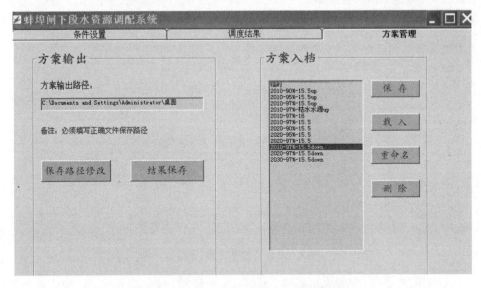

图 9.1.19　闸下计算模块——方案管理

3. 洪泽湖配置系统界面

洪泽湖配置系统设置 5 个一级菜单:打开方案、配置模型参数、可用水量、配置结果、配置展示,如图 9.1.20 所示。

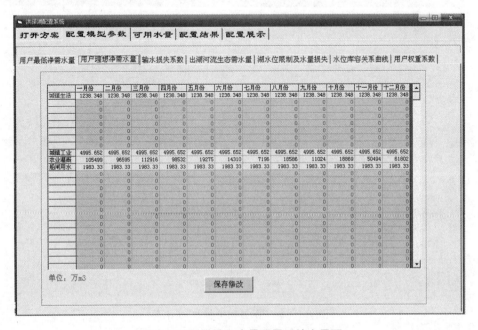

图 9.1.20　洪泽湖水量配置系统主界面

　　"打开方案"菜单(图 9.1.21)对应的界面设置了方案的载入、删除、保存功能。方案保存的数据包括配置模型参数、来水量和计算的起始时间。

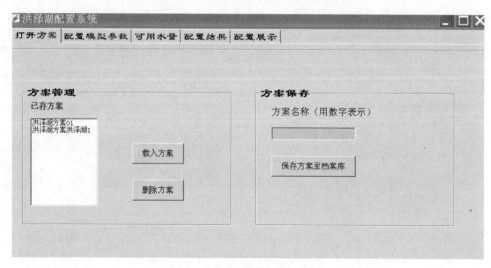

图 9.1.21　"打开方案"子菜单

　　洪泽湖配置系统"配置模型参数"菜单(图 9.1.22)对应的界面,设置了 7 个二级菜单:用户最低净需水量、用户理想净需水量、输水损失系数、出湖河流生态需水量、湖水位限制及水量损失、水位库容关系曲线、用户权重系数。点击相应的菜单转换到相应的表格,在表格中可进行数据的录入、修改。

图 9.1.22　"配置模型参数"子菜单

　　洪泽湖配置系统一级菜单"可用水量"所对应的界面(图 9.1.23),可进行入湖水量的载入,起始年月、终止年月及起始水位的设置。还具备入湖水量的载入、保存功能。

图 9.1.23 "可用水量"子菜单

洪泽湖配置系统"配置结果"所对应的界面(图 9.1.24),实现计算结果的展示功能,还设置了方案的保存(Excel 文件)功能以及方案保存路径的修改功能。配置结果包括:总体满意度、实际毛供给量、月末库容、供水毛总差值、余缺水量、蓄存可利用水量、弃水量、月末水位、湖系蓄水能力。

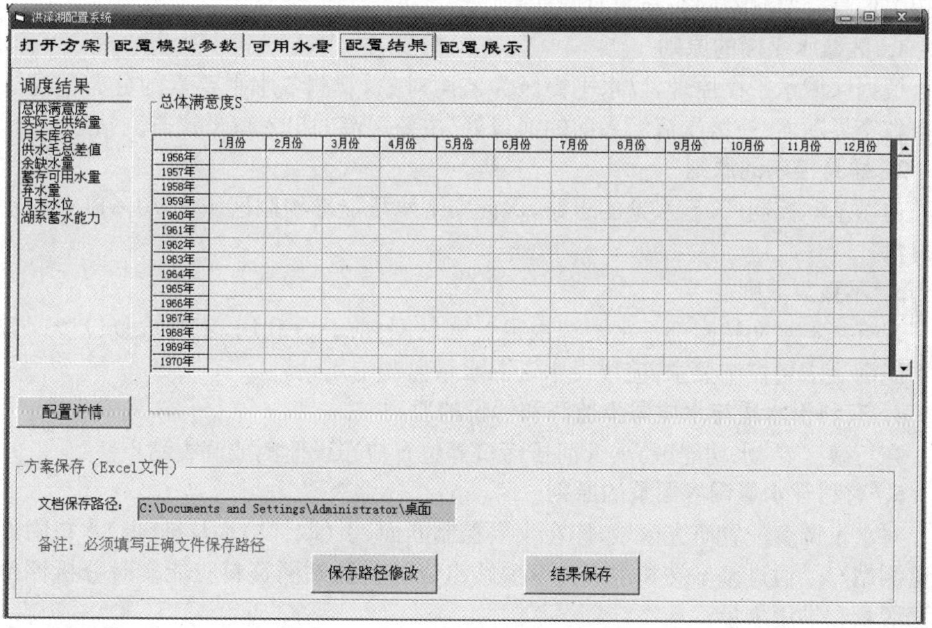

图 9.1.24 洪泽湖水量配置结果

9.2　水资源监测方案研究

目前,淮河流域水资源系统监测存在不少不完备、不协调的地方,总体能力较低,与本流域繁重的抗旱减灾、水资源调度管理、日益复杂的水资源管理任务不相适应。有必要按照水资源一体化管理的要求,建设基于水循环、社会经济、生态环境全方位监测且相互协调、信息化水平高的水资源系统监测体系。

水资源一体化管理是实施水资源管理三条红线,贯彻严格水资源管理制度的管理模式,是流域未来水资源管理方向。淮河流域目前还没有全面、协调、统一的水资源监测系统,水资源监控能力与《水法》赋予的职责不相适应。

建立水资源一体化管理的基本框架包括:

① 确定流域水资源监测范围;

② 建立水资源站点(断面)设置的原则;

③ 采取合适的水资源监测方式,水资源一体管理对各类信息类型、信息频次的需求是不同的,信息监测方式也是不一样的。

9.2.1　监测站网布设原则

结合流域工程建设特点,合理布设水资源监测站网,及时监测收集研究范围水资源相关信息。监测站网布设的原则如下:

1. 区域水平衡的原则

根据区域水平衡原理,以水平衡区为监测对象,观测各水平要素的分布情况。重点在省交界断面、一级支流汇入前的河口处、主要河流的出入口设置监测站点。

2. 总量控制的原则

遵循基本控制产、蓄水量的思路,保证实测水量能够控制区域内70%以上的水资源总量。

3. 不重复原则

现有基本水文站网都是水资源水量监测站网,应充分利用,不应重复设置。若站网不能满足水量控制要求,应增设水资源水量监测专用站。

4. 有利于水量与水质同步监测和评价的原则

在行政区界、水功能区界、入河排污口等位置应布设监测或调查站点。

5. 有利于水量调度配置的原则

对水量调度配置研究区域,应在主要控制断面、引(取、供)水及排(退)水口附近布设监测站点。通过基本站和水资源专项站组成的监测站网资料应能实时分析评价出水资源量和供用水量。

6. 积极开展巡测,提高自动监测能力的原则

监测方案在满足水资源监督管理要求和水文测验有关技术规范的前提下,驻测站应以提高自动监测能力为主,新建测站应优先采用巡测和自动监测方式进行监测。

7. 实测与调查分析相结合的原则

设站困难的区域,可依据区域内水文气象特征及下垫面条件进行分区,选择有代表性的分区设站监测。通过水文比拟法,获取区域内其他分区的水资源水量信息,也可采用水文调查或其他方法获取水资源水量信息。

8. 利用取用水计量总量控制监测目标的原则

对重要取水口布设水量自动计量仪,监测数据直接传送至水文部门,以实现取用水总量控制。

9.2.2 监测站布设分类

枯水期水资源监测以巡测和自动监测为主,驻测为辅。结合调查统计,流量监测一般要求实现在线监测。

监测站布设在不同规模的河流、湖泊上,由于河流、湖泊大小和特点的差异,结合现有水文测站、取(退)水口及可用水源情况,按测验方式可分为自动站、巡测站及驻测站。

1. 自动站

自动站一般适宜于水位—流量关系较稳定的河流和渠道。自动站可实现水位信息自动采集与传输,同时可以通过建立水质断面标并配置采样仪器设备实现水质自动监测,流量可通过自动仪器设备实现流量自动监测,或通过水位自动监测,进行流量推流计算,从而间接实现流量自动监测。

2. 巡测站

一般对于水位变幅较小,流量变化不剧烈,或水位、流量有一定关系的河流和渠道,采用巡测方式。水位监测可实现信息自动采集与传输,水质监测需建立水质断面标并配置采样仪器设备,流量监测可根据监测断面情况,采用快艇测验、缆道测验或桥上测验。

3. 驻测站

测验条件无法适用自动监测和巡测的测站(断面),采用驻测站方式。枯水期布设的驻测断面,应优先利用已建立的驻测站网。驻测站水位可实现信息自动采集与传输,水质监测需建立水质断面标并配置采样仪器设备。根据测站情况,流量测验可进行船测或缆道测验。

9.2.3 监测断面(点)布设

根据枯水期淮河水系水情、取(退)水口及可用水源情况,进行监测断面布设。布设的监测断面主要包括:

① 淮河干流一级支流、沿淮湖泊入淮河口及洪泽湖入(出)湖控制断面;

② 重要取水口;

③ 农业取水口;

④ 重要入河排污口;

⑤ 枯水期可用水源监测断面。

9.2.3.1　入淮河口及洪泽湖入(出)湖控制断面

对淮河干流一级支流、沿淮湖泊入淮河口及洪泽湖进(入)湖口进行了断面布设,以蚌埠闸为界,分为蚌埠闸上、蚌埠闸下和洪泽湖周边,监测断面布设见表 9.2.1、表9.2.2 和表 9.2.3。

表 9.2.1　蚌埠闸上监测断面

序号	站名(断面)	河名	主测单位	监测项目	测站作用	监测方式
1	颍上闸	颍河	安徽省	水位、水量、水质	颍河水量监测控制站	驻测
2	横排头	淠河	安徽省	水位、水量、水质	淠河水量监测控制站	驻测
3	鲁台子	淮河	安徽省	水位、水量、水质	淮河干流水量监测	驻测
4	东淝闸	东淝河	安徽省	水量	东淝河入淮水量计量站	巡测
5	西淝闸	西淝河	安徽省	水量	西淝河入淮水量计量站	巡测
6	淮南	淮河	安徽省	水位、水量、水质	淮河干流控制站	驻测
7	窑河闸	高塘湖	安徽省	水量	窑河入淮水量计量站	巡测
8	上桥闸	茨淮新河	安徽省	水量	茨淮新河入淮水量计量站	巡测
9	蒙城闸	涡河	安徽省	水位、水量、水质	涡河水量监测控制站	驻测
10	涡河入淮口	涡河	安徽省	水量	涡河入淮水量计量站	自动水量监测
11	天河闸	天河	安徽省	水量	天河入淮水量计量站	巡测
12	蚌埠闸	淮河	安徽省	水位	淮河干流控制站	驻测

表 9.2.2　蚌埠闸下监测断面

序号	站名(断面)	河名	主测单位	监测项目	测站作用	监测方式
1	吴家渡	淮河	安徽省	水位、水量、水质	淮河干流水量控制站	驻测
2	五河	淮河	安徽省	水位	淮河干流控制站	驻测
3	小柳巷	淮河	安徽省	水位、水量、水质	皖苏省界站,入洪泽湖水量控制站	自动水量监测
4	明光	池河	安徽省	水位、水量、水质	池河水量监测控制站	驻测

续表

序号	站名（断面）	河 名	主测单位	监测项目	测站作用	监测方式
5	池河入淮口	池河	安徽省	水量	池河入淮水量计量站	巡测
6	盱眙	淮河	江苏省	水位、水量、水质	皖苏省界水量控制站	驻测
7	老子山	淮河	江苏省	水位、水量、水质	淮河干流水量控制站	驻测

表 9.2.3 洪泽湖周边监测断面

序号	站名（断面）	河 名	主测单位	监测项目	测站作用	监测方式
1	双沟	怀洪新河	江苏省	水位、水量、水质	省界站,入洪泽湖水量控制站	驻测
2	金锁镇	徐洪河	江苏省	水量	入洪泽湖水量计量站	巡测
3	泗洪（濉）	濉河	江苏省	水位、水量、水质	入洪泽湖水量控制站	驻测
4	泗洪（老）	老濉河	江苏省	水位、水量、水质	入洪泽湖水量控制站	驻测
5	团结闸	新汴河	安徽省	水量	入洪泽湖水量计量站	自动水量监测
6	三河闸（中渡）	入江水道	江苏省	水量	出洪泽湖水量计量站	巡测
7	蒋坝	洪泽湖	江苏省	水位	洪泽湖控制站	驻测
8	二河闸	二河	江苏省	水量	出洪泽湖水量计量站	巡测
9	高良涧闸	灌溉总渠	江苏省	水量	出洪泽湖水量计量站	巡测

9.2.3.2 重要取水口

对正阳关至洪泽湖河段,蚌埠闸上及蚌埠闸下的重要工业、一般工业、城市自来水取水工程取水口布设断面进行水量监测,见表 9.2.4、表 9.2.5 和表 9.2.6。

表 9.2.4 蚌埠闸上重要取水口水量监测断面

序号	取水口名称（断面）	许可取水量（万 m³/年）	测站作用	监测方式
1	凤台水厂	450	取水户取水量计量	巡测
2	凤台工业取水口（3 个）	800	取水户取水量计量	巡测
3	潘集电厂	1 690	取水户取水量计量	巡测

序号	取水口名称(断面)	许可取水量 (万 m³/年)	测站作用	监测方式
3	凤台电厂	4 000	取水户取水量计量	巡测
	田集电厂	1 800		
4	李嘴子水厂	730	取水户取水量计量	巡测
5	平圩电厂	55 000	取水户取水量计量	巡测
6	望峰岗水厂	365	取水户取水量计量	巡测
7	望峰岗煤矸石电厂	480	取水户取水量计量	巡测
8	淮化集团	4 158	取水户取水量计量	巡测
9	淮南四水厂	2 200	取水户取水量计量	巡测
10	淮南三水厂	2 200	取水户取水量计量	巡测
11	田家庵电厂	33 400	取水户取水量计量	巡测
12	淮南工业取水口(6个)	2 500	取水户取水量计量	巡测
13	淮南一水厂	1 100	取水户取水量计量	巡测
14	洛河电厂	3 000	取水户取水量计量	巡测
15	蚌埠电厂	1 900	取水户取水量计量	巡测
16	怀远水厂	365	取水户取水量计量	巡测
17	蚌埠三水厂	8 800	取水户取水量计量	巡测
18	丰原集团	7 300	取水户取水量计量	巡测

表 9.2.5　蚌埠闸下重要取水口水量监测断面

序号	取水口名称(断面)	取水量 (万 m³/年)	测站作用	监测方式
1	蚌埠宏业肉类联合加工 有限责任公司	<20	取水户取水量计量	巡测
2	安徽新源热电		取水户取水量计量	巡测
3	五河凯迪生物质能发电厂		取水户取水量计量	巡测
4	五河县江达工贸有限公司		取水户取水量计量	巡测
5	安徽皖啤酒制造有限公司		取水户取水量计量	巡测
6	蚌埠市永丰染料 化工有限责任公司		取水户取水量计量	巡测
7	蚌埠八一化工厂	360	取水户取水量计量	巡测
8	蚌埠市铁路水厂		取水户取水量计量	巡测
9	蚌埠闸下城镇生活		取水户取水量计量	巡测

表 9.2.6 洪泽湖周边重要取水口水量监测断面

序号	取水口名称(断面)	许可取水量 (万 m³/年)	测站作用	监测方式
1	星宇建材有限公司	10	取水户取水量计量	巡测
2	盱兰建材公司	21.6	取水户取水量计量	巡测
3	淮河建材总厂	1	取水户取水量计量	巡测
4	兴盱水泥有限公司	25	取水户取水量计量	巡测
5	大众建材有限公司	1	取水户取水量计量	巡测
6	狼山水泥厂	35	取水户取水量计量	巡测
7	恒远染化有限公司	33	取水户取水量计量	巡测
8	红光化工厂	80	取水户取水量计量	巡测
9	淮河化工有限公司	642	取水户取水量计量	巡测

9.2.3.3 农业取水口监测断面布设

正阳关—洪泽湖农业取水量进行监测,分别对蚌埠闸上、蚌埠闸下和洪泽湖周边的农业取水户进行了监测断面布设,见表 9.2.7、表 9.2.8 和表 9.2.9。

表 9.2.7 蚌埠闸上淮河干流农业取水口水量监测断面布设

序号	取水口名称(断面)	设计取水能力(m³/s)	测站作用	监测方式
1	王咀	2	取水户取水量计量	巡测
2	孔家路	0.48	取水户取水量计量	巡测
3	耿皇、陶圩	0.2	取水户取水量计量	巡测
4	二道河	0.1	取水户取水量计量	巡测
5	瓦郢站	1.12	取水户取水量计量	巡测
6	柳沟站	13	取水户取水量计量	巡测
7	闸口站	0.56	取水户取水量计量	巡测
8	祁集站	10.8	取水户取水量计量	巡测
9	架河站	24.3	取水户取水量计量	巡测
10	汤渔湖站(排涝)	13.75	取水户取水量计量	巡测
11	闸口南站	0.29	取水户取水量计量	巡测
12	永幸河站	39.75	取水户取水量计量	巡测
13	菱角排涝湖	12.72	取水户取水量计量	巡测
14	团结站	1.6	取水户取水量计量	巡测
15	峡石站	0.72	取水户取水量计量	巡测

序号	取水口名称(断面)	设计取水能力(m³/s)	测站作用	监测方式
16	河口站	3.9	取水户取水量计量	巡测
17	欠荆	3.8	取水户取水量计量	巡测
18	十二门塘	8.17	取水户取水量计量	巡测
19	黄瞳窖	6	取水户取水量计量	巡测
20	汤鱼湖	6.2	取水户取水量计量	巡测
21	拐集	5.5	取水户取水量计量	巡测
22	界沟	0.9	取水户取水量计量	巡测
23	团郢	1	取水户取水量计量	巡测
24	张庄	1.2	取水户取水量计量	巡测
25	邵圩	1.2	取水户取水量计量	巡测
26	东庙	4.24	取水户取水量计量	巡测
27	吴家沟	4.4	取水户取水量计量	巡测
28	红旗	6.9	取水户取水量计量	巡测
29	河溜	5.2	取水户取水量计量	巡测
30	向阳	6	取水户取水量计量	巡测
31	建张	0.8	取水户取水量计量	巡测
32	黄洼	0.8	取水户取水量计量	巡测
33	新红	0.9	取水户取水量计量	巡测
34	张庄	1.2	取水户取水量计量	巡测
35	马圩	0.8	取水户取水量计量	巡测
36	团湖	6	取水户取水量计量	巡测
37	龙亢	5.7	取水户取水量计量	巡测
38	帖沟	2	取水户取水量计量	巡测
39	大窖	0.8	取水户取水量计量	巡测
40	吴咀	0.1	取水户取水量计量	巡测
41	上桥	11.6	取水户取水量计量	巡测
42	欠北	3	取水户取水量计量	巡测
43	邵徐	7.6	取水户取水量计量	巡测
44	苏圩	0.7	取水户取水量计量	巡测
45	韩庙	0.44	取水户取水量计量	巡测
46	邵院	1.44	取水户取水量计量	巡测

表 9.2.8　淮河蚌埠闸下游农业取水口水量监测断面布设

序号	取水口名称	设计取水能力(m³/s)	测站作用	监测方式
1	新集排灌站	20.00	取水户取水量计量	巡测
2	小溪一级站	2.50	取水户取水量计量	巡测
3	霸王城电站	7.70	取水户取水量计量	巡测
4	门台子站	15.00	取水户取水量计量	巡测
5	东西涧排灌站	9.54	取水户取水量计量	巡测

表 9.2.9　洪泽湖周边农业取水口水量监测断面布设

序号	取水口名称	测站作用	监测方式
1	淮丰一级站(河桥灌区)	取水户取水量计量	巡测
2	清水坝一级站	取水户取水量计量	巡测
3	三墩灌区	取水户取水量计量	巡测
4	官滩灌区	取水户取水量计量	巡测
5	堆头一级站(东灌区)	取水户取水量计量	巡测
6	桥口一级站	取水户取水量计量	巡测
7	姬庄一级站	取水户取水量计量	巡测
8	洪金洞(洪金灌区)	取水户取水量计量	巡测
9	周桥洞(周桥灌区)	取水户取水量计量	巡测
10	沿湖灌区(灌溉面积约8万亩,单灌泵站78座,排灌泵站27座)	取水户取水量计量	巡测
11	黄码闸	取水户取水量计量	巡测
12	官沟闸	取水户取水量计量	巡测
13	颜勒沟闸	取水户取水量计量	巡测
14	高松闸	取水户取水量计量	巡测
15	薛大沟站	取水户取水量计量	巡测
16	古山河	取水户取水量计量	巡测
17	五河	取水户取水量计量	巡测
18	肖河	取水户取水量计量	巡测
19	马化河	取水户取水量计量	巡测
20	双沟镇(单灌17座,排灌13座)	取水户取水量计量	巡测
21	上塘镇(单灌17座,排灌3座)	取水户取水量计量	巡测
22	魏营镇(单灌8座)	取水户取水量计量	巡测
23	瑶沟乡(单灌12座,排灌11座)	取水户取水量计量	巡测

序号	取水口名称	测站作用	监测方式
24	车门乡(单灌 21 座)	取水户取水量计量	巡测
25	青阳镇(单灌 65 座,排灌 24 座)	取水户取水量计量	巡测
26	石集乡(单灌 26 座,排灌 10 座)	取水户取水量计量	巡测
27	城头乡(排灌 23 座)	取水户取水量计量	巡测
28	陈圩乡(单灌 15 座,排灌 29 座)	取水户取水量计量	巡测
29	半城镇(单灌 6 座,排灌 9 座)	取水户取水量计量	巡测
30	孙园镇(单灌 35 座,排灌 13 座))	取水户取水量计量	巡测
31	龙集镇(单灌 3 座,排灌 27 座)	取水户取水量计量	巡测
32	太平镇(单灌 17 座,排灌 15 座)	取水户取水量计量	巡测
33	界集镇(单灌 6 座,排灌 26 座)	取水户取水量计量	巡测
34	曹庙乡(单灌 8 座,排灌 16 座)	取水户取水量计量	巡测
35	朱湖镇(单灌 7 座,排灌 27 座)	取水户取水量计量	巡测
36	金锁镇(单灌 8 座,排灌 8 座)	取水户取水量计量	巡测

9.2.3.4　重要入河排污口监测断面布设

对正阳关—洪泽湖河段重要入河排污口进行断面布设,主要进行水量与水质的监测。监测断面详见表 9.2.10。

表 9.2.10　重要入河排污口监测断面

序号	市县	排污口名称（断面）	所入河名	监测项目	测站作用	监测方式
1	淮南市	淮南市老龙王沟	淮河	水量、水质	入河排污口水质、水量监测	巡测
2	淮南市	淮南市李嘴孜(上)	淮河	水量、水质	入河排污口水质、水量监测	巡测
3	淮南市	淮南市污水处理厂	淮河	水量、水质	入河排污口水质、水量监测	巡测
4	淮南市	淮南市姚家湾	淮河	水量、水质	入河排污口水质、水量监测	巡测
5	蚌埠市	蚌埠市八里桥综合排污口	淮河	水量、水质	入河排污口水质、水量监测	巡测
6	蚌埠市	蚌埠市鲍家沟	淮河	水量、水质	入河排污口水质、水量监测	巡测
7	蚌埠市	蚌埠市龙子河综合排污口	龙子河	水量、水质	入河排污口水质、水量监测	巡测
8	蚌埠市	蚌埠市席家沟综合排污口	淮河	水量、水质	入河排污口水质、水量监测	巡测

序号	市　县	排污口名称 （断面）	所入 河名	监测项目	测站作用	监测 方式
9	五河县	五河县北店子涵	怀洪 新河	水量、水质	入河排污口水质、水量监测	巡测
10	五河县	五河县染料 化工厂	淮河	水量、水质	入河排污口水质、水量监测	巡测
11	五河县	五河县塑料制品厂	淮河	水量、水质	入河排污口水质、水量监测	巡测
12	五河县	五河县新啤酒厂	怀洪 新河	水量、水质	入河排污口水质、水量监测	巡测
13	盱眙县	盱眙县江苏淮河 化工有限公司排污口	洪泽湖	水量、水质	入河排污口水质、水量监测	巡测
14	盱眙县	盱眙县城东大沟 入河排污口	淮河	水量、水质	入河排污口水质、水量监测	巡测

9.2.3.5　可用水源监测断面布设

可用水源监测断面布设详见表 9.2.11。

表 9.2.11　可用水源监测断面

序号	水源	监测名称（断面）	监测项目	测站作用	监测方式
1	瓦埠湖	瓦埠	水位、水质	监测水源水量、水质	驻测
2	茨河洼地蓄水	茨河排涝闸、陈桥闸、 天河闸	水位、水质	监测水源水量、水质	巡测
3	蚌埠闸上	蚌埠闸、正阳关、何巷闸	水位、水质	控制蚌埠闸上水位、水质	驻测
4	洪泽湖	蒋坝、吴家渡、二河闸、 三河闸	水位、水质	控制洪泽湖水量、水质	驻测
5	骆马湖	皂河闸、杨河滩、窑湾	水位、流量、 水质	控制骆马湖水量、水质	驻测
6	高邮湖	高邮	水位、水质	控制高邮湖水量、水质	驻测
7	长江	三江营	水位、流量	控制长江水量水质	驻测

9.2.4　监测内容及规范要求

9.2.4.1　监测内容

1. 水文监测项目

水文监测项目包括实时水位、流量、取水口取水量、入河排污口水量等。

2. 水质监测项目

水质监测项目包括水温、pH、电导率、溶解氧、总磷、氯化物、高锰酸盐指数、五日生化需氧量、氨氮、挥发酚、总氮、汞、砷化物、氟化物、粪大肠菌群、铜、铅、锌、镉、铁、锰、硝酸盐氮、铬（六价），共 23 项。

9.2.4.2　监测规范及要求

测站工作人员要熟识国家水文技术标准、规范和规程，严格按照国家和水文行业有关规范、规定，对所设测验断面进行水量水质监测；水文监测所使用的专用技术装备和水文计量器具应当符合有关规定的技术要求；水文监测记录、审核监测数据要认真负责，确保监测数据准确无误；保证监测资料真实性，不涂改原始数据，杜绝伪造资料；保证水文监测资料安全，不丢失、损毁水文监测资料。

水位、水量等水文要素的观测、资料整理要坚持"四随"工作制并按有关规范、规定执行。

9.2.5　监测管理

9.2.5.1　构建监测数据库

以自动测报、水文巡测为主，并辅以卫星遥感等技术进行淮河干流水资源监测，实时掌握区域水资源和水环境动态，对区域水资源管理具有重要意义。

基于水资源监测站网，监控枯水期各监测断面水量、水质、水位信息，建立采集点到测站、测站与水资源监测数据库、水资源监测数据库与流域水量调度中心的传输系统，进而构建水资源监测数据管理平台，对监测数据的采集、管理和应用进行设计开发的，以满足水资源监测工作中数据管理的信息化、现代化和自动化的要求，为该河段枯水期水量应急调度、水资源管理提供决策依据。

水资源监测数据管理平台主要实现的功能包括查询、统计、评价、分析、电子地图、远程管理、综合信息发布、异构数据库接口、数据库的维护管理等。

数据管理平台的查询功能主要实现监测站点、水资源监测数据的查询，监测站点监测数据包括水文监测项目和水质监测项目。

远程管理功能主要包括远程信息查询功能和电子地图功能。能够查询某个站点、某时间段的水位、水量测量数据，某一时间段、某个站点、某个监测指标的水质监测结果或统计信息（查询统计），某一时间段、某个站点的水质分析、评价结果（分析评价）以及水质水文监测站、水功能分区、水质评价标准等基础信息。

9.2.5.2　管理机构及职能

淮委负责淮河水系各测站水量、水质等测验工作的组织、协调、监督等工作。

各省市的水文水资源勘测部门具体负责境内监测站的运行管理，按照相关的技术标准和要求开展监测工作，并接受淮委的检查；负责解决水资源监测工作中出现的各类问题,并确保监测数据成果合理可靠。

各监测站点水文、水质信息的报送可利用现有的条件,通过网络、RTU、电话、传真报送,信息报送到所属省、市水文水资源勘测局,然后由有关省、市节点统一报送至淮委水资源监测数据管理平台。

9.2.5.3 监测管理制度及方式

枯水期监测站(点)的运行,需要健全的运行管理制度,保障其枯水期发挥重要作用。各级运行管理部门在制定管理办法及规章制度时,应包括:枯水期水资源监测工作职责、枯水期水资源监测技术方案、枯水期水资源监测质量控制管理办法、枯水期监测站信息共享管理办法、枯水期监测站点数据管理及信息服务管理办法等。

淮河水系省界站点,拟采用淮委水文局和地方水文局共建共管的方式,日常维护由地方水文局管理,淮委水文局负责监督检查。布设的巡测站点,日常管理由巡测区负责,淮委水文局监督管理。应急监测由淮委水文局组织,地方水文局派人员参与巡测,运行费用由淮委水文局负责。其余监测站点及取水口均由地方水文局枯水期日常管理及监测。

9.3 水资源调度管理技术研究

9.3.1 流域水资源可持续管理探讨

未来 20 年甚至更长时间,淮河流域情况将发生深刻变化,流域的开发与管理将进入新的时期。有必要在科学发展观的指引下,紧紧把握新时期治水理念和思路,积极应对未来流域可持续水资源管理所需要的各类条件,谋划该时期可持续水资源管理需要开展的各项工作。本研究就该时期水资源管理所需要的理念和思维方式转变、流域管理目标体系、注重公众参与流域管理、协调的工作机制研究、引入公共管理理论、加强与水相关的文化建设、构建流域规划与研究体系、加强流域水资源监测和管理等方面进行思考与探讨。

9.3.1.1 理念或思维方式大转变

理念和思路决定事物的发展方向和出路,也直接影响结果。在后治淮建设时期,流域面临情况会更加复杂,更需要在理念和思路上创新。在总结吸收国外水资源流域管理的主要经验和启示的基础上,紧紧把握新时期治水总体思路,建立新的理念、思路、价值观体系,本文认为在理念和思维方式要进行以下几个转变。

1. 从工程建设管理到流域水资源综合管理转变

这是首先要进行的思路转变。在流域工程建设高潮期,流域建设管理的任务繁重,很大程度上消耗了流域机构的精力,据初步分析,这一时期工程建设管理占据

70%左右的精力,难以有更多精力来规划、谋划流域综合管理。到后治淮工程建设时期,要投入70%精力来从事流域管理,即由原来的30%精力转变为70%。由"管工程建设""管具体工程"转变到"管规划、管协调、管监督",而且这种转变需要流域内各层次的部门或人员都要转变,要全面地、广泛地、深入地转变。

2. 从水环境末端治理、应付、消极到主动引导与谋划

在治淮工程建设期,各级部门建设中各项任务繁重,没有更多时间来谋划、提前主动引导,尤其流域水资源管理和水环境治理工作多处在一种应付、被动状态,多集中在末端治理与管理的状态。使得2000年以前,流域的水环境管理与治理多处在"经济发展——水质变差——大力治理——水质好转"的怪圈中循环,从淮河治理实践中看,必须由没有明确治理目标的、救急的、末端治理的模式走向目标明确的、理性的、强调综合治理的模式,与此同时政府的职能逐渐从"划桨"向"掌舵"过渡,腾出更多精力去谋划更重要、更长远的事情。

3. 更加深刻认识流域管理与行政区域管理的关系

流域管理与行政区域管理相结合的水资源管理体制,有其深刻的理论内涵和科学的逻辑必然性。从人类社会发展的历史角度看,这种管理体制反映了人类从分裂趋向统一、由不自觉的消极管理向自觉的积极管理的客观发展趋势,是人类在水资源管理方面走过的一条必然之路。现行的流域与区域相结合的管理制度是适合目前状态的水资源管理制度,只是我们对其认识、运用还不够,其实不怪制度本身。由于受非理性思维方式影响,目前在对流域管理与行政区域管理关系的认识上,还是存在典型的误区的,即流域管理绝对化的观点和区域管理绝对化的观点。

流域管理绝对化的观点认为应当强化流域机构的组织建设,淡化行政区域管理流域机构对流域内与水有关的管理工作应当一抓到底,方方面面都要直接参与管理。这种观点强调统一、集权,只按照水的自然属性考虑问题,把水的社会属性和自然属性割裂开,把流域管理绝对化,超越历史发展阶段进行水管理,忽视了与水有关部门和行政区域的作用,忽视了现有行业水管理是以行政分级管理为主的现实,在实践中会造成机构重叠、管理工作交叉。

区域管理绝对化的观点过分强调区域管理的重要性,强调地方的利益,强调历史、传统、工作连续性等,而忽视本流域内上下游、左右岸的其他区域的利益。该观点受长期以来"分割管理,各自为政"思想的影响,对流域管理的理念理解不准确,只强调水的社会属性而忽视水的自然属性,同中央"从传统水利向现代水利、可持续发展水利转变"的治水新思路是相悖的,在水资源紧缺、水环境恶化的今天,用这种观点指导水管理工作十分有害。

水资源的流域管理与行政区域管理各有优势,实现两种管理的结合,形成优势互补,可以充分调动两个积极性。而要使流域管理与区域管理能够有效地结合,就需要明确它们之间的关系,合理划分流域管理与区域管理的职责,使这种管理模式具有广泛的适用性。流域管理是按照水的自然属性,从全流域经济和水资源可持续发展的角度考虑包括水资源在内的与水有关的管理,不仅仅是流域机构的管理所能够涵盖的。流域机构只有站在为全流域经济和社会发展服务的高度,与当地水行政主管部门密切配合、互相支持,才能有效地实施水行政主管部门的社会管理职能。

行政区域只有用宏观的、可持续发展的观念以及流域管理的理念科学管水,顾全大局,服从流域的统一规划和调度,管好区域内的水问题,才能为经济建设做出更大的贡献。上述两种观点,都没有全面、正确地理解新《水法》的有关要求,不符合流域管理的理念,不是真正意义上的流域管理与行政区域管理的结合。总体来说,流域管理与区域管理之间存在以下关系,即协调关系、服从关系、合作关系、分工关系、监督关系。长期以来,由于没有深入理解、协调好流域管理与区域管理之间关系,使得这一管理体制作用没能很好地发挥。

4. 充分吸收流域管理经验与启示

实践表明,流域管理促进了我国水资源的优化配置、调度、节约、保护和管理工作,推动了我国水资源规划体系、防洪减灾体系、水土保持与水污染治理和水法制体系的建设与发展,推动了我国水资源统一管理进程,虽然各国在流域管理方面有不同模式,流域管理经验与启示都类似。

主要经验有:立法是流域管理的基础;加强流域规划是流域管理的重点;重视流域与区域管理的结合;在流域管理中注重公众的参与,为用户服务。

主要启示有:水资源管理体制要与国情、流域情况相吻合;必须明确划分流域区域管理职责;各流域条件不同,管理模式可以类似,但不可复制;重要河段和控制性的枢纽必须由流域管理机构实施直接管理;流域水资源一体化管理是必然趋势。

有关研究成果表明,这些经验和启示是符合水自然规律;适应生产力的发展,符合历史发展规律;符合国际社会水资源管理的发展趋势;是经济社会发展到一定阶段的必然选择;符合公共管理理论政府间关系的发展趋势,是流域管理的发展的规律。

目前,流域中存在不少的问题,很大程度上是因为价值观上的认知偏差,对法规的理解与认识片面,资源开发理念上的偏差,这些都需要去积极引导!已有的这些经验和启示,对淮河流域未来水资源管理有很好的指导意义。

5. 做好"持久战、艰苦战"的心理准备

淮河流域气候复杂,自然地理环境特殊,黄河夺淮、打乱水系,人口、城镇密集,交通便捷、位置优越,资源丰富、经济地位重要、极具潜力,这些自然、社会经济特点决定了流域水资源管理工作异常复杂,加之流域工程众多,人类活动影响显著,加剧了水资源管理的难度。流域水资源可持续管理与利用,将是一个持久、艰苦的过程,要克服急躁的心态,扎扎实实地完成一项项工作,才能较好地达到预期目标。

6. 牢固树立"全面、协调、平衡"的思维方式

科学发展观教给我们一种思维方式,就是对待任何一件事或者决策,都要全面、统筹、协调进行思考,不能偏颇。目前,流域内各级部门(机构)对可持续发展理念、科学发展观已基本达成共识,但理解还不太深入、全面,没有形成潜意识,不同部门的理解深度还有差距。未来流域水资源管理目标的变化以及复杂性决定了流域内的各阶层都必须树立"全面、协调、平衡"的思维方式,形成思想上、认识上的合力。从单一水量或水质管理转变到水量、水质、生态环境统筹考虑,从局部的、单项工程管理转变到区域之间、生产与生态、当代与未来平衡的统筹考虑。水资源系统的各子系统的各环节都要协调好,无论哪个环节发生污染或者遭遇了破坏,都将影响水资源的有效利用。如在流域水资源管理系统建设中,要体现"全面、协调、平衡"的思维,就要在定位管理目标上要全面兼顾流域内各方的利益、容忍度;注重国家、流域、省级、市级、县级的五级管理协调发展,注重水资源管理的宏观、微观结合,广义、狭义水资源管理结合,行政、市场结合;既要优化自然条件下水资源管理、又要优化社会条件下水资源管理等等。

7. 从整个流域持续发展高度上来进行水资源管理

流域水环境系统包括天然水循环子系统、社会水循环子系统、生态环境子系统,所以可持续水资源管理不仅仅注重社会水循环系统供、用、耗、排等环节的管理,而是三个子系统的全面的、协调的管理。流域持续发展一般包括流域内的经济持续快速健康发展、上下游协调发展、产业结构优化和产业政策的实施、外向型经济发展、基础产业和基础设施的发展与合理布局、大中小城市协调发展与城乡一体化、自然资源的合理开发利用、生态环境的治理和保护等。可见,水资源管理与利用与流域持续发展密切相关,要在整个流域持续发展的视角下来考虑流域水资源管理。

8. 认识水资源一体化管理的必然性

水作为环境的一个要素,在整个环境系统中占有十分重要的地位,水体在参与水循环过程中,不管哪个环节发生污染或遭到了破坏,都将影响水资源的有效利用。自然界水循环是一个庞大复杂的而又相互联系的有机整体,水资源管理必须实行统一管理,不可对其任意分割。水资源一体化管理是流域经济社会发展一定时期的必然趋势和规律,也符合淮河的特点和客观规律,我们应积极顺应这一规律,按照一体化管理的要求,规划建设水资源监测网络、管理系统、法律制度、行政管理体制、经济政策和科学技术。总之,围绕一体化管理这一核心展开水资源管理需要的方方面面条件。

9.3.1.2　构建科学的流域管理目标体系

流域水资源管理不仅要通过环境保护来改善自身生存环境,而且要从这些环境中获取生存的物质生活资料,从而进一步提高该地区的经济活动。流域管理从根本上说是通过开发与保护两种行为来实现人与自然协调关系的再构筑。一个流域其经济发展所处阶段不同,在处理这种关系时的重点就不同。随着时间推移,流域内各种自然要素及其相互关系都在发生着变化,因此,流域管理目标也在发生变化。各国的水资源管理体制也是不断变化的。早期的流域水资源管理一般都是分散进行的,随着世界各国的水资源开始朝着多目标综合开发、利用与保护相结合的方向发展,在管理体制上也相应出现了不同的形式,由分散管理转向统一管理、由单一管理转向多元综合管理、由静态管理走向动态管理。

后治淮时期的流域特征显著变化,必然导致水资源管理目标的更加多元化,要求更高。有必要在深刻理解水资源管理的终极目标的基础上,建立流域水资源管理目标体系。该目标体系是一个流域与四省充分协调的、有层次性、动态性的目标体系,是一个流域内社会、经济、技术、生态等各方面指标共同发展代替了工程技术层面的水利管理的有效性的新目标体系。

9.3.1.3 逐步注重公众参与流域治理与管理

治淮发展要符合流域人民群众的根本利益,管理或者治理的最终目标是使群众需求愿望得到充分体现,尤其是当前政府关注的民生水利核心就是充分考虑人民生活需求的水利。

随着流域内人的社会化活动加强,流域治理的社会化问题越来越显著。公众参与流域管理的需求会越来越强烈,参与流域活动会更加频繁。淮河中游是富煤地区,采煤业会造成自然环境的改变,如淮南矿业集团采煤形成大面积地面沉陷,影响了地表水系。随着其影响深入,越来越需要从流域层面来协调沉陷区与流域综合治理与管理的关系。国内各核电集团在内陆流域发展核电,交通部门发展航运、水运,电力集团发展电力等等,需要从流域层面协调的事情越来越多,将来还会更多,更频繁。

借鉴国内外流域管理的成功经验和启示,公众参与流域水资源管理是其方向之一,也是流域协调的基础之一。在后治淮工程建设时期,这一需求尤其旺盛,有必要着手进行公众参与的机制和制度方面的研究。

9.3.1.4 高效的协调、分工的管理工作机制研究与建立

在流域社会经济发展地驱动下,水资源管理的重点不断变化,同时国家大的行政管理体制也在进行变革,流域的管理体制和管理形式也随之改变。目前实施的流域管理与行政区域管理相结合的管理体制总体上是符合国情、流域情况和当前社会经济水平的,但该体制中有两个薄弱环节:一是协调;另一个是分工。

管理的本质是协调。在流域与行政区域管理结合的管理体制中的"协调、服从、合作、分工、监督"的五大关系中,协调关系是流域管理与行政区域管理最基本的关系,是由两者所管理的对象的特点和管理的组织形式所决定的。流域管理与行政区域管理的对象都是水资源,总体目标是一致的,即兴水利、除水害,造福于人民,这是协调关系的基础与前提。水资源具有流域性和自然统一性,需要按流域实行统一管理。由于一个行政区域内的水资源与当地的自然资源、生态环境、经济发展、社会进步等密切相关,而这些因素正是划分区域的标准,因此各地治水方式、用水模式、经济社会发展水平等受传统影响,具有区域差异,宜按区域实行管理。水资源的流域特性和区域差异导致了流域管理和区域管理的协调统一。

两种管理的组织形式也决定了两者能够协调起来,并纳入统一的管理体制。行政区域管理是由政府的一级组织机构进行管理,实行分级式的制度化流域管理,不是作为政府的组织机构,更多地倾向于成为一个协调性的机构。实行参与流域管理与行政区域管理相结合的管理体制能否真正取得成效,取决于流域管理机构与各级水行政主管部门能否相互支持与配合。流域管理与区域管理既有对立性,又具有统一性,要将两种完全不同的管理结合起来,归到对水资源的统一管理中,必须充分做好沟通、协调和联系工作,只有这样才能做到相互团结、相互支持、相互配合,共同把流域水资源管理工作做好。

根据现状,要加强沟通协调,首先要加强流域水行政管理,树立起流域管理上的权

威,否则就无法从根本上对流域内各区域的水行政管理进行协调与统一。各地政府在水资源管理上各自为政,就无法真正建立起流域管理与行政区域管理相结合的管理体制。实现水资源的统一管理,强化流域管理必须依靠区域管理。流域机构不可能也没有那么多的人员和时间去管理每个行政区域的水务,应该把各行政区域的管理作为流域管理的组成部分,处理矛盾比较突出的水事活动,如调水指令的执行、河道防洪及违章工程排除等,没有地方政府的紧密配合是根本无法实现的。如黄河管理实践表明,国务院很早就批准了黄河水量分配方案,但由于缺乏沿黄各省的配合与支持等,未能很好地得到执行,结果造成下游断流问题愈演愈烈。在总结经验教训的基础上,黄河水利委员会依据水量分配方案实施年度水量调度计划,对各行政区域的黄河水取用实行计划管理,而具体的用水、配水仍由各行政区域进行管理,有效地缓解了下游的断流问题。

流域管理与区域管理的事权划分不明确。一直以来,存在流域管理与行政区域管理之间的关系、事权划分与职责分工不够明确,流域管理机构与地方水行政主管部门在水资源与水利工程的规划,水资源的管理、配置、调度、保护,建设项目水资源论证与取水许可办理,水利工程建设和管理以及防洪调度等方面存在着职能交叉和重叠,管理、审批、监督权限不清,责、权、利不对应等问题。在实际工作中,产生了很多矛盾,有些事情流域机构和地方都争着去管,导致多头管理,有些事情又都不去管,造成管理漏洞。例如,流域内有的地区取水许可证的办理,流域管理机构与地方水行政主管部门分别办理,重叠率达到40%以上。

因此,有必要根据已有的经验和淮河流域在管理机制上存在的问题,以创新的思路和理念,积极补充、完善现有的管理体制、机制和制度。尤其注重流域、省级机构在水资源管理中的定位分析,流域、省级机构注重的是宏观层面上的水资源配置、调控与调度,水资源与调度,以行政手段为主,市场手段为辅;市级、县级注重微观层面的管理,管理手段以行政配置为主,市场配置为辅。

9.3.1.5　引入公共管理理论,加强水资源公共管理

水资源是一种公共资源。淮河面临着水资源"公地悲剧"与"反公地悲剧"等多种情况,显然仅靠一些传统的、单一的末端管理与治理的制度根本不能应对复杂的现实问题,必须有一种更加细致和更加精确的新模式来调控管理公共资源。"公地悲剧"的发生,人性的自私或不足只是一个必要的条件,而公产缺乏严格而有效的监管是另一个必要条件。所以,"公地悲剧"并非绝对不可避免。后治淮时期,流域的工程体系、预警和应急能力、水资源管理系统建设等条件的改变,就为流域的社会管理和公共服务提供了更好的条件。

目前,流域水资源监督管理的传统模式主要特征如下:

一是过分依赖地方行政管理。由于现行水资源管理主要依赖于地方政府,导致政府部门承担过多的管理职责,容易导致资源配置效益低。

二是取水许可缺乏监督管理。一方面取水许可管理缺乏透明度和有效监督,特别是缺乏登记公示以及授权的透明度监督。另一方面,目前的水资源监测断面只能满足

省界断面要求,尚不能满足市、县各层次内对用水户的监测要求。

三是水资源的水质和水量缺乏统一管理。对控制排污总量,保障流域下游清洁水权等缺乏法律、法规的约束和必要的手段,水质和水量未能实现有效的统一管理。

四是取水许可总量控制管理不够科学。取水许可对于同一流域、地域内不同来水情况下以及对不同河段、干流与支流不同用水部门的水量分配缺乏细致的界定,使得取水许可总量控制流于形式,即使制定了分水方案,但可操作性也不强,影响了水资源的权属管理。

当前,国家及流域经济社会正处于急速转型期,水资源问题变得更加复杂,显然传统的水资源行政管理模式,已经不适合当代水资源管理的现实要求。在当前的水资源管理模式中应积极引入公共管理理论,建立健全水资源管理公共决策系统。政府的作用是通过政策系统的运行实现的,其实质就是政策主体、客体与环境相互作用的过程。政策过程及其各项功能活动是由信息、咨询参谋、决断、执行和监控等子系统所共同完成的,这些子系统各有分工,相互独立,又密切配合,协同一致,才能保证政策大系统顺利运行。

9.3.1.6　加强与水相关的文化、人文环境建设

因水资源是一种公共资源,在不加干预的情况下,用水或排污部门将自己利益最大化,造成流域水资源的"公地悲剧"。淮河流域人口密集,行政区域多,水系统复杂,经济相对落后,人文环境较差,更容易导致流域的"公地悲剧"。"公地悲剧"并非绝对不可避免。产生这一悲剧的原因既有道德方面的不足、社会责任感的缺失,也有公产缺乏严格而有效的监管。

淮河流域水资源污染、无序开发,多数是用水户或者部门(机构)的不合理行为所致,其最大的根子在人的个体,其次才是体制、制度、技术等,人的价值观、人文观的区别,也直接影响制度执行的效果。水资源污染的深层背景是社会责任感缺失,伦理道德出了问题,所以,应积极引进河流、湖泊伦理学理论,以流域水文化建设为载体或平台,加强水文化宣传与教育,引导流域内居住的个人、企业、部门养成强烈的环境保护意识,自觉地形成良好用水、排水习惯。另外,管理就是社会组织中,为了实现预期的目标,以人为中心进行的协调活动,可见人在管理中的核心作用和地位,因此直接参与流域管理的人,其价值观、角色的定位,将会对管理产生极其显著的影响。在未来流域水资源管理中,应借用学校、社区、家庭等教育平台,利用各种可行的教育形式,开展以水文化为核心的人文教育,培养个体自身和谐、个体与自然和谐的流域居住群体,从真正的源头上强化水资源管理。

9.3.1.7　构建流域水资源规划与研究体系

1. 规划体系建立

长期以来,对规划认识的误区以及规划理念落后、规划工作开展不均衡、规划深度精度不够、规划工作滞后等,极大地消弱了规划在流域水资源管理中作用。在后治淮工程建设时期,随着流域管理目标的多元化与综合化,流域内要协调、统筹考虑的问题

越来越多,规划显得尤其重要,另外,规划的地位也显著提高。科学的规划应该是一个完整的体系,各个层次、各个专业要相互衔接、协调。有了完善的规划体系,水资源的优化配置、高效利用和有效管理才能得到基本保证。过去由于投入的人力、物力、财力不足,规划周期短,忙于应付,造成规划不深入,不够科学。不同分级规划的编制缺乏沟通,规划体系不完善,不利于水资源的可持续发展。因此,在后治淮工程建设时期,要以流域综合规划为主线,加快规划法规体系、规划管理体系、规划编制体系的水资源规划体系建设,统筹协调好经济社会发展与水利发展、流域与区域、区域与区域、水利与涉水各行业规划之间的关系,强化规划的法律地位及其在流域管理中的指导和约束作用。理顺取水许可、水功能区、涉水建设项目管理和规划同意书等管理事权,强化流域水资源统一规划、统一配置、统一调度,统筹水量、水质、水能、水域的管理和保护。

2. 水资源研究体系规划与管理

水资源科学研究成果是流域规划、管理的基础工作,可以通过研究强化规划与管理工作的薄弱环节。目前,规划体系框架和水资源一体化管理的框架还没有很好的构建起来,水资源科学研究的需求不是十分清晰,顶层设计不够,使得已开展的研究项目散乱、重复。重技术、轻管理,重微观、轻宏观,即便是重复、类似开展的研究项目,也没很好的深入推进,如同"一壶烧不开的水",严重影响了科研成果的推广与应用。

因此,在这一时期,水资源管理中暴露的矛盾和问题会越来越多,需要研究的事情也很多。在流域管理总体目标、规划体系下,十分有必要注重与水利部公益项目、科技创新、"948计划"、科技推广等各类科技项目体系相衔接,开展水资源科学研究规划,逐步建立和完善流域科学研究体系,并统筹考虑技术研究与管理研究,形成包括科研规划、科研基础工作、科研队伍、科研管理、科研成果推广等在内的,协调发展的,为流域管理服务的科技支撑保障体系。

水资源要一体化管理,就要综合统一研究,逐步成立淮河流域水资源研究中心,实施流域水资源研究、规划,作为流域水资源管理的技术支撑机构。

3. 统筹规划、管理与研究的关系

事实上,规划、管理与科学研究是密切相关的,科学研究解决规划、管理工作中遇到的问题,是其基础和技术支撑。规划和管理中遇到的问题直接指导科学研究工作的开展和立项。目前,因规划、管理与研究之间的关系统筹考虑不够,使得规划、管理没有被很好的深入研究,而所开展的研究项目成果因针对性不是很强或者深度不够,不能很好应用到实践中。所以,有必要统筹考虑规划、管理与研究的关系,做到规划、管理、研究协调发展。

9.3.1.8　加强流域水资源监测和管理系统建设

人们一般认为,淮河流域水资源管理存在的主要问题是"管理体制不顺、法律法规不健全"。其实,现行的流域和区域相结合的管理制度是适合当前国情有效的管理制度。

淮河流域水资源管理滞后重要原因之一是水资源监测和管理手段落后。流域目前没有全面、协调、统一的水资源监测系统,水资源监控能力与《水法》赋予的职责不相适应。流域综合管理的目标要求实现流域水资源一体化管理,一体化管理迫切需要综合的管理、服务平台和工具——流域水资源管理系统。因此,要在理清思路、明确管理目标的情况下,紧密结合国家水资源管理系统建设的技术要求,注重加强水资源监测网络规划建设和流域水资源管理系统建设,实现管理手段上的大飞跃。

9.3.1.9 加强流域各专题的调查与研究基础工作

随着流域水利工程设施的大规模建设,流域的防洪工程体系、水资源工程体系、水土保持体系、河湖情况、水资源及水环境状况、下垫面条件等均有不同程度的变化。流域社会经济发展使得用水需求、用水结构、水资源管理的需求也有新变化。有必要开展流域内各专题的调查与研究工作,制定总体的调查规划方案,逐年实施,作为流域管理的基础和常态工作。没有扎实的基础工作,是难以有流域的精心化管理的。

9.3.2 水资源管理与保障措施

随着淮河流域区域经济社会的持续发展,在现有的水资源管理与调度方案下,水资源供需矛盾必将加剧,水资源短缺必将成为流域可持续发展的重要制约因素。为了以水资源的可持续利用支持经济社会的可持续发展,必须对流域水资源进行统一管理和调度。淮河干流水资源工程的建设、防洪工程的综合利用等,为水资源的统一调度提供了条件,不同条件下的水量配置与调度方案也为水资源的调度与管理提供了依据。科学合理的水量配置方案,是水量配置的基础。要确保淮河干流水量配置方案和调度方案的顺利实施,必须建立一套较为完善的水量配置管理制度和保障措施体系。

1. 制定《水量配置与调度管理办法》

研究河段的水量配置与调度涉及两省不同地市的不同用水户的利益,水量的配置方案会影响各方利益,如果没有法律、法规和制度保障,将难以实施。因此,应在贯彻执行《水法》《防洪法》《水污染防治法》《取水许可管理条例》等法律、法规的经验及存在问题基础上,针对水资源管理中出现的新情况,积极制定和完善尚未出台和尚不完备的法规和实施办法,报政府批准,建立和完善水资源管理的法规体系。

建议编制《淮河中游枯水期水量调度管理办法》,作为本水量调度方案的配套措施,在《管理办法》中明确淮河流域水资源配置与调度管理的组织体系、省人民政府与水利部流域管理机构各自的管理权限以及初始水权的确定;规定淮河流域水资源配置与调度的实施细则、水资源调度的基本原则,明确淮河流域水资源配置调度的监督管理办法、水权转让程序和对违反《淮河流域水资源配置与调度管理办法》行为的处罚办法等,使淮河流域水资源配置与调度走上依法治水的道路。

2. 建立水量调度的管理与协调机制

(1) 加强取水许可管理

通过取水许可审批,进行取水总量控制,严格审批从淮河取水的新建、改建、扩建的建设项目取水许可,控制引水规模,为水量调度奠定基础;通过对取水口的计划用水管理,即根据淮河年度可供水量配置方案和干流水量调度方案,制定取水口的年度用水计划,确保年度省际分水和省界断面下泄水量、流量目标的完成。

（2）水量调度的计划管理

审查各省编制的年度与季度用水计划和水资源工程运行计划；审查各省编制的月、旬水量调度方案；负责调度过程中取水和退水量的实时监测、信息采集、信息整编、信息报告、信息发布以及分水过程的其他技术管理工作。

（3）水量调度方案的监督管理

监督调度方案的实施,实行定期或不定期巡回监督检查；在用水高峰时期,对主要取、退水口门实施重点监督检查；在特殊情况下,对有关河段、主要取、退水口门进行驻守监督检查；协调解决调度矛盾与冲突。

（4）成立水量调度管理的组织协调机构和协调机制

淮河干流及其主要支流的水资源配置与调度是一项上下游、左右岸、用水户、管理者等不同利益相关者利益冲突十分剧烈、涉及面很广、情况较为复杂的系统工程。目前,淮河中游正阳关—洪泽湖区间的水资源及其控制工程分属不同管理部门,有的工程属淮南、蚌埠两市水利局管理,有的属省或市河道局管理,有的大型控制工程属流域机构管理,在目前的水资源管理体制下,是难以实现水资源统一管理与调度的。因此,有必要组成由各级政府、流域管理机构参加的水资源配置与调度协调决策机构和对应的协调机制,行使水资源配置和调度重大问题的协调和决策职能,负责水资源配置和调度方案的实施。该组织的主要职能包括：

① 确定初始水权；

② 签署分水协议；

③ 批准年度分水计划；

④ 批准分水补偿办法；

⑤ 确定各工作小组的权限与职责；

⑥ 批准水资源配置实施办法与监督办法；

⑦ 水量配置方案需要调整时,批准调整方案；

⑧ 批准水量调度应急处置措施及其实施；

⑨ 下达实时调度指令。

同时,在该机构下设技术组和监督组,这两个下级机构在上层组织的授权下从事水资源配置与调度的技术问题和监督职能,开展水量配置的具体工作。

技术组的主要职责是：

① 审查各省编制的年度与季度用水计划和水资源工程运行计划；

② 审查各省编制的月、旬水量调度方案；

③ 承担分水过程中取水和退水量的实时监测、信息采集、信息整编、信息报告、信息发布；

④ 分水过程的其他技术管理工作。

监督小组的主要职责是：

① 监督分水方案的实施,实行定期或不定期巡回监督检查；

② 在用水高峰时期,对主要取、退水口实施重点监督检查；

③ 在特殊情况下,对有关河段、水库以及主要取、退水口进行驻守监督检查;

④ 协调解决分水矛盾与冲突。

流域机构和地方各级政府均应站在讲政治的高度上,搞好水量调度,搞好淮河水量调度工作,把水量调度列入重要工作议程,实行目标管理,签订水量调度目标责任书,严格落实水量调度责任制。同时,加大稽查力度,加强水资源配置与调度工作监督检查。淮河干流水量统一调度牵涉上下游、左右岸、不同省份、不同地区、不同用户的利益,需要各方通力协作。流域机构要在协调各方的利益方面起积极作用,确保各方在水量配置和调度上形成共识,使水量配置和调度得以顺利实施。沿淮地方政府应通过制定水量调度协商、会商制度,充分发挥地方行政领导和水行政主管部门在淮河干流水量调度工作中的积极作用。

3. 逐步建立新的水价格体系

按照市场经济和水资源经济的要求,通过建立合理的水使用权配置和水权转让的水管理模式,逐步建立合理的水价形成机制,利用经济手段进行调节,利用市场加以配置,使水的利用从低效益的经济领域转向高效益的经济领域,使水的利用模式从粗放型向节约型转变,提高水的利用效率。利用经济杠杆解决淮河水资源统一调度中地区之间的水量配置问题,在非常调度期实行水量调度水价补偿机制,发挥水价在水资源优化配置中的基础性作用。进一步完善水价体系,逐步将资源水价和环境水价纳入水价中,逐步推行基本水价和计量水价相结合的两步制水价,对超计划用水实行累进加价。

4. 提高科学分水与调度管理手段

(1) 建立为水量调度服务的水资源监测网

水资源分析、研究的基本原理是水量平衡原理,各平衡项要素的监测资料是分析和实施水量配置的基础,但目前水资源监测工作不全面、监测点布局不合理、监测资料不配套、监测技术较落后,水资源监测工作已经滞后于水资源分析和水资源管理的现状。有必要建设水资源监测网,包括重要断面,节点下泄水量、水质,主要取水户取水量,特别是行政分解断面的水资源监测,并逐步建设水资源监测数据库。

(2) 建立水量调度与管理的信息平台

建立涵盖水量调度各方面业务的数学模型,如枯水期径流实时预报模型、水资源实时调配模型、分水和调度计划编制模型、引水口自动监控及数据分析模型、水库水闸水资源联合调度模型、淮河水资源配置与调度决策支持系统等,对枯水期径流进行预报和对河道的水量进行实时调度,实时采集水调信息,实现河、库、湖联合调度,建立调水信息交流反馈系统,通过调度模型对不同来水频率的水量调度方案进行模拟仿真,实现淮河水量调度工作的自动化、数字化、信息化,达到淮河水量调度的中央调控、科学调度、优化配置、实时监督的目的。

(3) 对现有水资源工程进行优化调度

从蚌埠闸上已经发生的干旱年来看,造成水资源紧缺的因素主要有天然降水量少、用水量增加、水资源工程调蓄能力不足等,还有就是水资源调度与管理方面的不足。目前,蚌埠闸以及闸上沿淮支流闸控系统的调度运行办法,多是 20 世纪 80～90

年代初期制定的,已不适用于现在的用水条件。有必要根据新的情况,统筹考虑区域水资源工程的蓄水条件和工程之间的关系,调整现有水资源控制工程运行办法,对现有工程进行优化调度,充分利用现有水资源工程提高流域的整体水资源调蓄能力;同时对地表水和地下水等多水源进行联合调度运用,提高水资源的利用效率。

5. 旱情监测预报与预警措施

淮南、蚌埠两市抗旱指挥机构、有关单位要建立健全旱情监测网络,确定重点监测区域,掌握实时旱情,并预测干旱发展趋势。针对干旱灾害的成因、影响范围及程度不同,采取相应预警措施。

旱情、旱灾的信息主要包括:

① 旱灾发生的时间、地点、范围、程度、受灾人口;

② 土壤墒情、蚌埠闸上蓄水、内河及沿淮湖泊蓄水和城市、乡镇供水情况;

③ 灾害对城市乡镇供水、农村人畜饮用水、农业生产、林牧渔业、水力发电、河道航运、生态环境等方面造成的影响。

水文部门要对雨情、水库、塘坝、河道、湖泊蓄水状况、地下水进行监测统计;利用淮北地区墒情监测系统监测淮北地区的实时墒情,并结合天气预报预测未来5～7天的墒情、旱情发生的趋势,定期报同级抗旱指挥机构;旱情紧急情况根据需要加密上报。

气象部门要及时提供气象预报、气温、蒸发等基本气象信息,分析遥感监测成果,定期报同级抗旱指挥机构;旱情紧急情况根据需要加密上报。

环保、水文部门要密切配合,加强水质监测,及时向同级抗旱指挥机构报告水质监测成果。当需要引水、蓄水时,要加密监测,提出符合水质的引水、蓄水建议。

水务水情分析工作主要是依据各部门提供监测的旱情旱灾信息进行整理和分析,然后制定紧急方案提交政府决策分析分步实施并检查,其工作流程为如图9.3.1所示。预警工作在分析阶段要重视气象预测工作,特别是大范围的气象预测工作,充分利用现有水文信息收集、水情预报和管理技术,进一步研究避免和降低相应风险的措施。

6. 组织发动措施

安徽省以及蚌埠市、淮南市人民政府发出抗旱紧急通知,派出抗旱检查组、督查组,深入受旱地区指导抗旱救灾工作。根据旱情的发展,省防指宣布进入紧急抗旱期;蚌埠市、淮南市防指召开紧急会议,全面部署抗旱工作;每天组织抗旱会商;做好蚌埠闸上骨干水源的统一调度和管理;向国家申请特大抗旱经费,请求省政府从省长预备费中安排必要的资金,支持抗旱减灾工作;动员受旱地区抗旱服务组织开展抗旱服务;不定期召开新闻发布会,通报旱情旱灾及抗旱情况;气象部门跟踪天气变化,捕捉战机,全力开展人工增雨作业。

7. 水资源管理措施

① 加强该河段枯水期的水资源统一管理,包括供水、用水、排污的全面统一管理。

② 加强供水设施管理,查漏抢修,减少水量损失。

③ 根据枯水期的节约用水方案,加强节约用水的管理,确保该方案的实施。

④ 根据蚌埠闸上枯水期水资源调度措施,加强沿河各用水户的用水管理,在不同的蓄水位,应限制农业等用水户的用水,以确保枯水期水资源调度措施的全面实施。

⑤ 输水沿线的单位和个人有下列情形之一的,依据相关法律法规,追究相应责任:

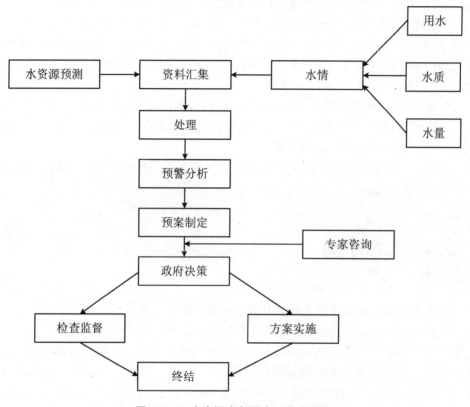

图 9.3.1 水资源应急调度工作流程图

a. 水量调度过程中,输水河道沿线超量排放污染物的;

b. 应急调度时,输水河道沿线大规模引水灌溉的;

c. 妨碍、阻挠监督检查人员或调度工程管理人员依法执行公务的;

d. 在水量调度过程中煽动群众闹事的。

⑥ 水量调度管理部门有下列情形之一的,由省水行政主管部门按照相应的管理权限,责令停止违法行为,给予警告,限期采取补救措施。对负有责任的主管人员和其他直接责任人员,由其上级主管部门、单位给予行政处分:

a. 水量调度时,不按水量调度方案和实时调度指令,盲目调水的;

b. 水量调度过程中不履行检查职责或发现违法行为不予查处的。

8. 水资源保护措施

在特枯水期,水资源短缺、可供水量少、水环境容量小,更要注重对水源地保护。根据特枯期的水资源和水环境状况提出以下措施:

① 在特枯水期,对蚌埠市、淮南市自身的污废水排放改企业以自由排放为集中处

理,将西区所有的工业废水,经由席家沟污水处理厂处理,回收中水用作西区工业区替代或补充工业用水。将八里桥排污废水口废除,其污废水经席定沟汇总处理,将三号码头、一号码头排污口合并,修建第二污废水处理厂,中水用作环境用水。龙子河排污口改经草场排污口排出,在草场附近修建第三污废水处理厂(10 万 m³/d),并可用作应急后备水源之一,第三污废水处理厂中水用作龙子河以东地区工业用水。

② 在特殊干旱年份若出现突发性水质污染,其持续时间可能会有数月之久,这些污水即使采取深度处理,也难以达到生活饮用水水源水质标准。同时当蚌埠闸关闸时间过长时,因水环境容量小其闸上的水质将会越来越差。因此,加强污废水督察指导,杜绝未经处理污废水排入淮河,以确保干流段水源不受污染。

③ 强化协调、协商制度。一方面加强市内有关水环境单位管理的协调协商,互通情报、互通信息,另一方面加强研究区域的水环境管理单位与淮河上下游水环境管理单位的协商协调,共同治理淮河水质。

④ 加强水污染信息监测建设。加强对污染水事故的预报能力,加强水污染应急事件处理对策研究。

9.4　本章小结

1. 开发研制枯水期水资源配置及调度管理系统

水量调度模型与管理系统是在采用 Mike Basin 模型模拟的不同情景下的水量配置方案基础上,将水资源系统中各类控制要素作为水量调度系统模拟分析的控制边界和条件,建立了水资源量和水资源应用的逻辑关系;根据水资源量和现有水量配置方案,充分考虑河道蓄水、湖泊洼地蓄水和洪泽湖调水情况,采用线性优化计算方法,研发淮河干流(正阳关—洪泽湖)水资源优化调度模型系统。项目以水量配置模型为基础,基于 Microsoft Visual Basic 6.0 平台,结合 ArcGIS,开发水量调度管理平台。将水资源优化配置模型程序嵌入水资源可视化展示平台中,完成淮河干流(正阳关—洪泽湖段)水量调度与展示系统。

利用建立的软件系统,结合长系列来水资料对研究区域现状及规划水平年进行水量优化配置计算,得到了水量优化调度成果,包括典型枯水年各旬实际毛供给量、各旬余缺水量、各旬月末水位、各旬总体满意度等。现状水平年蚌埠闸上 90% 典型年份实际来水情况下,各时段城镇生活、重点工业、一般工业、农业灌溉等各用水户的满意度均为 1,蚌埠闸上非农业取水口可以按照取水设计流量进行取水,95% 典型年份来水情况下,在当年 10 月至次年 2 月出现用水缺口,97% 典型年份来水情况下,在当年 10 月至次年 4 月出现用水缺口,调节蚌埠闸上水位,得出在缺水情况下整体满意度最高的水量调度方案。了解规划年的水量调度方案及各时段城镇生活、重点工业、一般工业、农业灌溉等各用水户的满意度情况。

2. 水资源监测方案研究

通过实地查勘、资料收集,进行监测站网布设,包括入(出)河湖控制断面、重要取水口、农业取水口、重要入河排污口和可利用水源监测断面这 5 个方面,构建监测数据库,制定监测管理保障措施,编制水资源监测方案。

3. 建立水资源调度管理制度及保障体系

本章就未来时期淮河流域水资源管理所需要的理念和思维方式转变、流域管理目标体系、公众参与流域管理、协调的工作机制研究、引入公共管理理论、加强与水相关的文化建设、构建流域规划与研究体系、加强流域水资源监测和管理等方面进行了思考与探讨。淮河干流水资源工程的建设、防洪工程的综合利用等,为水资源的统一调度提供了条件,不同条件下的水量配置与调度方案也为水资源的调度与管理提供了依据。本章提出建立一套较为完善的水量调度管理制度和保障措施体系,以确保淮河干流水量配置方案和调度方案的顺利实施。

10　成　果　应　用

　　"淮河中游枯水期水资源配置及调度研究"的成果内容丰富,涉及枯水期水资源系统分析解与动态模拟、基于分行业用户满意度的水资源配置模型、一般枯水期多维临界调度与特殊枯水期预警应急调度、水资源配置及调度管理系统等。研究成果在沿淮城市水资源调度、水量分配、水利规划、水资源管理、水利科学基础研究、服务生产、社会经济发展及国内外学术交流等多方面得到广泛应用,解决了枯水期水资源合理调度与管理的重要问题,产生了较显著的社会效益、经济效益和环境效益,丰富和发展了淮河流域水资源管理研究,推动了水资源学科发展。实践证明,本成果具有前瞻性、科学性及实用性。

10.1　沿淮城市枯水期水资源调度与配置方案

　　本书结合安徽省淮河中游长系列水资源演变态势,研究提出了考虑蚌埠闸、沿淮洼地、采煤沉陷区等调控系统枯水期水资源配置与调度方案。研发了枯水期预警及应急调度技术。基于淮河流域整体调度规则,提出中游枯水期调度原则及开发了应用平台。为蚌埠闸上枯水期水资源配置与调度,沿淮城市枯水期供水安全以及"三条红线"指标分解等提供了技术支撑。

　　本成果已在安徽省制定淮河蚌埠闸上"三条红线"总量控制指标及分解、淮河蚌埠闸上水量分配、沿淮城市供水安全保障体系建设、枯水期水资源调度以及引江济淮、淮水北调规划决策等工作中得到了应用。据估算统计,在2011～2014年枯水期水资源配置与调度应用中,枯水期供水保证率提高了10%左右,缺水率下降16%左右,取得了显著的社会经济效益。为淮河中游枯水期水资源配置与调度和最严格的水资源管理"三条红线"指标分解提供了重要技术支撑。

　　该成果已在淮河水利委员会制定淮河流域"三条红线"总量控制指标及分解、淮河水量分配、淮河流域重要城市供水安全保障体系建设及相关地市枯水期水资源调度等工作实践中得到了应用,取得了显著的社会效益与经济效益。为安徽省淮河流域落实最严格水资源管理"三条红线"指标制定、水资源利用与水量调度应用中提供了支撑性成果。为安徽省水资源管理技术服务中心开展"水资源调度与配置技术研究""水环境水生态演变规律与保护修复技术试验研究""水资源评价与综合规划技术研究"和"淮河流域水资源情势与供水安全"等研究课题和其他生产项目,提供了较系统的分析和研究成果,产生了较好的社会效益与经济效益。

　　该成果自 2011 年以来,已在淮河蚌埠闸上及相关地市枯水期水资源配置和科学调度及城市供水安全保障体系建设等工作中得到了应用。据估算统计,在 2011—2014 年枯水期水资源配置与调度中供水保证率提高了 10% 左右,缺水率下降 16% 左右,取得了显著的社会经济效益。

10.2　水利规划方面

10.2.1　区域经济发展规划制定与实施

　　为了加快淮河流域社会经济的发展,流域各省有关部门提出了一系列发展战略与规划,如安徽省"861 行动计划"、淮南国家级能源基地规划、沿淮城市群发展规划、"两淮一蚌"发展规划,这些规划的实施都离不开水资源的支撑。本书提出的枯水期水资源需缺水态势成果已部分应用于区域社会经济发展布局规划,为规划实施提供水资源支撑,保障了经济发展安全。

　　此外,通过枯水期水源条件分析,合理确定枯水期可作为不同区域的应急水源,保障区域社会经济发展。

10.2.2　流域及区域水资源综合规划编制

　　本书揭示了淮河中游枯水期多水源水文特征及水资源演变规律,这部分成果已在淮河流域水资源综合规划修编的水文系列成果复核与延长中得到应用。通过流域水循环变化、水资源要素的变化和对引起变化的驱动要素进行分析,得出了流域水资源计算参数的变化,该成果已在《淮河流域水资源调查与评价》《淮河流域水资源综合规划》《淮河流域地下水评价与监测管理规划》《淮水北调规划与建设》《引江济淮工程规划》中得到引用。

10.3　水资源管理方面

10.3.1　为水资源配置规划提供基础

　　本书对多边界多控制要素的水资源系统进行研究,提出了淮河中游多枯水组合情境下的水资源配置方案。利用 Mike Basin 水资源配置模型,在不同的来水条件下,按照各用水户的重要性、用水的经济效益和用水户的社会影响等因素,进行多种方案模拟演算,达到水资源合理分配的目的。合理有效调配地表水、地下水和外调水,确保区域内各行业的用水,合理配置水资源,为淮河水系的水资源配置规划提供基础依据。

枯水期水资源调度、水量配置以及水资源管理技术等成果,已在淮南新型煤化工基地规划水资源论证、山南新区规划水资源论证中得到应用。

10.3.2　为水资源年调度提供可视化平台

开发的水资源配置及调度管理系统,可以清晰直观地展示淮河干流(正阳关—洪泽湖)河段的取水口、泵、闸、优化配置方案等,为水资源年调度提供了良好的可视化效果,便于调度工作的开展。采用 GIS 技术和数据库技术实现了淮河干流水资源调度工程和调度方案的查询、展示与管理,此成果已在淮河流域水资源监测能力建设中的水资源年调度模块中得到有效应用。据统计,在 2011～2014 年枯水期水资源配置与调度应用中,枯水期供水保证率提高了 10%左右,缺水率下降 16%左右,取得显著的社会效益与经济效益。

10.3.3　为水资源预警、应急管理提供技术指导

枯水期水资源预警、应急管理是流域水资源管理的重点内容,是流域水资源管理机构的重要职责。针对重点城市和地区,开展枯水期水量调度方案研究。成果被有效应用于淮河流域水资源预警、应急调度管理,已在淮干蚌埠闸上的水资源应急突发事件中取得一定成效。此外,针对不同保证率枯水年提出的不同水位级的水量调度措施成果可以为蚌埠、淮南等城市的城市抗旱方案提供指导。

10.3.4　为流域跨省界水资源管理提供支撑

针对淮河流域水资源问题较为复杂的跨省界区域,开展了区域水资源调度管理研究。本次研究对河南省、安徽省和江苏省的大型水库、重要湖泊等进行了分析,为跨省界水资源的调度管理提供技术支撑。此外,提出了一系列管理措施,如加强行政管理,落实管理责任;加强立法,健全法律法规;量化监督效果,完善公众参与等,将流域跨省界水资源管理从定性考量转为定量考量。此成果应用到洪泽湖地区跨省水资源管理效果明显,为跨省界水资源管理提供了技术支持,部分成果已得到应用。

10.4 人才培养与国内外学术交流方面

10.4.1 人才培养

通过项目实施,培养了一支具有高水平创新能力的水文水资源及相关交叉学科的研究队伍,建立了一个集实测数据与模型于一体的水文水资源科研平台,与高校和科研院所联合培养研究生 10 余人。其中 2 人获评江苏省优秀硕士学位论文,1 人获评天津大学优秀博士论文。团队中 8 人晋升为高级工程师,6 人被聘为高级工程师,1 人入选水利部"5151"人才,1 人入选淮委学术带头人。

10.4.2 国内外学术交流

本项目研究单位先后与国内各省、自治区的水利、水文地质、科研院所、高等院校等相关部门的科研人员有长期的合作与交流,并且还为天津大学、河海大学、武汉大学、南京大学、合肥工业大学等高校的多名水文水资源专业学生驻站实习、撰写学位论文等提供了技术指导和帮助。与德国、日本、荷兰、意大利等国的水文水资源专家进行了频繁交流。通过国内外一系列的学术交流和人员往来,研究单位的管理、研究思路、学术水平等不断提高。

10.5 应用前景

10.5.1 2011 年中央 1 号文件

① 《中共中央、国务院关于加快水利改革发展的决定》(2010 年 12 月 31 日)(简称 2011 年中央 1 号文件)对新时期水利地位与作用有了更高的认识与定位,明确指出"水利是现代农业建设不可或缺的首要条件,是经济社会发展不可替代的基础支撑,是生态环境改善不可分割的保障系统,具有很强的公益性、基础性、战略性。加快水利改革发展,不仅事关农业农村发展,而且事关经济社会发展全局;不仅关系到防洪安全、供水安全、粮食安全,而且关系到经济安全、生态安全、国家安全。"本项目紧扣淮河流域水量调度与管理的实际需求,开展淮河水系枯水期水量调度技术研究,为粮食安全、供水安全提供强有力的保障。

② 2011 年中央 1 号文件强调:加强水资源配置工程建设,加快推进南水北调东中线一期工程及配套工程建设,积极推进一批跨流域、区域调水工程建设。为契合 2011

年中央 1 号文件精神,淮河流域将抓紧建设一批骨干水资源配置工程,完成南水北调东、中线一期工程建设。继续推动引江济淮、淮水北调等跨流域调水工程建设,提高水资源统筹调配能力。推进临淮岗洪水控制工程综合利用、洪水资源利用工程和国家新增粮食 1 000 亿斤生产能力的水源工程建设。本研究成果中的水量调度条件分析技术将应用到水资源利用工程建设中。

③ 2011 年中央 1 号文件指出:加强水量水质监测能力建设,为强化监督考核提供技术支撑。本项目紧跟 2011 年中央 1 号文件指示,通过开展枯水期水资源监测方案研究,增强了淮河流域水量水质监测能力,成果可以应用到流域的监督考核中。

10.5.2　最严格水资源管理方面

① 最严格的水资源管理制度是基于水循环为基础的,面向水循环全过程、全要素的水资源管理制度,认识、掌握、遵守水循环运动规律是开展水资源管理工作的基础和主要科学依据,是制定水资源相关管理制度的重要理论依据。本项目研究从水文循环和水文情势演变要素入手,为水资源管理提供技术支撑,抓住了管理的深层次背景,对促进淮河流域水资源管理学的发展有重要推动作用。水文循环、水资源要素演变是水资源开发利用总量控制管理红线的划定基础。因此,本项目研究从多方面推动了水资源管理技术的进步。

② 为了更好落实最严格水资源管理制度的三条红线管理,水利部水资源司已布置国家水资源管理系统的实施和监控能力的规划与建设。本项目研究了水量调度管理平台、水量调度管理方案,并针对目前淮河流域复杂的水资源问题及水资源开发利用现状提出了多项水资源管理业务系统,本项目提供的水量配置、水量调度模型等可以应用到流域水资源规划管理、水资源决策支持管理等业务系统中,为业务管理提供技术支撑。

10.5.3　水利基础研究方面

① 本项目的研究区域为淮河流域,其中以淮干蚌埠闸上为典型区域进行分析研究。本项目的研究思路、方法、相关成果有较好应用和借鉴价值,部分成果具有一定可移用性。

② 本项目在有关的科研、管理及高校等多单位协作下联合攻关完成。既是一项填补淮河流域水量调度管理技术、水量调度方案实施等方面实用技术空白的研究成果,又是一项涉及淮河流域的水资源管理、供水安全及产业结构布局决策的应用性成果。

本项目的研究成果、经验积累和探索,对促进淮河流域乃至国家层面水量调度与管理具有很好的推动作用,在促进产学研结合发展方面意义深远。

11 成果总结与建议

11.1 主要结论

11.1.1 淮河中游枯水期多水源演变规律

重点解析淮河中游枯水期水资源系统、典型断面枯水期径流演变及动态模拟,通过分析系统中降水量、径流量、地表水资源量等的变化,揭示淮河中游枯水期多水源演变规律。

水资源的循环运动规律决定了水资源的时空分布特征,认识、掌握、遵守水循环运动规律是开展水资源管理工作的基础和主要科学依据,是制定水资源相关管理制度的重要依据。最严格的水资源管理制度是以水循环为基础,面向水循环的全过程、全要素的。本书抓住水资源管理的深层次背景,从淮河干流代表站、典型流域等不同层面出发,以水资源要素演变为切入点,分析降水、径流演变特征及规律,可为水资源管理提供技术支撑。

1. 代表水文站降水演变特征

首次采用时序变化分析法、趋势性和突变分析法以及多尺度周期性检验方法,分别对鲁台子、蚌埠站的全年降水、汛期降水、非汛期降水进行分析,揭示了降水变化规律。鲁台子站年平均降水量在 20 世纪 70 年代和 90 年代的降雨量偏少,而 20 世纪 50 年代和 21 世纪初则偏多,尤以进入 21 世纪后偏多更甚。蚌埠站年平均降水量在 20 世纪 60 年代和 70 年代的降雨量偏少,而在 20 世纪 90 年代和 21 世纪初则偏多,尤以进入 21 世纪后更甚。

2. 流域降水演变特征

淮河以南区域 1956~1979 年系列基本上降水减少;20 世纪 70 年代末到 90 年代初为持续多雨,1990 年以后又持续减少。淮河以北上游近淮河区域降水变化趋势与淮河以南大致一致,只是 20 世纪 80 年代末期降水持续减少的幅度较淮河以南区域大得多;而淮河以北中游北部区域,降水变化趋势有较明显的不同,不少测站在 20 世纪 60 年代中期以后,降水持续偏少,只有少数年份降水有增加趋势。淮河流域 1953~2012 年的逐年降水量呈波动变化,没有显著的年际变化趋势。

3. 代表水文站径流演变特征

采用 Mexcian hat 小波、Morlet 小波和 Cmor2-1 小波三种小波分析法，对淮河干流鲁台子、蚌埠（吴家渡）典型站径流资料进行分析，揭示了干流径流变化规律，并采用马尔科夫（Markov）过程对淮河蚌埠站 1916～2012 年天然径流量进行转移概率分析，揭示蚌埠站年径流量丰平枯状态转移特性。通过三种小波，Mexcian hat 小波、Morlet 小波和 Cmor2-1 小波地比较发现 Cmor2-1 小波对鲁台子站 1951～2012 年径流资料分析周期变化最有效，能清晰地通过小波系数的实部、虚部、模、模平方、相位角、小波方差系数等不同侧面反映径流周期变化规律，并且能确定鲁台子径流站全年、汛期和非汛期的第一主周期、第二主周期和其他次周期的能量强弱。根据蚌埠（吴家渡）水文站 1950～2012 年年径流资料，经过季节性 Kendall 检验，分析得出其年径流量下降趋势显著，鲁台子站 1951～2012 年年径流量序列年平均减少速率为 0.68 亿 m^3/年，蚌埠站年平均下降 2.47 亿 m^3/年。趋向率为 24.76 亿 m^3/10a，其中 1954～1956 年、1963～1965 年、1968～1969 年、1982～1985 年年径流量处在小波动的偏高年，说明年径流量偏大；1957～1962 年、1966～1967 年、1973～1974 年、1976～1979 年、1992～1995 年年径流量处在下降期，表明年径流量偏小。采用马尔科夫法分析天然径流量转移概率，揭示了蚌埠站年径流量丰平枯状态转移特性。发现淮河蚌埠站年径流在长期丰枯状态的概率转变中，平水年的自转移概率较大，即平水态自保守性强；概率转移分析显示，年径流量处于丰水和偏丰水的初始状态，向偏枯水年转移的概率较大；年径流量处于平水、偏枯水年和枯水年的初始状态，向平水年转移的概率较大。淮河年径流量在长期丰枯状态的转变中，出现平水和偏枯水年的状态占优势；在淮河年径流量长期丰枯变化的各态相互转移中，存在以平水和偏枯水年为状态转移中心的转移模式。

经对鲁台子站 1951～2012 年年径流量序列地分析，从趋势来看整体呈减少趋势，减少速率为 0.68 亿 m^3/年，在 1986 年之前径流量变化周期为 10 年左右，1986 年之后径流量变化周期为 20 年左右。其中 1954～1956 年、1963～1965 年、1968～1969 年、1982～1985 年年径流量偏大；1957～1962 年、1966～1967 年、1970～1974 年、1976～1979 年、1992～1995 年年径流量偏小。根据蚌埠站历年年径流资料，得出其年径流量总体上同样呈下降趋势，下降的趋向率为 2.47 亿 m^3/年。且经分析，两站径流量系列趋势一致、变异点一致。

4. 流域径流演变特征

淮河流域径流量的年代变化特点是 20 世纪 50～60 年代偏丰、20 世纪 70 年代平水、20 世纪 80～90 年代偏枯、2000 后偏丰。与降水相比，径流和降水的年代变化基本一致，丰枯同步，只是幅度更剧烈一些。

研究表明，天然径流量的变化与降水量的变化同步。从安徽省淮河流域来看，降水量增加 7%，径流量增加 15%。径流量增加与下垫面条件变化与用水方式变化等多因素相关，但是降水的增加仍然是天然径流量增加的主要原因。安徽省淮河流域径流量的年代变化特点是 20 世纪 50～60 年代偏丰、20 世纪 70 年代平水、20 世纪 80～90 年代偏枯。其径流量还呈现出如下变化：淮北北部下垫面变化引起天然径流量减少；

淮河以南下垫面变化引起天然径流量增加。

5. 水资源开发利用变化

淮河流域整体情况:通过对 1980～2012 年地下水供水量变化进一步分析发现,淮河流域地下水供水量的发展可以分为两个阶段:1980～1995 年,该阶段地下水供水量总体呈上升趋势;1995～2012 年,该阶段地下水供水总量达到历史最高水平并趋于稳定,其中,由于农业井灌发展已达到相对稳定的水平,浅层地下水供水量也随之趋于稳定,深层地下水供水量则由于近年来各地陆续开始控制开采而总体处于稳定状态。

从淮河流域各年人均用水量发展来看,1950 年最大为 341 m³,1995 年以后的各统计年份基本稳定。淮河流域 2000 年人均用水量为 303 m³,低于当时中等发达国家人均用水量 500 m³ 的下限值,人均用水水平较低。在 1997～2002 年中,淮河流域各行业用水增长率不明显,2002～2012 年增幅明显增大。生活用水和工业用水比例不断增加。

11.1.2　水资源开发利用及供需态势状况

通过剖析不同水平年、不同枯水组合情境下的水资源开发利用情况、可利用量、受旱典型年缺水量及水资源供需态势,得到的结论如下:

① 淮河中游水资源可利用总量为 200.7 亿 m³,可利用率为 51.8%;连续 3 个月枯水期可利用总量 39.3 亿 m³,可利用率为 72.6%;连续 5 个月枯水期地表水可利用总量 64.5 亿 m³,可利用率为 65.5%。

② 通过对区域受旱典型年分析,蚌埠闸上区域在受旱典型年平均缺水量为 5.46 亿 m³,年最大缺水量为 1978 年 10.5 亿 m³,最小缺水量为 2000 年 2.7 亿 m³;蚌埠闸以下供水区域特旱年年平均缺水量 2.32 亿 m³,重旱年年平均缺水量 0.158 亿 m³。最大缺水为 2001 年,缺水量 2.7 亿 m³,年最小缺水为 1988 年,缺水量 750 万 m³。

③ 通过对不同年型需水缺水态势分析,王蚌区间连续 3 个月枯水期现状水平年 20%,50%,75% 和 95% 保证率下的缺水量分别为 0,0.209 亿 m³,1.265 亿 m³ 和 2.22 亿 m³,连续 5 个月枯水期现状水平年 20%,50%,75% 和 95% 保证率下的缺水量分别为 0,0.399 亿 m³,2.415 亿 m³ 和 4.242 亿 m³。

蚌洪区间连续 3 个月枯水期现状水平年 20%,50%,75% 和 95% 保证率下的缺水量分别为 0,0.044 亿 m³,0.627 亿 m³ 和 0.759 亿 m³;蚌洪区间连续 5 个月枯水期现状水平年 20%,50%,75% 和 95% 保证率下的缺水量分别为 0,0.084 亿 m³,1.197 亿 m³ 和 1.449 亿 m³。

11.1.3　枯水期水源条件分析

主要对研究区域的上游大型水库、沿淮湖泊洼地、蚌埠闸上蓄水、采煤沉陷区蓄水、蚌埠闸—洪泽湖河道蓄水、怀洪新河河道蓄水、外调水、雨洪资源等进行了分析研究,确定了各个水源在枯水期供水的可行性。

　　根据对蚌埠闸上区域水库、湖泊洼地和外调水等水源条件进行分析,干旱期可向蚌埠闸上调水的水源主要为安徽省境内的城东湖、瓦埠湖、高塘湖、茨河等上游沿淮湖泊洼地,蚌埠闸下河道蓄水以及梅山水库,响洪甸水库和佛子岭水库;河南省境内的宿鸭湖水库、南湾水库和鲇鱼山水库等重点大型水库;江苏省境内的洪泽湖、高邮湖和骆马湖;跨流域调水为南水北调东线工程等。根据对洪泽湖区域周边水源条件分析,干旱期可向洪泽湖调水的水源主要为江苏省境内的骆马湖、高邮湖等湖泊蓄水;安徽省境内的花园湖和蚌埠闸上蓄水;跨流域调水为南水北调东线工程等。

11.1.4　淮河中游重点断面来水量动态预测

　　根据淮河临淮岗以上的现状用水状况,建立了临淮岗以上规划来水分析模型,提出淮河干流临淮岗以上区域现状(2012年)和规划水平年(2020年)50%、75%、95%以及多年平均保证率典型年规划来水量,同时分析了不同时期不同枯水期频率组合重点控制断面规划年来水量。

　　1. 临淮岗以上主要断面规划年来水量

　　临淮岗以上控制断面的规划来水量的地区分布中,王家坝断面的规划来水占润河集断面来水量的60%~80%;淮滨断面的规划来水量占王家坝断面的规划来水量中的70%~80%;息县断面的规划来水量占淮滨断面的来水量的70%左右。临淮岗以上的规划来水量为南部大于北部,山区大于平原。来水量主要集中于汛期的6~9月。各个控制断面的10~12月规划来水量呈递减趋势,1~4月的规划来水量最小,从5月开始呈现增长趋势,规划来水量最大出现在7月、8月。

　　2. 现状水平年2012年主要断面规划来水量

　　依据现状水平年耗水情况对各典型年实测径流量进行修正,得到各典型年现状水平年规划来水量,2012年淮干蚌埠闸50%的典型年规划来水为2.999亿 m³,75%的典型年规划来水为2.143亿 m³,95%的典型年规划来水为4.39亿 m³。

　　3. 规划水平年2020年淮干蚌埠闸断面规划来水量

　　采用各典型年实测径流量,按规划水平年耗水情况对其进行修正,得到不同典型年的规划水平年2020年规划年来水量,淮干蚌埠闸50%的典型年规划来水为293.9亿 m³,75%的典型年规划来水为208.3亿 m³,95%的典型年规划来水为40.6亿 m³。

　　4. 特枯年和连续枯水年断面规划来水量

　　现状水平年淮干蚌埠闸以上特枯年(1965~1966年)规划来水为25亿 m³,特枯年(1977~1978年)规划来水为43.9亿 m³;规划水平年淮干蚌埠闸以上特枯年(1965~1966年)规划来水为21.4亿 m³,特枯年(1977~1978年)规划来水为40.6亿 m³。

　　特枯年1965~1966年和1977~1978年,淮干中渡断面现状水平年来水量分别是平水年份的18.8%和16.2%;规划水平年来水量分别是平水年规划来水量的17.7%和15.0%。

11.1.5　多枯水组合情境下水资源配置

首次利用 Mike Basin 模型和 MOSCEM-UA 优化方法实现基于分行业用户满意度的枯水期水资源配置,提出不同水平年、不同保证、多枯水组合情境下的水资源配置方案。

1. 多边界多控制要素水资源配置模型

采用 Mike Basin 模型对研究区域水资源系统进行了模拟,根据水量平衡原理,建立天然与人工水资源循环的二元水资源模型中各层次、各环节的水资源转化迁移关系。在此基础上,进一步形成了二元水循环结构上的降水、蒸发、产流、汇流动态过程以及来水、用水、蓄水的动态过程,为拟定水量配置方案研究提供参考依据。

2. 基于分行业用户满意度的水资源配置模式

研究区域水源、工程、用户、调度方式、控制目标等要素关系,并根据区域水资源特点和各用水部门特点,分析了干流水资源的分配模式和需求,确定了水量配置的优化目标和条件。

3. 枯水期水资源配置方案

依据水量合理配置模型系统,设定系统优化配置方案,现状水平年来水按实际来水量计算,规划水平年 2020 年来水方案按现状实际来水量扣减 10% 计算,2030 年来水方案按现状实际来水量扣减 20% 计算,蚌埠闸上正常蓄水位设定为 18.0 m,下限水位设为 15.5 m 和 16.0 m;蚌埠闸下正常蓄水位设定为 13.0 m,起调水位按各个典型年汛末实测水位和吴家渡测站多年平均汛末水位 14.2 m 两种情况考虑;洪泽湖汛限水位设定为 12.5 m,最低控制水位为 11.3 m。

11.1.6　基于 MOSCEM-UA 优化的水资源调度模型

基于 Mike Basin 模型,同时结合 MOSCEM-UA 优化方法实现水量配置,建立枯水期水量调度模型,提出枯水期不同水平年、不同保证率的水资源调度方案。根据淮河干流水量配置情况,拟定一般枯水期多维临界调度与特殊枯水期预警、应急调度实施方案。

11.1.7　枯水期水资源调度方案编制及实施

水量调度方案根据淮河流域水资源特性及国民经济各部门对水的需求特点,结合淮干水资源调度与展示模型优化计算成果,研究制定一般枯水期多维临界调度与特殊枯水期预警、应急调度实施方案,为枯水期水资源调度提供依据。

11.1.8　枯水期水资源配置与调度管理系统

水量调度模型与管理系统是在采用 Mike Basin 模型模拟不同情景下的水量配置

方案基础上,将水资源系统中各类控制要素作为水量调度系统模拟分析的控制边界和条件,建立了水资源量和水资源应用的逻辑关系;根据水资源量和现有水量配置方案,充分考虑河道蓄水、湖泊洼地蓄水和洪泽湖调水情况,采用线性优化计算方法,研发淮河干流(正阳关—洪泽湖)水资源优化调度模型系统。项目以水量配置模型为支撑,基于 Microsoft Visual Basic 6.0 平台,结合 ArcGIS,开发水量调度管理平台。将水资源优化配置模型程序嵌入到水资源可视化展示平台中,完成淮河干流(正阳关—洪泽湖段)水量调度与展示系统。

11.1.9 枯水期水资源监测方案

通过实地查勘、资料收集,进行监测站网布设,包括入(出)河湖控制断面、重要取水口、农业取水口、重要入河排污口和可利用水源监测断面这五方面,构建监测数据库,制定监测管理保障措施,编制水资源监测方案。

11.1.10 枯水期水资源调度管理制度与保障体系

就未来时期淮河流域水资源管理所需要的理念和思维方式转变、流域管理目标体系、注重公众参与流域管理、协调的工作机制研究、引入公共管理理论、加强水文化建设、构建流域规划与研究体系、加强流域水资源监测和管理等方面进行了思考与探讨。淮河干流水资源工程的建设、防洪工程的综合利用等,为水资源的统一调度提供了条件,不同条件下的水量配置与调度方案也为水资源的调度与管理提供了依据。本文提出建立一套较为完善的水量调度管理制度和保障措施体系,以确保淮河干流水量配置方案和调度方案的顺利实施。

11.2 成果特色

1. 目标明确,针对性强

本研究以 2011 年中央一号文件需求为指引,应用目标及对象明确,紧扣三条红线控制指标、淮河流域最严格水资源管理制度要求,协调地区间、部门间和用水户间的用水关系,为淮河流域的城市生活用水和重要工业用水的安全、区域经济安全、淮河干流生态安全提供技术支撑。成果应用于流域水资源管理、水量调度、流域综合规划等多方面,应用对象明确。

2. 成果系统性、创新性较明显

本成果由科研、管理等多单位协作完成,国内外尚未系统研究,成果内容丰富、内容间关联好,系统性较强,既是一项填补淮河流域水量调度的系统研究成果,又是一项淮河流域水资源管理、供水安全及生态安全决策的应用性成果。

成果首次开展了流域流域枯水期水文要素变化规律研究;首次开展了枯水期区域各水源的可供水量及规划来水研究;开展了利用 Mike Basin 模型的水量配置模式研究和基于 MOSCEM-UA 优化方法的水量调度模型研究,并研发了淮河中流水量调度与展示模型系统,开展了枯水期水量调度方案研究,为水量调度工作提供支撑。

3. 在水量配置与调度研究方面学术价值较高

系统开展了水量配置参数研究,采用 Mike Basin 模型模拟不同情景下的水量配置方案,并结合 MOSCEM-UA 优化方法,使得配置方案适应性更强。结合 ArcGIS 技术和数据库技术,建立了水量调度与展示模型平台,丰富了水量配置与调度理论,活跃了学术讨论。

4. 实用性较强,具体应用对象明确

用于淮河中游河段枯水期的水量调度与管理,成果已经转化为生产力,产生了良好的社会经济效益和环境效益。

5. 应用前景广

在淮河流域其他类似地区具有较好的适应性,在水资源学科发展方面应用前景广阔。新方法和新成果对解决枯水期供水风险和社会经济协调发展技术的跨越和对城市水利技术的进步具有显著的促进作用。

11.3 成果创新性

11.3.1 创新点

① 通过对淮河中游枯水期水资源进行系统解析,揭示了淮河中游枯水期多水源演变规律,剖析了不同水平年、不同枯水组合情境下水资源供需态势,对淮河干流主要控制断面枯水期来水量进行了预测。

② 首次开展了淮河水系枯水期规划来水动态模拟预测研究。利用 Mike Basin 模型建立临淮岗以上来水分析模型,对不同水平年各断面规划来水量进行模拟计算与分析,并对研究区域水量调度工程条件进行分析研究。首次对淮河干流中游河段重点大型水库、沿淮洼地、蚌埠闸上蓄水、蚌埠闸下河道蓄水、怀洪新河河道蓄水、洪泽湖以及雨洪资源等水源进行了综合分析研究,确定蚌埠闸上及洪泽湖枯水期可利用的水源,为枯水期水量调度提供了技术依据。

③ 创建了基于分行业用户满意度的枯水期水资源配置模型,科学描绘了淮河中游蚌埠闸、沿淮洼地、采煤沉陷区等多边界多控制要素的复杂调控系统情景,提出了淮河中游多枯水组合情境下水资源配置方案。

④ 研发了一般枯水期多维临界调度与特殊枯水期预警、应急调度技术。基于淮河流域整体调度规则,提出了淮河中游枯水期调度原则;偶合了 Mike Basin 模型和时间延迟的 MOSCEM-UA 优化方法,建立了淮河中游枯水期水量调度动态优化配置模

型,构建了基于 GIS 技术的调度管理平台,提出淮河中游枯水期多水源利用和调度方案,实现了不同枯水组合水量科学调度,并开发了应用平台。

11.3.2 掌握新规律与新特征

通过研究得到了以下新规律与特征:

① 区域代表站、流域枯水期水文要素的特征与情势;

② 枯水期鲁台子、蚌埠闸的径流演变规律;

③ 典型断面枯水期不同典型年、不同频率水量变化特征;

④ 正阳关—蚌埠闸、蚌埠闸—洪泽湖以及洪泽湖周边枯水期不同枯水组合情境下的缺水量、缺水率、供需态势;

⑤ 掌握了淮河中游多枯水组合情境下,多边界多控制要素控制的水资源配置方案;

⑥ 枯水期研究区域 9 个水源的分布、可供水量。

11.4 主要先进性和创新性

11.4.1 淮河中游枯水期水资源演变规律解析

首次采用时序变化分析法、趋势性和突变分析法和多尺度周期性检验等方法,系统开展了淮河流域枯水期水资源情势变化研究,揭示了典型测站枯水期水文循环要素的演变特征,提出了淮河中游枯水期水资源情势演变特征及变化规律。

11.4.2 枯水期水源条件分析及重点控制断面规划年来水量动态预测

① 首次对淮河干流中游河段的重点大型水库、沿淮湖泊洼地、蚌埠闸上蓄水、蚌埠闸下河道蓄水、怀洪新河河道蓄水、洪泽湖、外调水以及雨洪水等水源进行了分析研究,确定了蚌埠闸上及洪泽湖枯水期可利用的水源,为枯水期实施调水提供了技术支撑。

② 利用 Mike Basin 模型建立了临淮岗以上来水分析模型,对不同水平年各断面规划来水量进行了模拟计算与分析,并进行了研究区域的水量调度工程条件分析。

11.4.3 多枯水组合条件下区域水资源配置与调度模型

本项目采用 Mike Basin 模型模拟经济社会发展情景、不同水文条件工程调度情况下的多种水量配置方案,配置方案的适用性更好。

本次研究采用时间延迟的 MOSCEM-UA 优化方法,将水资源系统中各类控制要素作为水量调度系统模拟分析的控制边界和条件,结合蚌埠闸水位控制,确定水量配置的优化目标和条件。按照整体模型的建模思路,将模拟和优化在一个整体模型中进行耦合,形成淮河水量配置优化模拟模型,促使流域水量调度逐步趋于科学合理,大力推进淮河水量调度系统的应用步伐,提高水量调度精度。

11.4.4 淮河中游枯水期水资源配置与调度方案

流域水量调度涉及地区多、范围广,各地区的来水状况和需水情势随季节变化且存在一定的不确定性,地区间水事关系复杂,调度目标向供水、灌溉、发电、养殖、旅游、航运及改善生态环境等方面综合利用的多目标方向转化,水利工程结构复杂,调水方式形式多样化,其调度研究涉及水文气象、水资源、水力学、水利工程、经济、生态、系统工程等多个学科,是一个典型的多目标复杂群决策问题。

① 本次研究首次在淮河流域选择了淮河干流(正阳关—洪泽湖)河段开展调度方案编制工作,确定枯水期的应急供水秩序、节约用水方案,提出了不同水位级不同用水户的节约用水措施,并确定了蚌埠闸上及洪泽湖周边水量应急调度的调水路线,为保障该河段的城市生活用水和重要工业用水安全、区域经济安全和淮河干流生态安全提供技术依据。

② 加快信息化建设,提升水资源管理力度,编制水资源监测方案,加快研究区域取水计量设施建设和水质分中心、重点水功能区监测站点建设,加快重点取水户在线监控系统建设,有助于取水许可管理信息台账、取水许可管理信息库的建设。掌握淮河干流(正阳关—洪泽湖)实时变化的取用水和退排水数据,实现该区域取水总量控制和定额管理,基本满足该区域枯水期取水许可总量控制的要求;掌握淮河干流(正阳关—洪泽湖)实时变化的来水和用水等有关信息,科学、准确地进行水量配置和调度,基本满足该区域枯水期各行业用水效率控制指标监督考核和监测评价的有关要求;掌握淮河干流(正阳关—洪泽湖)实时变化的水质信息,对该区域枯水期水环境质量进行动态评价和有效监督,促进该区域水生态安全;掌握淮河干流(正阳关—洪泽湖)日常水资源监测数据,对未来水资源发展状况进行合理的预测和调度,做出合理的决策分析,实现该区域枯水期水资源可持续利用以保障经济社会健康的发展。

11.4.5 淮河干流中游水资源配置与调度管理系统开发

本研究将现代计算机技术、数据库技术、多媒体技术、地理信息系统应用技术与水量调度的决策支持需求结合,根据水文预报和水资源供需要求以及水量调度能力,首次研究了淮河干流基于不同时段的水量实时调度模型系统。采用 GIS 技术和数据库技术实现了淮河干流水量调度工程和调度方案的查询、展示与管理。针对淮河干流正阳关—洪泽湖水量配置和调度的有关信息和计算模型,利用形象、直观的菜单、用户表单界面技术和面向对象的程序设计方法,研发了淮河干流正阳关—洪泽湖水量调度管理系统。该系统将水量配置模型与 GIS 相结合,可对研究区域取水口、泵、闸、优化配置方案等进行展示,界面清晰、直观,具有较好的可视化效果。该模型系统可以拟定不同规划水平年、不同设计保证率的水量调度方案,进行方案的计算和评估,解决枯水期的水量配置调度问题,为水资源管理和枯水时段用水决策提供依据,使研究成果更具有可靠性、针对性和实用性。创造性地提出并开发利用淮河流域水量调度模型和方法,并在实际调度中得到应用,探索出了淮河流域枯水期实施水量调度的新模型,增强了科学决策支持水平。

11.5　对科技进步的推动作用

11.5.1　提高技术水平

1. 水文循环和水资源演变分析技术水平有较大提高

以往或现有的水资源演变中,多数仅分析径流量的演变,本次从降水、径流、水资源量、蒸发、水质、水资源开发利用等方面全面分析了淮河流域水资源演变规律,更准确地揭示出该地区水资源变化的成因和趋势。同时,引用小波分析、季节性 M-K 检验和 Markov 链等方法共同针对径流周期变化规律和趋势进行分析,较以往单一比较不同年份径流量的方法有了长足的进步,更具有适用性和可操作性。

2. 从区域、宏观角度,研究水资源配置技术水平有大幅提高

本研究突破了固有的单目标配置方法,综合考虑到水源、工程、用水户、控制目标等多要素的关系,合理配置和高效利用当地水资源,为淮河流域社会经济发展提供了水资源保障,可解决该区域水资源短缺矛盾问题,保障不同行业用水户的供水安全。

3. 提高了规划年来水量预测技术

根据淮河临淮岗以上的现状用水状况,建立了临淮岗以上规划来水分析模型,分析了不同时期、不同枯水期频率组合重点控制断面,规划年来水量,为确定区域内用水控制目标和下游淮河干流枯水期水量分配与调度提供基本依据。

4. 水资源配置、调度与管理技术,在一定程度上得到显著提高

在采用 Mike Basin 模型模拟不同情景下的水量配置方案基础上,将水资源系统中各类控制要素作为水量调度系统模拟分析的控制边界和条件,建立了水资源量和水资源应用的逻辑关系;根据水资源量和现有水量配置方案,充分考虑河道蓄水、湖泊洼地蓄水和洪泽湖调水情况,采用 MOSCEM-UA 优化计算方法,研发了淮河干流(正阳关—洪泽湖)水资源优化调度模型系统。项目以水资源配置模型为支撑,基于 Microsoft Visual Basic 6.0 平台,结合 ArcGIS,开发了水量调度管理平台。将水资源优化配置模型程序嵌入到水资源可视化展示平台中,完成了淮河干流(正阳关—洪泽湖段)水量调度与展示系统。

11.5.2 解决的关键问题

1. 解决了水资源开发利用评价中的关键技术问题

水文循环和水资源要素演变规律研究是水资源评价的基础,本项目以揭示水文循环变化的成因和水资源要素变化的规律为目标,通过对降水、径流、水质、下垫面变化、城市化发展和水资源开发利用等因素的深入分析,得出淮河流域水资源演变规律(如降水量、蒸发量变化趋势,径流量变化周期,流域丰、枯水周期,各城市水资源开发利用演变情势和地表、地下水水质变化等),并解释了影响其地区水文循环的因素。突破以往水资源评价中单一因素分析的技术难题,解决了水资源评价中的关键问题。

2. 解决了水资源规划中关键技术问题

长期以来,淮南、蚌埠等城市对区域水资源短缺问题的认识模糊不清,导致在对区域水资源进行可持续利用规划时无法全面考虑水资源的安全现状和发展趋势,造成不同行业、不同地区之间水资源配置失衡、水环境退化等严重问题,阻碍了该地区社会经济快速健康发展。本次综合评价指出了蚌埠闸上水资源的供需现状和薄弱环节,推广应用这一方法解决了蚌埠闸上水资源规划工作中基础性和关键性技术难题。

3. 解决了枯水期水资源调度管理关键技术问题

由于淮河流域水资源紧缺且水资源问题比较复杂,河道内水资源丰枯变化显著,枯水期供水风险较大。本研究基于此,采用 GIS 技术和数据库技术开发了水资源调度管理平台,为淮河干流水量调度工程和调度方案的查询、展示与管理等提供科学依据。

11.5.3 推动行业科技进步

本研究在科研、管理及高校等多单位协作下联合攻关完成。既是一项填补淮河流域供水安全方面实用技术空白的研究型成果,又是一项参与淮河流域水资源管理、供水安全及产业结构布局决策的应用型成果。成果在以下几方面推动了行业科技进步。

1. 推动了变化环境下水文循环及水资源演变实验与研究的进步

水文循环、水资源循环运动规律决定了水资源的时空分布特征,是水资源研究的基础。本研究依托长系列资料条件,开展了降水、蒸发、入渗、径流等多个水文要素变化特征的研究和探索。这些研究成果和经验积累,对促进对淮河流域乃至国家层面上的变化环境下水文循环和水资源演变规律研究有很好的推动作用。同时,随着研究需求地不断增加,也促进了研究领域的拓展和研究平台的建设。

2. 全面推动了精细化水资源管理学科的进步

最严格的水资源管理制度是基于水循环基础,面向水循环全过程、全要素的水资源管理制度,认识、掌握、遵守水循环运动规律是开展水资源管理工作的基础和主要科学依据,是制定水资源相关管理制度的重要理论依据。本研究从水循环和水资源要素演变入手,为水资源管理提供技术支撑,抓住了管理的深层次背景,对促进淮河流域水资源管理学的发展有重要推动作用。水文循环、水资源要素演变是划定水资源开发利用总量控制管理红线的基础;供水安全状况评价能全面掌握水资源开发中的问题与原因,供水安全方案和关键技术研究为水资源应急管理管理决策提供了技术支撑。因此,本研究从多方面推动了水资源管理技术的进步。

3. 对产、学、研水平的推动作用

从流域角度出发,依托淮河流域多个水文站点长系列资料,系统开展水文及水资源要素变化规律基础研究,提出了淮河流域供水安全关键技术的综合研究成果。成果采用"数据分析—模型模拟—成果应用"的技术路线,在进一步促进水文水资源基础实验研究及变化环境下水资源演变与城乡供水安全研究方面和在促进产、学、研结合发展方面都具有较显著的作用。

11.6 与国内同类技术比较

11.6.1 研究的系统性

1. 项目按照"数据分析—模型模拟—成果应用"的技术路线展开研究

研究内容包括三个方面:水文循环与水资源演变研究、水量配置与调度关键技术综合研究、实际应用与推广前景。根据区域内多个水文站点资料,首次开展变化环境下枯水期水资源特征及演变情势研究,得到区域降雨、径流等水循环要素转换机理与变化规律,把水循环要素转换关系和水资源演变研究成果应用于水资源开发利用分析、供水安全评价、水资源配置研究,达到了系统研究的目的。

2. 从区域、宏观背景和水资源系统的角度,来研究水资源配置与调度

本研究突破了固有的单目标配置方法,综合考虑到水源状况、工程条件、用水户需求、用水秩序、控制目标等多要素的约束,合理配置与调度枯水期的供水量,提高供水保证程度,解决了该区域枯水期水资源短缺矛盾问题,保障了不同行业用水户的供水安全。

11.6.2 理论的创新程度

成果包括:

① 枯水期水文循环和水资源演变研究的方法和技术分析;

② 河道多水源多枯水组合水量配置方案研究方法和方案;

③ 水量调度模型和管理系统等方面较以往有了较显著的提高和突破,成果更科学、实用且易操作。

11.6.3 推动学科发展的作用

本研究的成果经专家鉴定:"在枯水期水资源配置与调度理论技术及应用方面取得了重大突破,推广应用前景广阔,总体达到国际领先水平"。本成果在枯水期的水文循环及水资源演变实验研究、水资源管理学科、产学研水平等方面推动学科发展起到重要作用。研究中提出的细化指标和措施是对水量调度技术的完善,也弥补了国内同类研究中的不足。但是随着水资源条件和社会经济的发展,供水安全状态也是不断变化的,本次研究中所涉及的数据大多是对前期供水安全状态的总结,而对当前以及未来供水安全状态的评价和预测可能会有所不足,需要在以后的评价系统中对动态性研究有所侧重。

11.7 社会、经济、环境等综合效益

11.7.1 环境效益

1. 首次开展了蚌埠闸与怀洪新河水资源联合调度利用研究,提高水资源利用和供水保证程度,效率显著

对安徽省最大的人工新河——怀洪新河的管理调控方式转变和综合利用进行了研究,使其在满足防洪除涝功能前提下,通过淮河蚌埠闸、怀洪新河西坝口闸科学调度,利用西北口闸上怀洪新河香涧湖段的蓄水库容,科学地引蓄蚌埠闸上的下泄水量,发挥了其水资源综合利用功能,提高了水资源利用效率。

2. 通过淮河中游洪水资源利用研究,提出了洪水资源利用的条件、方案,分析了洪水资源利用效果

洪水资源利用是充分利用现有的工程条件,通过相机引蓄洪水资源,提高了水资源利用程度和区域供水保证程度,工程投入相对较小,社会、经济效益显著。

11.7.2 经济效益

1. 提出了淮河蚌埠闸上特枯水期水资源安全利用方案和技术,保证了这一时期有序用水,最大限度减少缺水对社会、经济的影响,社会、经济效益重大

该成果已在安徽省制定淮河蚌埠闸上"三条红线"总量控制指标及分解、淮河蚌埠闸上水量分配、沿淮城市供水安全保障体系建设、枯水期水资源调度以及引江济淮、淮水北调规划决策等工作中得到了应用。据估算统计,在 2011～2014 年枯水期水资源配置与调度应用中,枯水期供水保证率提高了 10% 左右,缺水率下降 15% 左右,取得了显著的社会经济效益。为淮河中游枯水期水资源配置与调度和最严格水资源管理

"三条红线"指标分解提供了重要技术支撑。

本成果为安徽省淮河流域落实最严格水资源管理"三条红线"指标制定、水资源利用与水量调度应用提供了支撑性成果。为安徽省水资源管理技术服务中心开展"水资源调度与配置技术研究""水环境水生态演变规律与保护修复技术试验研究""水资源评价与综合规划技术研究"和"淮河流域水资源情势与供水安全"等研究课题和其他生产项目,提供了较系统的分析和研究成果,产生了较好的社会效益与经济效益。

淮河特殊的气候特征导致干旱灾害频繁,淮河蚌埠闸上区域是流域内地表水集中用水区和重要区,特枯水期用水矛盾更为突出,缺水对社会稳定和淮南、蚌埠经济影响大。本研究提出的该河段特枯水期水资源安全利用方案和技术,保证了该区域社会、经济的用水安全。

2. 提出了淮河干流正阳关—洪泽湖段水量配置方案,保证水资源有序、持续利用,社会、生态、环境效益显著

利用 Mike Basin 模型研究提出了淮河干流正阳关—蚌埠段 24 个不同水量配置方案,对各方案的水资源供需平衡状况进行了模拟,为该河段水资源调度管理提供了技术支撑,保证了水资源有序、持续利用,保障了经济、社会持续、健康发展。同时,水量配置方案中,考虑到了河道生态基流,维护了河道生态环境的健康。

11.7.3　社会效益

通过本研究项目,培养了一支具有高水平、高创新能力的水文水资源及相关交叉学科的研究队伍,建立了一个集实测数据与模型于一体的水文水资源科研平台。发表有关论文 30 余篇,出版研究专著 4 部,自主知识产权软件 4 件,发明专利 1 个,实用新型专利 3 个。联合培养研究生 10 余人,其中 2 人获评江苏省优秀硕士学位论文,1 人获评天津大学优秀博士论文。团队中 8 人晋升为高级工程师,6 人被聘为教授级高级工程师,1 人入选水利部"5151"人才,1 人入选淮委学术带头人。

本研究单位先后与国内各省、自治区的水利、水文地质、科研院所、高等院校等相关部门的科研人员进行了长期的合作与交流,并且还为天津大学、华北水利水电学院研究生院、河海大学、武汉大学、南京大学、合肥工业大学等高校的多名水文水资源专业学生驻站实习、撰写学位论文等提供了技术指导和帮助。与日本、荷兰、意大利等国的水文、水资源专家进行了积极的交流。通过国内外一系列的学术交流和人员往来,使本研究单位的管理能力、研究思路和学术水平等不断提高。

总之,本研究社会效益重大,经济效益显著,综合效益十分显著。

11.8　建议

目前的研究成果为阶段性成果,为了更好实施好枯水期的水量调度工作,需要进一步做好以下研究工作。

1. 扩大研究区域,构建全流域枯水期联合调度系统

本项目的重点研究范围为淮河干流(正阳关—洪泽湖)河段,不包括淮河上游区域和洪泽湖以下区域,范围较小。

淮河流域上游水库是淮河流域重要的蓄水工程,研究区域的河道水闸蓄水量与这些水库相比较小,上游水库对淮河枯水期水资源调节起着十分重要的作用,也直接关系到淮河流域可供水量的统计。本研究对上游水库枯水期水量分析计算较薄弱,建议在以后的研究中加强对这方面的专题研究。

2. 枯水期来水量预测预报模型研究

枯水期来水量预测预报对水量科学、准确调度作用的意义十分重大,建立适合本区域的水资源预测预报和水文预报模型,预测枯水期淮河干流及各入河一级支流的水量,为水量调度方案提供详细的来水过程资料。

3. 增加枯水期雨洪水资源利用量,提高枯水期供水保障程度

淮河干流来水年内、年际分布很不均匀,丰水期水量大,弃水量也多,而枯水期水量不足。蓄滞一部分丰水期的水,补充枯水期的水量不足,是缓解枯水期水资源不足的有效手段。

淮河沿岸有诸多的湖泊、洼地和采煤沉陷区,为雨洪资源利用提供了有利的工程条件,因此,加强雨洪资源利用,对提高枯水期水量调度及供水保证程度有实际意义。

4. 加快实施引江济淮跨流域调水工程

淮河流域上中游的水资源形势越来越严峻,现有的水资源工程已不能满足当前及未来社会经济快速发展的需求,尤其以枯水期矛盾更为突出,亟须新建和扩建水资源拦蓄工程及跨流域跨区域调水工程,以提高供水能力和保障能力。建议尽早开展引江济淮跨流域调水工程,从根本上解决淮河枯水期缺水问题。

5. 进一步加强水资源监测

目前,淮河流域水资源系统监测存在很多不完备、不协调的地方,总体能力较低,与本流域繁重的抗旱减灾、水资源调度管理以及日益复杂的水资源管理任务不相适应。建议按照水资源一体化管理的要求,建设基于水循环、社会经济、生态环境的且相互协调、信息化水平高的全方位水资源系统监测体系。

参 考 文 献

[1] PENG JING, LI SHAOMING, QI LAN. Study on river regulation measures of dried up rivers of Haihe River basin, China[J]. Water Science and Technology, 2013, 67(6): 1224-1229.

[2] PENG JING, QI LAN, WANG RENCHAO. Study on integrated approaches of water resources allocation in Tianjin[J]. Advanced Materials Research, 2011: 243-249, 4516-4519.

[3] LAN QI, YA ZHANG, JING PENG, et al. Water requirement of vegetation and infiltration method for determining the ecological water requirement of dried-up rivers[J]. Water Science and Technology, 2014, 69(3): 566-572.

[4] PENG JING, YUAN XIMIN, LI QIIIANG. A study of multi-objective dynamic water resources allocation modeling of Huai River 3. 10[J]. Water Science and Technology: Water Supply.

[5] 尚晓三,王式成,王振龙,等.基于样本熵理论的自适应小波消噪分析方法[J].水科学进展,2011,22(2):182-187.

[6] 王振龙,陈玺,郝振纯,等.淮河干流径流量长期变化趋势及周期分析[J].水文,2011,31(6):79-85.

[7] 王振龙,王式成,郝振纯,等.安徽省淮河流域水资源演变与供水安全研究及应用[R].安徽省水利部淮河水利委员会水利科学研究院,河海大学,2011.

[8] 王振龙,刘猛,李瑞.安徽省沿淮淮北水资源情势及缺水对策研究[J].水利水电技术,2012(11).

[9] 汪跃军,陈竹青.淮河干流洪泽湖以上区域水资源系统模型研究[C].2013:173-179.

[10] 王振龙,章启兵.采煤沉陷区雨洪利用与生态修复技术研究[J].自然资源学报,2009,24(7):1155-1162.

[11] 王式成.淮河流域实行最严格水资源管理制度的思考[J].治淮,2012(10):31-32.

[12] 王式成,周峰,李晓龙,等.淮河流域跨省界河流(区域)水资源水量监测规划[C].中国水文科技新发展.

[13] 尚晓三,王振龙,王栋.基于贝叶斯理论的水文频率参数估计不确定性分析:以P-Ⅲ型分布为例[J].应用基础与工程科学学报,2011,19(4):554-564.

[14] 王振龙,孙乐强,郝振纯,等.淮北平原降水时空变化规律研究[J].水文,2010(12).

[15] 王振龙,陈玺,郝振纯,等.淮北平原水文气象要素长期变化趋势和突变特征分析[J].灌溉排水学报,2010,29(5):52-56.

[16] 周峰,吴向东.省界河流水量监测方案调研与分析[J].治淮,2012(10):57-59.

[17] 熊海晶,王式成,王振龙,等.淮河干流蚌埠闸上水资源形势与供水安全评价[C]//第16届海峡两岸水利科技交流研讨会论文集.2013:161-163.

[18] 李其梁,苑希民,杨敏,等.淮沂水系洪泽湖:骆马湖水资源联合优化调度研究[J].南水北调与水利科技,2013(4).

[19] 彭晶.基于GIS的多目标动态水资源优化配置研究[D].天津大学,2013(5).

[20] 彭晶.天津市多水源综合配置与调控的多Agent仿真优化研究[D].天津大学,2010,6.

[21] 熊海晶,王式成,王栋.BP神经网络在年降水预报中的应用研究[C]//蚌埠市科学技术协会2012年度学术年会论文集.

[22] 王振龙,朱梅,章启兵,等.皖中皖北水资源演变与配置技术[M].合肥:中国科学技术大学出版社,2015.

[23] 王式成,陈竹青,赵瑾,等.水文水资源技术与实践[M].南京:东南大学出版社,2009.

[24] 王式成,汪跃军,江守钰,等.水文水资源科技与进展[M].南京:东南大学出版社,2013.

[25] 王振龙,章启兵,李瑞.淮北平原区水文实验研究[M].合肥:中国科学技术大学出版社,2011.

[26] 王振龙,王加虎.淮北平原"四水"转化模型实验研究与应用[J].自然资源学报,2009,12.

[27] 吴向东,黄洁,吴漩.淮干鲁台子站1951~2011年径流变化特征分析[C]//第2届青年治淮论坛论文集.2013,12-17.

[28] 王振龙,王兵.农田墒情监测预报与抗旱信息系统设计与实现[J].农业工程学报,2006,2:188-190.

[29] 王振龙.安徽省水文水资源科学实验站网规划研究[J].中国农村水利水电,2007,8:13-17.

[30] 王振龙.平原灌区灌溉水资源优化模型研究[J].灌溉排水学报,2005,12:87-89.

[31] 王振龙.安徽淮北地区地下水资源开发利用潜力分析评价[J].地下水,2008(4).

[32] 王振龙,马倩.淮北平原水资源综合利用与规划实践[M].合肥:中国科学技术大学出版社,2008.

[33] 王振龙,高建峰.实用土壤墒情监测预报技术[M].北京:中国水利水电出版社,2006.

[34] 王辉.采煤沉陷区湿地建设与水资源调蓄作用研究[J].人民黄河,2013,35(7):51-53.

[35] 陈小凤,王振龙,李瑞.安徽省淮北地区干旱评价指标体系研究[J].中国农村水利水电,2013(1):94-97.

[36] 陈小凤,李瑞,胡军.安徽省淮河流域旱灾成因分析及防治对策研究[J].安徽农业科学,2013,41(8).

[37] 陈小凤,胡军,王振龙,等.淮河流域近60年来灾害特征分析[J].南水北调与水利科技,2013(6).

[38] 钱筱暄.滁州市水资源可持续利用对策[J].江淮水利科技,2013(2):35-37.

[39] 钱筱暄.基于负载指数的皖中皖北地区水资源开发潜力研究[J].中国农村水利水电,2013(10):49-50.

[40] 陈小凤,章启兵,王振龙.采煤沉陷区水资源综合利用研究与水生态修复方案[J].中国农村水利水电,2014(2):6-12.

[41] 刘猛,王振龙.安徽省沿淮淮北地区水资源情势及缺水对策建议[C]//第2届青年治淮论坛论文集.

[42] 徐邦斌.关于淮河流域用水总量控制管理的几点思考[J].治淮,2012(10):23-25.

[43] 许一.定远县水资源优化配置问题与思考[J].江淮水利科技,2013(1):28-30.

[44] 王式成,刘猛,应玉,等. Multiple time scale analysis of runoff in Bengbu lock[C]//第35届成都国际水利年会.

[45] 王式成,闫芳阶,刘友春,等.基于可变模糊集理论的南四湖水安全综合评价[C]//全国水文水资源科技信息网华东组2013年学术交流会议.

[46] 王式成,闫芳阶,周峰,等. Study on evolution of water resources and assessment of water supply security of Nan-Si Lake[C]//第35届成都国际水利年会论文集.

[47] 陈小凤.采煤塌陷区与地下水补排关系研究[J].人民黄河,2014(6).

[48] 应玉,熊海晶.正阳关—蚌埠闸区域枯水期水文特征分析[C]//第2届青年治淮论坛论文集.2013:108-113.

[49] 刘猛,王怡宁,李瑞.沿淮淮北水资源情势及缺水对策研究[J].水利水电技术,2012,43(11):9-13.

[50] 尚晓三,王振龙,王建中,等.安徽省淮北平原50年来降雨量多尺度分析[C].

[51] 陈雷.水利部部长陈雷:实行最严格的水资源管理制度[J].治黄科技信息,2009(2):14-17.

[52] 杨志峰,等.生态环境需水量理论、方法与实践[M].北京:科学出版社,2003.

[53] 鲁帆,等.流域级水量调度模型研究述评[J].水利水电技术,2007,38(8):16-22.

[54] 河海大学.淮河干流水资源调度方案研究[R].2004.

[55] 尤祥瑜,等.我国水资源配置模型研究现状与展望[J].中国水利水电科学研究院学报,2004,2(2):131-140.

[56] 淮委水文局,乔治亚水资源研究所.水文预报与水资源优化管理关键技术[C].2006,12.

[57] 王玉太.21世纪上半叶淮河流域可持续发展水战略研究[M].合肥:中国科学技术大学出版社,2001.

[58] 淮委水文局.淮河干流蚌埠闸上水资源形势展望[C]//淮河流域暴雨洪水学术交流研讨会论文集.

[59] 游进军,等.水资源配置模型研究现状与展望[J].水资源与水工程学报,2005,16(3):1-5.

[60] 王维平,等.区域水资源优化配置模型研究[J].长江科学院院报,2004,21(5):41-43.

[61] 丁晶,等.中国水资源优化配置研究的进展与展望[J].水利发展研究,2002,2(9):9-11.

[62] 高桂霞.水资源评价与管理[M].北京:水利水电出版社,2011:234-235.

[63] HUFFAKER R. The role of prior appropriation in allocating water resources into the 21st century[C]//Water Resources Department. 2000.

[64] DAI TEWEI, LABADIE J W. River basin network model for integrated water quantity quality management[J]. Journal of Water Resources Planning and Management,2001(5).

[65] 左其亭,陈曦.面向可持续发展的水资源规划与管理[M].北京:中国水利水电出版社,2003.

[66] 孙金辉.塔里木河水量统一调度及其对绿洲演化的影响[D].清华大学,2006.

[67] 陈志祥.塔里木河流域水量调度方案编制与适度优化研究[D].清华大学,2005.

[68] 董增川.水资源规划与管理[M].北京:水利水电出版社,2008.

[69] 任立良,陈喜,章树安.环境变化与水安全[M].北京:水利水电出版社,2008.

[70] 曾聪旖.水量调度决策支持系统中的数据挖掘应用研究[D].上海:东华大学,2012.

[71] 王伟.石羊河流域水资源调度决策支持系统[D].天津大学,2013.

[72] 郭健玮.石羊河流域水量调度研究及软件开发[D].天津大学,2007.

[73] 杜守建,徐基芬,迟春梅.浅谈水资源优化调度研究方法的发展[J].山东水利,2000(12):14-15.

[74] 陈南祥,等.基于规则的水资源模拟配置模型[J].灌溉排水学报,2005,24(4):22-25.

[75] 谭炳卿,张国平.淮河流域水质管理模型[J].水资源保护,2001(3):15-18,46,60.

[76] 韩中庚,杜剑平.淮河水质污染的综合评价模型[J].大学数学,2007,23(4):133-136.

[77] 王维平,等.区域水资源优化配置模型研究[J].长江科学院院报,2004,21(5):41-43.

[78] 叶秉如.水资源系统优化规划和调度[M].北京:水利电力出版社,2001:272-292.

[79] 丁晶,邓育仁.随机水文学[M].成都:成都科技大学出版社,1985(1):100-106.

[80] 朱富春.调水工程水量调度系统应用研究[J].水电能源科学,2010,28(9):128-130,92.

[81] 廖四辉,程绪水,施勇,等.淮河生态用水多层次分析平台与多目标优化调度模型研究[J].水力发电学报,2010,29(4):14-19,27

[82] 张忠波,张双虎,蒋云钟.南水北调中线一期工程水量调度方案制定分析[J].南水北调与水利科技,2011,9(6):5-10

[83] 雷晓辉,王浩,蒋云钟,等.复杂水资源系统模拟与优化[M].北京:水利水电出版社,2012.

[84] 蒋云钟,鲁帆,雷晓辉,等.水资源综合调配模型技术与实践[M].北京:水利水电出版社,2009.

[85] 邓坤,张璇,杨永生,等.流域水资源调度研究综述[J].水利经济,2011,29(6):23-27.

[86] 鲁帆,王浩,蒋云钟,等.流域级水量调度模型研究述评[J].水利水电技术,2007,38(8):16-18,22.

[87] ILICH NT SIMONOVIC S P, AMRON M. The benefits of computerized real-timer river bas in management in the malahay u reservoir system[J]. Canadian Journal of Civil Engineering, 2000,27(1):55-64.

[88] 康永辉,王宝红.线性规划法在水资源系统规划优化配置中的应用[J].科学之友,2010(7):6,12

[89] 索丽生.深化以资源为核心的治水思路切实加强水资源调度工作[J].中国水利,2004(5):14-17.

[90] CAI XIMING. 2002. A framework for sustainablity analysis in water resources management and application to the Syr Darya basin[J]. Water Resources Research, 38(10):1029.

[91] JONATHAN I. Matondo 2002. A comparison between conventional and integrated water resources planning and management[J]. Physics and Chemistry of the Earth, 27: 831-838.

[92] 刘子慧,刘志然,等.水资源系统调度的模拟模型[J].武汉水利电力大学学报,2000,33(6):11-15.

[93] 王维平,范明元,杨金忠,等.缺水地区枯水期城市水资源预分配管理模型[J].水利学报,2003(9):60-65.

[94] 王珊琳,李杰,刘德峰.流域水资源配置模拟模型及实例应用研究[J].人民珠江,2004(5):11-14,22.

[95] 谢蕾.克拉玛依市水资源配置研究[D].乌鲁木齐:新疆农业大学,2005:45-46.

[96] 肖志娟,解建仓,孔珂,等.应急调水效益补偿的博弈分析[J].水科学进展,2005,16(6):817-821.

[97] 沈大军,刘斌,郭鸣荣,等.以供定需的水资源配置研究:以海拉尔流域为例[J].水利学报,2006,37(11):1398-1402.

[98] 甘治国,蒋云钟,鲁帆,等.北京市水资源配置模拟模型研究[J].水利学报,2008,39(1):91-95,102.

[99] 张洪刚,熊莹,邴建平,等.NAM模型与水资源配置模型耦合研究[J].人民长江,2008,39(17):15-17.

[100] 梁国华,何斌,陆宇峰. 大连市多种水源对水资源配置的影响分析[J]. 水电能源科学,2008,26(6):29-32.

[101] 康卫东,谢文,杨涛,等. 独山子地区水资源耦合模型与优化配置研究[J]. 水文地质工程地质,2011,38(1):22-29.

[102] 柳长顺,陈献,刘昌明,等. 国外流域水资源配置模型研究进展[J]. 河海大学学报(自然科学版),2005,33(5):522-524.

[103] 曾国熙. 流域水资源配置合理性评价研究[D]. 四川大学,2004.

[104] 魏传江,王浩. 区域水资源配置系统网络图[J]. 水利学报,2007,38(9):1103-1108.

[105] 郭利丹,夏自强,李捷,等. 河流生态径流量计算方法的改进[J]. 河海大学学报(自然科学版),2008,36(4):456-461.

[106] ZI-QIANG XIA, QIONG-FANG LI, LI-DAN GUO, et al. Computation of minimum and optimal instream ecological flow for the Yiluohe River[J]. IAHS Redbook, 2007, 315:142-148.

[107] ZI-QIANG XIA, QIONG-FAN LI, ZHU-QING CHEN. Theory and computation method of ecological flow[J]. IAHS Redbook, 2007, 311:331-336.

[108] 曲宝玺,郭谨,刘兆胜. 水资源管理问题及软件技术[J]. 北京农业,2012(9):148.

[109] 王晓妮,王晓昕,侯琳. Mike Basin 模型在松花江流域的应用研究[J]. 东北水利水电,2011(4):4-5,71.

[110] 陈欣,顾世祥,谢波,等. Mike Basin 在水资源论证中的应用研究[J]. 中国农村水利水电,2009(10):8-11.

[111] 王海潮,来海亮,尚静石,等. 基于 Mike Basin 的水库供水调度模型构建[J]. 水利水电技术,2012,43(2):94-98.

[112] 陈刚,张兴奇,李满春. Mike Basin 支持下的流域水文建模与水资源管理分析:以西藏达孜县为例[J]. 地球信息科学,2008,10(2):230-236.

[113] 黄程. Mike Basin 二次开发技术初探[J]. 广东水利电力职业技术学院学报,2007,5(2):52-54.

[114] JHA M K, DAS GUPTA A. Application of Mike Basin for water management strategies in a watershed[J]. Water International, 2003, 28(1):27-35.

[115] 莫铠,李军,贾鹏. Mike Basin 水资源模型在水库调度中的应用介绍[J]. 水利水文自动化,2008,9(3):19-22,39.

[116] 莫铠. Mike Basin 在中英项目大凌河流域水资源管理中的应用[J]. 水科学与工程技术,2008(5):16-19.

[117] 顾世祥,李远华,何大明,等. 以 Mike Basin 实现流域水资源三次供需平衡[J]. 水资源与水工程学报,2007,18(1):5-10,28.

[118] 秦昆. GIS 空间分析理论与方法[M]. 武汉:武汉大学出版社,2010.

[119] 柳锦宝. 组件式 GIS 开发技术与案例教程[M]. 北京:清华大学出版社,2010.

[120] 杨国范,张兴华,张玉龙,等.基于 WEB MGIS 水资源管理信息系统的理论与实践[M].北京:水利水电出版社,2010.

[121] 李东平,贾艳红,傅建武,等.GIS 与空间决策支持系统建设[M].杭州:浙江大学出版社,2010.

[122] (美)王法辉.基于 GIS 的数量方法与应用[M].商务印书馆,2009.

[123] 李磊,王养廷.面向对象技术及 UML 教程[M].北京:人民邮电出版社,2010.

[124] 尹明万,等.基于生活、生产和生态环境用水的水资源配置模型研究[J].水利水电科技进展,2004,24(2):5-8.

[125] 匡泰,王岩.Java 面向对象程序设计与应用开发教程[M].大连:大连理工大学出版社,2011.

[126] 任宏萍.面向对象程序设计[M].武汉:华中科技大学出版社,2010.

[127] 陈文宇,白忠建,吴劲,等.面向对象技术与工具[M].北京:电子工业出版社,2008.

[128] 李世杰.DNA&WEB 数据库应用与剖析[M].北京:科学出版社,2000.

[129] 黄海军,芦芝萍.三层交换的计算机网络实验的实现[J].实验研究与探索,2003,22(3):69-70,72.

[130] 谢星星.UML 基础与 Rose 建模实用教程[M].北京:清华大学出版社,2010.

[131] 陈承欢.UML 与 Rose 软件建模案例教程[M].北京:人民邮电出版社,2010.

[132] 解本巨.UML 与 Rational Rose 2003 从入门到精通[M].北京:电子工业出版社,2010.

[133] (美)CANDY BOGGS,MIEHAEL BOGGS.UML with rational rose 从入门到精通[M].邱仲潘,等,译.北京:电子工业出版社,2000.

[134] 秦靖,等.精通 C# 与.NET 4.0 数据库开发基础、数据库核心技术、项目实战[M].北京:清华大学出版社,2011.

[135] 梁爽,等.NET 框架程序设计[M].北京:清华大学出版社,2010.

[136] 高桂霞.水资源评价与管理[M].北京:水利水电出版社,2011:2-3.

[137] 施国庆,王华,胡庆和,等.流域水资源一体化管理及其理论框架[J].水资源保护,2007,23(4):44-47,51.

[138] 李纪人,黄诗峰,等.3S 技术在水利行业中的应用指南[M].北京:水利水电出版社,2003:67-89.

[139] 李源泰,李红波,赵俊二.开源 GIS 在 WEB GIS 中的应用初探[J].地理空间信息,2010,8(2):100-102.

[140] 汪妮.基于中间件及智能 Agent 技术的防汛决策模式研究[D].西安:西安理工大学,2004.

[141] 田丰,段建华,王润生.基于 WEB GIS 的区域水资源信息系统的设计与实现[J].微计算机信息,2010,26(1-1):14-16,92.

[142] 田灵燕.国家水资源管理系统建设即将全面铺开[J].中国水利,2007(3):62-63.

[143] 黄强,乔西现,刘晓黎.江河流域水资源统一管理理论与实践[M].北京:水利水电出版社,2008.

[144] 谢新民,等.流域水资源实时监控管理系统研究[J].水科学进展,2003,14(3):255-259.

[145] 苏俊.基于开源 WEB GIS 的郑州市水资源信息系统设计与实现[D].郑州大学,2011.

[146] LABADIE J M. River basin network model for integrated water quantity management[C]//Journal of Water Resources Planning and Management,2001(5).

[147] AZEVEDO D L, GABRIEF T, GATES T K. Integration of water quantity and quality in trategic river basin planning[J]1 Journal of Water Resources Planning and Management, 2000, 126(2):85-97.

[148] DAI T, LABADIE J W. River basin network model for integrated water quantity quality anagement[J]. Journal of Water Resources Planning and Management, 2001, 127(5):295-305.

[149] IRESON A, MAKROPOULOS C, MAKSIMOVIC C. Water resources modelling under data scarcity: Coupling Mike Basin and ASM groundwater model [J]. Water Resources Management, 2006, 20(4):567-590.

[150] 王玉太.21 世纪上半叶淮河流域可持续发展水战略研究[M].合肥:中国科学技术大学出版社,2001.

[151] 郝芳华,李春晖,赵彦伟.流域水质模型与模拟[M].北京:北京师范大学出版社,2008:65.

[152] 李曦,逄勇.江阴城区水环境数学模型建立及应用[J].水资源保护,2009,25(3):38-41.

[153] 张永勇,夏军,等.淮河流域闸坝联合调度对河流水质影响分析[J].武汉大学学报:工学版,2007,40(4):31-35.

[154] 叶栋成,幕山,陶月赞.地下水补给对河流水质模型的影响[J].吉林大学学报:地球科学版,2008,38(4):644-648.

[155] 罗定贵,王学军,孙莉宁.水质模型研究进展与流域管理模型 WARMF 评述[J].水科学进展,2005,16(2):289-294.

[156] 白玉川,万艳春,黄本胜,等.河网非恒定流数值模拟的研究进展[J].水利学报,2000(12):43-47.

[157] 张永勇,夏军,王纲胜,等.淮河流域闸坝联合调度对河流水质影响分析[J].武汉大学学报:工学版,2007,40(4):31-35.

[158] 吴时强,吴修锋,周辉,等.淮河临淮岗洪水控制工程洪水调度模型研究[J].水科学进展,2005,16(2):196-202.